PROCESOS Y TÉCNICAS DE CONSTRUCCIÓN

EDICIONES UNIVERSIDAD CATÓLICA DE CHILE
Vicerrectoría de Comunicaciones
Av. Libertador Bernardo O'Higgins 390, Santiago, Chile

editorialedicionesuc@uc.cl
www.ediciones.uc.cl

PROCESOS Y TÉCNICAS DE CONSTRUCCIÓN
Hernán de Solminihac T. / Guillermo Thenoux Z.

Séptima edición.

Marzo 2020
ISBN N° 978-956-14-2510-1

Diseño: Francisca Galilea

CIP-Pontificia Universidad Católica de Chile
Solminihac Tampier, Hernán E. de, 1958-, autor.
Procesos y técnicas de construcción / Hernán de Solminihac T.,
Guillermo Thenoux Z. Séptima edición.
Incluye bibliografía.
1. Construcción - Técnica
I. t.
II. Thenoux Zeballos, Guillermo A., 1951-, autor.
2020 690 + DDC23 RDA

PROCESOS Y TÉCNICAS DE CONSTRUCCIÓN

Hernán de Solminihac T. / Guillermo Thenoux Z.

Séptima edición

EDICIONES UC

A nuestras familias

Alejandra, Javiera, Hernán, Antonia, Felipe y Mateo.
Paulina, Daniel, Bernardita, Valentina, Jacinta y Milagros.

ÍNDICE

PREFACIO

El desarrollo de la construcción, en cuanto a su grado de industrialización puede ser clasificado en general como: construcción artesanal, construcción *in situ* tecnificada, construcción parcialmente industrializada y construcción ampliamente industrializada. Este libro, cuya primera edición fue publicada en marzo de 1997, está orientado principalmente a los dos primeros tipos del área de la edificación, ya que ha sido pensado como un texto introductorio al tema de la construcción y, por lo tanto, no incluye en detalle aspectos de industrialización.

El objetivo principal de este libro es servir de ayuda a la formación inicial de los alumnos de ingeniería civil, arquitectura, construcción civil y de otras carreras afines, y a los profesionales que se están introduciendo en la actividad de la construcción, con énfasis en la edificación.

Por este motivo es que este texto no pretende ser un manual de construcción, sino más bien está orientado a sintetizar las etapas que se desarrollan en un proyecto, desde la gestación de la idea hasta la puesta en marcha del mismo. Además, como este texto está pensado para un curso que forma parte de un currículum más extenso, se asume que muchos temas serán tratados en otros cursos de tópicos más específicos, tales como: planificación de proyectos, administración de proyectos, seguridad industrial, construcción y tecnología del hormigón, construcción en madera, construcción en acero, construcción pesada, gestión de infraestructura, montaje industrial e industrialización de la construcción. El texto pone énfasis en los temas que otorgan la información básica de un ingeniero civil o profesional con especialidad en construcción, de modo tal de uniformar conceptos y entregar conocimientos que permitan introducir mejoras en los procesos constructivos.

Por lo cual, los objetivos específicos que se pretenden son:

- Conocer los diversos tipos de proyectos de construcción, las etapas involucradas, los participantes y sus relaciones dentro de la organización de un proyecto.

- Estudiar y presupuestar obras de construcción, conceptual y detalladamente.

- Conocer los métodos y técnicas utilizadas en los procesos de construcción de un proyecto de edificación, con énfasis en los métodos y técnicas tradicionales.

El texto está formado por cinco grandes partes, una primera parte introductoria sobre la industria de la construcción, una segunda sobre gestión de la construcción, una tercera sobre emplazamiento de una obra de construcción, una cuarta relacionada con tecnologías de construcción de obras de edificación y una quinta donde se discuten otros componentes que intervienen en el proceso constructivo. Al final de cada capítulo se presentan algunos ejercicios para que el lector pueda practicar los temas estudiados.

La primera parte es una introducción a la industria de la construcción e incluye dos capítulos (1 y 2). El primer capítulo presenta la industria de la construcción nacional y describe el rol del profesional de la construcción en el desarrollo de los proyectos; en el segundo capítulo se discuten el origen de un proyecto de construcción, la etapa de diseño, los participantes, las reglamentaciones y los permisos municipales requeridos para realizar una obra.

La segunda parte, sobre gestión de la construcción, consta de los capítulos 3, 4 y 5. En el capítulo tercero se presentan los elementos principales de la gestión de proyectos; en el siguiente capítulo se discuten los contratos y propuestas en proyectos de construcción; y en el quinto capítulo se analizan las metodologías más frecuentes utilizadas para estudiar costos de construcción.

La tercera parte está formada de los siguientes cuatro capítulos (6, 7, 8 y 9) relativos al emplazamiento de una obra de construcción. El capítulo sexto presenta los conceptos generales para el emplazamiento de una obra de edificación; en el siguiente capítulo se discuten los equipos de uso tradicional en la construcción; en el capítulo octavo se analizan las diferentes técnicas para realizar excavaciones; y en el capítulo noveno se presentan las técnicas para materializar las fundaciones.

La cuarta parte la forman los capítulos 10, 11, 12 y 13 y en ella se presentan las técnicas constructivas más comunes en una edificación. Los aspectos técnicos relativos a construcciones de albañilería se analizan en el capítulo diez y los de hormigón en el once. La construcción en acero se estudia en el capítulo doce y la de madera en el capítulo trece.

Finalmente, la última parte está compuesta de cuatro capítulos (14, 15, 16 y 17), y está dedicada a los otros componentes de una obra de edificación. En el capítulo catorce se discute la techumbre, en los siguientes las instalaciones de servicios básicos y las terminaciones respectivamente y finalmente en el capítulo diecisiete se introducen los conceptos de habitabilidad en obras de edificación.

Este texto corresponde a una recopilación y ordenamiento de la experiencia de los autores consecuencia de dictar el curso Ingeniería de Construcción de la Escuela de Ingeniería de la Pontificia Universidad Católica de Chile por más de 37 años, participar como asesores en diversos proyectos de construcción desarrollados en el país, guiar tesis de alumnos de magíster y doctorado y realizar investigaciones en temas relacionados.

El desarrollo de esta séptima edición corrige, actualiza y mejora aspectos de las ediciones anteriores tales como la descripción del contexto económico de la industria de la construcción, incluyendo: inversión, Producto Interno Bruto (PIB), empleo, impacto en los otros sectores económicos y productividad en la construcción; una sección con el seguimiento y control de proyectos; se agregaron ejercicios y un anexo con la resolución de los principales ejercicios presentados en el texto. Nos gustaría agradecer a todos nuestros alumnos que nos hacen saber sus comentarios, en especial a Gabriel Azúa y Joaquín Dagá. Además del profesor Manuel Carpio, quien contribuyó con material para la elaboración de ejercicios.

Finalmente, nos gustaría agradecer a nuestras familias, en especial a nuestras esposas Alejandra y Paulina por su constante apoyo a nuestro trabajo; a nuestros hijos Javiera, Hernán, Antonia y Felipe; y Daniel, Bernardita y Valentina, respectivamente por su cariño y comprensión; y a nuestros nietos Mateo, y Jacinta y Milagros por la motivación que nos entregan para el futuro.

Muchas Gracias

Hernán de Solminihac T.
Guillermo Thenoux Z.

PRIMERA PARTE

INDUSTRIA DE LA CONSTRUCCIÓN

CAPÍTULO 1

INTRODUCCIÓN

El objetivo del presente capítulo es introducir al lector a la industria de la construcción, identificando sus integrantes, sus características y sus etapas, además de identificar el rol del profesional de la construcción y presentar una breve reseña histórica de la construcción en Chile.

1.1 LA INDUSTRIA DE LA CONSTRUCCIÓN

Previo a describir la industria de la construcción es importante distinguir dos conceptos que normalmente tienden a confundirse: industria y sector de la construcción. En un trabajo de la Corporación de Capacitación e Investigación de la Cámara Chilena de la Construcción se hizo un esfuerzo en definir ambos términos (Ureta et al., 1996).

Industria de la construcción es el conjunto de empresas que realizan actividades en el país y cuyo producto, derivado de su actividad en obra, corresponde a todo o parte de uno de los indicados a continuación:

- **Construcción habitacional:** que comprende la construcción de viviendas unifamiliares, en forma de casas aisladas, conjuntos habitacionales o edificios en altura (Figura 1.1).

Figura 1.1
Construcción habitacional. Casas en Santiago, Chile. (Gentileza Carlos Videla).

- **Construcción no habitacional:** que comprende la construcción de edificaciones para usos no residenciales, tales como: hospitales, oficinas, escuelas, establecimientos comerciales, estacionamientos, iglesias, etc., en forma de edificios de baja o gran altura (Figura 1.2).

Figura 1.2
Construcción no habitacional. Edificio San Agustín, Escuela de Ingeniería, Pontificia Universidad Católica de Chile, Campus San Joaquín. Santiago, Chile. (Gentileza Revista RIC).

- **Construcción industrial:** que comprende obras relacionadas con el montaje de equipos e instalaciones de plantas procesadoras industriales, bodegas de almacenamiento, etc. (Figura 1.3).

Figura 1.3
Construcción industrial.
(Gentileza Carlos Videla).

- **Obras civiles:** obras de ingeniería tales como puertos, construcciones marítimas (plataformas, cañerías submarinas, etc.), puentes, caminos, carreteras, túneles, represas, aeropuertos, obras de riego, gaseoductos, oleoductos, etc. (Figura 1.4).

Figura 1.4
Obra civil. Puente Totoralillo, Ruta 5 Norte. Chile. (Gentileza Revista RIC).

Adicionalmente, están las obras de especialidades, las obras de conservación y las de reparación. Hoy en día las primeras revisten gran importancia en el sector y entre ellas se destacan las instalaciones eléctricas, sanitarias (agua y alcantarillado), aguas lluvias, climatización, ascensores, sistemas de seguridad, comunicaciones, terminaciones (pinturas, ventanas, etc.) y otras. En cuanto a las segundas, referidas fundamentalmente a las obras de conservación y reparaciones necesarias para poder alcanzar la vida útil proyectada de una estructura, no tienen actualmente la importancia requerida. Sin embargo, se estima que debería ser una actividad importante del sector construcción en el futuro. Esta situación se observa claramente en las obras viales, donde por ejemplo una conservación inadecuada puede significar grandes costos al momento que se quiera restituir la serviciabilidad y resistencia estructural de un pavimento (de Solminihac, 2001).

El sector de la construcción, en cambio, comprende a cualquier personal natural o jurídica que realice actividades en el territorio nacional, cuyo objeto sea construir o colaborar en la construcción de cualquier obra en la que realicen actividades empresas pertenecientes a la industria de la construcción.

A la luz de estas definiciones, la industria de la construcción forma parte del sector, ya que agrupa solo a quienes producen los bienes antes indicados, mientras que al sector pertenecen además todos quienes colaboran en las actividades de la industria, entre los que se pueden citar a los industriales y proveedores de materiales de construcción, instituciones financieras entre otros.

1.1.1 INTEGRANTES DE LA INDUSTRIA DE LA CONSTRUCCIÓN

La industria de la construcción involucra a diversos grupos de personas durante el desarrollo global de cada proyecto. A continuación se presentan los principales grupos y el rol que ellos juegan en un proyecto de construcción (Adaptado de Tenah, 1985):

- **Dueños** (Mandante). Los dueños o mandantes son quienes conciben y determinan los objetivos de los proyectos de construcción. Usualmente seleccionan y designan los sitios o terrenos donde deberá materializarse una obra, disponen las características principales para los diseños, proveen o consiguen el financiamiento, son responsables de los permisos, administran los contratos, realizan el seguimiento de los costos, controlan el plazo y establecen los requerimientos de calidad. En definitiva, son los dueños quienes contratan a empresas constructoras para que ejecuten un proyecto y administren los recursos necesarios (humanos, materiales y financieros) para materializar la obra. En general, dependiendo de cuál sea el agente económico que financie la inversión en un proyecto de construcción, la obra será pública (si es el Estado) o privada (si son los particulares). También existen las obras concesionadas, en donde el Estado entrega a privados el diseño, conservación y operación de un proyecto por un determinado período. La Ordenanza de Urbanismo y Construcción en Chile, obliga al "**propietario primer vendedor**", como dueño del inmueble en que se ejecutó la obra, ser responsable de que la obra no tenga daños ni perjuicios provenientes de fallas o defectos, ya sea durante la ejecución o una vez terminada, por un determinado período, que actualmente se ha fijado en 3 años para defectos en terminaciones, 5 años para fallas en elementos constructivos o instalaciones y 10 años para daños en la estructura soportante.

- **Diseñadores.** Generalmente son arquitectos, ingenieros y otros especialistas, quienes transforman las concepciones de los dueños en proyectos detallados y específicos mediante planos y especificaciones que los constructores pueden materializar. Asimismo, son ellos quienes establecen, al menos, los esquemas preliminares y estiman los costos. Los diseñadores pueden operar como parte de un solo equipo diseñador y constructor, o bien, en forma separada. Son los responsables de que el proyecto se enmarque dentro de los reglamentos y normas legales existentes.

- **Constructores** (Contratistas generales y contratistas de especialidades). Son un equipo de profesionales (ingenieros, constructores civiles, arquitectos u otros profesionales), quienes administran los esfuerzos necesarios con el fin de convertir los proyectos de los diseñadores (planos y especificaciones acompañadas de documentos de contrato) en obras físicas. Ellos se encargan de comprar materiales y suministros de calidad, de adquirir, administrar y aprovisionar equipos de construcción, de atender y llevar a cabo el seguimiento en las materias financieras y de negocios de toda índole y, en mayor o menor grado, de supervisar las operaciones. Otra función primordial que les compete es la de proveer liderazgo y asesoría administrativa respecto a la fuerza de trabajo, reunirla, organizarla, suministrar un método o plan de trabajo, proveer a los trabajadores de materiales, maquinarias, equipos y herramientas, y optimizar las faenas dentro de un marco de seguridad y calidad ambiental.

- **Fuerza de trabajo.** Está formada por trabajadores, capataces y supervisores. Los trabajadores a través de sus habilidades y esfuerzos, canalizados individualmente o en cuadrillas dirigidas por capataces o supervisores, transforman en una realidad concreta y tangible los proyectos descritos en los planos y especificaciones siguiendo para tales efectos métodos desarrollados por ellos mismos o por los administradores, haciendo uso de los recursos materiales, información, equipos, herramientas y del espacio de trabajo que les son proporcionados. Dependiendo de la naturaleza de la obra (obra de edificación, civil o industrial) la fuerza de trabajo deberá considerar diferentes especialidades, tales como: jornales, carpinteros, albañiles, enfierradores (estructuras y refuerzos), trazadores, operadores de equipos, estucadores, concreteros, soldadores, montadores de estructuras metálicas, eléctricos, pintores, etc. En suma, cada proyecto de construcción, sea grande o pequeño, involucra a un número importante de trabajadores de distintas especialidades, ya sean calificados o no-calificados. También forman parte importante de la fuerza de trabajo el personal administrativo y el de la oficina técnica, que lleva a cabo el control de calidad, verificaciones y controles de avance, estados de pago, entre otras labores.

Además de estos cuatro tradicionales componentes de la industria de la construcción anteriormente descritos, pueden participar en el sector de la construcción los siguientes organismos, empresas o personas: organismos normativos (Gobierno, Instituto Nacional de Normalización, Municipalidades, etc.), organismos de salud e higiene (Mutual de Seguridad, Asociación Chilena de Seguridad, etc.), asociaciones gremiales (Cámara Chilena de la Construcción), instituciones financieras (Bancos, financieras, etc.), comunidad (los vecinos afectados por las obras), proveedores (materiales, prefabricados, etc.), servicios públicos (agua potable, alcantarillado, electricidad, gas, etc.), empresas de inspección, organismos encargados del ambiente (por ejemplo en Chile existen la CONAMA, Comisión Nacional del Medio Ambiente, para nivel nacional, y la COREMA, Comisión Regional del Medio Ambiente, para proyectos regionales), y otras. Cabe señalar que para que un proyecto de construcción se vuelva realidad se requiere necesariamente del esfuerzo coordinado de las partes involucradas, poniendo énfasis en la integración del trabajo de ingeniería con el trabajo en terreno. La Figura 1.5 muestra la forma como se pueden relacionar los distintos agentes del sector de la construcción, según el Plan Estratégico de la Cámara Chilena de la Construcción.

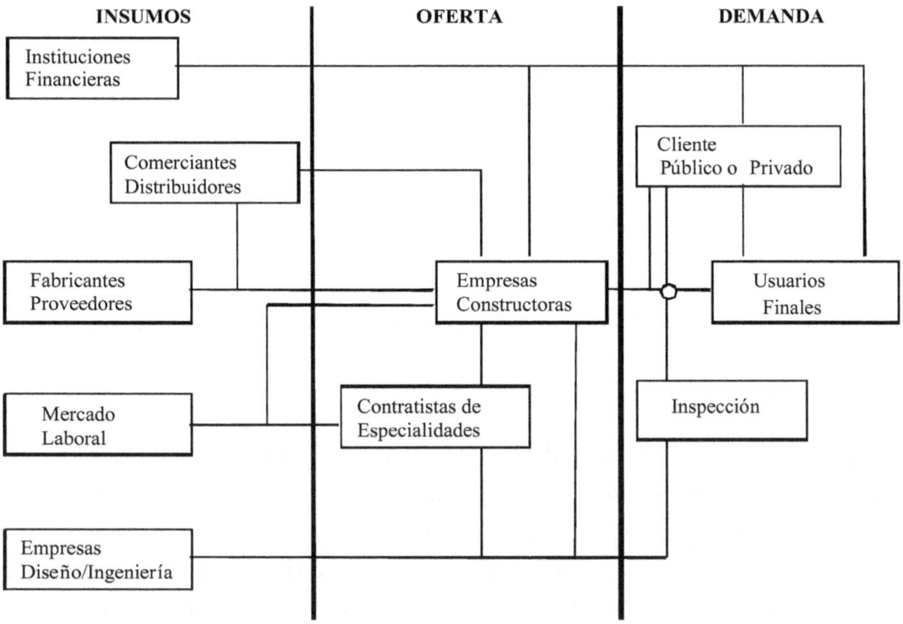

Figura 1.5
Esquema lógico del Sector de la Construcción (CChC, 1993).

1.1.2 PRINCIPALES CARACTERÍSTICAS DE LA INDUSTRIA DE LA CONSTRUCCIÓN

La industria de la construcción posee varias características que la diferencian de la industria manufacturera en general, entre las principales se pueden distinguir las siguientes:

- **Construcción por etapas.** Generalmente los proyectos de construcción no industrializada de cualquier índole se desarrollan por etapas, es decir, el proceso de trabajo, o bien las tareas y operaciones que se deben ejecutar son secuenciales a lo largo del tiempo.
- **Ciclo de vida.** La mayoría de los proyectos de construcción así como cada una de sus correspondientes etapas tienen una duración relativamente corta. Esto constituye a menudo una situación crítica para quienes ejecutan y administran los proyectos, puesto que la falta de tiempo es una justificación para no incorporar métodos de planificación, control y estudio de los problemas que se van presentando durante el desarrollo de las distintas fases del trabajo.

Otro aspecto relevante, relacionado con la corta duración de los proyectos de construcción, tiene que ver con la existencia de una alta presión de trabajo en cada una de las etapas, es decir, la fuerza de trabajo o cuadrillas especializadas en ciertas operaciones deben desarrollar y completar con rapidez sus tareas para dar cabida a la siguiente etapa en la ejecución de un proyecto particular. De esta manera, se requiere que los trabajos sean bien hechos la primera vez, situación que desafortunadamente no se logra en muchas ocasiones, debido a múltiples causas, lo cual hace necesario rehacer los trabajos, con los correspondientes problemas de costos y plazos. La tendencia actual es preocuparse anticipadamente de estos temas, a través de lo que se conoce hoy como la gestión sin pérdida.

- **Permanencia de la fuerza de trabajo.** La corta duración que tienen los proyectos de construcción y la variabilidad de requerimientos de mano de obra de diferentes especialidades durante el desarrollo de las distintas fases o etapas de trabajo tienen como consecuencia principal de esta actividad productiva, el permanente cambio en la composición de la fuerza de trabajo a lo largo de la ejecución del proyecto. A medida que la actividad de la construcción se vaya transformando de una actividad artesanal a una más industrializada, esta característica debería tender a cambiar.

- **Lugar de trabajo.** A diferencia de otras actividades productivas, la ejecución de un proyecto de construcción se realiza al aire libre o a la intemperie, bajo cualquier condición ambiental, de acuerdo al lugar geográfico en que esté ubicada la obra. Por esta razón, las fases de trabajo son sensibles y están sujetas a las interrupciones y variaciones que las condiciones climáticas puedan producir (nieve, lluvia, frío, humedad, calor, polvo, ruido, etc.). Las condiciones ambientales que existan en el entorno de cualquier faena, sin duda alguna, constituyen uno de los factores que afecta la productividad, la seguridad y la satisfacción laboral de la fuerza de trabajo.

- **Áreas de trabajo.** Muchas etapas del proceso constructivo se deben llevar a cabo en el mismo espacio físico de construcción. Las fuerzas laborales de distintas especialidades deben compartir las mismas áreas de trabajo lo que obliga a ingenieros y diseñadores a planificar y programar muy bien las actividades de los diferentes procesos para reducir riesgos de diferentes tipos.

- **Características de las metas de producción.** Quienes trabajan en la industria de la construcción pueden identificar, con un buen nivel de definición, sus metas de producción, puesto que la mayoría de ellas son tangibles. De esta manera se pueden ir observando visualmente, en cada una de las fases o etapas del proceso de trabajo, los logros y avances que se obtienen cada día durante la ejecución de un proyecto.

- **Variación del trabajo.** Es evidente que el proceso de trabajo en la industria de la construcción tiene el carácter singular de ser variado. Por una parte, este aspecto está determinado por el hecho de que los proyectos de construcción son diferentes, es decir, cada obra presenta características particulares y específicas. Por otro lado, la ejecución misma de cada una de las tareas u operaciones que involucran las fases de trabajo van variando continuamente, ya que las metas que día a día se deben alcanzar se ven modificadas de acuerdo al avance obtenido en cada jornada. Es por estas razones que se puede afirmar que el trabajo en la industria de la construcción no es rutinario, no obstante, esto no se contrapone por cierto con la existencia de ciertas actividades repetitivas.

- **Movilidad en el lugar de trabajo.** El proceso de trabajo en la industria de la construcción involucra necesariamente el movimiento de la fuerza de trabajo de un lugar a otro, de acuerdo al desarrollo de las etapas y fases de trabajo. Por esta razón, los sitios o lugares donde se realizan las tareas u operaciones no son permanentes y, por lo tanto, el espacio de trabajo puede tener una movilidad vertical ascendente o descendente (por ejemplo, construcción de un edificio en altura) o bien horizontal (por ejemplo, construcción de un camino o un conjunto de casas).

- **Trabajo artesanal.** A pesar de que gran parte de las obras de construcción se pueden prefabricar o industrializar, ha existido en general un aporte de trabajo de características artesanales, que puede llegar a constituir un 100% del total de la obra cuando la empresa no cuenta con los medios administrativos y tecnológicos para industrializar los procesos. Esta tendencia ha ido evolucionando actualmente y la actividad de la construcción se está haciendo cada vez más industrializada.

- **La seguridad en la industria de la construcción.** En la industria de la construcción todas las tareas u operaciones correspondientes a cada una de las fases o etapas de ejecución de un proyecto normalmente involucran un trabajo manual que requiere de un gran desgaste físico y muscular de parte de quienes se ocupan en este sector productivo en calidad de fuerza de trabajo. Un parámetro muy utilizado para medir la seguridad en las industrias es la tasa de accidentabilidad, que corresponde al número de accidentes por cada 100 ocupados durante un período acotado de tiempo. En general, la actividad de la construcción ha tenido históricamente una de las tasas más altas en comparación con otras actividades. Esta situación representa un gran desafío en el sector para seguir mejorando en este aspecto. Este tema es desarrollado con mayor profundidad en el Capítulo 3 de este libro.

En resumen, podemos decir que en la industria de la construcción el producto está fijo y la industria se mueve, en cambio en la industria manufacturera, la industria está fija y el producto avanza hasta alcanzar su característica terminal.

1.2 PRINCIPALES ETAPAS EN EL DESARROLLO DE LA CONSTRUCCIÓN

La actividad de la construcción en Chile ha sido tradicionalmente muy artesanal. Con la mayor parte de los componentes realizados en la misma obra, esta conceptualización de la construcción ha estado variando desde hace bastante tiempo, pero sin avances significativos a la fecha a nivel de industria, salvo algunos ejemplos exitosos. Las otras formas de abordar un proceso constructivo, que siguen a esta construcción tradicional y que deberían desarrollarse con fuerza en el futuro en Chile son las siguientes (Thenoux et al., 1995):

- Construcción in situ tecnificada: Considera introducir elementos y tecnología moderna de apoyo a la obra, por ejemplo: a través del uso de herramientas especiales, materiales innovadores y elementos de apoyo tecnificados (moldajes metálicos por ejemplo) que ayuden a aumentar la productividad en el proyecto (Figura 1.6).

Figura 1.6
Ejemplo construcción in situ tecnificada. (Gentileza Eduardo Effa).

- Construcción industrializada parcialmente: En esta etapa se considera la fabricación de elementos componentes de las obras (prefabricación) para después colocarlos en la obra definitiva como complemento de actividades realizadas en terreno. Estos elementos pueden ser fabricados en el terreno y/o en fábricas especializadas (ejemplo: cerchas, ventanas, puertas, losas, tabiques, techumbres, etc.).

- Construcción ampliamente industrializada: En esta etapa se trata de aumentar el número de componentes que se realizan previamente en fabrica para luego ser montada en el terreno, lo que puede llegar a ser un 100% de la obra (Figura 1.7).

Figura 1.7
Ejemplo construcción ampliamente industrializada. Construcción Línea 4 Metro de Santiago, Chile. (Gentileza Revista RIC).

Este texto está orientado principalmente a las dos primeras etapas, ya que están pensados como un elemento introductorio al tema de la construcción y, por lo tanto, no incluyen en detalle aspectos de industrialización de la construcción. En todo caso, para poder reducir el trabajo artesanal, se debe iniciar un proceso de estandarización en todos los niveles del sector e incorporar técnicas de administración y gestión modernas.

1.3 EL ROL DEL PROFESIONAL DE LA CONSTRUCCIÓN

El Departamento de Ingeniería y Gestión de la Construcción de la Pontificia Universidad Católica de Chile, ha definido el perfil del Ingeniero Civil de Construcción, la cual ha servido de base para definir el rol del profesional que materializa obras de construcción, el que se presenta a continuación.

El profesional de la construcción debe tener una sólida formación, una rigurosa preparación científico y tecnológica y amplios conocimientos de administración, que lo capacite para aplicar la tecnología actual y adecuarse a las innovaciones del futuro: manejando los recursos en forma eficiente, en el desarrollo y materialización de proyectos civiles. Con esta formación debe poder afrontar los continuos desafíos que presentan el desarrollo tecnológico, social y económico del país.

Este profesional debe tener una mente analítica y crítica que le permita mantener actualizados sus conocimientos y utilizar el mejor criterio profesional para su desempeño en el campo de la construcción. Debe tener una amplitud de conocimientos que le permita actuar en equipos multidisciplinarios. Debe ser capaz de comunicarse efectivamente en forma oral, escrita y gráfica. Debe ser capaz de reconocer su responsabilidad social y de identificar las necesidades sociales. Debe ser capaz de adaptarse a las condiciones de vida que impone el trabajo en terreno. Debe tener un gran sentido ético que guíe sus actuaciones profesionales y personales, y debe saber asumir activamente el papel que le corresponde dentro de la comunidad.

El trabajo del profesional de la construcción tiene características especiales por la magnitud, complejidad y diversidad de las obras civiles, las condiciones de incertidumbre en que se desarrollan, las limitantes de recursos existentes, la velocidad con que deben tomarse las decisiones y el corto ciclo de vida de los proyectos. Este profesional debe ser capaz de evaluar la magnitud del riesgo y el impacto de sus decisiones. Al mismo tiempo, debe ser capaz de evaluar técnica y económicamente las distintas alternativas, y utilizar para este efecto en forma combinada conocimientos específicos de los materiales, de estructuras, de técnicas de construcción, de herramientas matemáticas de optimización y de administración. Para que sus decisiones sean realistas y prácticas debe contar además con un conocimiento general del ser humano, del entorno legal y del medio ambiente.

1.4 HISTORIA DE LA CONSTRUCCIÓN EN CHILE

Esta sección se basa fundamentalmente en el artículo sobre la construcción en Chile aparecido en la revista BIT de la Corporación de Desarrollo Tecnológico de la Cámara Chilena de la Construcción (www.revistabit.cl).

Pedro de Valdivia junto con iniciar la Conquista de nuestro país, comienza el traspaso de las técnicas constructivas que los españoles traían de su patria. Es así como el diseño de las ciudades siguió las ordenanzas muy modernas que el Rey Felipe II ordenó para su reino y en las casas se siguió un modelo español adaptado. Las obras de infraestructura del período colonial fueron realizadas por las autoridades de gobierno central o de la ciudad, con artesanos españoles en un comienzo, para luego realizarla con chilenos (Figura 1.8). En esta etapa se contó con la valiosa participación como proyectistas de maestros constructores, arquitectos e ingenieros militares extranjeros.

Figura 1.8
Puente Cal y Canto. Santiago, Chile. Siglo XVIII. (Gentileza Familia Zañartu).

El desarrollo de nuestras exportaciones agrícolas y mineras, trajo la construcción del ferrocarril a partir de la mitad del siglo XIX y la ampliación de los puertos; luego la industria del salitre dio un gran auge a la construcción en todo el país y con ello aparecieron los primeros contratistas que realizaron obras de gran envergadura. Ellos eran principalmente extranjeros de Inglaterra y Estados Unidos, pero al cabo de algunos años empezaron a participar ingenieros chilenos, como es el caso, a fines de siglo, del ingeniero don Victorino Lastarria, en el proyecto y construcción del viaducto del Malleco. Las empresas constructoras propiamente tales, entendiéndose por ellas un grupo humano organizado y que mantiene su actividad más allá de las personas, aparecieron en nuestro país a fines de la segunda mitad del siglo XIX, siendo ellas en general de origen foráneo.

El año 1939 nuestro país es sacudido por un gran terremoto que destruye Chillan y Concepción. La reconstrucción que sigue da lugar al afianzamiento de las nuevas empresas y a la aparición de otras y será en los años cuarenta, que a pesar de las graves restricciones que imponía la Segunda Guerra Mundial, se inician las grandes obras en el país, como por ejemplo: pavimentación de la carretera de Santiago a Talca, la central hidroeléctrica de Sauzal, las oficinas del hoy Banco del Estado y el desarrollo del centro de Santiago. Fue en el período de 1950 que dirigentes de las principales empresas constructoras resuelven crear un organismo gremial de la actividad, que los represente frente a la opinión pública y los poderes del Estado, es entonces que se crea la Cámara Chilena de la Construcción.

Hasta esa época la construcción de viviendas era una actividad individual y recién el Estado empezaba a actuar frente al déficit habitacional, construyendo algunas poblaciones. A comienzos de la década de los sesentas, se crea el decreto con fuerza de ley número dos (DFL-2) que introdujo una gran significación a la construcción de viviendas en el país, introduciendo beneficios tributarios a quienes construían viviendas de ciertas características. A fines de esta década se inicia la construcción del Metro de Santiago. A partir de 1985 se inicia en el país un desarrollo económico que se mantuvo hasta mediados de la década de los noventa, lo que se tradujo en un incremeto significativo en la actividad de la construcción. A lo largo del país aparecen numerosos proyectos industriales, agroindustriales, forestales, pesqueros, turísticos, mineros, energéticos e inmobiliarios que llevan a un aumento importante de esta actividad y que ha servido para hacer aflorar algunas debilidades de nuestro país, especialmente en infraestructura y de calidad. La forma en que el país está enfrentando estas deficiencias es a través de la creación de un mecanismo de concesiones, que permite a los privados diseñar, construir y operar una obra de infraestructura por un determinado período. Para mejorar la calidad de nuestras obras se introducen cambios a la ley, de modo de incentivar mejoras en nuestros proyectos. Además, se debe capacitar permanentemente a las personas que trabajan en el sector, para mejorar la calidad y productividad en esta industria y con ello poder atraer más personas a este rubro, de modo de enfrentar las variaciones que éste tiene ante variaciones de la economía.

1.5 CONTEXTO ECONÓMICO DE LA INDUSTRIA DE LA CONSTRUCCIÓN EN CHILE

En esta sección se presenta el contexto de la industria de la construcción en Chile a través de su inversión, el aporte al Producto Interno Bruto (PIB), la participación en el empleo, el impacto en otros sectores económicos y la productividad de la industria.

1.5.1 INVERSIÓN EN CONSTRUCCIÓN

A partir de los datos de inversión desagregada en vivienda pública, vivienda privada, infraestructura pública e infraestructura productiva (CChC, 2019) se elaboró la Figura 1.9 que da cuenta de los montos de inversión en la industria de la construcción de Chile entre los años 2010 y 2018.

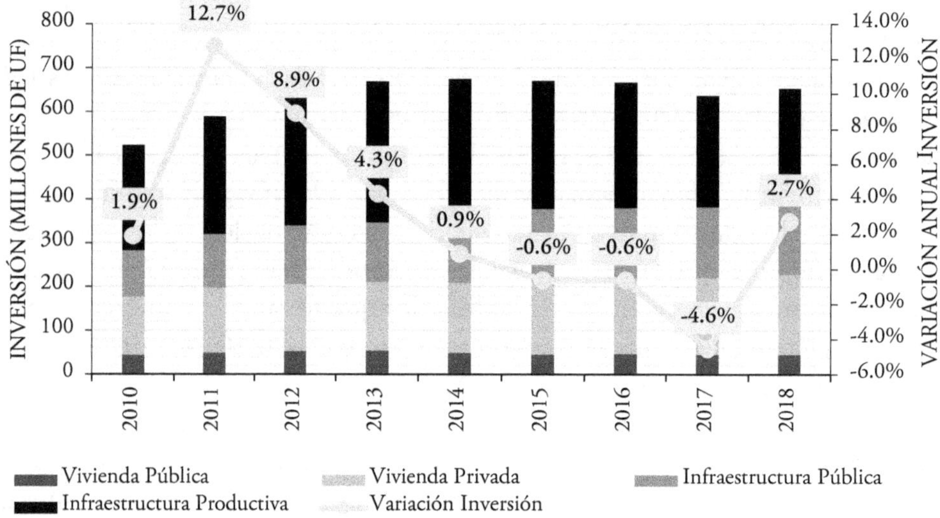

Figura 1.9
Inversión desagregada y variación de inversión en construcción. (Elaboración propia con datos CChC, 2019).

Sobre la inversión en la industria de la construcción en el periodo 2010-2018, destaca que la mayor parte de la inversión corresponde a infraestructura con una participación promedio del 67% de la inversión total. Con esto, la inversión en vivienda ha representado el 33% de la inversión total. En cuanto a la inversión desagregada, la infraestructura productiva ha sido el principal componente de la inversión entre 2010 y 2018 con una participación de 44,5%. En segundo lugar, se encuentra la inversión en vivienda privada, la que corresponde en promedio al 25,6% de la inversión total. Esto supera levemente a la participación de la infraestructura pública (22,5%). El componente de menor participación es la vivienda pública (7,3%).

En la Figura 1.9 también es posible observar que la inversión total en el sector de la construcción ha crecido a una tasa promedio de 1,2% anual entre 2010 y 2018. La inversión alcanzó su mayor tasa de crecimiento el año 2011 con un 12,7%.

1.5.2 PARTICIPACIÓN EN EL PRODUCTO INTERNO BRUTO (PIB)

La industria de la construcción es uno de los sectores importantes de la economía de Chile. De acuerdo a datos proporcionados por el Banco Central de Chile (2019a), en los últimos 10 años la industria de la construcción ha constituido en promedio el 6,6% del producto total de la economía chilena, con aporte máximo de un 7,0% y un mínimo de 6,2%.

Respecto a la influencia o participación de la construcción en el producto total de la economía chilena, se calculó el porcentaje de participación por sector económico correspondientes al año 2018. En la Figura 1.10 se presentan los principales porcentajes obtenidos por sector económico.

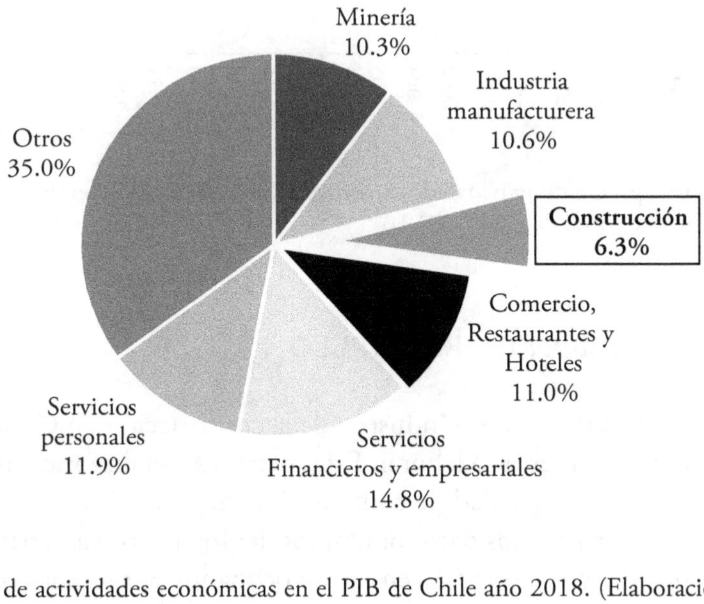

Figura 1.10
Participación de actividades económicas en el PIB de Chile año 2018. (Elaboración propia con datos de Banco Central de Chile, 2019a).

A partir de la Figura 1.10 se desprende que la industria de la construcción aportó con 6,3% del PIB nacional en el año 2018. La participación actual de la construcción es inferior a la actividad minera, la que aportó con 11,4%. Los sectores con mayor participación en la economía de Chile son los servicios financieros y empresariales y los servicios personales, con un 16,5% y un 11,0%, respectivamente.

A lo largo de los últimos años, el aporte de la actividad económica de la construcción ha ido disminuyendo, pues en 1997 representaba el 9,3% de la economía chilena. La Figura 1.11 presenta la evolución de la participación del PIB de la industria de la construcción en el PIB de la economía de Chile.

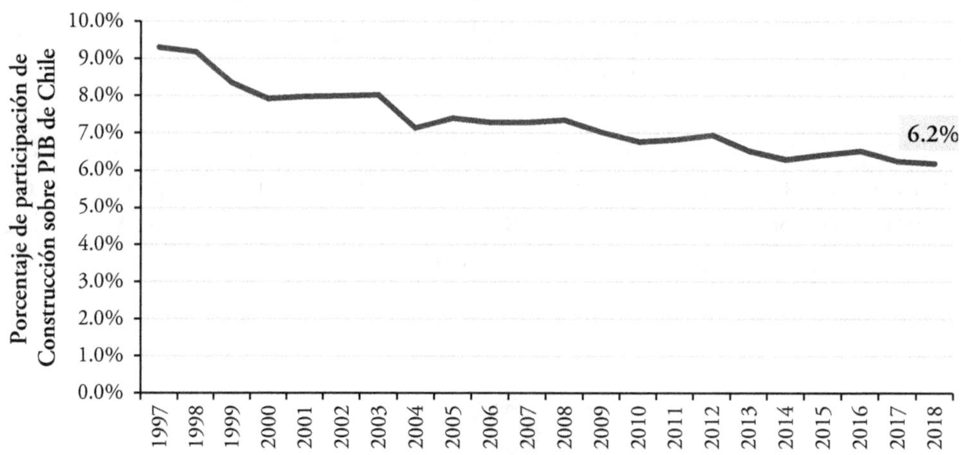

Figura 1.11
Evolución de participación de actividad de construcción en el PIB de Chile. (Elaboración propia con datos de Banco Central de Chile, 2019a).

1.5.3 PARTICIPACIÓN EN EL EMPLEO

Otro elemento importante de la industria de la construcción en Chile es su nivel de participación en el mercado laboral. Esta métrica se analiza mediante la cantidad de ocupados en la actividad de construcción respecto al total de ocupados a nivel nacional. A partir de los datos obtenidos del Instituto Nacional de Estadísticas (INE, 2019) se calculó el porcentaje de ocupados por sector económico en 2017, lo que se puede observar en la Figura 1.12.

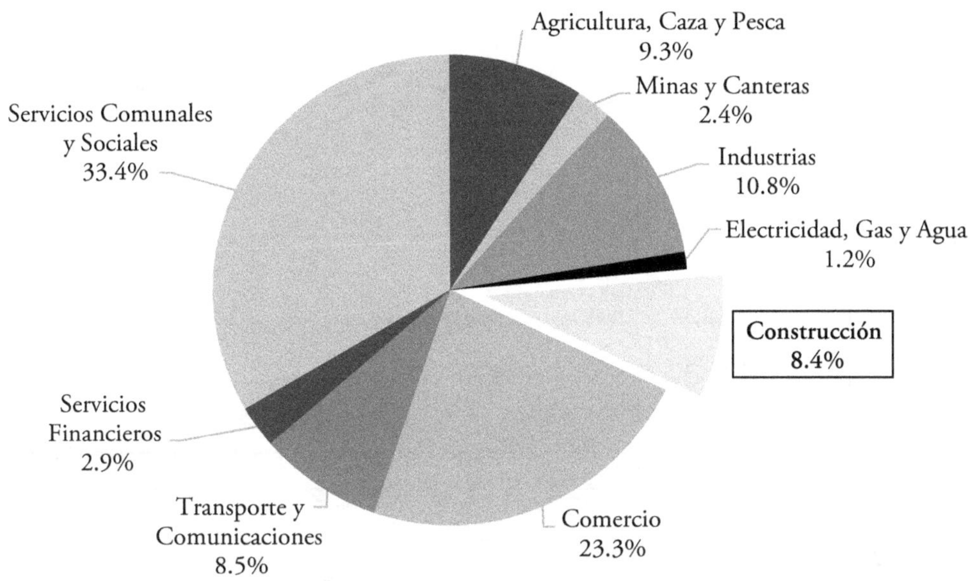

Figura 1.12
Participación de actividades económicas en el mercado laboral nacional en 2017. (Elaboración propia con datos del INE, 2019).

La cantidad de ocupados en la industria de la construcción representó el 8,4% de los ocupados en la economía nacional en el año 2017. Esta cifra es superior a la participación de los servicios financieros (2,9%) pero inferior al sector agricultura, caza y pesca (9,3%). Ahora bien, es relevante considerar también que la cantidad de ocupados tiene una fuerte relación con la naturaleza y el nivel de industrialización del sector económico en cuestión; no necesariamente un sector que aporta más al producto nacional implica un mayor porcentaje de ocupados en esa industria, como sucede en el caso de la minería (2,4%).

La evolución de la participación de la industria de la construcción en el mercado laboral en promedio ha crecido 0,5% en los últimos 20 años. Sin embargo, desde 1997 a 2017 la participación de la industria de la construcción ha disminuido, pues en 1997 correspondía a 8,6%, mientras que en 2017 corresponde a 8,4%. La Figura 1.13 expone la evolución de la participación de la industria de la construcción en el mercado laboral de Chile entre 1997 y 2017.

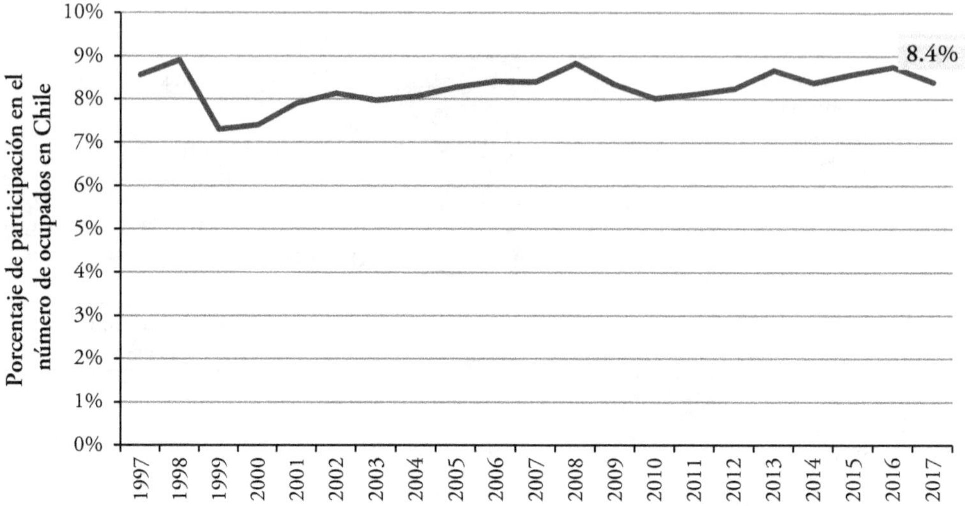

Figura 1.13
Evolución de participación de actividad de construcción en el PIB de Chile. (Elaboración propia con datos de Banco Central de Chile, 2019a).

1.5.4 IMPACTO EN OTROS SECTORES ECONÓMICOS

Una forma de representar el impacto de la actividad de construcción en otros sectores económicos es a través de la participación de la inversión en cada actividad económica que es destinada a construcción de obras. La Figura 1.14 elaborada con datos del Banco Central de Chile (2019b) representa dicho impacto para el año 2017.

Más allá de la participación de la construcción en el PIB, el empleo y la inversión, la mayor relevancia de este sector radica en el efecto multiplicador que produce en la economía. Este corresponde al efecto indirecto que produce esta industria en otros sectores.

El efecto multiplicador específico de esta industria se funda en que gran parte de los insumos que se utilizan en las obras de construcción provienen de otras industrias, induciendo dinamismo en estas últimas.

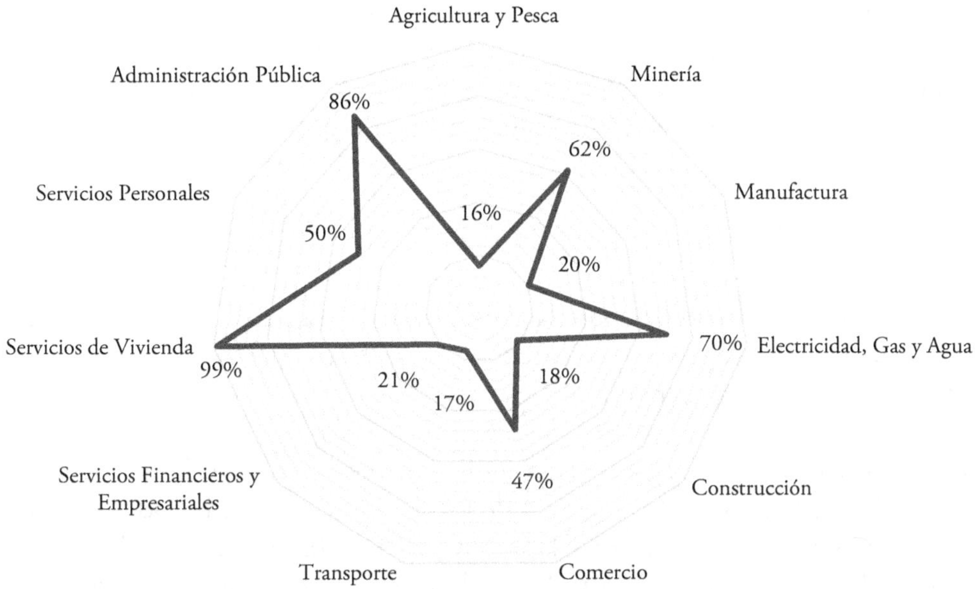

Figura 1.14
Participación de la inversión en construcción de obras en el total de inversión por actividad en 2017. (Elaboración propia con datos de Banco Central de Chile, 2019b).

Al construir una obra generalmente se invierte en equipos, máquinas y obras de ingeniería (capital físico). Asimismo, se generan puestos de trabajo, tanto en la misma obra como en el resto de la cadena de valor (proveedores, transporte, entre otros). Finalmente, en el mediano y largo plazo las obras construidas aportan a una mayor competitividad del país.

Por lo tanto, la materialización de proyectos de construcción genera tres efectos que estimulan el crecimiento de la economía: (1) aumento de capital físico, (2) uso de mano de obra e (3) incremento de productividad.

Un ejemplo del efecto multiplicador del sector es el caso de las obras públicas. Se estima que en Chile por cada 10% de aumento de inversión en infraestructura pública, el PIB per cápita crece en promedio 1,7%.

Todo esto conlleva a que el sector de la construcción sea denominado el "termómetro de la economía", pues su comportamiento es un indicador adelantado de la actividad agregada.

Incluso, algunos de los indicadores propios de la industria de la construcción son utilizados como predictores del comportamiento futuro del Producto Interno Bruto. Tal es el caso del índice de despacho de materiales, de cemento, de hormigón, de barras de acero y el número de permisos de edificación.

1.5.5 PRODUCTIVIDAD DE LA INDUSTRIA

La productividad entendida como la capacidad de producción de un sistema por unidad de recurso, ya sea trabajo o capital, es un factor clave en el desarrollo de la industria de la construcción.

Diversas métricas sirven para obtener índices de productividad. En particular en esta sección se presentan dos métricas de medición de productividad de acuerdo a la metodología propuesta por Clapes UC (2015). La primera de ellas corresponde a la Productividad Media Laboral (PML), la cual representa el aporte medio de cada trabajador en la producción en la industria. Esta métrica es igual al cociente entre el PIB de la actividad y el número de empleados en la construcción. La segunda métrica utilizada es la Productividad Total de Factores (PTF), la cual representa la contribución al crecimiento del valor agregado de la producción que no es justificado por los factores trabajo y capital.

Productividad Media Laboral (PML)

La Productividad Media Laboral (PML) en la construcción en Chile ha presentado un crecimiento medio anual nulo en los últimos 20 años (1997-2017), mientras que la economía ha presentado un crecimiento medio anual de 1,6% en el mismo periodo. La Figura 1.15 presenta la evolución de la PML de la actividad de construcción y de la economía en Chile entre 1997 y 2017.

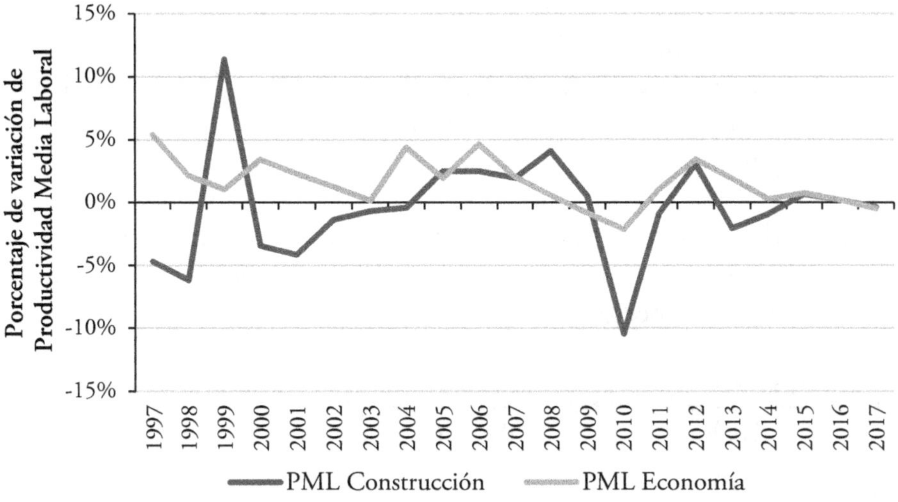

Figura 1.15
Evolución de la Productividad Media Laboral de la construcción y la economía entre 1997-2017. (Clapes UC, 2019).

Productividad Total de Factores (PTF)

La Productividad Total de Factores (PTF), es calculada a través de una función de producción tipo Cobb-Douglas con rendimientos constantes a escala, como el residuo entre el PIB (Y) de la construcción por encima del número de empleados (L) y el stock de capital (K).

$$Y = PTF * L^{\alpha} * K^{1-\alpha}$$

La cuantificación de la PTF requiere un esfuerzo mayor respecto a la Productividad Laboral, pues se debe valorar el parámetro α, el que indica la participación de la masa salarial en el producto de la actividad.

La participación del factor trabajo en la construcción puede ser calculado como el cociente entre los ingresos laborales y el producto interno bruto de la actividad, descontado de impuestos netos sobre la producción e impuestos sobre la renta.

$$\alpha_{const} = \frac{(Remuneración\ Media)_{const} * (Número\ Empleados)_{const}}{(1 - Impuestos) * PIB_{const}}$$

A partir de la información de las Cuentas Nacionales del Banco Central (2019) se estima que en los últimos 20 años el trabajo representa en promedio el 32,6% de la producción en la construcción, por lo tanto, la participación del stock de capital en la industria de la construcción nacional ha sido en promedio 67,4% en el mismo periodo.

La industria de la construcción es intensiva en capital. Esto quiere decir que la elasticidad de la producción en la construcción con respecto al capital es mayor a la elasticidad con respecto al trabajo.

$$\varepsilon_K = \frac{\delta \log(Y)}{\delta \log(K)} = 0{,}674 > \varepsilon_L = \frac{\delta \log(Y)}{\delta \log(L)} = 0{,}326$$

Respecto a las variaciones temporales de esta métrica, se evidencia que la PTF en la industria de la construcción ha disminuido 45,5% entre 1997 y 2017 de forma acumulada (Clapes UC, 2019). Al aplicar de igual forma la metodología de cálculo de la PTF a la industria de la minería y a toda la economía de Chile, se puede comparar la evolución de esta métrica, cuyo resultado presenta que la industria de la construcción es menos productiva que la de la economía chilena en su conjunto, pero más productiva que la industria de la minería. La Figura 1.16 presenta dicha situación.

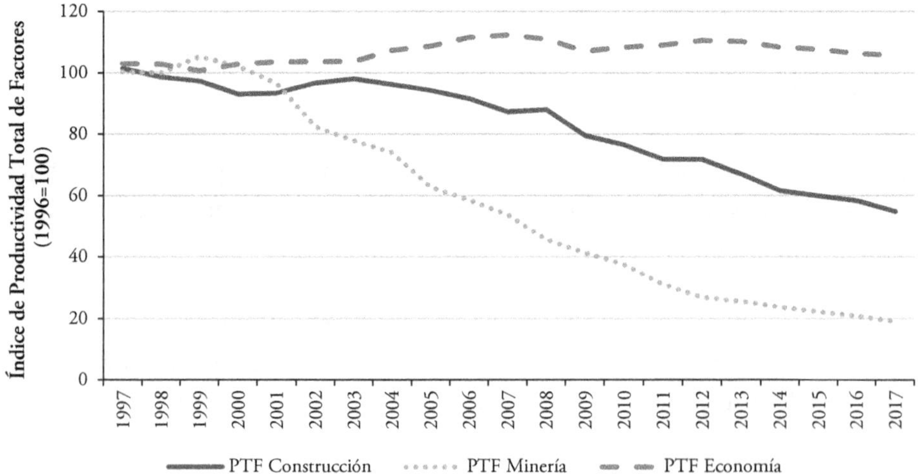

Figura 1.16
Evolución de la PTF por actividad económica en Chile. (Clapes UC, 2019).

Impulsar la industria de la construcción en Chile es necesario para disminuir la brecha existente entre la productividad del sector con respecto a toda la economía nacional y también con respecto a otras actividades y países que poseen productividades superiores a la de la industria de la construcción nacional.

Finalmente, en materia de productividad en la construcción resulta fundamental alinear los esfuerzos de los distintos actores involucrados tanto privados como públicos en la implementación de medidas que aporten al impulso de la productividad de la industria.

1.6 EJERCICIOS

A continuación se presentan algunos temas que pueden servir de estudio, los cuales pueden ser resueltos con el material presentado en el capítulo y a veces con lecturas adicionales:

a) Explique la diferencia entre industria y sector de la construcción.
b) Explique las principales áreas en que se desarrolla la actividad de la construcción.
c) ¿Cuáles son los principales agentes que forman la industria de la construcción?
d) Compare la actividad de la industria manufacturera con la de la construcción.
e) Describa las etapas en que se ha desarrollado la actividad de la construcción y analice en qué situación se encuentra esta actividad en Chile actualmente.
f) Describa el rol del profesional que materializa obras de construcción.
g) Analice cómo los distintos actores de la construcción pueden colaborar en la estandarización y mejoramiento de la calidad de la construcción en general.
h) Analice el impacto de la variaciones de la economía de un país en las variaciones en la actividad de la construcción.
i) Explique cómo ha afectado la actividad de la construcción el DFL-2 en las diferentes etapas desde que entró en vigencia.
j) Estudie la historia de la construcción de su país y compare las similitudes y diferencias con las ocurridas en Chile.

k) Analice por qué la construcción genera un impacto en otros sectores económicos.
l) Estudie el contexto y evolución de la productividad en la industria de la construcción y genere recomendaciones para mejorarla.

CAPÍTULO 2

PROYECTOS DE CONSTRUCCIÓN

El objetivo de este capítulo es presentar las características más importantes de los proyectos de construcción, partiendo desde la forma en que se originan hasta una descripción de los permisos requeridos para su ejecución. Se incluyen también las etapas del diseño de un proyecto, los participantes en tales etapas y su importancia en la ejecución, así como también las reglamentaciones más importantes que rigen a las obras de construcción y el sistema de evaluación de impacto ambiental (SEIA).

La estructura de cualquier proceso de solución de problemas debe incluir una incorporación sistemática de todos los factores técnicos, sociales y económicos que lo comprenden; más aún, debe ser una simulación lógica de la progresión de actividades involucradas en la eficiente solución de problemas. El proceso continuo e iterativo se presenta en la Figura 2.1. Este proceso es aplicable tanto al problema global como a sus componentes o "subproblemas", y se basa en la ingeniería de sistemas.

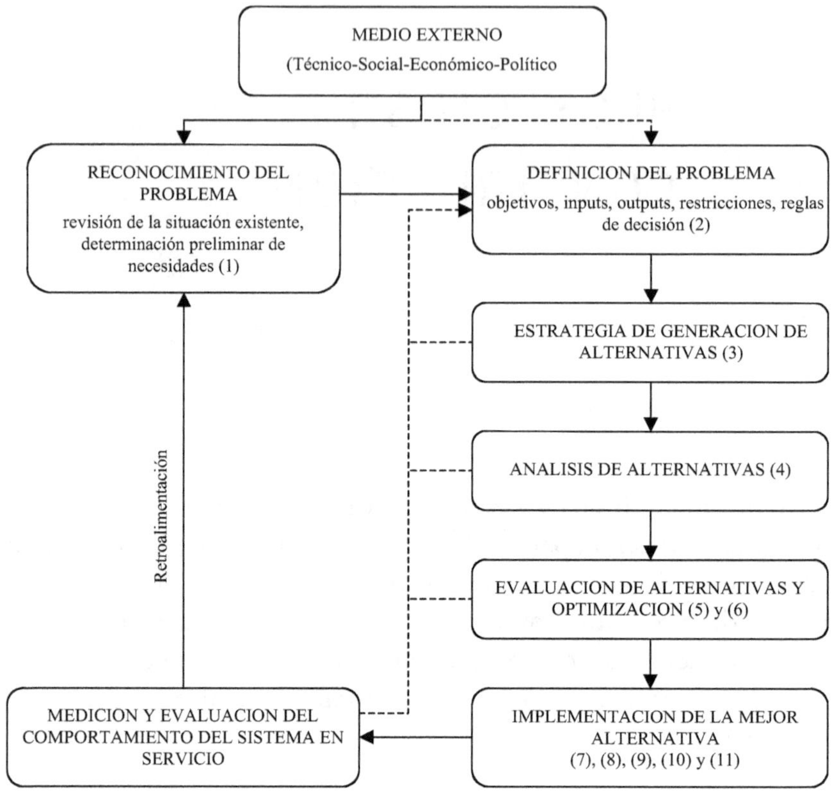

Figura 2.1
Etapas en el desarrollo de un proyecto (Adaptado de Haas, Hudson y Zanienski,1993).
Nota: Los números entre paréntesis indican las etapas presentadas en la sección siguiente.

2.1 ETAPAS EN UN PROYECTO DE CONSTRUCCIÓN

Para que un proyecto de construcción pueda materializarse deben cumplirse una serie de pasos, los que se detallan a continuación y se relacionan con la Figura 2.1:

(1) **Existencia de una necesidad.** Para que un proyecto se origine debe existir una necesidad insatisfecha, la cual puede ser, por ejemplo, un edificio para solucionar un problema habitacional, un puente que permita la comunicación de una zona aislada, un monumento que recuerde algún hecho o persona importante de la historia, etc.

(2) **Análisis.** En esta segunda etapa se analizan las necesidades, seleccionándose las más relevantes, para lo cual se deben considerar los siguientes aspectos:

- Identificar las causas que originan la necesidad de un proyecto, tales como: modificación del medio, política de desarrollo, modificación de las características de la demanda, obsolescencia de la infraestructura existente y requerimiento de nuevas infraestructuras.
- Establecer los objetivos que debe satisfacer el proyecto, tales como: sociales, económicos, funcionales y de lucro.
- Priorizar las necesidades en función de los objetivos prioritarios establecidos.

(3) **Identificación de soluciones.** En esta etapa se identifican todas las posibles soluciones que permitan resolver el problema planteado en las etapas previas. Se propone en una primera etapa soluciones a nivel de conceptualización privilegiando la imaginación, más que las restricciones.

(4) **Estudios de factibilidad.** Una de las etapas importantes en el ciclo de un proyecto es realizar estudios de factibilidad, los cuales consisten en determinar si el proyecto en estudio es viable desde un punto de vista medioambiental, técnico, económico, administrativo y legal.

(5) **Evaluación.** Se evalúan todas las alternativas posibles que permitan satisfacer las necesidades seleccionadas y se elige por lo general la que presenta una mejor factibilidad técnico y económica, que cumpla con las exigencias.

(6) **Financiamiento.** Una vez decidido el proyecto técnico es importante considerar el aspecto de financiamiento, es decir, como se pagarán los gastos en que se incurrirá en la materialización del proyecto. El financiamiento puede ser propio o a través de un préstamo.

(7) **Diseño.** Este tema de detalla en la siguiente sección. Una vez determinada la solución que se usará para satisfacer la necesidad se diseña el proyecto, tal diseño normalmente considera los siguientes aspectos:

- Estudio del terreno donde se va a construir la obra, analizando sus condiciones generales y reglamentarias, su topografía, geología, hidrología, ambientales, legales, históricas, etc.
- Diseño arquitectónico, normalmente considera las siguientes etapas: establecimiento de los requerimientos del dueño, preparación de un ante proyecto y, finalmente el diseño del proyecto arquitectónico definitivo, que incluye planos y especificaciones.
- Diseño estructural de la obra para que sea capaz de resistir los esfuerzos

a los cuales estará sometida durante su vida útil. Las etapas principales de este diseño son:

- Determinación de los esfuerzos que solicitarán a la estructura.
- Estructuración, determinación de los elementos resistentes.
- Diseño de los elementos estructurales y configuración de planos.
- Confección de las especificaciones técnicas.

- Estudios de impacto ambiental, analizando las consecuencias del proyecto en el medio ambiente. Este tema se presenta más adelante en este capítulo.
- Diseño de las instalaciones, que consiste en dar a la estructura la funcionalidad que requerirá para ser ocupada con el fin para el que se la diseñó. Entre las instalaciones típicas están: las eléctricas, las de gas, las de agua potable y las de alcantarillado y muchas otras (tales como: alarma, climatización, red computacional, red de incendio, etc.).
- Redacción de los documentos de licitación: Finalmente, se deben redactar todos los documentos que permitan llamar a licitación del proyecto.
- Constructabilidad y Mantención: Dos aspectos clave que deben considerarse en esta etapa de diseño. El primero debe incluir en forma explícita la forma más eficiente de materializar el proyecto. El segundo, en cambio, debe hacerse cargo anticipadamente de cómo se va a llevar a cabo la conservación del proyecto durante su operación.

(8) **Licitación.** Llamado a licitación y adjudicación. El llamado a licitación puede ser público o privado y la adjudicación puede estar previamente reglamentada o ser de absoluto criterio del mandante. La adjudicación a su vez, puede ser negociada o no, dependiendo de las reglas de licitación. Este tema se describe en el capítulo 4 de este libro.

(9) **Construcción.** Esta etapa es una de las más importantes debido a que en ella se materializa la obra. Las etapas principales incluyen:

- Definición de una estrategia de gestión y calidad.
- Obtención de los permisos para realizar la obra.
- Redacción y aceptación de un contrato, en el cual se fijan plazos, costos y las relaciones entre dueño y contratista.
- Metodología de trabajo, en que se determinan métodos más eficientes y racionales para la construcción, dado los recursos disponibles.
- Planificación y Programación de la obra, en que se fijan plazos parciales y totales, y se planifica el uso de los recursos disponibles a través de la construcción.

- Estudios de presupuestos.
- Contrato de la fuerza laboral necesaria para construir la obra.
- Adquisición de los materiales y arriendo o compra de la maquinaria necesaria para la materialización.
- Materialización física de la obra.
- Control, donde se confronta lo realizado con lo que se debería haber hecho de acuerdo a lo programado y especificado. Este control puede ser interno (o auto-control), externo (normalmente contratado por el mandante) o ambos.
- Además es preciso realizar una auditoria ambiental.

(10) **Puesta en marcha.** En esta etapa se entrega al servicio la obra, realizándose previamente diferentes controles para determinar la calidad de la construcción, entre los que se destacan:
- Verificación de pruebas y ensayos de calidad realizados.
- Revisión detallada de todos los elementos construidos y terminaciones.
- Pruebas de funcionamiento.
- Aprobación final.

(11) **Operación y mantenimiento.** Esta es una etapa que no siempre es considerada adecuadamente, es importante tener en cuenta la mantención en el tiempo de la obra terminada. Esta actividad cada día esta tomando más relevancia pues es fundamental para el buen funcionamiento y durabilidad de la estructura y debería ser considerada desde la etapa de diseño. Un ejemplo sobre esto se presenta en las obras viales, que consideran una disciplina especifica, llamada gestión de infraestructura vial (de Solminihac, 2001).

(12) **Abandono.** Muchos proyectos, una vez que su objetivo y vida útil se cumplen, deben abandonarse. Por lo tanto, esta actividad debe pensarse y diseñarse con anticipación, para minimizar, los impactos ambientales y económicos.

2.2 DISEÑO DE UN PROYECTO DE CONSTRUCCIÓN

En general, el diseño de un proyecto de construcción se pueden subdividir en las siguientes etapas principales:

(1) **Estudio de Terreno.** El estudio del terreno para un proyecto de construcción normalmente consta de:

a) Ubicación del terreno. La ubicación del terreno debe especificar la siguiente información: comuna; ubicación respecto a calles, avenidas y callejuelas vecinas; orientación cardinal; deslindes y accesos. En caso de ser un terreno a campo traviesa se debe especificar hitos, monolitos u otro punto de referencia, que permite identificar claramente los deslindes del sitio.

b) Condiciones propias. Son las condiciones que posee el terreno en el cual se va a materializar el proyecto, entre las cuales se encuentran:
   - Topografía del terreno, indicando entre otros: forma del sitio, conformación de la superficie, pendiente principal y cota respecto a la calle.
   - Características del subsuelo. Las características principales a conocer son (Figura 2.2):
     - Estratos de subsuelos, cuales son las distintas capas de suelo y sus principales características.
     - Nivel de la napa freática (agua subterránea) y variación de la misma.
     - Capacidades de soporte y características de consolidación del subsuelo.

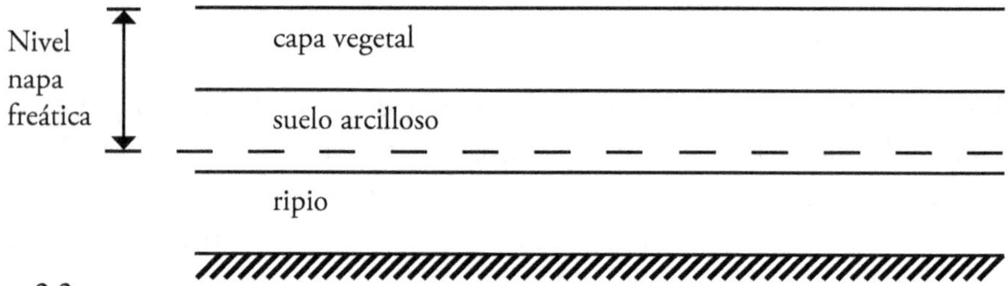

Figura 2.2
Ejemplo de un subsuelo.

   - Fuentes de abastecimiento: Es necesario conocer la existencia de las fuentes de abastecimiento del lugar, con el fin de buscar alternativas en caso de no existir o que ofrezcan condiciones desfavorables. Estas fuentes deben incluir todos los recursos necesarios para realizar la obra, por ejemplo: mano de obra, materiales, equipos, agua, electricidad, áridos, proveedores, etc.

c) Condiciones reglamentarias: Son las condiciones que están impuestas en determinadas zonas, por la ordenanza general, por disposiciones locales o por leyes especificas, y que reglamentan la forma, tipo, tamaño y lugares para las construcciones en determinado sitio. Por ejemplo en algunas calles se puede contemplar las zonas de posibles expropiaciones para futuras ampliaciones. Algunas condiciones impuestas son:
   - Plano regulador: toda comuna que tenga más de 8.000 habitantes debe

tener un plano regulador, que contenga la siguiente información:
- Antecedentes existentes: levantamiento topográfico, red de calles, límites urbanos, espacios de recreo, etc.
- Uso del suelo: residencial o industrial, niveles de densidad aceptada, rasantes, alturas máximas, etc.
- Proyectos en estudio: ensanches, nuevas calles, nuevas instalaciones, etc.

• Líneas de edificación, rasante y tipos de edificación. La Figura 2.3 presenta esquemáticamente la definición de algunos de estos términos.
  - Edificación aislada: es aquella que está separada de los deslindes, emplazada por lo menos a las distancias resultantes de la aplicación de las normas de rasantes y distanciamientos que se determinen en el instrumento de planificación territorial, en su defecto, los que establece la Ordenanza General de Urbanismo y Construcciones (OGUC).
  - Edificación pareada: la que corresponde a dos edificaciones emplazadas a partir de un deslinde común, manteniendo una misma línea de fachada, altura y longitud de pareo.
  - Línea oficial: es la línea indicada en el plano del instrumento de planificación territorial, como deslinde entre propiedades particulares y los bienes de uso público o entre bienes de uso público.
  - Línea de edificación: es la señalada en el plano del instrumento de planificación territorial, a partir de la cual se podrá levantar la edificación en un predio.
  - Rasante: recta inclinada con respecto al plano horizontal que se levanta en todos y cada uno de los puntos que forman los deslindes.

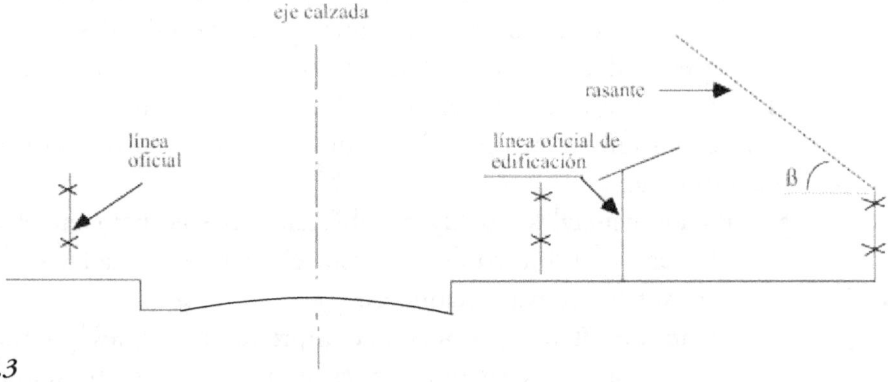

Figura 2.3
Corte típico de una calzada.

d) Condiciones de servicio: condiciones que eventualmente son impuestas por los distintos servicios (como por ejemplo: agua, electricidad y alcantarillado) a una determinada obra. Una empresa de servicio otorga un certificado de factibilidad, en la cual se compromete a que tiene disponibilidad para abastecer la futura obra.

e) Evaluación del impacto ambiental: En marzo de 1994 se publicó en el Diario Oficial de Chile la Ley Nº 19.300, Ley Base del Medio Ambiente, la cual regula el derecho a vivir en un medio ambiente libre de contaminación, la protección del medio ambiente, la preservación de la naturaleza y la conservación del patrimonio ambiental. En esta ley se indica que determinados proyectos o actividades solo podrán ejecutarse o modificarse previa evaluación de su impacto ambiental. Este tema se discute en mayor detalle en la sección 6 de este capítulo.

(2) **Diseño arquitectónico.** Una vez conocidas las características físicas y reglamentarias del terreno, se comienza con el diseño arquitectónico, el cual consiste en dar forma a las ideas del mandante. Un aspecto importante de esta etapa, y a modo de hacer más eficiente la etapa constructiva, es que el diseño considere elementos estandarizados, sin que el arquitecto tenga que sacrificar su creatividad o la funcionalidad del proyecto. Además deben incorporarse conceptos de habitabilidad y constructabilidad. El primero implica que el diseño debe ser tal que incluya buenas condiciones de vida, ya sea en lo referente a protección contra la humedad, aislamiento térmica, acústica, etc. El segundo en cambio ayuda a que el proyecto sea fácilmente construible a costos razonables. Este diseño considera las siguientes etapas:

a) Programa: Es un documento donde se establecen las necesidades que el propietario estima que debe cumplir la obra.

b) Anteproyecto: Corresponde a los primeros bosquejos de solución que realiza el arquitecto, con el fin de satisfacer las necesidades del dueño. Se establecen costos y plazos globales de cada alternativa para que el dueño elija la más adecuada a sus necesidades y presupuesto.

c) Proyecto arquitectónico: Es el estudio detallado de la alternativa elegida y comprende:

- Planos generales, incluyen: ubicación del edificio en el terreno, plantas de arquitectura por piso, elevaciones (alzadas o fachada), cortes, perspectivas, maquetas.
- Planos de detalle, que pueden comprender: tabiques, puertas y ventanas, escaleras, revestimientos especiales, canales y bajadas de aguas lluvia y otros.

- Maquetas, en algunos casos es recomendable realizar maquetas o obras a escala para poder entender mejor el proyecto y su vez analizar en mejor forma su método constructivo.
- Modelos computacionales 3D, que permiten a los distintos stakeholders o involucrados visualizar gráficamente el proyecto, logrando así una mejor comprensión de este.
- Especificaciones técnicas.

(3) **Diseño estructural.** Una vez que el proyecto arquitectónico está definido, se debe dotar a la estructura de los elementos necesarios mediante los cuales sea capaz de resistir las solicitaciones a que va a ser sometida durante su vida útil. Un aspecto importante de esta etapa es que algunos diseñadores sin saberlo están definiendo el método constructivo, por lo tanto esta etapa tiene una influencia muy importante en la etapa constructiva (por ejemplo: es deseable saber si se consideró prefabricación en el diseño). Este diseño consta de las siguientes etapas:

a) Estimación de las solicitaciones: es necesario determinar el tipo y la magnitud de las solicitaciones que afectarán a la estructura. Las solicitaciones más frecuentes son: peso propio, sobre carga, sismos, viento, nieve, temperatura.
b) Estructuración: consiste en determinar los elementos que resistirán las solicitaciones estimadas, de modo que la estructura cumpla la función para la cual fue diseñada. Los elementos principales que pueden cumplir esta función son los muros, marcos, pilares y losas.
c) Diseño de los elementos estructurales: consiste en determinar los materiales, forma y dimensiones de los elementos que absorberán los esfuerzos. Dentro de esta etapa se considera también el diseño de uniones, consistente en diseñar las uniones de los elementos estructurales, de modo que la estructura se comporte como fue proyectada.
d) Redacción de especificaciones técnicas.

(4) **Diseño de instalaciones.** Las instalaciones a considerar en cada obra dependen de las especificaciones del proyecto y de las exigencias reglamentarias vigentes, algunas de las instalaciones a considerar en un proyecto de edificación son:

a) Sanitarias públicas: redes de agua potable, alcantarillado y aguas lluvias.
b) Sanitarias domiciliarias: agua fría y caliente y alcantarillado.
c) Alumbrado y fuerza (público y domiciliario).

d) Gas (público y domiciliario).
e) Climatización.
f) Comunicación (voz y datos).
g) Extracción de basura.
h) Otros servicios (ascensores, seguridad, entre otros).

(5) **Documentos complementarios.** Son documentos que complementan al diseño, entre los cuales destacan:
a) Especificaciones de Arquitectura: normalmente son especificaciones para la etapa de terminaciones, tales como: tipo de materiales, artefactos sanitarios, normas constructivas, etc.
b) Especificaciones técnicas. En este documento se precisan: calidades de hormigones, calidades de acero, tipos de cementos, áridos, resistencias, ensayos, etc.
c) Bases Administrativas: contienen todas aquellas cláusulas que están destinadas a definir conceptos, fijar atribuciones, determinar procedimientos y delimitar responsabilidades, con el fin de que la construcción sea lo más expedita posible.
d) Presupuesto: es el documento en el cual se deja constancia de cuáles serán los costos y utilidades de la obra. Normalmente los principales ítems que se consideran se presentan en la Tabla 2.1.

Tabla 2.1: Principales ítems en un presupuesto de construcción

•	Costos directos de obra
•	Gastos generales de obra
•	Gastos generales indirectos
	Subtotal
•	Imprevistos
•	Utilidad
	Costo total (sin impuestos)
+	Impuestos
	Costo Total de la Obra
•	Costos de diseño del proyecto
•	Permisos y derechos
	COSTO TOTAL PROYECTO

(6) **Constructabilidad.** La etapa de diseño del proyecto es fundamental para el buen resultado de la etapa de construcción y el comportamiento final de la estructura. Un buen diseño que considere la metodología de construcción desde su inicio permitirá que el proyecto se termine en un menor tiempo, a un menor costo y con una mejor calidad en comparación con uno que no haya considerado explícitamente la forma de construcción en su gestación. Este tema ha tomado cada día más importancia originándose una nueva especialidad, llamada ***constructabilidad***, encargada de analizar los proyectos y diseñar el proceso constructivo considerando en conjunto el proyecto de diseño y todos los factores que influyen en la materialización de la obra, antes de llevarla a la práctica y así facilitar la construcción del mismo en lo posible incorporando al contratista y a otras personas con conocimientos de construcción en el proceso. Mayor información sobre este tema se puede encontrar en el libro *Administración de Operaciones de Construcción* (Serpell, 2002) y en publicaciones del *Construction Industry Institute* de Estados Unidos (www.construction-institute.org).

2.3 PARTICIPANTES DIRECTOS EN UN PROYECTO DE CONSTRUCCIÓN

Los participantes en un proyecto pueden ser muy variados, dependiendo de la complejidad del mismo y de los intereses del mandante. El primer participante es el **dueño o mandante** que es la persona o institución interesada en llevar a cabo el proyecto, el que a su vez puede ser estatal o privado. Los otros participantes pueden clasificar según participen estos en la etapa de proyecto o en la etapa de la construcción.

a) Durante el estudio y el diseño participan los siguientes:

Consultores financieros: son aquellas personas que asesoran al mandante en lo referido a viabilidad económica del proyecto, incluyendo rentabilidades esperadas, formas de financiamiento, etc.

Arquitectos: en general son los profesionales encargados de darle forma física a la idea original del mandante. La profesión de arquitecto los faculta para proyectar, además pueden dirigir y fiscalizar la construcción de edificios y efectuar los cálculos de su estabilidad y de sus instalaciones complementarias. Proyectar, dirigir y fiscalizar la construcción de las obras de carácter esencialmente artístico o monumental; los trabajos de urbanización que se relacionen con la estética de las poblaciones; los planos de las ciudades y barrios, parques y jardines (Ley 7.211 artículo 12º).

Ingenieros: son normalmente los responsables de diseñar estructuralmente el proyecto, de modo que resista las solicitaciones a que se verá sometida durante su vida útil. Ellos son generalmente los encargados de diseñar las instalaciones necesarias para la obra. Además, pueden participar proyectistas eléctricos, sanitarios, etc.

Adicionalmente, el mandante podría incluir dentro de su lista de asesores a especialistas en constructabilidad, que ayuden a que el proyecto sea fácil de construir, a especialistas en medio ambiente, de modo de analizar el impacto ambiental que podría producir el proyecto, y a abogados que estudien la problemática legal asociada al proyecto en cuestión. Además, dada la importancia que ha tomado la productividad en las obras, es muy importante que en esta etapa participe un especialista en esta área de la construcción, de modo que se puedan incluir soluciones tecnológicas y constructivas modernas en el diseño.

b) Durante la construcción participan:

Empresas constructoras: son las encargadas de materializar el proyecto en el terreno, siguiendo los planos y especificaciones que les entrega el mandante. Para lograr este objetivo los profesionales de esta empresa deben manejar en forma óptima diversos recursos, entre los que destacan: mano de obra, equipos, materiales y financiamiento, de modo que además de lograr la realización del proyecto, se cumplan los objetivos de costo, calidad y plazo a que se comprometen.

Adicionalmente, el contratista puede subcontratar a empresas especialistas para determinadas actividades, por ejemplo: enfierradura, pintura, ventanas, moldajes, instalaciones, etc. Una tendencia mundial que se está observando en la actualidad es que el número de empresas subcontratistas está aumentando y que las empresas contratistas se concentran cada vez más en la gestión de las obras.

Finalmente, participan otras entidades, tales como: la inspección técnica del mandante, organismos reguladores, los proveedores, los laboratorios de control de calidad, abogados, entidades de seguros, entidades ambientales, etc.

2.4 REGLAMENTACIONES

Para la realización de una obra de construcción es necesario cumplir con distintas reglamentaciones; que pueden ser mandatorias en común para todas las obras, o bien, ser específicas e individuales para cada una. Entre estas se cuentan: Leyes, Ordenanzas, Reglamentos, Normas y Especificaciones.

2.4.1 LEYES

En Chile, las leyes son establecidas por decreto supremo y su cumplimiento es obligatorio. Se refieren a las acciones que llevan a cabo organismos y sujetos que participan en la actividad de la construcción, determinando sus responsabilidades y el alcance de sus acciones. En general proveen un enfoque de tipo administrativo con respecto a la construcción. Las principales referidas a la construcción son:

- **Ley General de Urbanismo y Construcciones** (DFL 458, MINVU). Surgida a consecuencia del sismo de 1928 que destruyó la ciudad de Talca, poniendo de manifiesto la necesidad de imponer obligatoriedad a la observancia de normas técnicas que eviten consecuencias tan desastrosas. Esta contiene un enfoque global del proceso de urbanización y construcción, estableciendo sistema regulador de tipo administrativo, de responsabilidad de las municipalidades y de los Ministerios. Esta ley fue modificada el 5 de septiembre 1996 y es aún más estricta en cuanto a la calidad de las obras de construcción y la responsabilidad profesional.
  Esta Ley está dividida en cinco títulos. El Título I está referido a las disposiciones generales de la Ley, donde entre otras cosas se establecen los niveles de acción, los deberes y compromisos de los funcionarios y de los profesionales que participan en algún proyecto relativo a planificación urbana, urbanización y construcción, y las sanciones que se aplicarán en caso de infracción a la Ley o a su Ordenanza. En el Título II se encuentran los aspectos legales de temas como la planificación urbana en todos sus niveles (nacional, regional, intercomunal y comunal), los límites urbanos, el uso del suelo urbano, la subdivisión y urbanización del suelo, la renovación urbana y las expropiaciones. El Título III es el relacionado con la construcción propiamente tal, y en él se encuentran las normas de diseño y todo lo relativo a la ejecución de obras de urbanización y de edificación. Aquí se desarrolla el tema de los permisos de edificación, qué obras los requieren y el costo asociado según el tipo

de obra. La Ley de Propiedad Horizontal, las obligaciones del urbanizador, las inspecciones y las recepciones de obras también son parte de este Título. El Título IV trata exclusivamente de las viviendas económicas, y el Título V es el Título Final, donde se aparecen las derogaciones y substituciones que establecen la vigencia de esta Ley (www.minvu.cl).

- **Ley del medio ambiente** (Ley Nº 19.300). En marzo de 1994 se publicó en el Diario Oficial la Ley Nº 19.300, Ley Base del Medio Ambiente, la cual regula el derecho a vivir en un medio ambiente libre de contaminación, la protección del medio ambiente, la preservación de la naturaleza y la conservación del patrimonio ambiental. Esta ley incluye las disposiciones generales, los instrumentos de gestión ambiental, la responsabilidad por daño ambiental, la fiscalización y la Comisión Nacional y Regional del Medio Ambiente (www.congreso.cl).
- **Ley para la construcción de viviendas económicas** (DFL-2 de 1959). Desarrolló el concepto de vivienda económica como aquella que tiene una superficie máxima de 140 m^2 y que simultáneamente no excede de 17,5 m^2 edificados por cama. Los beneficios más importantes que tienen los dueños de estas obras son: exenciones relacionadas con el proceso mismo de la construcción, con el proceso de transferencia de la vivienda, con el pago de contribución de bienes raíces, con las rentas por arrendamiento, impuesto de herencia, etc.
- **Ley sobre contrato de trabajo y protección de los trabajadores** (Ley Nº 18.372). Esta ley regula aspectos relacionados con las remuneraciones, gratificaciones, contrato individual, descanso semanal, en general los beneficios y obligaciones en la relación entre el empleador y el trabajador.
- **Ley de concesiones.** Con el fin de permitir la llegada de nuevos recursos al sistema, la Ley (DFL 164) y Reglamento (DS 240) de Concesiones han dispuesto que la infraestructura de uso público puede ser entregada, por parte del Estado, en calidad de concesión, a inversionistas privados (sociedades concesionarias), los que deberán hacerse cargo de su construcción (si es necesario) o ampliación, y conservación. Dicha infraestructura deberá ser devuelta al Estado al cabo de un cierto período, durante el cual la sociedad concesionaria estará facultada para explotar la obra mediante el cobro de una tarifa a los usuarios de la misma.
- **Ley Sobre Accidentes del Trabajo y Enfermedades Profesionales** (Ley 16.744): regula la seguridad de los trabajadores en sus lugares de trabajo y el trayecto directo entre la casa y el trabajo.

- **Código Civil:** establece la responsabilidad civil sobre la obra construida por parte del constructor en un lapso de cinco años desde que fue terminada.
- **Ley de la venta por piso o ley de propiedad horizontal** (Ley 6.071): Esta ley faculta a las personas a poder comprar en forma individual un departamento o casa que forme parte de un conjunto habitacional, quedando una parte de esa edificación común a todos los propietarios.
- **Ley que incorpora el IVA a las empresas constructoras** (Ley 18.630). El Decreto Ley 825 regula el Impuesto al Valor Agregado (IVA), el cual se modificó en julio de 1987, y luego en marzo de 2008, para incluir a las empresas constructoras. En otras palabras desde ese momento las obras de construcción deben pagar impuesto.

2.4.2 ORDENANZA

- **Ordenanza General de Urbanismo y Construcciones** (OGUC): es el cuerpo reglamentario que complementa a la Ley General y contiene las normas fundamentales sobre (www.minvu.cl):
  - Procedimientos administrativos para obtener permisos de edificación.
  - Diseño arquitectónico para los distintos tipos de edificios según su uso.
  - Estabilidad de las construcciones.
  - Subdivisión del suelo, urbanización y formación de nuevas poblaciones.
  - Obligatoriedad de cumplimiento de normas de utilidad pública en relación a instalaciones de edificios, entre otras.

2.4.3 REGLAMENTOS

Estos fijan en general condiciones administrativas, técnicas y de calidad que se deben cumplir en situaciones específicas, son entre otros:

- **Reglamento de instalaciones públicas y domiciliarias:** que fijan las condiciones administrativas de la infraestructura compartida así como los requisitos técnicos y de calidad de los proyectos que se integran a la red de servicios públicos.
- **Reglamentaciones locales:** fijan las condiciones dentro de un área de servicio definida, por ejemplo: Planos reguladores comunales e intercomunales, etc.

- **Reglamento para contratos** de ejecución de obras del sector vivienda, bases administrativas generales reglamentarias de licitación publica para la adquisición de viviendas terminadas con proyectos precalificados, bases generales reglamentarias para contratación de obras por el sistema de obra vendida, bases generales reglamentarias de contratación de obras a suma alzada, reglamento del registro nacional de contratistas del sector vivienda, reglamento para contratos de obras públicas y registro general de contratistas.

2.4.4 NORMAS

Normas técnicas son un conjunto de actividades que se documentan para establecer un orden, para beneficio de la comunidad, optimizando el uso de recursos, satisfaciendo las exigencias funcionales y de seguridad. Además permite establecer niveles de calidad, reducir la diversificación de los modelos y asegurar intercambiabilidad. Las normas en Chile son dictadas por el **Instituto Nacional de Normalización** (www.inn.cl), no es obligatorio su cumplimiento, excepto si aparecen nombradas como parte de una ley u ordenanza. En ciertas situaciones se aplican también normas extranjeras tales como: ASTM, B.S., DIN, AASHTO, u otras. Las normas para las obras viales en Chile las establece la Dirección de Vialidad del Ministerio de Obras Públicas, Transporte y Telecomunicaciones (MOPTT).

El INN tiene un listado de normas chilenas oficiales del área de la construcción (área F), incluyen normas en diferentes subáreas: general (prevención de riesgos, cubicación, zonificación de Chile); diseño arquitectónico (coordinación modular, presentación de proyectos); diseño, cálculo y ejecución de estructuras (sobrecargas, mecánica de suelos, estructuras de acero, albañilería, hormigón armado, estructuras de madera); acondicionamiento ambiental (acústica, térmica, humedad, iluminación); seguridad (contra el fuego, seguridad personal); materiales y componentes (acero, aluminio, asbesto cemento, asfalto, cemento, cerámica, cobre, hormigón, madera, prefabricación, pinturas, plásticos); instalaciones (agua potable, alcantarillado, electricidad, gas, calefacción); herramientas y equipos; y mobiliario.

Cualquier entidad pública o privada puede contratar al INN para la elaboración de una o más normas, siguiendo uno de los procedimientos que se indica a continuación:

- **Sistema Tradicional:** Bajo el Sistema Tradicional, el INN asume todas las labores relativas a la elaboración de la norma, desde la preparación del anteproyecto de norma hasta la oficialización de la norma chilena, ante el Ministerio respectivo; el costo de elaboración de cada norma dependerá de la complejidad de cada tema en particular.
- **Sistema de Núcleo Asociativo:** Bajo el procedimiento de Núcleo Asociativo, la entidad vinculada asociativamente al INN asume, con el apoyo técnico del INN, la responsabilidad de la recopilación de antecedentes y la preparación del anteproyecto de norma, y financia parte de los costos asociados al proceso de normalización, desde la etapa de consulta pública hasta la oficialización de la norma chilena, ante el ministerio respectivo; el costo de elaboración de cada norma dependerá de la complejidad de cada tema en particular.
- **Elaboración de Anteproyectos de Norma:** Tomando como base normas internacionales, regionales o extranjeras y antecedentes técnicos nacionales; este anteproyecto de norma se estudia en una Comité Técnico constituido por fabricantes, usuarios, autoridades, laboratorios y otros sectores interesados en el tema, quienes hacen las observaciones del caso y generan un proyecto de norma.

El procedimiento de estudio de las normas técnicas se puede apreciar en la Figura 2.4, y consta de las siguientes etapas:

Figura 2.4
Etapas en la creación de una Norma (www.inn.cl).

- **Elaboración de Anteproyectos de Norma:** Tomando como base normas internacionales, regionales o extranjeras y antecedentes técnicos nacionales; este anteproyecto de norma se estudia en una Comité Técnico constituido por fabricantes, usuarios, autoridades, laboratorios y otros sectores interesados en el tema, quienes hacen las observaciones del caso y generan un proyecto de norma.
- **Período de Consulta:** El proyecto de cada norma es enviado a consulta pública a todas las partes interesadas, durante un período de 30 días, para que lo estudien y elaboren las observaciones que consideren pertinentes. El Secretario Técnico del respectivo Comité elabora un resumen de las observaciones recibidas durante la consulta pública y se lo envía a todas las entidades que respondieron a la consulta; estas entidades constituyen el Comité Técnico y se reúnen para analizar las observaciones y el texto de la norma, hasta que se logre un consenso del texto final de la norma.
- **Aprobación de la Norma:** La norma es presentada al Consejo del INN, junto con un informe del procedimiento de estudio, para su aprobación como norma chilena.
- **Oficialización de la Norma:** La norma chilena es enviada al ministerio que tenga competencia en el tema normalizado, para su respectiva oficialización y publicación en el Diario Oficial.

2.4.5 ESPECIFICACIONES TÉCNICAS

Corresponden a documentos asociados a cada proyecto en particular y sirven de complemento a los planos de ejecución. Su fiscalización es responsabilidad normalmente de la Inspección Técnica de Obra (ITO), que es normalmente nombrada por el mandante.

2.5 PERMISOS Y DERECHOS DE CONSTRUCCIÓN

La mayoría de las obras de construcción deben tener un permiso de edificación antes de comenzar su ejecución; estos son permisos de construcción y permisos adicionales. Esta sección, además de presentar los dos tipos de permisos antes mencionados, describe las posibles sanciones que se pueden aplicar si no se cumple con la normativa legal existente.

2.5.1 PERMISOS DE CONSTRUCCIÓN

Existe una variedad de obras para las cuales es necesario pedir autorización a la Dirección de Obras Municipales, estas son (OGUC, Título V): construcción, reconstrucción o alteraciones de un edificio, reparaciones, ampliación o demolición de elementos principales, obras menores definitivas.

Adicionalmente, la Ordenanza General de Urbanismo y Construcciones establece algunas obras que no requieren permisos, tales como obras interiores no estructurales, elementos exteriores sobrepuestos que no requieran cimientos, cierros interiores, obras de mantención, piscinas privadas a más de 1,5 m del deslinde con predios vecinos.

Para la obtención del permiso de edificación de obra nueva se debe presentar al Director de Obras Municipales los siguientes documentos en un ejemplar:

a) Solicitud de permiso, firmada por el propietario y el arquitecto proyectista. Dicha solicitud se debe presentar en formularios impresos obtenidos en la Ilustre Municipalidad correspondiente al lugar de la obra. Esta solicitud debe incluir o anexar una lista de todos los documentos y planos entregados, una declaración simple de propiedad del predio, una lista de los profesionales competentes que intervienen en el proyecto y si cuenta con informe favorable de un revisor externo, junto con las disposiciones especiales a que se acoge el proyecto si es que corresponde.

b) Presentar un legajo de documentos, el cual incluye:
   - Fotocopia de Certificado de Informaciones Previas.
   - Formulario único de estadísticas de edificación.
   - Certificado de factibilidad de dación de servicios de agua potable y alcantarillado, emitido por la empresa de servicios correspondientes; en los cuales se certifique que la construcción de las instalaciones es factible, asegurando que existe una capacidad suficiente y que la instalación no alterará el servicio existente.
   - Planos de Arquitectura. La Tabla 2.2 presenta un detalle de los planos requeridos.

Tabla 2.2: Planos de arquitectura requeridos (OGUC, 2004)

Tipo de plano	Escala
- de ubicación del predio	1/500
- plano de emplazamiento dentro del predio	1/100 ó 1/50
- plantas de todos los pisos	1/100 ó 1/50
- cortes y elevaciones	1/100 ó 1/50
- planta de cubiertas	1/100 ó 1/50
- plano de cierre	1/100 ó 1/50

- Proyecto de cálculo estructural. Para todos los proyectos, salvo las edificaciones cuya superficie sea menor de 100 m^2, las obras menores y las edificaciones de las clases C, D, E y F cuya carga de ocupación sea menor a 20 personas. Este proyecto de cálculo debe incluir memoria de cálculo y planos de estructura.
  En la memoria de cálculo se debe especificar cargas y sobrecargas, fuerzas horizontales, tensiones admisibles y condiciones de medianería. La Tabla 2.3 presenta un detalle de los planos requeridos.

Tabla 2.3: Planos de estructura requeridos (OGUC, 2004)

Tipo de plano	Escala
- planta de fundaciones y de cada piso	1/10 a 1/100
- secciones generales	1/10 a 1/100
- detalles de construcción de losas, vigas, etc.	1/10 a 1/100
- detalles de juntas de dilatación	no se especifica

- Cuadro de superficies.
- Especificaciones técnicas de las partidas contempladas en el proyecto.
- Levantamiento topográfico salvo que se incluya en las plantas de arquitectura.

c) Pago de los derechos municipales: se deben cancelar los derechos municipales que procedan, estos se calculan fundamentalmente en función del tipo de obra y magnitud como se puede apreciar en la Tabla 2.4.

Tabla 2.4: Costos de los derechos municipales (OGUC, 2004)

Tipo de Obra	Derecho Municipal
1. Subdivisión y loteo	2.00 % del avalúo
2. Obra nueva y ampliaciones	1.50 % del presupuesto
3. Alteraciones, reparaciones, obras menores	1.00 % del presupuesto
4. Planos tipo autorizados por el MINVU	1.00 % del presupuesto
5. Reconstrucción	1.00 % del presupuesto
6. Modificaciones del proyecto	0.75 % del presupuesto
7. Demoliciones	0.50 % del presupuesto

d) Firma de los documentos: todos los documentos pertenecientes al legajo antes mencionado, deben ir firmados por propietario, proyectistas (estructurales y de arquitectura), y el profesional a cargo de la construcción. Sin embargo, es importante indicar que los proyectistas deben acompañar copia del pago de sus patentes profesionales y certificados de títulos correspondientes.

e) Verificaciones que realiza la municipalidad: antes de autorizar la construcción de alguna edificación el municipio, realiza a lo menos las siguientes verificaciones:
   - Contrastación del proyecto con el Plano Regulador.
   - Comprobación de que todos los documentos entregados cumplan con:
     - Ley General de Urbanismo y Construcción.
     - Ordenanza General de Urbanismo y Construcción.
   - Comprobación de que se han pagado los derechos correspondientes.

f) Autorización de construcción: después que la municipalidad verifica que todo está en orden, autoriza la construcción y exige que ésta comience dentro del plazo definido. Si dicho plazo es sobrepasado, el contratista debe realizar nuevamente los trámites de solicitud de permisos.

g) Documentos que deben estar presentes en obra: una vez que la obra ha sido autorizada, se puede iniciar su construcción y durante la construcción los siguientes documentos deben estar siempre en la obra: boleta de permiso (en duplicado), libreta de obra (timbrada, foliada y firmada por la municipalidad) y legajo completo de antecedentes.

h) Medidas de control y gestión de calidad.

2.5.2 PERMISOS ADICIONALES O ESPECIALES

La Ilustre Municipalidad correspondiente puede arequerir permisos adicionales para ciertas etapas o componentes de la obra en construcción, tales como: permiso para instalación de faenas y permiso para instalación de grúas torre, permiso para desvíos de tránsito, etc.

También el municipio puede autorizar la realización de ciertas obras menores, sin estar otorgado aún el permiso definitivo de construcción, en los siguientes casos: demoliciones, excavaciones para fundaciones, cierres, andamios y canchas de acopio.

2.5.3 SANCIONES

Las personas o instituciones que no cumplen con la legislación vigente relativa a la construcción, se ven expuestas a sanciones. En esta sección se presentan las sanciones consideradas en la ley y sus causales.

a) **Causas de sanciones:**
   - Construcción sin permiso.
   - Alteración de planos.
   - Negar el ingreso a los inspectores.
   - No cumplimiento de las observaciones de los inspectores.
   - No cumplimiento del plazo en las observaciones de los inspectores.
   - Habilitación del edificio sin inspección final.
   - Falsificación de firmas.
   - Diferencia entre la firma que figura como la del proyectista y la del proyectista.
   - Incumplimiento de la Ordenanza General de Urbanismo y Construcción.

b) **Posibles sanciones:**
   - Multas en dinero.
   - Suspensión de construcción en la comuna.

Dependiendo del tipo de falta, estas sanciones pueden ser aplicadas separadamente o en conjunto.

2.6 SISTEMA DE EVALUACIÓN DE IMPACTO AMBIENTAL

Como se mencionó anteriormente, la Ley de Bases Generales del Medio Ambiente (19.300) fue publicada en el Diario Oficial en marzo del año 1994. En esta Ley se establece el derecho de toda persona a vivir en un medio ambiente libre de contaminación.

El Sistema de Evaluación del Impacto Ambiental (SEIA) es uno de los instrumentos de carácter preventivo que define la Ley 19.300 y mediante el cual la Comisión Nacional del Medio Ambiente (CONAMA) o la Comisión Regional del Medio Ambiente (COREMA) respectiva determina si un proyecto se ajusta a las normas ambientales vigentes, es decir, se determina si el proyecto es ambientalmente aceptable.

La Ley 19.300 en su artículo 10 establece que los siguientes proyectos se deben someter al SEIA:

- Acueductos, embalses o tranques y sifones de importancia (definidos en el artículo 294 del Código de Aguas), presas, drenaje, desecación, dragado, defensa o alteración significativos de cuerpos o cursos de agua naturales.
- Líneas de transmisión eléctrica de alto voltaje; centrales de energía mayores de 3 MW; reactores y establecimientos nucleares.
- Aeropuertos; terminales de buses, camiones o ferrocarriles; vías férreas; estaciones de servicio, autopistas y caminos públicos que puedan afectar áreas protegidas; puertos; vías de navegación; astilleros; terminales marítimos.
- Proyectos de desarrollo urbano o turístico; proyectos de desarrollo mineros; oleoductos; gasoductos.
- Instalaciones fabriles, tales como metalúrgicas, químicas, textiles, productoras de materiales de construcción, de equipos y productos metálicos y curtiembres.
- Agroindustrias, mataderos, planteles y establos de crianza, lechería y engorda de animales, de dimensiones industriales.
- Proyectos de desarrollo o explotación forestales en suelos frágiles, en terrenos cubiertos de bosque nativo, industria celulosa, pasta de papel y papel, plantas astilladoras, labradoras de madera y aserradores, todos de dimensiones industriales.

- Proyectos de explotación intensiva, cultivo y plantas procesadoras de recursos hidrobiológicos.
- Producción, almacenamiento, transporte, disposición o reutilización habituales de sustancias tóxicas, explosivas, radioactivas, inflamables, corrosivas o reactivas.
- Proyectos de saneamiento ambiental, tales como: alcantarillado, agua potable, plantas de tratamiento de aguas, etc.
- Ejecución de obras en parques nacionales, aplicación masiva de productos químicos.

De esta manera, todo proyecto presente en el artículo 10 debe someterse al SEIA, proceso que puede cumplirse ya sea a través de un Estudio de Impacto Ambiental o de una Declaración de Impacto Ambiental, según lo permita la Ley.

Un **Estudio de Impacto Ambiental** (EIA) es el conjunto de estudios necesarios para determinar los efectos que tiene la ejecución de un proyecto, obra o actividad sobre el medio ambiente, es decir, incluye los efectos sobre la población, la flora y fauna, el agua, el aire, el medio socio económico, cultural, etc. El artículo 11 de esta Ley determina que un proyecto presente en el artículo 10 debe presentar un EIA cuando genera alguno de los siguientes impactos: riesgos para la salud de la población, efectos adversos sobre los recursos naturales renovables, reasentamiento de comunidades o alteración significativa de los sistemas de vida, localización próxima a poblaciones, recursos o áreas protegidas, alteración significativa del valor paisajístico o turístico de la zona, alteración de monumentos o en sitios con valor arqueológico.

Un proyecto que está presente en el artículo 10, pero no genera los efectos descritos en el artículo 11, deberá presentar solo una Declaración de Impacto Ambiental, que es un documento descriptivo de la actividad a realizar o modificar otorgado bajo juramento del titular cuyo contenido permite a la CONAMA evaluar si su Impacto Ambiental se ajusta a las normas ambientales. Además debe explicar por qué se presenta una Declaración y no un Estudio de Impacto Ambiental y contener una descripción de los compromisos ambientales voluntarios que el titular contempla realizar. La principal diferencia entre una Declaración y un Estudio de Impacto Ambiental está en que este último es mucho más completo y presenta una descripción pormenorizada y detallada del proyecto y sus posibles impactos.

Entre los documentos que debe contener un Estudio de Impacto Ambiental resaltan:

a) Descripción del proyecto o actividad.

b) Un plan de cumplimiento de la legislación existente.

c) Una descripción pormenorizada de las razones que hacen necesaria la realización de un Estudio y no una Evaluación de Impacto Ambiental (artículo11).

d) La línea base, es decir, las condiciones ambientales previas al proyecto.

e) Predicción y evaluación de los impactos ambientales que pueda generar el proyecto.

f) Medidas que se tomarán para eliminar o minimizar los efectos adversos del proyecto.

g) Plan de seguimiento de las variables ambientales que originan el Estudio de Impacto Ambiental.

h) Acciones previas al Estudio de Impacto Ambiental.

Una de las etapas de un Estudio de Impacto Ambiental es la participación ciudadana. Los proyectos que presentan un EIA deben publicar en un diario de circulación nacional o regional un extracto del proyecto de modo de informar a la comunidad las implicancias del proyecto. Una vez realizado este procedimiento la ciudadanía tiene un plazo de 60 días para hacer llegar sus observaciones a la CONAMA o COREMA respectiva, que luego deben ser considerados por la autoridad. Por lo tanto, es de vital importancia considerar a la comunidad en la planificación del proyecto, involucrándola de modo que sean parte de él.

Debe tenerse presente que los criterios y/o requisitos para aprobar un Estudio de Impacto Ambiental son:

- Si cumple con la normativa de carácter ambiental, y
- Si, haciéndose cargo de los efectos, características o circunstancias establecidos en el artículo 11 de la Ley 19.300, propone medidas de mitigación, compensación o reparación apropiadas.

Por su parte, tratándose de una **Declaración de Impacto Ambiental** (DIA), si la resolución es favorable, ésta certificará que se cumplen con todos los requisitos ambientales aplicables y que el proyecto o actividad cumple con la normativa de carácter ambiental, incluidos los requisitos de carácter ambiental contenidos en los permisos ambientales sectoriales que correspondan.

Debe tenerse presente que una Declaración de Impacto Ambiental se rechazará sí:

- No cumple con la normativa de carácter ambiental;
- No se subsanaren los errores, omisiones o inexactitudes de ella; o
- El respectivo proyecto o actividad requiere de un Estudio de Impacto Ambiental.

Por otra parte, si la resolución es desfavorable, no se podrá realizar el proyecto o actividad o su modificación. Asimismo, los órganos de la Administración del Estado con competencia ambiental, en las materias relativas al respectivo proyecto o actividad, quedarán obligados a denegar las correspondientes autorizaciones o permisos, en razón de su impacto ambiental, aunque se satisfagan los demás requisitos legales, en tanto no se les notifique de pronunciamiento en contrario. Todo este proceso queda claro en la Figura 2.5.

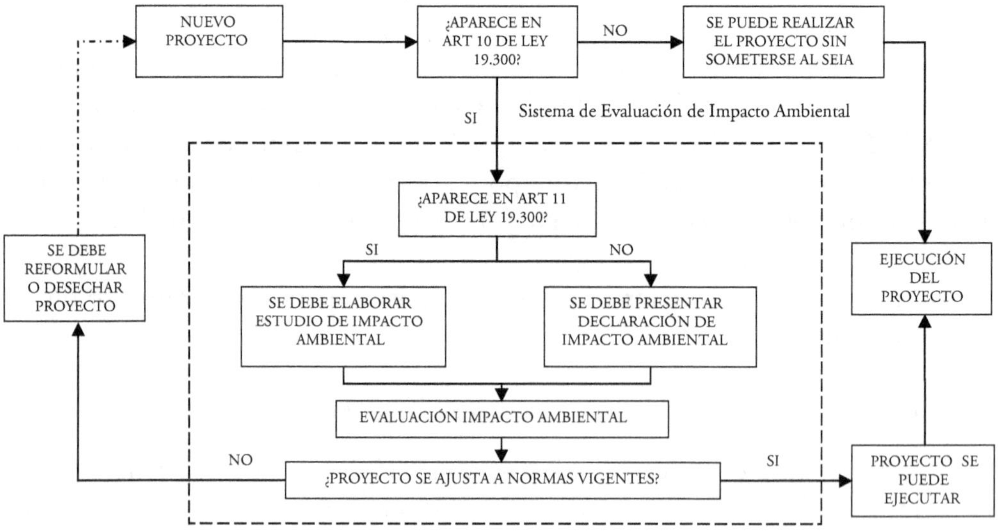

Figura 2.5
Sistema de Evaluación de Impacto Ambiental en Chile.

2.7 EJERCICIOS

A continuación se presentan algunos temas que pueden servir de estudio, los cuales pueden ser resueltos con el material presentado en el capítulo y a veces con lecturas adicionales:

a) Describa cómo se puede originar un proyecto de construcción. Analice los siguientes casos: un edificio de departamentos para habitación, un hospital, una represa para producir energía eléctrica y un camino.
b) Comente brevemente cómo se creó la Ley General de Urbanismo y Construcciones y cuál es su diferencia con la Ordenanza General de Urbanismo y Construcciones.
c) Mencione quién declara oficial una norma en Chile y de quién es la responsabilidad de su aplicación y/o cumplimiento.
d) ¿Qué pasos son necesarios para solicitar un permiso de edificación?
e) Analice cuándo debe hacer un estudio de impacto ambiental en un proyecto y qué beneficios tiene el realizarlo.
f) ¿Cuáles son las etapas en el diseño de un proyecto de un edificio de 10 pisos? ¿Cómo lo diferenciaría para el caso de una obra civil, por ejemplo, de un camino de asfalto de 15 km. de longitud?
g) Compare los accesos secundarios de su país, con los que rigen la actividad de la construcción en Chile.

SEGUNDA PARTE

GESTIÓN DE LA CONSTRUCCIÓN

CAPÍTULO 3

ELEMENTOS DE LA GESTIÓN DE PROYECTOS

Tras el término exitoso del diseño de un proyecto hay un número importante de elementos de gestión que se debe tener en cuenta para poder materializarlo. En este capítulo se realizará una introducción a este tema. En primer lugar se hace un análisis de las relaciones entre las variables que intervienen en el proceso, las que en caso de no cumplirse pueden significar inconvenientes graves en el proceso. Posteriormente se estudiará lo relativo a administración de proyectos, tanto en lo que respecta a tipos de administración y organización en torno a un proyecto; así como también conceptos acerca de planificación y control de programas de materialización para proyectos, además se destacan aspectos para poder realizar una buena gestión y control de costos de proyectos. Finalmente, se discuten aspectos de seguridad, higiene industrial y calidad, que a juicio de los autores, son aspectos que deben ser mejorados sustancialmente en la construcción nacional.

3.1 VARIABLES QUE INTERVIENEN EN UN PROCESO CONSTRUCTIVO

En un proceso de construcción intervienen básicamente tres variables:

- **Costos:** En la actualidad se debe optimizar tanto el costo total de la obra (mantenerla dentro del presupuesto) y optimizar los costos futuros de operación y mantenimiento.
- **Plazo:** Se deben cumplir los plazos, pero en los procesos constructivos la variable que se optimiza es la productividad. A mayor productividad menores plazos.

- **Calidad:** La calidad de un producto queda establecida en su diseño (planos y especificaciones). Por lo cual en los procesos de construcción se habla de gestión de calidad para lograr o superar la calidad establecida.

En los modelos antiguos de Costo-Plazo-Calidad se asumía que la calidad se contraponía con el plazo y los costos. Sin embargo, si en una obra se aplican con éxito los principios de gestión de la calidad no solo se logra la calidad de ésta sino que se logra además un significativo aumento de la productividad por reducción de trabajo rehecho y pérdida de materiales. Esto último, en términos generales se traduce en la reducción de los costos directos e indirectos de obra. Además, se reducen los costos futuros de operación y mantenimiento. La Figura 3.1 presenta una visión actualizada de la relación entre las diferentes variables del proceso.

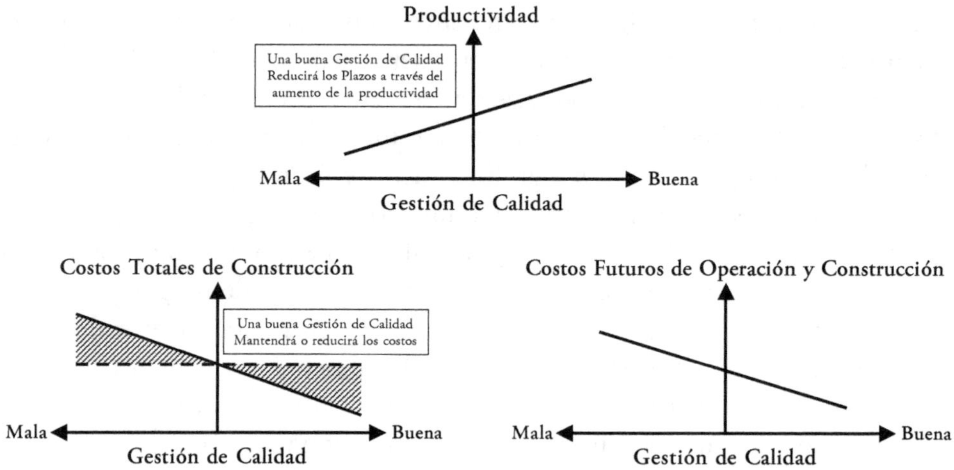

Figura 3.1
Esquema de relación entre variables.

Para mayor información sobre el tema se pueden consultar los libros "Administración de Operaciones de Construcción" (Serpell, 2002), "Gestión de Calidad" (Durán, 1992) o "Gestión de la Calidad Total" (Ediciones Díaz de Santos S.A., 1996).

3.2 FACTIBILIDAD DE UN PROYECTO

Un proyecto se considera no factible, en general, si al planificarlo existe la posibilidad que se sobrepasen los límites de plazos y recursos para cumplir la calidad especificada, según se esquematiza en la Figura 3.2.

Un proyecto no se considera técnicamente factible si no se cuenta con los equipos y/o mano de obra y/o materiales que garanticen cumplir los requerimientos de calidad especificada.

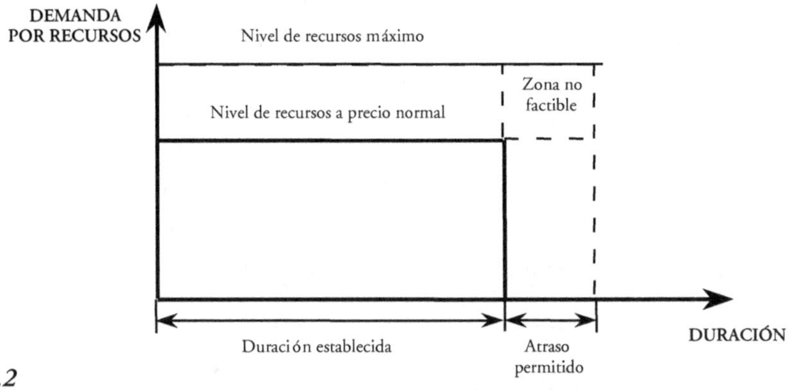

Figura 3.2
Esquema de relación recursos-duración para aprobación de un proyecto.

Apoyándose en las conclusiones del estudio de factibilidad, se puede decidir invertir bajo las condiciones del escenario que se definió. El proyecto de materializará a través de varias etapas y subetapas secuenciales, en donde las principales etapas son: estudio y desarrollo del proyecto de ingeniería definitivo, construcción y puesta en marcha de la obra.

La incertidumbre sobre el costo del proyecto dependerá de cuan bien se desarrollen cada una de las etapas y subetapas para la materialización de la obra. El nivel e influencia que se pueda tener para reducir los riesgos y por ende la incertidumbre sobre el costo final de la obra, será más significativo en la primera etapa del proyecto como se puede ver en la Figura 3.3.

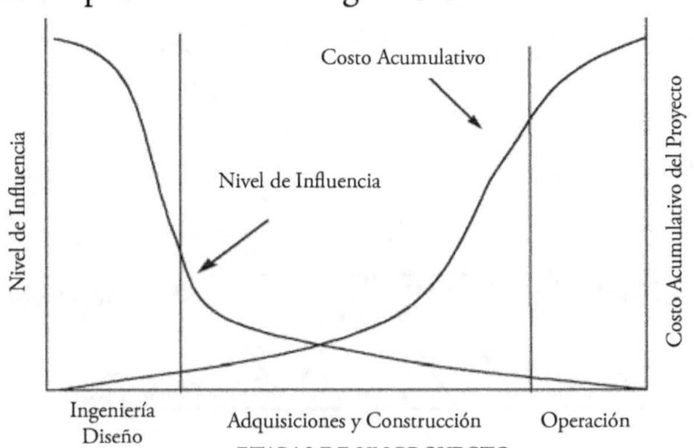

Figura 3.3
Nivel de influencia de las etapas de un proyecto en sus costos.

3.3 INTRODUCCIÓN A LA ADMINISTRACIÓN DE PROYECTOS

En la administración de proyectos recae la responsabilidad de dirigir y coordinar la mano de obra y recursos materiales utilizados durante el desarrollo de un proyecto, usando técnicas de administración para alcanzar los objetivos de calidad, costo y plazo mencionados anteriormente.

Como componentes básicos para la administración de proyectos se contemplan los puntos observados en la Figura 3.4. Los mecanismos de interacción entre los entes participantes, en un esquema piramidal, se pueden ver en la Figura 3.5.

Figura 3.4
Ingredientes básicos en la administración de proyectos (Hendrickson, 1989).

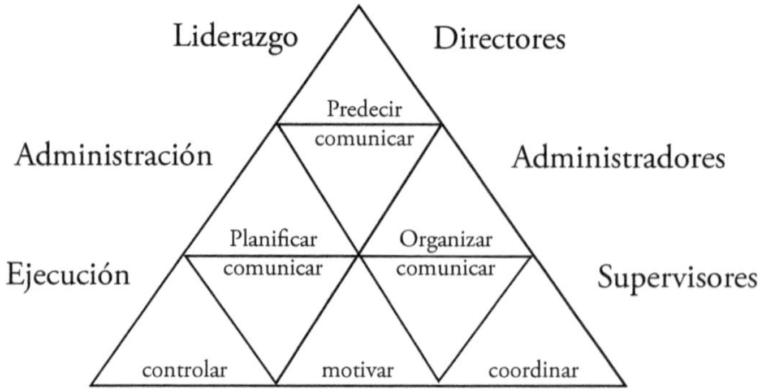

Figura 3.5
La pirámide de la administración (Hendrickson, 1989).

La administración de proyectos tiene por objetivo transformar una decisión de inversión en una realidad física, apoyándose en los principios y técnicas de planificación, programación, organización, coordinación y control. Sus funciones básicas se pueden resumir en:

- Especificación de los objetivos del proyecto, incluyendo alcance, presupuesto, programa, requerimientos de productividad, participantes, etc.
- Maximización de los recursos a través de la obtención de mano de obra, materiales y equipos de acuerdo a los planes y programas predeterminados.
- Coordinación y control de la planificación, presupuesto, contrato y construcción a través de todas las etapas del proyecto.
- Desarrollo de una comunicación efectiva entre los diversos entes participantes y elaboración de mecanismos de resolución de conflictos.

Existe variada literatura que entrega directrices y recomendaciones para la correcta administración de proyectos de construcción, destacándose la "Guía de los Fundamentos para la Dirección de Proyectos" (Project Management Institute, 2014) y el texto "Total Construction Proyect Management" (Ritz, 2013).

3.4 RELACIÓN ENTRE EL MANDANTE Y LOS PARTICIPANTES DE UN PROYECTO

Las obras de construcción pueden ser realizadas directamente por el mandante interesado (persona natural o empresa) o por medio de firmas contratistas. Sin embargo, las ventajas de realizar las obras por medio de empresas contratistas son:

- El hacer la obra el mandante significa usar recursos propios; al utilizar contratistas especializados se hace uso de recursos externos, los que son regulados a través de un "contrato de construcción".
- Generalmente el mandante (sea este una persona natural o una empresa) no posee dentro de su organización mano de obra dedicada y especializada para la construcción, además tampoco tiene los conocimientos y experiencia necesaria para materializar un proyecto de construcción. La empresa contratista, en cambio, se crea con tales objetivos, posee personal especializado y su producto es la realización de obras de construcción específicamente.

- En caso de realizar la contratación directa del personal para construir el mandante (sea persona natural o empresa) se ve obligado a incorporarlo dentro de las normas laborales corrientes y de despedirlo al terminar la obra, con las consiguientes consecuencias negativas, tanto sociales como económicas. La empresa contratista o de construcción se organiza distribuyendo en las variadas faenas su personal, pudiendo así mantenerlo ocupado regularmente.
- Las empresas de construcción hacen una mejor utilización de sus recursos físicos, amortizando la inversión en un uso compartido por los diferentes proyectos. Además, en la adquisición de materiales los contratistas tienen ventajas naturales en los precios, por ser compradores habituales.

Una vez que el mandante delega la materialización de la obra o el proyecto y la obra a otras personas o empresas se pueden establecer diversas relaciones contractuales entre estos y los muchos otros participantes de un proyecto. Algunas estructuras organizacionales de participantes son las que se presentan a continuación (Albala, 1986).

a) **Estructura tradicional,** (Figura 3.6) en que el proyecto y la construcción son entregados en contratos separados, teniéndose un solo contratista general, con numerosos subcontratistas y el proyectista es independiente.

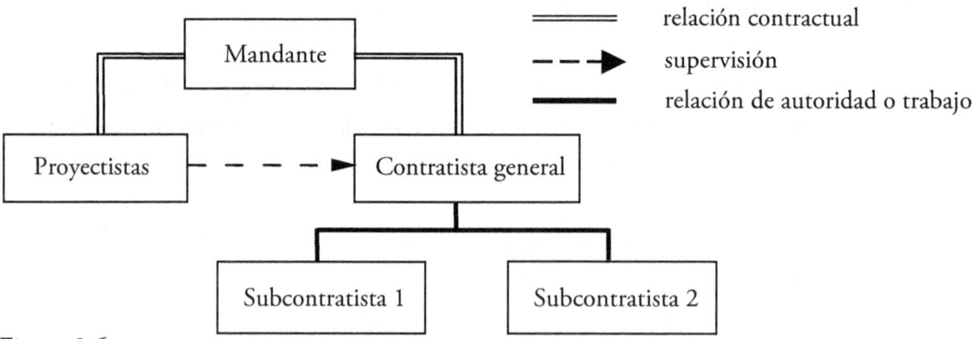

Figura 3.6
Modelo de estructura tradicional de relación de participantes (Albala, 1986).

b) **Estructura de administración de diseño y de construcción,** (Figura 3.7) que es similar al anterior con la excepción que existe una empresa consultora de diseño y construcción, y el contratista depende contractualmente en forma directa del mandante. Así, una sola empresa es responsable del diseño y de la construcción.

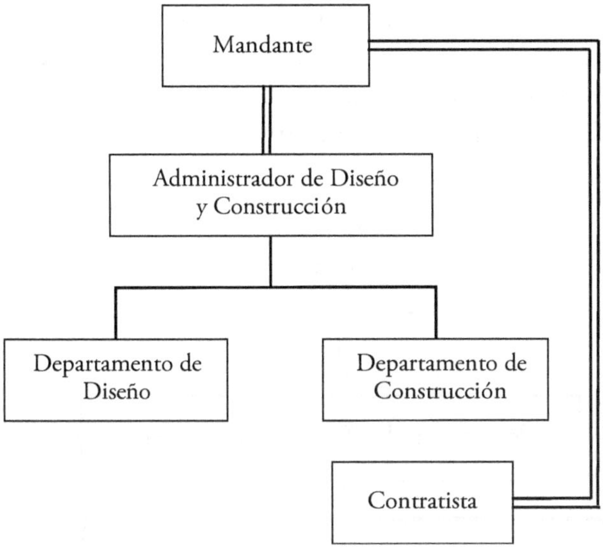

Figura 3.7
Modelo de estructura de administración y diseño (Albala, 1986).

c) **Estructura de administración profesional de la construcción,** (Figura 3.8) que es similar al de administración de diseño y construcción, que incluye una nueva relación contractual entre el mandante y el proyectista. El trabajo es en equipo: del mandante, proyectista y administrador profesional, pudiendo este último actuar en representación del mandante perfectamente.

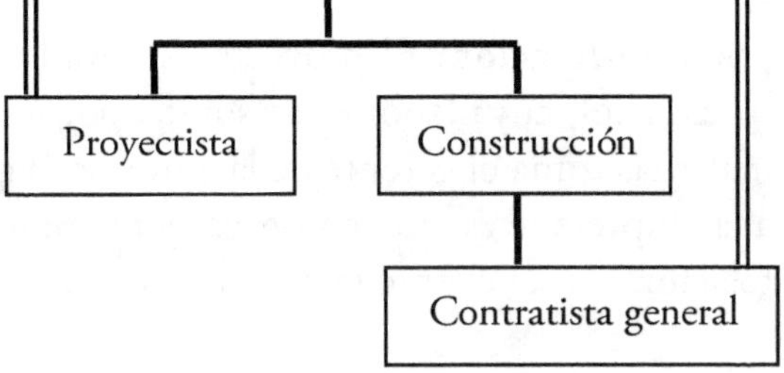

Figura 3.8
Modelo de estructura de administración profesional de diseño (Albala, 1986).

d) **Estructura de contrato de diseño y construcción** o denominado "llave en mano", (Figura 3.9) que está basado en que el dueño contrata a una sola empresa que se encargue de la planificación, diseño y construcción. El contratista acude generalmente a gran número de subcontratistas.

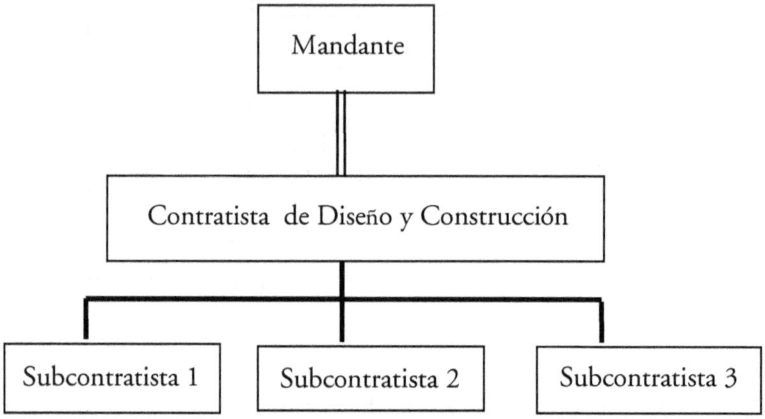

Figura 3.9
Modelo de estructura de contrato de diseño y construcción (Albala, 1986).

3.5 ESTRUCTURA ORGANIZACIONAL PARA LA EJECUCIÓN DE PROYECTOS

En la organización por proyecto se pueden definir cuatro tipos fundamentales de estructuras. A continuación se presentan junto a su descripción y esquema gráfico (Albala, 1986).

a) **Organización por coordinación:** El proyecto es llevado a cabo por las respectivas áreas funcionales, cuya labor es asesorada por un coordinador, pero las decisiones finales las toma el gerente de la empresa (Figura 3.10). Es adecuado cuando a la empresa le es vital conservar y mejorar su especialización, en este caso la relación con el cliente la hace un coordinador.

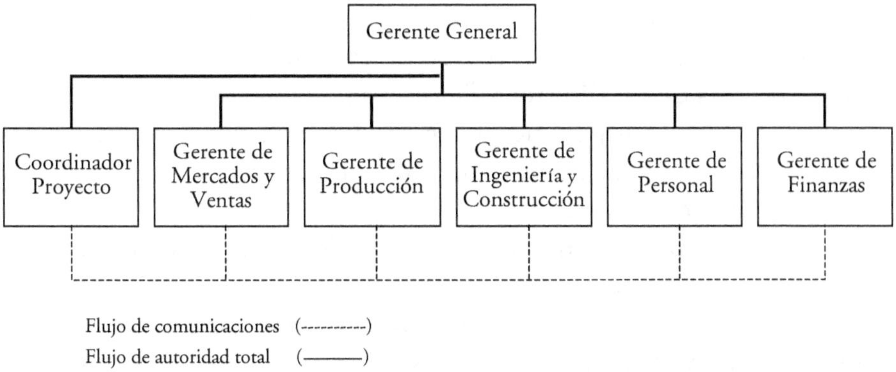

Figura 3.10
Arbol de organización por coordinación de un proyecto (Albala, 1986).

b) Organización pura del proyecto: En este sistema es posible crear una organización funcional especial para el proyecto, paralela a la existente en la empresa, y en la cual el director tiene plena autoridad sobre el uso de los recursos dispuestos (Figura 3.11). Una desventaja es el aumento en los costos debido a la creación de una organización paralela y la consiguiente duplicación de recursos.
Una aplicación concreta de la organización pura del proyecto está en proyectos realizados en zonas geográficas alejadas de los centros gerenciales de decisión, con ello es posible evitar dilaciones en la marcha del proyecto generadas por la distancia, aunque tal limitante puede ser superada por los modernos sistemas de telecomunicación actual.

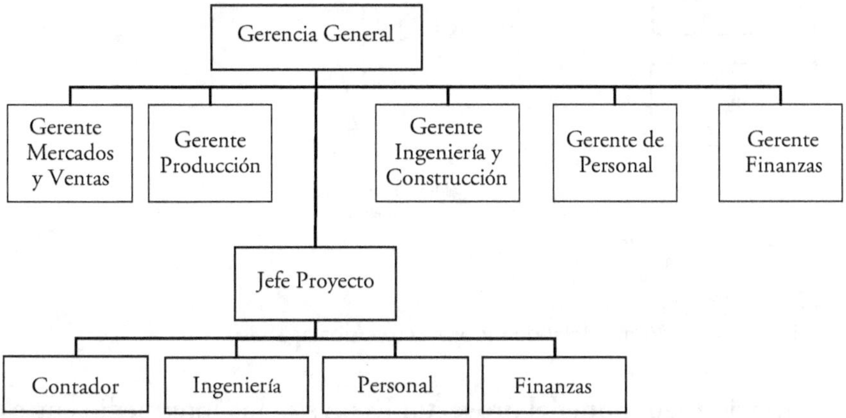

Figura 3.11
Árbol de organización pura de un proyecto (Albala, 1986).

c) **Organización matricial:** El proyecto es realizado por las áreas funcionales de la empresa, asesorados por un equipo de coordinación y bajo la responsabilidad integrada de un director (Figura 3.12). Se tenderá así a maximizar el uso de los recursos disponibles, recurriéndose a recursos externos o contratistas, en el caso de que las demandas del proyecto superen la capacidad del departamento correspondiente.
La toma de decisiones es más lenta, pues se debe coordinar las acciones jefes de proyectos y los jefes de área. Es un sistema útil en proyectos con fuertes restricciones presupuestarias. Otra forma de presentarlo está en la concepción de dos tipos de unidades distintas las de coordinación o administración que establecen la oportunidad de realizar cada trabajo con las respectivas especificaciones (saben cuándo y cómo), y las unidades de servicio o técnicas, que realizan los trabajos. Ambas unidades comparten en alguno de sus puntos de intersección la decisión final.

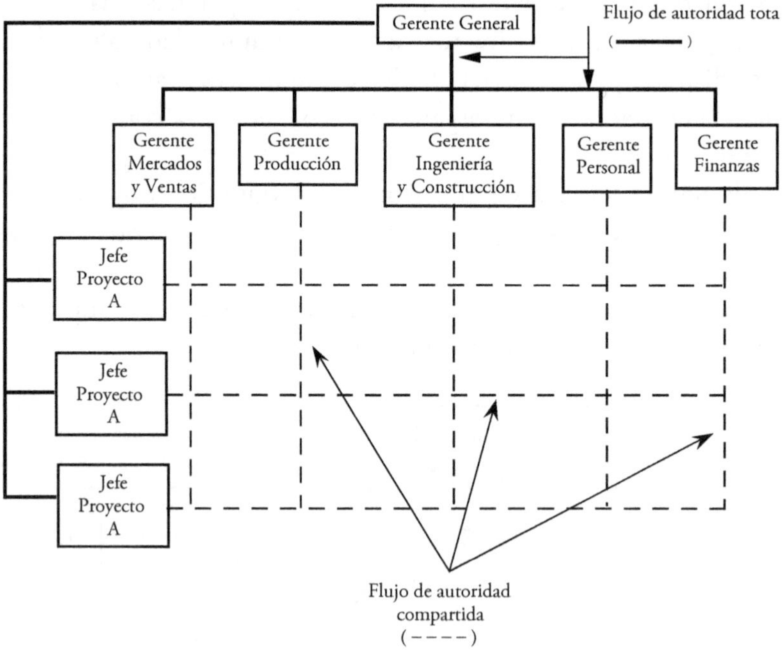

Figura 3.12
Estructura de organización matricial de un proyecto (Albala, 1986).

d) **Organización semipura del proyecto:** Es un sistema intermedio entre el matricial y el puro, buscando conjugar sus ventajas de ambos sistemas (Figura 3.13).

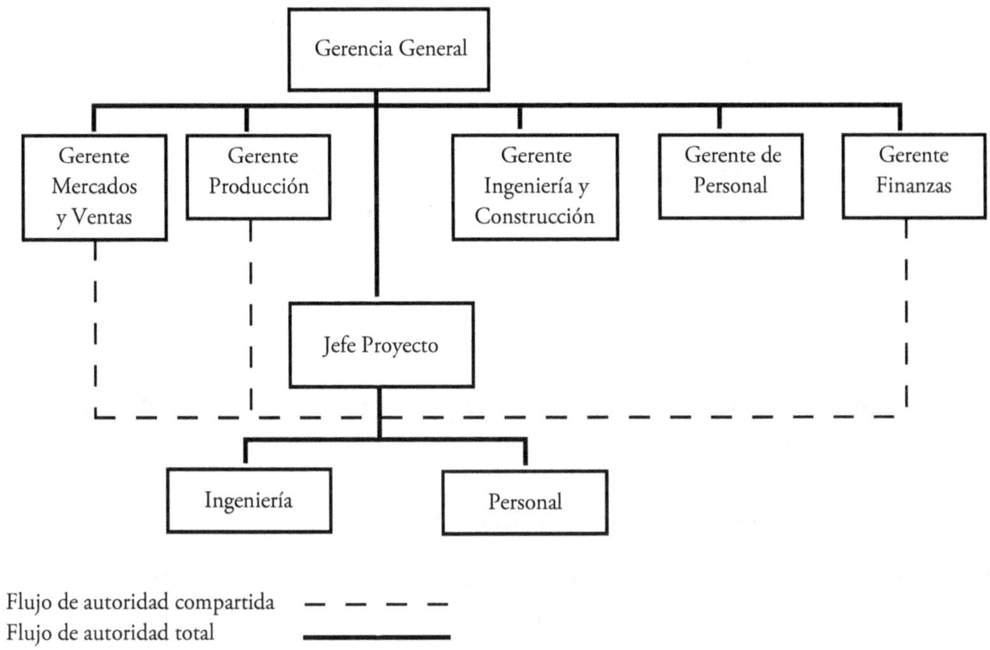

Figura 3.13
Estructura de organización semipura de un proyecto (Albala, 1986).

En la práctica es muy común encontrar este tipo de organización entrelazadas de modo de poder acomodarse a condiciones particulares de los diferentes tipos de obras de construcción, con los recursos de la empresa, las características del proyecto, la localización de la obra y las condiciones del contrato. Sin embargo, en algunos casos se crean organizaciones demasiado "híbridas" y cambiantes según progresa la obra. Esta última estrategia es muy poco recomendable porque se diluyen y desaparecen responsabilidades y a su vez se generan conflictos en la toma de decisiones hacia el término de la obra.

3.6 PLANIFICACION Y CONTROL DE PROYECTOS

3.6.1 INTRODUCCIÓN

La planificación y programación de obras de construcción consiste en ordenar la realización de todas las actividades que son parte del proceso de construcción. La planificación puede dictar pautas o poner restricciones a la organización del proyecto. Esta sección pretender entregar aspectos generales sobre los sistemas de planificación y control de proyectos de construcción, mayor información puede encontrarse en el libro "Planificación y Control de Proyectos" de Alfredo Serpell y Luis Fernando Alarcón (Serpell y Alarcón, 2001).

Los objetivos principales de la planificación y programación son racionalizar las actividades del proceso constructivo, evitando conflictos en el proceso y disminuyendo riesgos. Permite racionalizar el empleo de los recursos y permite establecer un control de los recursos si la planificación y programación tiene asociada a su estructura una metodología de control de procesos.

Entre los principales beneficios que se deben obtener de una buena planificación y programación son:

- Reducir incertidumbre en el control del tiempo.
- Conocer los "Volúmenes Peak" de necesidades para poder dimensionar las instalaciones en su capacidad óptima.
- Programar los movimientos de la instalación de faena y retiro de ellas.
- Optimizar la programación de área de la obra.
- Elaborar un programa de adquisiciones de materiales y arriendo de equipos.
- Definir los períodos de contratos y despidos.
- Establecer metodologías de control.
- Otros.

Los mecanismos de planificación pueden ser más o menos detallados, más o menos complejos, manuales o computarizados; y pueden estar orientados al control de tiempo, el control de gastos, la distribución de recursos, otros o combinación de estos.

3.6.2 NIVELES DE PLANIFICACIÓN

La planificación se debe realizar a distintos niveles, en general se definen tres niveles básicos (Serpell, 2002):

a) **Planificación estratégica o de largo plazo:** aquella planificación que se hace a nivel de anteproyecto, se centra en los aspectos globales del proyecto sin llegar a un nivel de detalle muy grande. Sus objetivos son determinar costos para propuestas o estudios de factibilidad y servir de base para la planificación del proyecto. Esta planificación también se puede orientar a la empresa, tal como lo presentan Hax y Majluf en su libro sobre el tema (Hax, 1993).

b) **Planificación táctica o de mediano plazo:** planifica de forma concreta la materialización del proyecto, generalmente corresponde a un plan de construcción de la obra en sus etapas más gruesas.

c) **Planificación operacional o de corto plazo:** comprende el detalle de como ejecutar las tareas necesarias para materializar las actividades definidas en el nivel anterior, evitando interferencias, falta de recursos, etc. Aquí se puede llegar a un nivel de detalle tal que exista una planificación semanal o, inclusive, diaria que contribuya a una mejor organización y cumplimiento en el trabajo. La relación entre los tres niveles de planificación se ve en la Figura 3.14.

Figura 3.14
Relación entre los niveles de planificación (Serpell, 2002).

3.6.3 METODOLOGÍAS DE PLANIFICACIÓN

Dado que en este texto solo se pretende introducir el tema de gestión de proyecto, se verá un ejemplo de planificación táctica. Para mayor información se recomiendan libros especializados , tales como: "Planificación y Control de Proyectos", de Alfredo Serpell y Luis Fernando Alarcón; "Administración de Operaciones de Construcción", de Alfredo Serpell; "Project Management for Construction", de Hendrickson; "Construction Operations Manual of Policies and Procedures", de Levy; "Contruction Project Scheduling and Control", de Mubarak; "Construction Scheduling: Principles and Practices", de Newitt.

La metodología básica de una planificación táctica consiste en realizar un desglose de actividades para luego establecer secuencialidad, desfases y simultaneidad; el paso siguiente es asignar plazos para finalmente establecer el camino crítico. Lo anterior se puede apreciar esquemáticamente en la Figura 3.15.

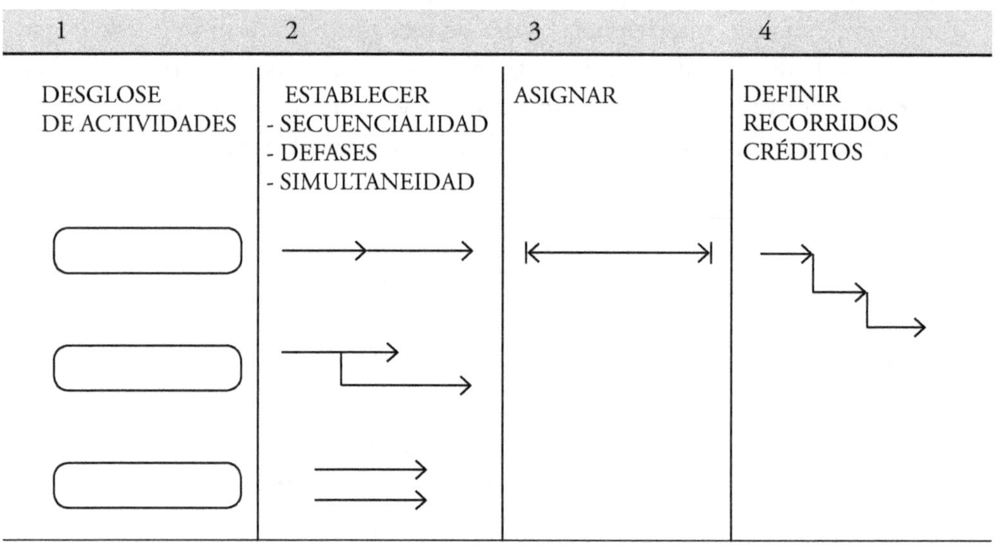

Figura 3.15
Metodología básica de la planificación y programación.

Para llevarla a cabo existen numerosas técnicas, una de las más simples es el método de barras **Carta Gantt**. Es el método más conocido, muestra las actividades del proyecto bajo la forma de barras proporcionales al tiempo. Este método no permite ver con claridad la secuencialidad de las etapas, pero presenta numerosas ventajas para realizar planificación estratégica o táctica. En la Figura 3.16 se presenta un ejemplo.

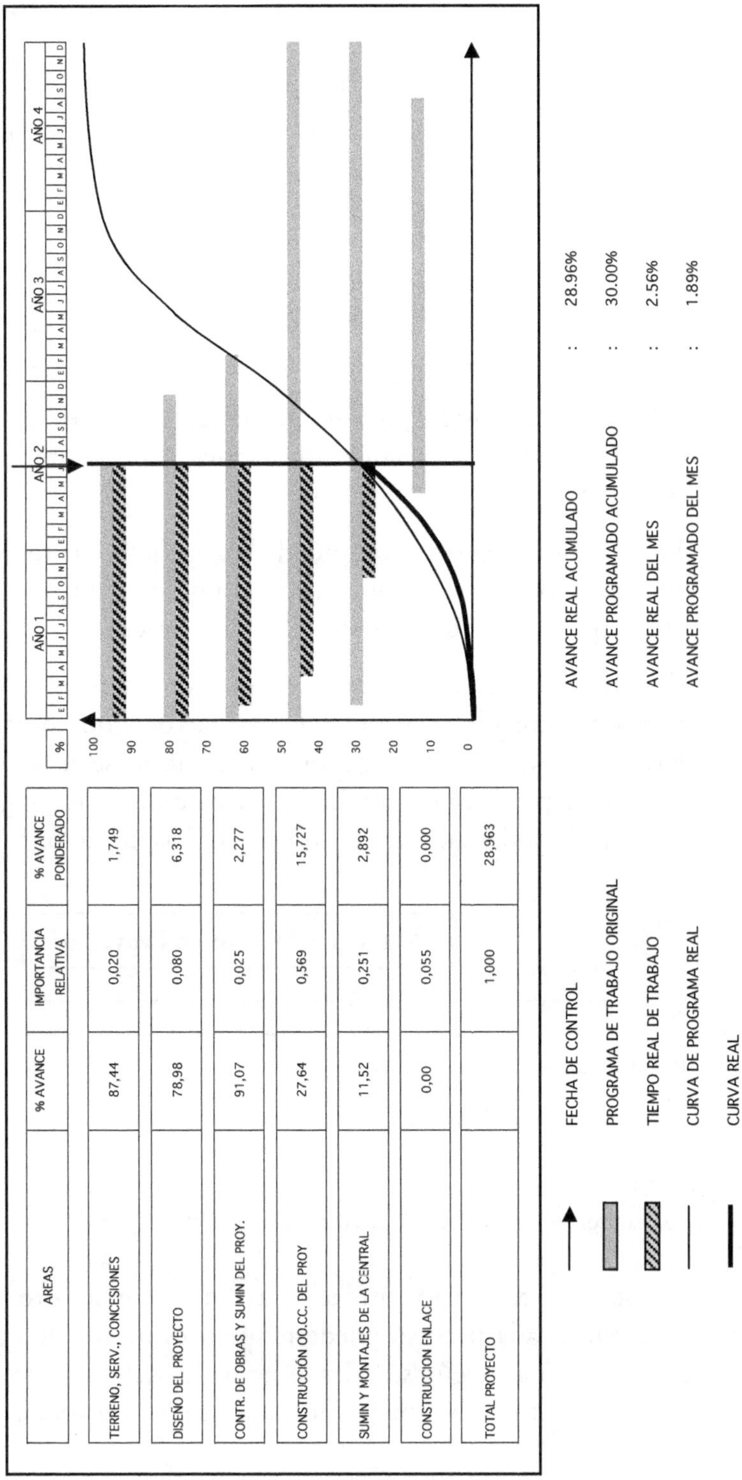

Figura 3.16
Ejemplo de Carta Gantt (adaptado de Campero, 1989).

3.7 GESTIÓN Y CONTROL DE COSTOS DE PROYECTOS

La gestión y control de costos de proyectos incluye los procesos necesarios para asegurar que el proyecto se finalice dentro del presupuesto aprobado. La Figura 3.17 muestra la organización general de los principales procesos de esta gestión según el Project Managenet Institute (PMI):

- Planificación de recursos: lo que permite determinar qué recursos (personal, equipos, materiales) y qué cantidad de cada uno de ellos se debe utilizar para desarrollar adecuadamente las actividades del proyecto.
- Estimación de costos: proceso que desarrolla una estimación (aproximación) de los costos de los recursos necesarios para completar las actividades del proyecto.
- Presupuesto de costos: comprende la asignación de todas las estimaciones de costos a cada tarea individual, con el fin de establecer una base de costos en el tiempo para medir el desarrollo del proyecto.
- Control de costos: etapa que permite comparar lo real con lo programado y está relacionado con influir en los factores que ocasionan cambios en la base de costos para asegurar que los cambios sean beneficiosos, determinar cuándo se produce un cambio en la base de costos y gestionar los cambios reales para poder alcanzar los objetivos del proyecto.

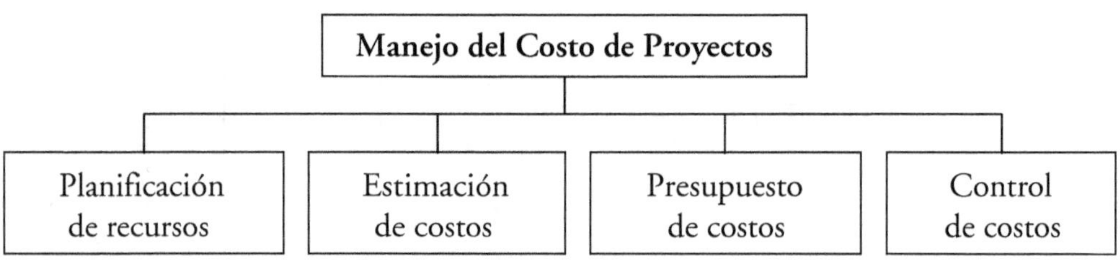

Figura 3.17
Principales procesos en la gestión de costos de proyecto, según el PMI.

Estos procesos interactúan entre ellos, así como con los procesos de las otras áreas de desarrollo. Cada proceso puede requerir esfuerzos de una o más personas o grupos de personas, según sean las necesidades del proyecto. Generalmente, cada proceso ocurre al menos una vez en cada fase del proyecto.

La gestión de costos de proyectos está principalmente relacionada con el costo de los recursos necesarios para completar las actividades del proyecto. Sin embargo, la gestión de costos de proyecto debería considerar también el efecto que tiene la toma de decisiones del proyecto sobre los costos de utilizar el producto del proyecto. Por ejemplo, la limitación del número de revisiones del diseño puede reducir los costos del proyecto, pero puede aumentar los costos operacionales del mandante. Esta visión más global de la gestión de costos se le conoce como *costo del ciclo de vida del proyecto.*

En muchas aplicaciones de esta técnica, el análisis del futuro comportamiento financiero del producto del proyecto se realiza fuera del estudio del proyecto. En otras áreas, la gestión de costos del proyecto incluye también esta actividad. Cuando se incluyen estos análisis, la gestión de costos del proyecto debe incluir otros procesos económicos, como el cálculo de la tasa interna de retorno (TIR), el valor actualizado neto (VAN), y período de recuperación del capital.

La gestión de costos del proyecto debería considerar las necesidades de información de las entidades involucradas en el proyecto, ya que diferentes entidades pueden considerar los costos del proyecto de diferentes maneras y en distintos momentos. Por ejemplo, el costo de un artículo de un proveedor puede ser medido cuando se ha autorizado su compra, cuando se ha pedido, cuando se ha pagado o cuando se ha contabilizado formalmente.

Cuando los costos del proyecto se utilizan como un componente de un sistema de recompensa, los costos controlables y los incontrolables deberían estimarse separadamente, para asegurar que las recompensas reflejan el desarrollo real del proyecto.

En algunos proyectos, especialmente en los más pequeños, la planificación de recursos, la estimación de costos y el presupuesto de costos están tan íntimamente ligadas que se ven como un solo proceso. A continuación, se presentan por separado las herramientas y técnicas para cada uno de los cuatro procesos en la gestión de costos de proyectos.

3.7.1 PLANIFICACIÓN DE LOS RECURSOS

La planificación de recursos comprende la determinación de qué recursos físicos (fundamentalmente personal, equipos, materiales) y qué cantidades de cada uno se deben utilizar para desarrollar las distintas actividades del proyecto. Por ejemplo, el equipo humano de un proyecto de construcción necesitará estar familiarizado con la reglamentación local. Este conocimiento está frecuentemente disponible, a un costo prácticamente nulo, utilizando mano de obra local. Sin embargo, si el conjunto de mano de obra local carece de experiencia en las técnicas de construcción especializadas que se utilizan, el costo adicional de un especialista puede ser la manera más efectiva de asegurar el conocimiento de la reglamentación local.

Para desarrollar una adecuada planificación de los recursos es necesario establecer la estructura de descomposición del proyecto. Esta identifica los elementos del proyecto que van a necesitar recursos y, además, es el principal dato de la planificación de recursos. Cualquiera de los resultados relevantes de otros procesos de planificación debe ser utilizado a través de esta estructura para asegurar el control adecuado. Adicionalmente debe utilizarse la información histórica disponible respecto a qué tipos de recursos fueron requeridos para tareas similares en anteriores proyectos. Junto con lo anterior, se debe tener un informe del alcance del proyecto, el que debe contener la justificación del proyecto y sus objetivos, los que deben ser considerados explícitamente durante la planificación de recursos. Para la planificación de recursos también es necesario conocer qué recursos están potencialmente disponibles, considerando las políticas de la organización en relación con temas de personal y de arriendo o compra de suministros y equipos de la empresa.

Las herramientas disponibles para la planificación de recursos se basan principalmente en la utilización del juicio experto que será requerido frecuentemente para evaluar los datos de este proceso. Este juicio experto lo puede proporcionar cualquier persona con los conocimientos especializados o la experiencia requerida, sin dejar de lado nunca la búsqueda de alternativas para materializar el proyecto respecto a las tradicionales ya que una solución creativa puede producir una ventana competitiva frente a los pares.

El resultado de la planificación de recursos es una descripción de los tipos de recursos que son necesarios y en qué cantidad, para cada elemento de la estructura de descomposición del proyecto.

3.7.2 ESTIMACIÓN DE COSTOS

La estimación de costos comprende el desarrollo de una aproximación (estimación) de los costos de los recursos necesarios para completar las actividades del proyecto.

Cuando un proyecto se realiza bajo un determinado tipo de contrato (por ejemplo: suma alzada, precio unitario, administración delegada), se debe poner cuidado en distinguir la estimación de costos de la fijación del precio. Por un lado, la estimación de costos comprende el desarrollo de una valoración del resultado cuantitativo esperado, es decir, cuánto costará a la organización ejecutora producir el producto o servicio de que se trate. Por otro lado, fijar el precio es una decisión comercial (cuánto cobrará la organización ejecutora por el producto o servicio), que utiliza la estimación de costos como una consideración más en su análisis, entre otras muchas variables, como por ejemplo: demanda, competencia, cantidad de trabajo actual, etc.

La estimación de costos incluye la identificación y consideración de varios costos alternativos. Por ejemplo, en la mayor parte de las áreas de aplicación, se realiza con frecuencia trabajo adicional durante la fase de diseño para luego tener la posibilidad de reducir los costos de la fase de producción. Esta actividad en las obras de construcción se conoce con el nombre de constructabilidad. El proceso de estimación de costos debe considerarse si el costo del trabajo de diseño adicional compensará al ahorro potencial.

Para desarrollar una estimación de costos se requiere al igual que en la etapa anterior, la estructura de descomposición del proyecto, que será utilizada para organizar las estimaciones de costos y para asegurar que se han estimado claramente todos los trabajos identificados. Además se requiere los resultados de la etapa de planificación de los recursos.

Adicionalmente, se deben conocer los precios unitarios que tiene cada recurso, con el fin de calcular el costo del proyecto. Si no se conocen los precios reales estos tendrán que ser estimados. Junto con esto, se debe estimar la duración de las actividades, pues puede afectar la estimación de costos en aquellos proyectos donde el presupuesto incluya partidas de gastos generales asociados al plazo, como por ejemplo costos financieros.

Muy importante es también utilizar la información histórica. La organización involucrada en el proyecto pueden tener registros de los resultados de proyectos anteriores, que estén suficientemente detallados y documentados como para ayudar en el desarrollo de la estimación del actual proyecto, teniendo en cuenta las características especiales de cada proyecto.

Una vez que se cuenta con la información requerida, las herramientas tradicionales a utilizar para lograr esta estimación son: la estimación análoga; la modulación paramétrica, la estimación de abajo hacia arriba y las herramientas computacionales.

a) Estimación por analogías: La estimación por analogías, también llamada estimación de arriba-a-abajo, significa utilizar el costo real de anteriores proyectos similares, como base para la estimación del costo del proyecto actual. Se usa frecuentemente para estimar los costos totales del proyecto, cuando la información detallada sobre el proyecto es escasa (por ejemplo, en las fases iniciales de un proyecto). La estimación por analogías es generalmente más barata que otras técnicas, pero también normalmente menos precisa. Es más confiable cuando los proyectos anteriores son realmente similares, y las personas que realizan las estimaciones tienen la experiencia necesaria.

b) Modelización paramétrica: La modelización paramétrica implica usar características o parámetros del proyecto en un modelo matemático para predecir los costos del proyecto. Los modelos pueden ser simples (la construcción de una vivienda residencial, costará una cierta cantidad por metro cuadrado de espacio habitable) o complejos (un modelo de costos para el desarrollo de programa que utilice varias variables independientes). El costo y la precisión de los modelos paramétricos son muy variables. Los modelos paramétricos son normalmente más confiables cuando la información histórica utilizada para el desarrollo del modelo es más precisa, los parámetros utilizados en el modelo son fácilmente cuantificables y el modelo es escalable (por ejemplo, trabaja igual para un proyecto más grande que para otro más pequeño).

c) Estimación de abajo-a-arriba: Esta técnica comprende la estimación de costos de tareas individuales; que al sumar las estimaciones individuales se consigue el costo total del proyecto (Normalmente se llama estimación detallada). El costo y la precisión de la estimación de abajo a arriba depende del tamaño y cantidad de las tareas individuales.

d) Herramientas computarizadas: Las herramientas computarizadas, tales como algún programa computacional para la gestión de proyectos, están hoy muy extendidos como ayuda a la estimación de costos. Tales productos pueden simplificar el uso de las herramientas descritas anteriormente y facilitar la consideración rápida de muchas alternativas de costos.

Como resultados de esta etapa se obtienen la estimación de costos o valoraciones cuantitativas de los costos aproximados de todos los recursos necesarios para completar las actividades del proyecto, como por ejemplo, mano de obra, materiales, suministros, y categorías especiales, tales como una previsión para la inflación o para imprevistos (contingencia). Las estimaciones de costos se expresan, generalmente, en unidades monetarias (pesos, dólares, euros, yenes, etc) con el fin de facilitar las comparaciones entre ellas y entre distintos proyectos. Se pueden utilizar otras unidades, como las horas o los días de personal, excepto cuando al hacer esto se produzca un error en los costos del proyecto (por ejemplo, por falta de diferenciación entre recursos con costos muy diferentes). En algunos casos, las estimaciones se obtendrán utilizando numerosas unidades de medida para así facilitar el control de gestión apropiada.

Las actividades de apoyo para la estimación de costos deberían incluir una descripción del alcance de las tareas estimadas, la documentación de las bases de la estimación, la documentación de todos los supuestos realizados y una indicación del rango de los resultados posibles. La cantidad y tipos de actividades de apoyo varía según el área de aplicación. Puede ser muy valioso el guardar incluso las anotaciones borrador para poder tener un mejor conocimiento de cómo se desarrolló la estimación. Adicionalmente, se desarrolla el plan de gestión de costos describe cómo se deben manejar las variaciones de los costos (por ejemplo, respuestas diferentes para los grandes problemas que para los pequeños). Un plan de dirección de costos puede ser formal o informal, muy detallado o con ideas generales, según las necesidades de las entidades involucradas en el proyecto.

Más detalles sobre los métodos de estimación de costos pueden ser encontrados en los textos de Ostrowski (2013) y Pica (2015).

3.7.3 PRESUPUESTO DE COSTOS

Comprende la asignación de todas las estimaciones de costos a cada tarea individual, con el fin de establecer una base de costos en el tiempo para medir el comportamiento del proyecto. Para desarrollarse requiere el resultado de la etapa de estimación de costos, la estructura de descomposición del proyecto para identificar los elementos del proyecto a los que se les van a asignar los costos, y el programa del proyecto para incluir las fechas previstas de comienzo y término para los elementos del proyecto a los que los costos deben ser asignados. Esta información es necesaria para asignar los costos al período de tiempo en el que dichos costos se producen.

Las herramientas y técnicas descritas anteriormente para desarrollar las estimaciones de costos del proyecto, son también utilizadas para desarrollar los presupuestos de cada una de las tareas.

Como resultado de esta etapa se obtiene una base de costos que es un presupuesto por fases temporales que se usará para medir y controlar el desarrollo de los costos del proyecto. Se realiza sumando los costos estimados por período y se representa normalmente utilizando una curva de la "S", como se muestra en la Figura 3.18.

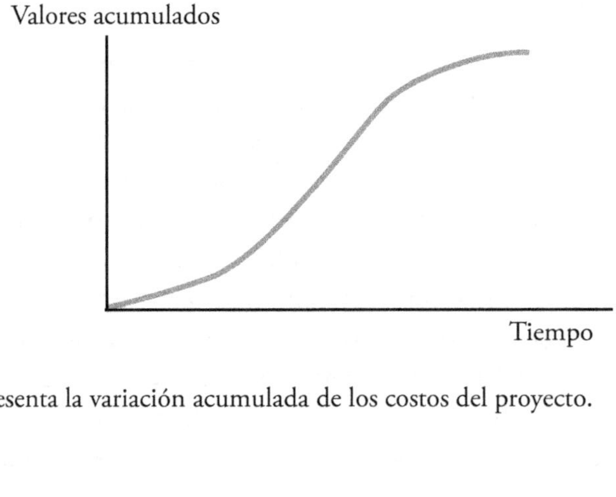

Figura 3.18
Curva S que representa la variación acumulada de los costos del proyecto.

3.7.4 CONTROL DE COSTOS

El control de costos está relacionado con influir en los factores que ocasionan cambios en la base de costos para asegurar que los cambios son beneficiosos; determinar cuándo se produce un cambio en la base de costos y gestionar los cambios reales cuando y como ocurran. El control de costos incluye:

- Controlar el desarrollo de los costos, para detectar variaciones en el plan (Figura 3.19).

- Garantizar que los cambios apropiados son reflejados con exactitud en la base de costos.
- Prevenir que cambios incorrectos, inapropiados o no actualizados sean incluidos en la base de costos.
- Informar de los cambios autorizados a las entidades involucradas en el proyecto que se considere oportuno.

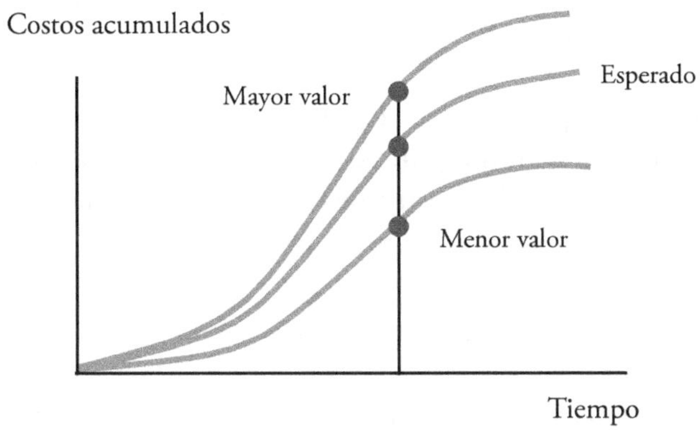

Figura 3.19
Posibles efectos en los resultados de un proyecto.

El control de costos considera la búsqueda de los "por qué" de las variaciones, tanto positivas como negativas. Debe estar completamente integrado con los otros procesos de control. Por ejemplo, unas respuestas inapropiadas a las variaciones de costos pueden causar problemas de calidad o en el programa, o producir posteriormente un nivel de riesgos inaceptable en el proyecto.

Para desarrollar el control de costos se requiere: la base de costos que es el resultado de la etapa anterior y los informes de realización que entregan información sobre el desarrollo real de los costos, como qué presupuestos se han cumplido y cuáles no. El plan de gestión de costo, resultado de la etapa "estimación de costos", debe incluir todos estos cambios.

Las herramientas y técnicas disponibles para el control de costos son: el sistema de control de cambios de costos, las técnicas de medida de la realización, la planificación adicional y las herramientas computarizadas:

a) Sistema de control de cambios de costos: define los procedimientos por los que se puede alterar la base de costos. Incluye los formularios, los sistemas de seguimiento y los niveles de aprobación necesarios para autorizar los cambios.

b) Medida de la realización: Las técnicas de medida de la realización ayudan a cuantificar la magnitud de cualquier desviación que ocurra. Una parte importante del control de costos consiste en determinar cual es la causa de la desviación y decidir si la variación requiere acciones correctivas.

c) Planificación adicional: Pocos proyectos se desarrollan exactamente como se han planificado. Los posibles cambios pueden necesitar estimaciones de costos nuevas o revisadas o análisis de métodos alternativos. Por lo tanto se debe realizar una planificación adicional que incluya los cambios.

d) Herramientas computarizadas: Las herramientas computarizadas como el software para la dirección de proyectos, se suelen utilizar para contrastar los costos planificados con los costos reales y para prever los efectos de los cambios de costos.

Los resultados de esta etapa de control incluyen:

a) Estimaciones de costos revisadas: Las estimaciones de costos revisadas son modificaciones a la información de costos utilizada para dirigir el proyecto. Se deben notificar a las entidades involucradas en el proyecto apropiadas según sea necesario. Las estimaciones de costos revisadas pueden requerir o no ajustes en otros aspectos del plan general del proyecto.

b) Actualizaciones del presupuesto: Las actualizaciones del presupuesto son una categoría especial de las estimaciones de costos revisadas. Son cambios en una base de costos aprobada. Generalmente estos números solo se revisan si hay cambios en el alcance del proyecto. En algunos casos, las variaciones de los costos pueden ser tan importantes que se necesite una "redefinición" de la base de costos, con el fin de conseguir una medida realista del desarrollo.

c) Acciones correctivas: Las acciones correctivas son cualquier acción realizada para ajustar el desarrollo futuro esperado del proyecto al plan del proyecto.

d) Estimación al término: Una estimación al término del proyecto es una previsión de los costos totales del proyecto basado en el desarrollo del proyecto. Las técnicas de previsión más comunes son alguna variación de las siguientes alternativas:
   - Estimaciónal término como costos reales hasta la fecha más el presu - puesto de la parte del proyecto no desarrollada todavía, modificado por un factor de realización, que normalmente es el índice de rendimiento

de costos. Este método se utiliza frecuentemente cuando las desviaciones actuales son consideradas como típicas de futuras desviaciones.

- Estimación al término como costos reales hasta la fecha más una nueva estimación para todo el trabajo pendiente de desarrollo. Este método es el más comúnmente utilizado cuando la realización pasada muestra que los supuestos de la estimación original era básicamente incorrectos o que no tienen una vigencia futura debido a un cambio de condiciones.
- Estimación al término como costos reales hasta la fecha más el presupuesto que falta por desarrollar. Este método es el más comúnmente utilizado cuando las desviaciones actuales son consideradas como atípicas y las expectativas del equipo de gestión del proyecto son que no ocurrirán en el futuro desviaciones similares.

e) Lecciones aprendidas. Las causas de las desviaciones, el razonamiento que justifica la elección de una determinada acción correctora y otro tipo de lecciones aprendidas sobre el control de costos, deben ser documentadas de forma que se conviertan en parte de una base de datos histórica para éste y otros proyectos de la organización ejecutora.

3.8 SEGURIDAD E HIGIENE INDUSTRIAL

3.8.1 CONCEPTOS DE SEGURIDAD, ACCIDENTES Y PREVENCIÓN DE ACCIDENTES

Las empresas deben preocuparse por la seguridad en sus actividades por varios motivos, entre estos:

- Responsabilidad de asegurar a sus trabajadores condiciones de trabajo sin riesgo para su integridad.
- Interés económico.
- Mandato legal.
- Imagen de la empresa.

La Seguridad Industrial es un proceso en el cual todo trabajo es hecho sin causar daño o lesiones, aun mentales o de cualquier otra naturaleza a las personas que ejecutan los trabajos y también sin dañar o destruir los equipos, herramientas, materiales y sin afectar las áreas de trabajo.

El concepto moderno de seguridad es que los accidentes pueden y deben evitarse y que, prevenir los accidentes es un deber moral y una obligación ineludible de todas las personas y especialmente profesionales responsables (Oglesby, 1989).

Desde el punto de vista de la Seguridad Industrial, accidente es un hecho imprevisto, no intencional, indeseable y normalmente evitable, que interfiere el proceso normal de trabajo, y que arroja como consecuencia al menos una de los siguientes problemas:

- Lesiones a las personas.
- Daños a los materiales.
- Daños a los equipos.
- Daños a la propiedad.
- Interrupción del proceso productivo, con pérdida de tiempo.

Se concluye entonces que puede suceder un accidente sin ocasionar lesiones a las personas, pero no puede ocurrir el caso contrario, o sea, que existan lesiones sin que ocurra un accidente.

Esto es diferente con respecto a la Ley (Ley Nº 16.744) que entiende por "Accidente del Trabajo a toda lesión que una persona sufra a causa o con ocasión del trabajo, y que le produzca incapacidad o muerte". Por lo tanto desde el punto de vista legal, accidente y lesión son dos conceptos inseparables, resumiéndose esto en el criterio compensatorio de la Ley.

Puede notarse entonces que existe una marcada diferencia del concepto de accidentes desde el punto de vista legal, cuya finalidad es indemnizar al accidentado, y desde el punto de vista preventivo de la seguridad industrial, cuya finalidad es evitar que estos hechos imprevistos ocurran.

Para lograr esto último, la seguridad industrial se apoya en la prevención de accidentes, cuyo objetivo es la prevención y corrección de las condiciones, actos y circunstancias que puedan contribuir a la producción de un accidente, mediante el control de la ejecución de las labores de los trabajadores, del funcionamiento y operación de los equipos y materiales y del medio ambiente de trabajo.

3.8.2 CAUSAS DE UN ACCIDENTE

Las causas son hechos o circunstancias que se presentan y que desencadenan el accidente. En el caso de que no estén presentes estos hechos o circunstancias, el accidente no ocurre.

Estos hechos o circunstancias derivan de factores humanos, constituidos por las personas que hacen el trabajo y el modo en que lo realizan, y/o por factores ambientales asociados al área de trabajo, como materiales, equipos, herramientas y condiciones bajo las cuales el trabajo es realizado. Las causas de los accidentes entonces, podrán residir en cualquiera de estos factores (Figura 3.20). Se llamará:

"Acción Insegura" cuando sea la participación del hombre la causal del accidente. Ejemplos de acciones inseguras son: no usar elementos de protección personal, usar indebidamente herramientas y equipos, trabajar en estado de intemperancia, quitar las protecciones de las máquinas, etc.

"Condición Insegura" cuando un elemento existente en el ambiente de trabajo es la causal del riesgo. Ejemplos de condiciones inseguras son: engranajes descubiertos, alumbrado deficiente, cables eléctricos sin aislación, herramientas en mal estado, etc.

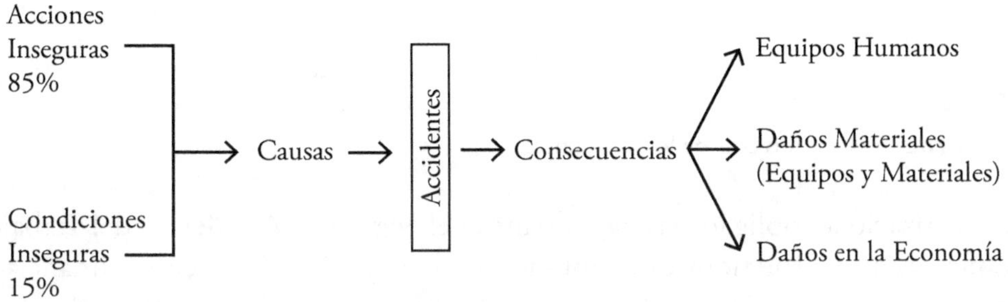

Figura 3.20
Resumen de las causas de los accidentes.

La experiencia enseña que los accidentes no tiene una causa única, si no que son el resultado de una cadena de circunstancias o eventos. Su característica principal es que si uno de los eventos puede evitarse o reducir su efecto, el resultado final puede ser distinto (Oglesby, 1989).

3.8.3 COSTOS Y REPERCUSIONES SOCIOECONÓMICA

Todo accidente significa gastos, ya sean provenientes de las prestaciones impuestas por la Ley, tales como prestaciones médicas y cotización del seguro obligatorio que en conjunto forman los costos directos, o aquellos costos derivados de gastos improductivos por deterioro de materiales, productos, equipos, tiempo perdido, etc., que forman los costos indirectos de los accidentes o también llamados costos ocultos o invisibles, porque son difíciles de cuantificar. Estudios en la materia realizados por expertos, indican que los costos indirectos son cuatro veces más altos que los costos directos. En forma esquemática, se presentan los costos de accidentes en la Figura 3.21.

Costo de los accidentes (témpano de hielo)

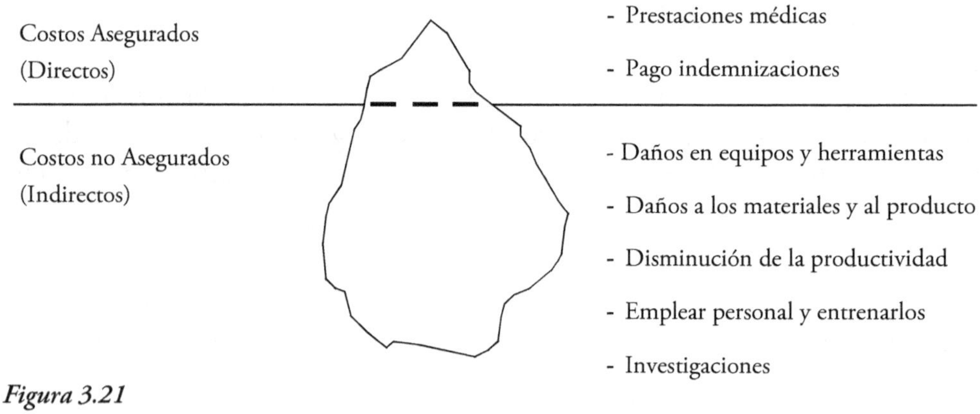

Figura 3.21
Costos directos e indirectos de los accidentes.

Las cotizaciones obligatorias para financiar el Seguro de Accidentes del Trabajo y Enfermedades Profesionales establecido en la Ley 16.744 deben ser financiadas enteramente por el empleador. Los mecanismos para la exención, rebajas y recargos de la cotización adicional están establecidos en la Ley 16.744 a través de su Decreto N° 67 del 24 de noviembre de 1999.

Estas prestaciones se componen de una cotización básica general del 0,95% de las remuneraciones imponibles y de una cotización adicional de acuerdo a la tasa de siniestrabilidad de cada empresa. En el caso de las empresas nuevas que no tengan registro de accidentes, se considera para los dos primeros años un tasa presunta, diferenciada en función de las actividades y riesgos de la empresa o entidad empleadora.

Para efectos del cálculo de la tasa de cotización adicional se considera "período anual" al lapso de 12 meses comprendido entre el 30 de junio de un año y el 1° de julio del año precedente. El período de evaluación considera los tres períodos anuales inmediatamente anteriores al 1° de julio del año respectivo.

Una vez que la empresa tiene estadísticas de accidentes de tres años, se calcula la "Tasa de Siniestralidad Total" que es la suma de la Tasa Promedio de Siniestralidad por incapacidad temporal y la Tasa de Siniestralidad por invalidez y muertes.

La Tasa de Siniestralidad por incapacidades temporales, es el cuociente entre el total de días perdidos en un período anual y el promedio anual de trabajadores, multiplicado por cien.

La Tasa de Siniestralidad por invalideces y muertes, se determina conforme al procedimiento que a continuación se explica.

A cada incapacidad se le asignará según su grado de invalidez, el valor que le corresponda según la Tabla 3.1.

Tabla 3.1: Factor de invalidez y muerte individual

Grado de Invalidez	Factor de invalidez y muerte individual
15,0% a 25,0%	0,25
27,5% a 37,5%	0,50
40,0% a 65,0%	1,00
70,0% o más	1,50
Gran Invalidez	2,00
Muerte	2,50

La suma de los valores correspondientes a todas las incapacidades de cada Período Anual se multiplicará por cien y se dividirá por el Promedio Anual de Trabajadores y se expresará con dos decimales. Este cuociente se denominará Factor de invalideces y muertes.

Con el promedio de Factores de invalideces y muertes de los años considerados en el Período de Evaluación, se determina la Tasa de Siniestralidad por invalideces y muertes, utilizando para ello lo señalado en la Tabla 3.2.

Tabla 3.2: Tasa de siniestralidad por invalideces y muertes

Promedio de Factores de invalideces y muertes	Tasa de Siniestralidad por invalideces y muertes
0,00 a 0,10	0
0,11 a 0,30	35
0,31 a 0,50	70
0,51 a 0,70	105
0,71 a 0,90	175
0,91 a 1,20	210
1,51 a 1,80	245
1,81 a 2,10	280
2,11 a 2,40	315
2,41 a 2,70	350
2,71 y más	385

Luego, la Tasa de Siniestralidad Total determinará si la cotización adicional se rebaja o recarga conforme a la Tabla 3.3.

Si durante el Período de Evaluación en una entidad empleadora hubieren ocurrido una o más muertes por accidentes del trabajo, el respectivo Organismo Administrador deberá investigar las causas de los siniestros y, si se formare la convicción de que estos se han originado por falta de prevención por parte del empleador, la tasa de Cotización Adicional resultante del Proceso de Evaluación se elevará al porcentaje inmediatamente superior de la tabla precedente.

La clasificación por siniestralidad permite hoy que los organismos administradores de la Ley 16.744, sobre el Seguro Obligatorio contra Accidentes del Trabajo y Enfermedades Profesionales, rebajen la cotización que deben cancelar las empresas, cuando estas demuestren que mantienen activos programas de seguridad y han reducido el número de accidentes. Esta rebaja motiva la prevención de los siniestros laborales, constituyendo un instrumento de gestión en los costos directos de la empresa.

Tabla 3.3: Porcentaje de cotización adicional

Promedio de Factores de invalideces y muertes	Tasa de cotización adicional
0 a 32	0,00
33 a 64	0,34
65 a 96	0,68
97 a 128	1,02
129 a 160	1,36
161 a 192	1,70
193 a 224	2,04
225 a 272	2,38
273 a 320	2,72
321 a 368	3,06
369 a 416	3,40
417 a 464	3,74
465 a 512	4,08
513 a 560	4,42
561 a 630	4,76
631 a 700	5,10
701 a 770	5,44
771 a 840	5,78
841 a 910	6,12
911 a 980	6,46
981 y más	6,80

Según estudios de la Mutual de la Seguridad (www.mutualseg.cl), en lo que respecta a los costos y utilizando como referencia las propuestas del Instituto Internacional de Administración de Riesgos de Chile y Frank E. Bird Jr., U.S.A. se pudo comprobar en forma empírica que del total de eventos ocurridos anualmente, en cualquier operación industrial latinoamericana, los incidentes con resultado de daños a la integridad de personas no superan el 2% ó 3%. Sin embargo, aunque el 97% a 98% restante del total de eventos ocurridos no genera lesiones traumáticas ni enfermedades ocupacionales, su ocurrencia destruye valor económico al ocasionar pérdidas que, en promedio, sobrecargan en 18% a 20% el presupuesto de operaciones, por efecto de daños a la propiedad, fallas operacionales y desviaciones de proceso, reducción de la ganancia neta y/o, inclusive, indemnizaciones por responsabilidad legal.

3.8.4 MÉTODOS GENERALES DE PREVENCIÓN DE RIESGOS

Entre los diversos métodos generalmente utilizados en seguridad industrial, para prevenir los accidentes se tiene:

- La normalización, o sea, el establecimiento de normas oficiales o semi-oficiales que rigen o debieran regir en cuanto a protecciones, calidad de equipo, herramientas, métodos de trabajo, etc.
- La investigación estadística, para determinar qué tipos de accidentes ocurren, en que número y a que clase de personas, en qué operaciones, por qué causas, etc., de modo de tener una cuantificación del problema.
- La reglamentación, o sea, establecimiento de normas sobre las condiciones y formas en que debe desarrollar un trabajo; obligaciones de los empleadores y de los trabajadores, etc.
- La inspección, para asegurar el cumplimiento de la reglamentación y detectar condiciones inseguras.
- La educación y formación profesional en materia de seguridad dirigida a todos los niveles de la industria.
- La formación de conciencia de seguridad, a través de la utilización de afiches y carteles, volantes, circulares, publicaciones, charlas.
- La aplicación de medidas de ingeniería, las cuales incluyen el diseño y la construcción de elementos destinados a eliminar las condiciones inseguras.
- Capacidad de reacción en caso de un accidente, de modo que se esté preparado para evitar mayores consecuencias, tanto en las personas como la obra y su entorno. Para lo cual se debe contar con una capacidad para atender con primeros auxilios a las personas y mecanismos para mitigar problemas de la obra y ambientales.

- La investigación de accidentes permite determinar las causas y con ello tomar medidas para que esa situación no se vuelva a repetir.

3.8.5 HIGIENE INDUSTRIAL

Las condiciones existentes en los lugares de trabajo o las sustancias con que trabaja el hombre, pueden interferir con su organismo, o sea, pueden destruir el equilibrio existente provocándole un daño o enfermedad profesional. El estudio de los problemas creados por la actividad del hombre dio nacimiento a la higiene industrial, la cual se define como un conjunto de técnicas destinadas a reconocer, evaluar y controlar los riegos de enfermedades profesionales con el objeto de conseguir que los trabajadores se vean libres a lo largo de toda su vida de trabajo, de cualquier daño a su salud que pueda ser ocasionado por las sustancias que manipulan o elaboran, por las condiciones del ambiente en que se desarrollan sus actividades, e intentando garantizar, además, un ambiente agradable y libre de incomodidades. Los criterios de evaluación más usados se presentan en la Tabla 3.4.

Tabla 3.4: Criterios de evaluación de higiene industrial

Condiciones de trabajo	Criterios de evaluación
Accidentes laborales	- Indice de frecuencia - Indice de gravedad - Evaluación subjetiva de los riesgos
Ambiente sonoro	- Medida del ambiente sonoro - Evaluación subjetiva del ambiente sonoro
Vibraciones	- Medida de las vibraciones - Evaluación subjetiva de las vibraciones
Ambiente térmico	- Características inmediatas del ambiente térmico - Evaluación del confort térmico - Evaluación subjetiva del confort térmico
Ambiente luminoso	- Características inmediatas del ambiente luminoso - Escala de confort visual - Evaluación subjetiva del confort visual

Tabla 3.4: Criterios de evaluación de higiene industrial (cont.)

Condiciones de trabajo	Criterios de evaluación
Polución atmosférica (irritantes y tóxicos)	- Evaluación de la polución atmosférica por sus efectos biológicos
Trabajo nocturno y trabajo continuo equipos alternos	- Trabajo nocturno regular - Trabajo continuo en equipos alternos
Fatiga relacionada con el trabajo muscular dinámico y estático	- Definición de la postura de trabajo - Evaluación del consumo en energía - Evaluación subjetiva del esfuerzo físico
Carga y fatiga mental	- Evaluación subjetiva del grado de atención - Evaluación subjetiva del grado de reflexión - Evaluación subjetiva de la fatiga mental
Ritmo de trabajo y autonomía temporal	- Naturaleza del ritmo de trabajo - Pausas oficiales - Pausas autodecididas - Indices de pausas - Evaluación subjetiva del ritmo de trabajo - Evaluación subjetiva del descanso
Interés del trabajo y autonomía de decisión	- Naturaleza y número de puestos desempeñados - Naturaleza y número de las actividades - Duración del ciclo operatorio - Afectación de las decisiones - Evaluación subjetiva del interés del trabajo - Evaluación subjetiva de autonomía de decisión
Relaciones en el centro de trabajo	- Posibilidades de relaciones - Calidad de relaciones - Información sobre el futuro a corto plazo
Conjunto de condiciones de trabajo	- Indicadores de producción - Indicadores sociales

3.8.6 ESTADÍSTICA Y MEDICIÓN DE ACCIDENTES

Algunos de los índices estadísticos y de medición de accidentes que se utilizan son:

Indice de Frecuencia: Cantidad de accidentes por millón de horas trabajadas. Se calcula utilizando la siguiente expresión.

$$IF = \frac{N^{o}\ Acc.Incapac.\ x\, 1.000.000}{Horas\ Hombres\ Trabajadas}$$

Ejemplo 3.1

Una empresa con 250 trabajadores ha tenido en un mes 2 accidentes incapacitantes, habiéndose trabajado en este período 40.000 H.H.

$$IF = \frac{2\ x\, 1.000.000}{40.000} = 50$$

Es decir, por cada millón de H.H. trabajadas, la empresa tiene 50 accidentes.

En la Figura 3.22 se pueden apreciar los índices de frecuencia de los años 1991 a 2000, por ramas de actividad económica.

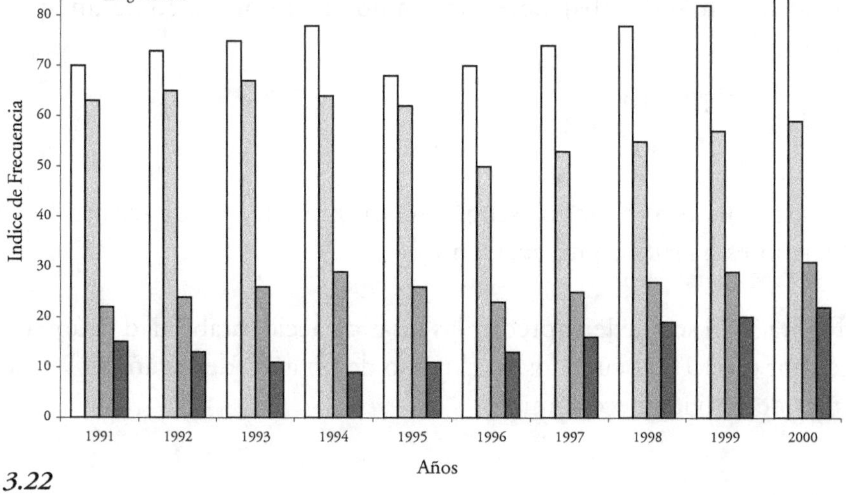

Figura 3.22
Índice de Frecuencia por rama de actividad económica (Adaptada de Mutual de Seguridad, 2001).

Indice de Gravedad: Días de trabajo perdidos a causa de accidentes, por cada millón de HH. Se calcula utilizando la siguiente expresión.

$$IG = \frac{Días\ Perdidos \times 1.000.000}{Horas\ Hombres\ Trabajadas}$$

Ejemplo 3.2
La empresa en 6 meses tuvo 20 accidentes que significaron 120 días perdidos, en 240.000 H.H.

$$IG = \frac{120 \times 1.000.000}{240.000} = 500$$

Es decir, por cada millón de H.H. trabajadas ha tenido 500 días perdidos por accidentes.

Indice de Accidentes: Porcentaje de trabajadores que han sufrido accidente en un período determinado. Se calcula utilizando la siguiente expresión.

$$I.Acc = \frac{N^o\ Accidentes \times 100}{N^o\ Trabajadores} = \%\ Accidentes$$

Ejemplo 3.3
Una empresa con 200 trabajadores ha tenido en el transcurso de un año 12 accidentes.

$$I.Acc = \frac{12 \times 100}{200} = 6\%$$

Es decir, para un año (período escogido comúnmente, puede ser otro) el 6% de los trabajadores ha sufrido un accidente.

En la Figura 3.23 se pueden apreciar las tasas de accidentabilidad (número de accidentes por cada 100 ocupados en el curso de un año) de los años 1997 a 2002, por ramas de actividad económica.

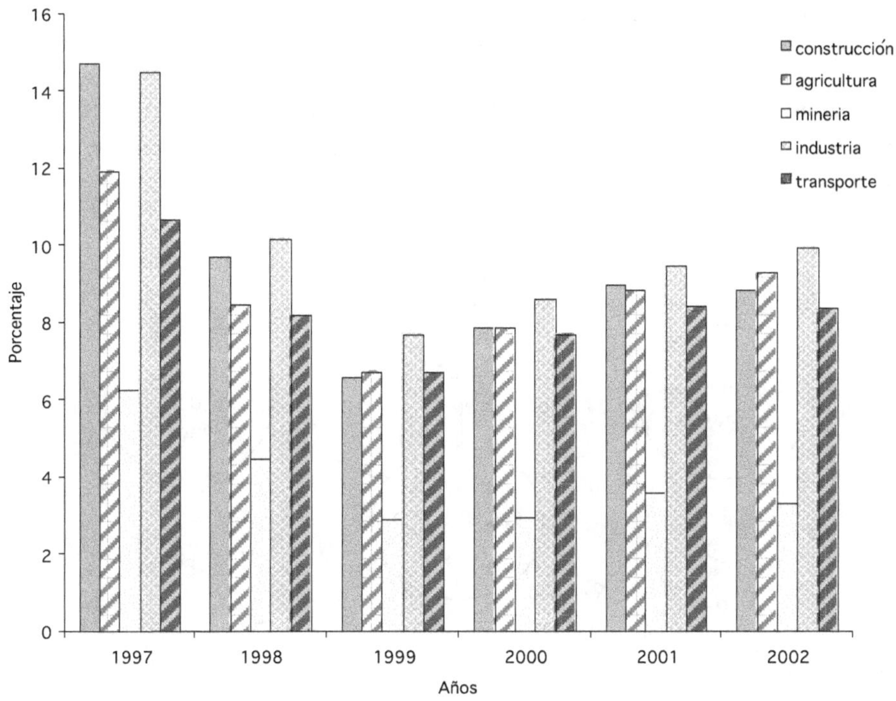

Figura 3.23
Tasa de accidentabilidad por rama de actividad económica (Adaptada de Mutual de Seguridad, 2003).

3.8.7 METODOLOGÍA PARA EVALUAR LA SEGURIDAD EN UNA OBRA

Existen cinco variables que influyen en el equilibrio de un sistema de seguridad. Ellas son: las características del trabajador, las condiciones del trabajo, el entorno del trabajo, la protección personal de los trabajadores y las condiciones inseguras (Figura 3.24). Un adecuado diagnóstico de la seguridad debe incluir una evaluación de estas cinco variables. A continuación se describen cada una de estas:

a) **Características de los trabajadores:** Capacitación, condiciones físicas, actitudes frente al riesgo.

b) **Condiciones del trabajo:** Ruido, polvo, iluminación, viento y temperatura.

c) **Entorno para realizar el trabajo:** Disposición de la administración en cuanto a seguridad.

d) **Protección personal de los trabajadores:** Dependiendo la labor que realizan los trabajadores, deberían utilizar una protección apropiada a la situación, por ejemplo: cascos, zapatos de seguridad, cinturones de seguridad, guantes de seguridad y anteojos de seguridad.

e) **Condiciones inseguras:** Deben eliminarse cualquier situación dentro de una obra que pueda eventualmente ser causa de un accidente, por ejemplo poner protección a las excavaciones.

Figura 3.24
La seguridad como un sistema.

3.8.8 SEGURIDAD E HIGIENE INDUSTRIAL Y LA OHSAS 18001

La OHSAS 18001 (Occupational Health and Safety Assessment Series) es una norma de gestión de seguridad e higiene industrial desarrollado por un consorcio internacional de entidades de normalización y de certificación. El estándar o norma fue publicado en el año 1999 por BSI (British Standards Institution).

OHSAS 18001 expone los elementos estructurales de un Sistema de Gestión de Seguridad y Salud Ocupacional para revisar, gestionar y mejorar el control de los riesgos laborales. La norma incluye una serie de controles y requerimientos que facilitan a la empresa el cumplimiento de la legislación aplicable y un proceso de mejora continua, siendo aplicable a todo tipo de empresas, organizaciones y proyectos.

Los principales elementos del estándar OHSAS 18001 pueden apreciarse en la Figura 3.25:

Figura 3.25
Elementos que conforman un sistema de gestión de seguridad y salud ocupacional.

a) Política de prevención de riesgos laborales (PRL): Es un conjunto e principios directrices, normas y reglas que orientan permanentemente el accionar de la empresa respecto a la prevención de riesgos laborales.

b) Planificación: Los principales elementos que componen la planificación de este sistema son:
   - Planificación para la identificación de los peligros, la valoración y del control de los riesgos
   - Legales y demás requisitos
   - Objetivos
   - Programa(s) de gestión de prevención de riesgos laborales

c) Implementación y operación: La implementación de un sistema de seguridad ocupacional debe comprender los siguientes elementos:
   - Estructura y responsabilidad
   - Formación, conciencia y capacidad
   - Consulta y comunicación
   - Documentación
   - Control de los documentos y de los datos
   - Control de las operaciones
   - Preparación y respuesta a emergencias

d) Verificación y acciones correctivas: Una vez implementado, se debe mantener una medición y monitoreo del rendimiento del sistema, para lo cual se deben generar registros y estadísticas de accidentes. Las acciones correctivas deben enfocarse en la mejora continua del monitoreo.

e) Revisión de la dirección: Comprende revisiones periódicas del funcionamiento del sistema, teniendo en cuenta todos los elementos detallados anteriormente. Debe ser realizado por la alta dirección de la empresa.
Los beneficios que se pueden obtener con la implementación de la norma OHSAS 18001 son los siguientes:
   - Mejoramiento de la imagen y credibilidad de la empresa ante los clientes, proveedores y a la comunidad en general.
   - Mayor poder de negociación con compañías aseguradoras gracias al respaldo confiable de la gestión del riesgo de la empresa.
   - Cumplimiento de las exigencias en seguridad e higiene industrial, frente al entorno económico y social de la organización.
   - Auditorías realizadas por profesionales calificados.
   - Respaldo a la gestión de seguridad e higiene industrial, frente a posibles demandas laborales.
   - Constancia por escrito de una entidad independiente, donde se manifiesta el cumplimiento de la norma de referencia.
   - Certificación sobre una o más locaciones de la empresa y sobre las actividades de fabricación o de servicio que esta desarrolle.
   - Posible integración con normas de calidad (ISO 9001:2000) y normas ambientales (ISO 14001:1996).

3.9 SISTEMAS DE GESTIÓN DE LA CALIDAD, NORMA ISO 9000

3.9.1 GESTIÓN DE LA CALIDAD

En los últimos años, y sobre todo con el comienzo del siglo XXI, el entorno de las organizaciones ha sufrido un importante cambio que les ha obligado a modificar su modo de actuar. La filosofía de conseguir la satisfacción del cliente se configura como la meta más importante de la organización. Cada vez más los clientes y la propia sociedad están más sensibilizados y son más exigentes con conocer qué hay detrás de cada producto que consumen o servicio que utilizan, y cuál es la repercusión que el conjunto de actividades que han permitido su existencia tiene sobre la sociedad, los trabajadores y el planeta.

Hasta estos momentos, las organizaciones habían encaminado sus esfuerzos hacia el diseño e implantación de sistemas de gestión que constituían mecanismos de racionalización y organización del trabajo, proporcionando los procedimientos y técnicas necesarias para conseguir los objetivos y metas marcadas por la propia organización, entre los que era más importante la consecución de la satisfacción del cliente.

La situación actual ha obligado a las organizaciones a diseñar distintos sistemas de gestión que modelen el comportamiento de su organización y a disponer de un sistema de trabajo correctamente estructurado, que permita que todas las variables que forman parte de su entramado estén controladas y se puedan alcanzar los resultados esperados.

3.9.2 SISTEMAS DE GESTIÓN DE CALIDAD

Un Sistema de Gestión de la Calidad es una forma de trabajar a través de la cual una organización asegura que se identifican y satisfacen las necesidades de sus clientes, planificando, manteniendo y mejorando el desempeño de sus procesos de manera eficaz y eficiente, con objeto de lograr ventajas competitivas. Es una forma de gestión de un organismo centrada en la calidad, basada en la participación de todos sus miembros, que apunta al éxito a largo plazo a través de la satisfacción del cliente.

El propósito de un sistema de calidad es conseguir, mantener y mejorar la calidad de la organización y, para ello, es necesario crear las estrategias adecuadas. La calidad no es una cuestión de suerte, tiene que ser dirigida: jamás ningún esfuerzo humano ha tenido éxito sin haber sido planificado, organizado y controlado de alguna manera. El sistema de calidad es una herramienta y como cualquier herramienta puede ser un activo valioso.

3.9.3 NECESIDAD DE IMPLANTACIÓN DE UN SISTEMA DE CALIDAD

El interés principal de una organización debe ser la satisfacción de sus clientes a través de la calidad del servicio que ofrecen. Para tener éxito, la organización debe ofrecer un servicio que:

- Satisfaga un propósito bien definido.

- Satisfaga las expectativas de los clientes.
- Cumpla con los requisitos legales establecidos y con las normas aplicables.

Para cumplir con estos objetivos, la organización deberá estructurarse de manera que todos los factores que afectan a la calidad de su servicio (humanos, técnicos y administrativos) estén correctamente controlados. Dicho control deberá orientarse a reducir, eliminar y, lo que es más importante, prevenir las deficiencias de la calidad.

Deberá desarrollarse e implantarse un Sistema de Gestión de la Calidad que permita cumplir los objetivos trazados por la Política de Calidad de la organización, es decir, debe ser un sistema propio y adecuado su propósito.

3.9.4 LOS SISTEMAS DE GESTIÓN DE LA CALIDAD SEGÚN NORMAS ISO 9000

Este tipo de Sistemas de Gestión tienen como principal objetivo garantizar la calidad del producto o servicio prestado, se basa en la revisión periódica de las actividades que afectan directamente a la calidad y se planifican acciones preventivas y/o correctoras para mejorar determinados aspectos; requieren una auditoria externa por parte de una empresa certificadora. Los elementos básicos de un sistema de aseguramiento de la calidad son:

- Estrategia
- Estructura
- Relaciones
- Recursos
- Documentación

3.9.5 ORIGEN Y PRECEDENTES DE LAS NORMAS ISO 9000

La existencia de una sociedad cada vez más tecnológica trajo consigo de un modo natural la necesidad de normalizar las características de ciertos servicios o productos, de modo que se facilitara su fabricación, uso e intercambio.

Como herramienta de trabajo que es, la normalización ha ido evolucionando y adaptándose a las circunstancias y necesidades del momento, pasando por distintas etapas, hasta llegar a su actual situación, en la que la organización ISO (www.iso.ch) juega un papel fundamental.

La organización ISO (Organización Internacional de Normalización) es una Federación Mundial de Organismos de normalización que fue creada en el año 1947 y cuya sede está en Ginebra (Suiza).

La forma de trabajo de la organización ISO es a través de Comités Técnicos (TC), en concreto, el ISO TC 176 es el comité técnico de Gestión y Aseguramiento de la Calidad (Quality Management and Quality Assurance), que fue creado en 1979.

Las Normas de calidad se desarrollan para conseguir medios de evaluación para las empresas, no únicamente para la calidad de sus productos sino también para la conformidad de sus procesos con unas reglas establecidas.

La aplicación de las Normas ISO 9000 ha significado todo un acontecimiento en el mundo de la Normalización y la Certificación, ya que es la primera vez que a nivel ISO son aceptadas estas Normas por todos sus miembros y es traspasada de forma equivalente a los respectivos Organismos de Normalización nacionales.

La Organización ISO establece que una norma debe ser revisada cada cinco años para que se mantenga vigente y actual.

Hasta diciembre de 2000 existen las Normas internacionales de la serie ISO 9000 del año 1994, y se ha modificado la denominación de los diferentes países para facilitar la comunicación y comprensión, pues se ha buscado que en todos ellos lleven el número 9000 como elemento de reconocimiento inequívoco. En Chile se denominan NCh ISO 9000.

3.9.6 LA FAMILIA DE LAS NORMAS ISO 9000

La familia de las Normas ISO 9000 del año 2000 está constituida por tres normas básicas:

ISO 9000:2000. Sistemas de Gestión de Calidad. Fundamentos y vocabulario. Incluye una serie de fundamentos a tener en cuenta en la definición del sistema, de forma que éste disponga de unas bases sólidas. Describe los fundamentos de los sistemas de gestión de la calidad (SGC) y especifica la terminología utilizada en los SGC. Es una Norma no certificable.

ISO 9001:2000. Sistemas de Gestión de la Calidad - Requisitos. En esta norma se especifican los requisitos para los SGC aplicables a toda organización que necesite demostrar su capacidad para proporcionar productos y/o servicios que cumplan los requisitos de sus clientes y los reglamentarios que le sean de aplicación y su objetivo es el logro de la satisfacción del cliente. Es una Norma certificable.

ISO 9004. Sistemas de Gestión de la Calidad. Directrices para la mejora del desempeño. Esta norma proporciona directrices que consideran tanto la eficacia como la efectividad del SGC. El objetivo de la misma es la mejora del desempeño de la organización y la satisfacción de los clientes y las partes interesadas. Es una Norma no certificable.

ISO 19011. Auditoría de los sistemas de gestión de la calidad y/o ambiental. Esta norma publicada el año 2002, establece las directrices para la realización de auditorías tanto de los sistemas de gestión de la calidad como de los sistemas de gestión ambientales (ISO 14000).

En resumen, de este grupo de normas, la ISO 9001:2000 es la única certificable y es la norma que estandariza los procedimiento de producción de las organizaciones. El resto de las normas ISO, funcionan como normas de referencia para la correcta implementación del SGC.

3.9.7 NORMA ISO 9001:2000. SISTEMAS DE GESTIÓN DE LA CALIDAD-REQUISITOS

El objetivo de esta norma es especificar los requisitos mínimos necesarios para el diseño e implantación de un Sistema de Gestión de la Calidad. Los SGC así creados permitirán a la organización demostrar a sus clientes su capacidad para suministrar, de forma consistente, los servicios que satisfagan los requisitos por ellos especificados y todos los requisitos reglamentarios que conciernen a dicho servicio.

Esta norma está dividida en cinco grandes bloques, dentro de los cuales se describen los distintos requisitos que debe cumplir la organización que desee implantar un Sistema de Gestión de la Calidad (Figura 3.26):

- **Sistema de Gestión de la Calidad**: que establece los requisitos generales y los requisitos de la documentación.
- **Responsabilidad de la dirección**: que describe los requisitos de: compromiso de la dirección; enfoque al cliente; política de calidad; planificación, responsabilidad, autoridad y comunicación; y revisión por la dirección.
- **Gestión de los recursos**: que describe los requisitos de provisión de recursos, recursos humanos, infraestructura, y ambiente de trabajo.
- **Realización del producto**: que describe los requisitos de planificación de la realización del producto, procesos relacionados con el cliente, diseño y desarrollo, compras, producción y prestación de servicio, control de los dispositivos de seguimiento y de medición.
- **Medición, análisis y mejora**: que describe los requisitos de seguimiento y medición, control de producto no conforme, análisis de datos, y mejoras.

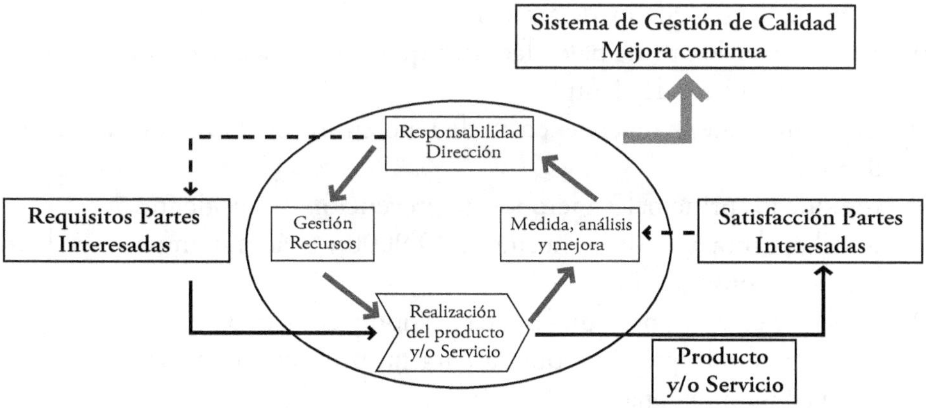

Figura 3.26
Modelo de sistema de gestión de la calidad basado en el enfoque a procesos.

Cuando algún requisito de esta norma no se puede aplicar en la organización, debido a la naturaleza de la misma, este requisito puede ser excluido, lo que ocurre en algunos de los temas de la sección de realización del producto y/o servicio.

3.10 EJERCICIOS

A continuación se presentan algunos temas que pueden servir de estudio, los cuales pueden ser resueltos con el material presentado en el capítulo y con lecturas adicionales:

a) Analice las variables que intervienen en un proceso constructivo. ¿Cómo enfrentaría la construcción de una obra en concesión?
b) De las cuatro estructuras presentadas en este capítulo, ¿En qué se relacionan los participantes de una obra? ¿Cuál es la forma que más se utiliza en Chile?
c) ¿Cuáles son los aspectos más importantes en la administración de proyectos?
d) Usted está asesorando a una empresa constructora de caminos, que tiene obras a lo largo de todo el país, ¿qué organización le recomendaría? Justifique su respuesta.
e) Realice una carta Gantt simple para construir una postación eléctrica de 800 metros que se colocará en una calle de Santiago.
f) Una empresa con 300 trabajadores tuvo en dos meses 14 accidentes, en 80.000 HH, lo que le significó 6 días perdidos y $ 3.000.000 en pérdidas económicas. Analice su situación de seguridad, basado en los índices de frecuencia, de gravedad y de accidentes.
g) ¿Cuáles son los principales factores que causan accidentes en la construcción? Explique y dé ejemplos.
h) Explique a qué se refiere el costo de repercusión socioeconómica de los accidentes.
i) Indique los principales métodos de prevención de accidentes.
j) ¿Cuál es el objetivo de las normas ISO 9000 y cuál es su impacto en la industria de la construcción?
k) Explique cómo se hace una buena gestión y control de un determinado proyecto. Ejemplifique su respuesta para un proyecto de desarrollo de un programa computacional.

CAPÍTULO 4

CONTRATOS Y PROPUESTAS EN PROYECTOS DE CONSTRUCCIÓN

El objetivo de este capítulo es presentar el tema de los contratos de construcción y las propuestas de construcción, que son los mecanismos por los cuales un mandante invita a las potenciales empresas para que le realicen un determinado proyecto.

Se describirán los distintos contratos que se emplean para los diferentes tipos y condiciones de construcción y se analizarán en detalle todos los pasos que se deben seguir en un llamado a propuesta.

4.1 MODALIDADES DE CONTRATOS DE CONSTRUCCIÓN

Una empresa constructora puede actuar, básicamente, bajo dos modalidades que se pueden agrupar como sigue:

- Construir para sí, con fines de venta posterior: La empresa usa sus propios recursos para ejecutar sus proyectos y se arriesga a la aceptación o no de ellos por parte del mercado consumidor (gestión inmobiliaria).
- Construir por cuenta de terceros: La empresa contratista no usa sus propios recursos, la obra es financiada por el mandante. La relación entre mandante-contratista puede ser de una de las siguientes formas (Figura 4.1): el mandante entrega el proyecto y lo financia, el contratista lo ejecuta; el mandante solicita el diseño y la ejecución al contratista, pero el mandante financia la obra; el contratista diseña, ejecuta y financia la obra y entrega la obra terminada al mandante en un precio previamente convenido (es lo que se conoce como contrato *llave en mano*).

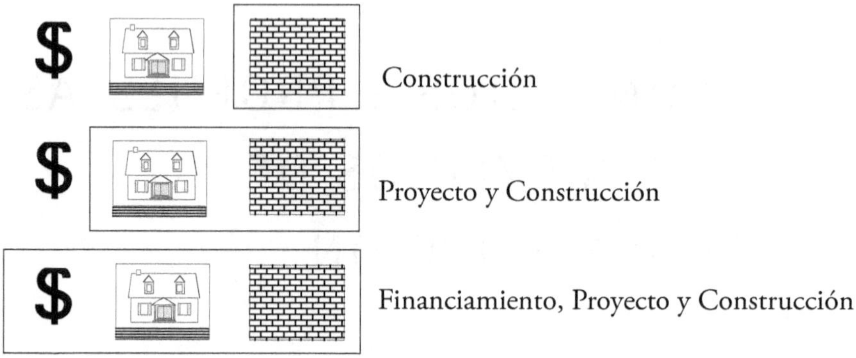

Figura 4.1
Modalidades de Construcción.

En estas modalidades, el mandante escoge a los contratistas que efectuarán el trabajo mediante un llamado a propuesta, en éste el mandante pone ciertas condiciones a que deben ceñirse los contratistas que deseen participar y recibe ofertas para la ejecución de los trabajos con diversos métodos, plazos y costos, entre los que él selecciona aquel que le parezca más adecuado, de acuerdo a una pauta previamente definida y conocida por todos los participantes.

4.2 CONTRATOS PARA OBRAS DE CONSTRUCCIÓN

Un contrato es un convenio entre dos partes para realizar o dejar de hacer ciertas cosas. En el caso de la construcción, dicho contrato es celebrado entre el especialista, que construye (habiéndose adjudicado la propuesta) y el dueño que financia y fija sus objetivos de acuerdo a sus necesidades y posibilidades. El propósito principal de un contrato de construcción es definir derechos, obligaciones y responsabilidades de cada una de las partes involucradas en él (Hughes, 2015; Kalin, 2010). Las partes comprometidas en un contrato de construcción son:

a) **Propietario o mandante**: persona natural o jurídica para quien se ejecuta la obra y es quien cuenta con (o puede conseguir) los recursos económicos necesarios para pagar todos los gastos que demande la construcción de la obra en cuestión.

b) **Contratista:** persona natural o jurídica que suministra sus conocimientos, los materiales (o parte de ellos), el equipo y los recursos necesarios para la ejecución física de los trabajos.

Adicionalmente, el propietario normalmente puede designar una inspección, a fin de controlar la ejecución de las obras de acuerdo a las especificaciones. La inspección es el nexo intermedio entre propietario y contratista. Eventualmente, en los contratos se puede designar un árbitro, que es la persona que las partes designan con anterioridad para resolver los problemas que se pueden presentar en el transcurso de la obra.

4.2.1 TIPOS DE CONTRATOS

La forma más conocida y usada es la que se refiere a la clasificación de los contratos de acuerdo a la modalidad de pago y al grado de riesgo (económico principalmente) que asume cada una de las partes dentro del desarrollo del proyecto. Esta clasificación se divide en (Gallardo, 1982): contrato a suma alzada, contrato a serie de precios unitarios, contrato por administración delegada.

a) **Contrato a suma alzada:** es aquel en que se conviene que el contratista hará la totalidad de una obra por una suma fija de dinero (generalmente propuesta por él luego de estudiar el proyecto y aceptada por el mandante), que le pagará el dueño. El máximo riesgo en este caso recae en el contratista. Su principal característica es que el dueño conoce desde el comienzo el costo total de la obra (a menos que se realicen obras extraordinarias o modificaciones al proyecto). Se requiere que el proyecto esté totalmente definido para poder usar este tipo de contrato. Como ejemplos de obras que tradicionalmente se realizan bajo este esquema, se pueden citar proyectos de edificación y cierto tipo de proyectos industriales.

b) **Contrato a serie de precios unitarios:** es aquel en el cual se establece que el pago por el trabajo contratado, es la cifra que resulta de sumar las cantidades de trabajo efectivamente realizadas multiplicadas por el precio unitario cotizado por el contratista y aprobado por el mandante. Contempla un riesgo compartido entre el mandante y el contratista. En cuanto a sus características más relevantes se pueden mencionar: no se requiere tener totalmente completo el diseño de detalles para poder pedir una propuesta; puede conocerse con anticipación el valor aproximado de la obra; este tipo de propuesta es competitiva, pues normalmente implica precios muy bien estudiados. Como ejemplo de obras tradicionalmente realizadas con este tipo de contrato están las presas de tierra, las obras viales, los túneles, los canales, etc.

c) **Contrato por Administración Delegada (A.D.)**: en este caso el dueño delega la administración de la obra al contratista, pagándole la totalidad de los gastos en que incurra durante la construcción de la obra. Por sus servicios el contratista recibe una cantidad de dinero fija o variable, llamada honorario. El riesgo tomado por el contratista en este caso es mínimo. Las características básicas de este tipo de contrato son: no es aconsejable otorgarlo en propuestas competitivas (como es el caso de los anteriores), es recomendable solo como una solución de emergencia (ejemplo: ante desbordes de ríos); es una solución aceptable cuando se tiene completo el proyecto y se debe cumplir con plazo determinado (y especialmente corto); requiere que exista confianza absoluta del dueño respecto del contratista y además requiere de un control estricto. Como ejemplo de obras realizadas bajo este sistema se pueden mencionar la construcción de una vivienda unifamiliar o las obras para resolver alguna emergencia producida por la naturaleza donde se deba dar respuesta rápida a los damnificados. En relación a los honorarios, existen varias formas de considerarlos:
   - *A.D. con honorarios porcentuales:* el contratista recibe por concepto de honorarios un porcentaje, acordado previamente, del valor total de la obra.
   - *A.D. con honorarios fijos:* los honorarios son una suma fija, acordada de antemano, independiente del costo final de la obra.
   - *A.D. con honorarios fijos y bono al ahorro:* en este caso se premia al contratista si ahorra sobre un cierto precio base, recibiendo un porcentaje de lo ahorrado. Pero si sobrepasa un cierto presupuesto total, entonces solo recibe un honorario fijo.
   - *A.D. con honorarios, premios y multas:* aquí se establece un sistema tal, que si el contratista no cumple los plazos, se le deja de pagar una cierta cantidad (multa), pero si termina antes, se le premia.
   - *A.D. con honorarios a precio máximo de la obra garantizado:* en este caso se paga hasta un precio máximo (toda la obra incluida, honorarios también), por lo que, si se sobrepasa un cierto valor, no se paga más que al valor acordado.

4.2.2 ANÁLISIS COMPARATIVO DE LOS DIVERSOS TIPOS DE CONTRATO

En Tabla 4.1 se presenta un cuadro comparativo de las ventajas y riesgos que tiene cada uno de los tipos de contrato presentados anteriormente.

Tabla 4.1: Cuadro de ventajas y riesgos de los tipos de contrato

Tipo de contrato	Ventajas y riesgos
Suma alzada	- Es necesario que el proyecto esté totalmente definido. - El dueño podrá escoger la mejor oferta y sabrá cuánto invertir con exactitud. - Al dueño le va a costar mucho introducir modificaciones una vez adjudicado el proyecto, ya que ello implica cambios en las reglas de adjudicación. - El contratista deberá hacer estudio de costos y calcular en forma exacta las cantidades de obra para poder estimar la oferta.
Serie de precios unitarios	- Se puede realizar una oferta sin tener completamente definido el proyecto. - Permite al dueño saber con bastante exactitud cuánto debe invertir en la obra. - El contratista deberá realizar un estudio de costos con el mínimo de errores.
Adm. Delegada (Honorario = % obra)	- El dueño no podrá conocer por anticipado el detalle del costo total. - El contratista no corre riesgo con sus ganancias. - El contratista podría verse motivado a encarecer la obra innecesariamente. - El contratista puede tender a asegurar su gestión a costa de mayores recursos.
Adm. Delegada (Honorario = sueldo fijo)	- El contratista tiene un incentivo para terminar antes, pues ganará lo mismo en menos tiempo.
Adm. Delegada (Honorario = f(estímulo))	- El contratista se ve presionado y/o estimulado para cumplir con precio costo, calidad y/o plazo.

4.3 CONDICIONES PREVIAS AL LLAMADO A UNA PROPUESTA

El primer paso de este proceso lo constituye el momento en que el mandante decide llamar a licitación. En ese momento el mandante debe tener claro:

- Lo que se desea construir (cantidad, calidad y plazo).
- Lo que le va costar (aproximadamente), es decir su nivel de inversión esperado.
- Cómo lo financiará.
- Condiciones adicionales requeridas (si las hay).

Estas cuatro condiciones básicas implican una serie de etapas previas, que no siempre son atendidas con seriedad por los mandantes, y que inevitablemente afectan las ofertas que recibirán. Las más importantes son las siguientes:

a) En la etapa de proyecto, el mandante debe poner en conocimiento del proyectista el costo aproximado que debe tener la obra, de modo de evitar sorpresas recíprocas.

b) Es recomendable informar al proyectista respecto del tipo de contrato con el cual se realizará la obra (suma alzada, precios unitarios, administración, etc.).

c) Es aconsejable incluir en el diseño del proyecto, el método constructivo a utilizar en la obra.

d) Elaborar las bases administrativas por las que se regirá el contrato.

e) Encargar a un profesional de su empresa u oficina especializada el estudio de un presupuesto oficial de la obra. Este presupuesto le permite al mandante conocer el nivel de inversión que le significará su proyecto y además le puede servir durante la etapa de adjudicación de la propuesta, como una manera de comparar las distintas ofertas. Esta etapa, tanto por la demanda de tiempo, como por su costo, es a veces evitada por los mandantes, prefiriendo hacer una estimación gruesa del costo total de la obra en base a la estadística reciente de trabajos similares. El dar cumplimiento a este paso es necesario por cuanto constituye un chequeo de todo el proyecto y sirve para controlar la concordancia que debe existir en las bases de llamado a licitación.

f) Establecer clara y rígidamente el sistema de pago que se implantará y la fuente de financiamiento de la obra. Lo anterior está orientado a dar al contratista el máximo de seguridad respecto de los pagos a fin de evitar que el monto de la oferta se vea incrementado por la consideración de que se trata de un negocio riesgoso.

g) Elaborar el proyecto a cabalidad y en lo posible concertar una o más reuniones con todos los proyectistas participantes. Es decir; arquitecto, ingeniero estructural, instaladores, diseñadores, etc.

4.4 TIPOS DE PROPUESTAS

Una vez que el mandante ha decidido llamar a propuesta, tiene dos posibilidades, realizar una propuesta pública o una propuesta privada:

- **propuestas públicas,** en las que puede participar cualquier contratista que cumpla con los requisitos exigidos.
- **propuestas privadas,** en que participan solo aquellos contratistas que han sido invitados por el interesado.

4.5 REGISTRO Y PRECLASIFICACIÓN DE CONTRATISTAS

En algunas ocasiones los mandantes están obligados por ley a llamar a propuestas públicas (en este caso se encuentran los organismos del Estado por ejemplo). El mandante tiene la posibilidad de tener inscritas a las empresas que están autorizadas para realizar trabajos con ellos. Esto se conoce con el nombre de **registro de contratistas**, en el cual la institución que tiene el registro invita a todos los interesados a inscribirse, enviando sus antecedentes, que luego de estudiarlos se ingresan al registro, el cual diferencia por tipo de trabajos y por las características técnicas y económicas de cada empresa. Estos registros clasifican a las empresas por especialidad, tamaño, experiencia, capital, etc., de modo de poder acotar el espectro de empresas que pueden participar en un determinado proceso de licitación. En otras situaciones, es posible que se realice previamente una preclasificación de contratistas, a fin de evitar un exceso de proponentes, lo que se describe a continuación.

Uno de los aspectos que afecta en forma indirecta a los contratistas son los costos que deben asumir para la realización del estudio de una propuesta. Conforme a como se desarrolla actualmente el proceso, es factible que a una licitación se presente un número excesivo de proponentes. Como resultado de lo anterior y siendo solo uno el adjudicatario de la obra, el trabajo desarrollado por los profesionales no favorecidos se desperdicia, y los contratistas se ven en la obligación de cargar esos costos a sus gastos generales en futuras propuestas, aumentando por lo tanto el precio que el mandante tendrá que pagar en el futuro.

En consecuencia, los mandantes debieran, por su propio beneficio, evitar el exceso de participantes, sobre todo si consideramos que las estadísticas señalan que prácticamente el 100% de las propuestas son adjudicadas a una de las tres ofertas más baratas. Es mayoritariamente recomendado por los contratistas que, a través de un proceso de inscripción previo o de preclasificación, los mandantes seleccionen un número razonable de participantes.

Todo lo anterior nos lleva a que antes del llamado a licitación se den al menos los siguientes pasos:

a) Predeterminar el número de ofertas a recibir.

b) Predeterminar las condiciones mínimas que debe satisfacer el contratista para ser considerado.

c) Investigar las condiciones existentes para la inscripción de los contratistas en los organismos oficiales especializados (Ministerio de Obras Públicas, de Vivienda y Urbanismo, Municipalidades, etc.), de modo de asimilar las exigencias del mandante a las de uno o varios de esos registros. De esta forma el mandante solo requerirá solicitar el certificado de inscripción vigente en tales registros para comprobar la capacidad de las empresas postulantes, evitando que para cada propuesta los contratistas deban recopilar un gran volumen de documentación.

d) Confeccionar las bases de preclasificación indicando claramente la capacidad económica y técnica mínima requerida, solicitando copia de la documentación o certificados que avalan el cumplimiento de tales condiciones y exigiendo una declaración formal respecto de la autenticidad de la información proporcionada y de la intención de participar en la propuesta.

e) Llamar a inscripción o preclasificación de contratistas indicando:

- Descripción de la obra (magnitud y plazos).
- Bases de preclasificación (exigencias mínimas).
- Calendario previsto. Plazo para recepción de antecedentes de preclasificación, plazo en que el Mandante resolverá las empresas precalificadas, fecha de llamado a licitación, plazo para estudio de la propuesta, fecha de inicio de trabajos.

f) Selección de las empresas que se presentaron a la preclasificación y que cumpliendo con los requerimientos mínimos exigidos, se desea invitar a la propuesta.

g) Establecer con las empresas preclasificadas un compromiso en cuanto a su efectiva participación en la propuesta (por ejemplo: boleta de garantía), forma en la cual el mandante puede invitar a participar un menor número de contratistas contando con la seguridad de que recibirá una cantidad razonable de ofertas.

4.6 LLAMADO A PROPUESTA

Habiéndose cumplido las etapas anteriores, en cuanto a contar con un proyecto completo, y habiendo determinado el grupo de empresas que participarán en la propuesta, este proceso se ve minimizado y se salva con relativa facilidad, cuidando las siguientes etapas:

a) Cuidar que todos los proponentes cuenten con la misma información, de modo que postulen al trabajo en igualdad de condiciones.

b) Establecer un calendario estricto del proceso de licitación en lo que se refiere a retiro de bases y antecedentes, plazo para consultas, plazo para respuestas, fecha de apertura o de recepción de ofertas y fecha de adjudicación de la obra.

c) Establecer en las bases un plazo máximo para que una empresa desista de presentar ofertas.

Los **documentos** que se ponen a disposición de los proponentes son:

(1) Instrucciones a los proponentes.

(2) Bases generales.

(3) Propuesta o formularios de la propuesta.

(4) Bases especiales.

(5) Especificaciones técnicas.

(6) Planos del proyecto.

(7) Documentos de referencia.

(8) Serie de preguntas y respuestas.

(9) Apéndices.

Adicionalmente se pone a disposición de los proponentes una serie de antecedentes técnicos sobre el terreno o sus accesos, tales como: sondajes, estudios geológicos, caminos, gálibos, etc. Estos son los llamados "documentos de referencia". Estos documentos por lo general, no forman parte de los documentos de la propuesta, sino que se proporcionan a los proponentes para que estos saquen sus propias conclusiones, sin responsabilidad ni compromiso alguno para el dueño.

4.6.1 DOCUMENTOS PRINCIPALES DE UNA PROPUESTA

(1) **Instrucciones a los proponentes**
Las instrucciones a los proponentes es un documento destinado a reglamentar las formas y los plazos de que dispone estos (los proponentes) para presentar su oferta. Sus objetivos principales son:

- Que todos los proponentes suministren una información comparable.
- Que todos los proponentes reciban un tratamiento uniforme.
- Que todas las propuestas estén preparadas sobre la misma base.

La información entregada en las instrucciones a los proponentes, comprende, entre otras:

a) Individualización del mandante y su representante oficial durante el proceso.

b) Participación en la licitación: se indicará si la propuesta es pública o privada, señalando las condiciones que debe cumplir el proponente para participar.

c) Forma de presentar la propuesta: se especificará cómo debe presentarse la propuesta y el número de copias exigidas. Los sobres que normalmente se deben presentar, corresponden a uno con la oferta técnica y otro con la oferta económica.

d) Apertura de las propuestas: se especificará día, hora y lugar de apertura de las propuestas. Se debe indicar las condiciones y solemnidad del acto de apertura.

e) Rechazo de la propuesta: se debe señalar las causales de rechazo de una propuesta y dejar establecido el derecho del dueño a escoger la oferta más conveniente a sus intereses aunque no sea la de menor precio.

f) Método de asignación: se deberá dejar claramente establecido la metodología de asignación de la propuesta.

g) Condiciones especiales: el mandante puede colocar condiciones especiales que van a regir en una determinada propuesta, como por ejemplo, en un determinado proyecto vial urbano, se debe tratar de reducir los impactos a los usuarios durante la etapa de construcción (demoras en los automovilistas, por ejemplo). Estas condiciones se deben reflejar en el método de evaluación y asignación de los proponentes.

h) Vigencia de las propuestas: una vez recibidas las propuestas el dueño precisa de un cierto tiempo para tomar su decisión. Por tal motivo debe exigirse que las propuestas sean válidas dentro de un margen aceptable de tiempo.

i) Garantías: se debe estipular el monto y las condiciones que deben cumplir la garantía de seriedad de la propuesta y toda otra garantía que deba presentar el contratista. Se establecerán las causales para hacer efectivas dichas garantías.

j) Estudio de la propuesta: se indicarán los aspectos fundamentales que se deben tener presente en el estudio de la propuesta.

k) Preparación de la propuesta: se indicará cómo es el formulario de la propuesta e incluirá todas aquellas instrucciones que se estimen necesarias para obtener uniformidad en la presentación de antecedentes por parte de los proponentes.

l) Serie de preguntas y respuestas: se indicará cómo operará este mecanismo para aclarar cualquier duda que tengan los proponentes. En general, es conveniente que los proponentes realicen sus consultas por escrito y dentro de un plazo establecido. El mandante analiza todas ellas y las responde todas por escrito a todos los proponentes, hayan o no realizado alguna pregunta.

(2) **Bases generales**

Las bases generales contienen todas aquellas cláusulas que están destinadas a definir conceptos, fijar atribuciones, determinar procedimientos, delimitar responsabilidades, y, en general, contiene todas aquellas cláusulas de carácter diferente a las que se incluyen en las especificaciones técnicas y planos del contrato.

Las cláusulas principales o más representativas incluidas en las bases generales se refieren a las siguientes materias:

- Alcance de los trabajos a ser efectuados.
- Modelo de contrato a suscribir.
- Normas jurídicas a acatar durante la construcción.
- Definición de términos utilizados en los documentos del contrato.
- Garantías que se exigirán.
- Plazo total de la obra y plazos parciales, si existen.
- Sistema de Inspección que se implantará y sus atribuciones.
- Mecanismos de comunicación oficial entre contratista y mandante.
- Bases de medición y de pago que regirán, entre los que se cuentan mecanismos de retenciones, estados de pago, etc.
- Sistema de reajuste que se utilizará (si procede).
- Condiciones que regirán para un finiquito anticipado, ya sean de común acuerdo o por decisión de una de las partes.
- Sistema de recepción de las obras.
- Multas, sanciones o premios aplicables, de acuerdo a las diversas circunstancias.
- Sistema de pago de derechos, permisos, impuestos y otros.

Existen dos tendencias bien marcadas en cuanto a la forma de preparar las bases generales. Una de ellas señala que estas deben prepararse especialmente para cada contrato y la otra es partidaria que las bases generales sean un documento impreso y común para todas las obras, es decir, deben estar normalizadas, para una empresa que normalmente está llamando a propuestas.

(3) **Bases especiales**
Las bases especiales solo deben emplearse cuando las bases generales están impresas. Como su nombre lo señala, las cláusulas que la componen son propias de la obra y por lo tanto han quedado al margen de las bases generales impresas que son aplicables a cualquier tipo de obra. En muchos casos las bases especiales modifican o adaptan algunas cláusulas de las bases generales.

(4) **Formulario de la propuesta**
La propuesta normalmente será presentada en un formulario especial que formará parte de los documentos de la propuesta. Normalmente este formulario viene casi completamente lleno por el mandante, dejando solo al contratista los precios unitarios (PU) y el total. Un ejemplo de este formulario se presenta en la Tabla 4.2.

Tabla 4.2: Ejemplo de formulario de una propuesta

Proyecto					
Proponente					
Fecha					
Código	Partida	Unidad	Cantidad	P. U.	Total

El objetivo que se persigue al preparar el formulario es asegurarse que la totalidad de las propuestas se presentarán de acuerdo a una misma base. De este modo se evitarán incertidumbres, se conocerá a qué se compromete cada proponente y será fácil hacer comparaciones. Si no se tiene una información uniforme de todas las propuestas es factible que se produzcan errores y malos entendidos, que pueden derivar, inclusive, en litigios judiciales.

Debe establecerse que la propuesta solo podrá presentarse en los formularios entregados y que se deben llenar estrictamente de acuerdo a lo señalado en las instrucciones a los proponentes.

Además de la cotización, este formulario debe contener la siguiente información:

- Nombre del proponente.
- Dirección.
- Plazo de ejecución.
- Garantía de seriedad de la propuesta.
- Anticipo que precisa y su forma de pago.
- Declaración del proponente que ha cumplido ciertas condiciones de realización previa a la presentación de la propuesta. Por ejemplo: visita a terreno.
- Declaración del proponente que acepta algunas condiciones impuestas en los documentos de la propuesta.

(5) **Especificaciones técnicas**

Las especificaciones técnicas son instrucciones escritas destinadas a suplementar los planos del contrato para formular los requerimientos técnicos de las obras. Es una condición que la combinación de ambos documentos definan completamente las características físicas, técnicas y de operación de las obras.

En general, se dice que los planos señalan "qué" debe hacerse y las especificaciones técnicas explican "cómo" debe hacerse. Las especificaciones deben ser redactadas de tal forma que se reduzca la posibilidad de dobles interpretaciones. En las especificaciones técnicas se podrán distinguir las tres partes siguientes: estipulaciones generales, estipulaciones técnicas y las bases de cubicación y pagos. Cada una de estas se detallan a continuación.

Estipulaciones generales: Las estipulaciones generales de las especificaciones comprenden materias tales como: la descripción de los trabajos, referencias a los planos del contrato, trabajos o materiales que ejecutará o entregará el dueño u otros contratistas, control de materiales, etc. Todas estas materias son de carácter técnico y aplicable al proyecto como un todo; pero, también pueden incluir cláusulas no técnicas no cubiertas por los otros documentos del contrato. Las estipulaciones generales son similares en su objetivo a las bases generales y la ubicación de una materia específica en uno de estos dos documentos es un asunto de preferencia y énfasis que quiera darle el mandante.

Las estipulaciones generales deberán considerar, cuando corresponda, los siguientes aspectos: descripción de las obras; ubicación de las obras; programa de trabajo; planos del contrato; trabajos a ejecutar, posteriores al contrato que se está solicitando; materiales suministrados por el mandante o terceros; normas aplicables; acomodaciones para el personal; acomodaciones para la inspección; servicios públicos existentes; precauciones especiales durante la construcción.

Estipulaciones técnicas: Las estipulaciones técnicas contienen las instrucciones necesarias para obtener la calidad y el servicio que se desea del producto terminado. Además de los requerimientos técnicos, es también necesario incluir las pruebas y ensayos que deberá realizar la inspección para verificar que se están obteniendo los resultados o requerimientos especificados.

Una parte de las estipulaciones técnicas deberá dedicarse a especificar cada uno de los trabajos típicos de construcción tales como: movimientos de tierra, concreto, moldaje, estructuras, terminaciones, instalaciones, etc. Una segunda parte deberá destinarse a especificar el equipo de proyecto (profesionales, técnicos, etc.) que deberá suministrar el contratista. Finalmente, deberá especificarse los requerimientos de cada una de las partes en que se estime conveniente dividir la obra.

Bases de cubicación y pagos: Al final de cada una de las partes en que se ha dividido las estipulaciones técnicas se incluirán las bases de cubicaciones y pago para los diferentes ítems que componen cada una de dichas partes y haciendo referencia al código dado para cada uno de ellos en el formulario de la propuesta. En general la cubicación consiste en determinar la cantidad de obra en cada partida del presupuesto, la cual se puede realizar basado en lo que indique el mandante o la norma Nch 353 of 2000. La forma de pago normalmente consiste en medir el total realizado a la fecha y se descuenta los realizado hasta el estado de pago anterior.

(6) **Planos del contrato**

La sección planos del contrato contendrá todos aquellos planos que se han señalado en las estipulaciones técnicas. Tanto el inspector como el dueño y el contratista deberán guardar un juego completo de planos, tal como se emitieron, como documentos del contrato con el objeto de usarlos como elementos patrón ante eventuales reclamos de alguna de las partes. En un contrato a suma alzada esta precaución es imprescindible.

(7) **Documentos de referencia**
Se entenderán por documentos de referencia todos aquellos informes, planos, peritajes, estudios y recopilación de datos estadísticos que deben realizarse en forma previa al llamado a propuestas para conocer, con más o menos exactitud, las características del terreno y sus alrededores, la influencia que tienen en los fenómenos atmosféricos o externos y los recursos que están disponibles.

Los documentos de referencia deben contener la información más exacta y completa que sea posible. Estos documentos no forman en general parte de los documentos de la propuesta ni de los documentos del contrato. Ellos tienen el carácter de documentos meramente informativos al proponente para que prepare una propuesta basada en datos adecuados y no en suposiciones que le obliguen a hacer previsiones elevadas por imprevistos, que encarecen el costo de las obras.

A la luz de los antecedentes entregados, el proponente debe sacar sus propias conclusiones, las que pueden coincidir, o discrepar con las conclusiones dadas en los informes y peritajes. Deberá establecerse en las especificaciones, o en las bases, que la información entregada no crea responsabilidad contractual alguna para el dueño.

(8) **Serie de preguntas y respuestas**
Una vez emitidos los documentos de la propuesta, estos son analizados cuidadosamente por los proponentes. De este análisis normalmente surgen dudas, se encuentran discrepancias o se precisan aclaraciones sobre la interpretación de algunas cláusulas, todo lo cual debe dar origen a una consulta oficial del proponente al dueño, para que éste se pronuncie de un modo definitivo al respecto. Dada la necesidad de dar a todos los proponentes un idéntico tratamiento y que las ofertas se ejecuten sobre bases e interpretaciones iguales, las respuestas a las preguntas recibidas se emitirán como serie de preguntas y respuestas y se enviarán a todos los proponentes que hayan sido invitados a participar en una propuesta privada o han retirado los antecedentes en el caso de una propuesta pública. Dada esta característica, es importante que el contratista piense muy bien sus preguntas antes de realizarlas, de modo de cuidar la información que le podría estar traspasando a su competidor. (por ejemplo alguna técnica constructiva novedosa).

Se pueden emitir todas las series de preguntas y respuestas que sean necesarias, pero es conveniente, especialmente en la primera fase del proceso cuando se cuenta con tiempo suficiente, esperar reunir el máximo de preguntas de los diversos proponentes, antes de emitir las primeras respuestas. Esto permitirá una respuesta completa y única a los diversos matices que envuelvan las consultas sobre una cláusula determinada.

El mecanismo como opera el sistema de preguntas y respuestas debe quedar claramente establecido en las instrucciones a los proponentes.

(9) **Apéndices**
Una vez emitidos los documentos de la propuesta puede ser necesario introducirles modificaciones. La notificación a los proponentes de estos cambios son los apéndices. Por su naturaleza los apéndices pasan a ser documentos del contrato.

Los cambios más frecuentes se deben a: modificaciones de proyectos; errores u omisiones; detección de cláusulas conflictivas a través de las series de preguntas y respuestas; problemas con los proveedores.

El dueño debe dejar establecido en las instrucciones a los proponentes su derecho a modificar los documentos de las propuestas a través de los apéndices. Se debe establecer, además, el mecanismo para su emisión.

4.7 EVALUACIÓN Y ADJUDICACIÓN DE UNA PROPUESTA

4.7.1 ANTECEDENTES GENERALES

Una vez llegado el momento establecido previamente por el mandante, las propuestas son entregadas y abiertas por una comisión designada por el propietario en una reunión de ésta con los proponentes, durante la cual se lee algunos datos de cada propuesta y se deja constancia de ellos en un acta de apertura de la propuesta. Los datos leídos son, entre otros: costo, plazos, condiciones financieras, etc.

El acta tiene carácter formal, es decir, es un elemento legal que formaliza el cumplimiento de los datos leídos al momento de firmar el contrato. Un ejemplo de acta de apertura de propuesta se presenta en Figura 4.2. Dadas estas condiciones, es recomendable que la persona asignada a representar una empresa en una ceremonia de apertura de propuesta tenga las características necesarias para hacer valer sus derechos en caso de una situación difícil.

En esta etapa el procedimiento es riguroso, se exige puntualidad y la entrega de todos los documentos y otros elementos solicitados.

AC TA DE APERTURA

Mandante: PUC
Propuesta: Construcción de un Nuevo Campus

Proponentes	Justificación Precios Unitarios	Listado Valores Mano de Obra	Listado Valores Maquinas	Justificación Gastos Generales	Valor Total Estimado $	Plazo de Ejecución días corridos	Firmas Representantes empresas
Emp Constructora Tres Ltda.	SI	SI	SI	SI	1.593.529.829 + IVA	300	
Constructora ICC -2302 S.A.	SI	SI	NO	SI	no presentó lislado de maquinas	-----	
ABC Constructora	SI	SI	SI	SI	1.329.931.609 + IVA	300	
Construcciones Curso	NO	NO	NO	NO	se excusó por carta	-----	
Zeta Servicios de Construcción	SI	SI	SI	SI	1.442.699.808 + IVA	255	

Firma
Miembro N°1

Firma
Miembro N°2

Firma
Miembro N°3

Santiago, 8 de Marzo de 2005 (11:30 horas)

Figura 4.2
Ejemplo de Acta de Apertura de una Propuesta.

Una vez recibidas las ofertas, el mandante deberá resolver, dentro de los plazos establecidos, cuál de las ofertas satisface mejor sus requerimientos. Para ello su análisis se debe centrar en determinar el proponente que demuestre haber estudiado la ejecución del proyecto en conformidad a los requerimientos de calidad y plazos establecidos, y haya presentado una oferta económica razonable al mandante. En consecuencia, durante el proceso de evaluación se hará un estudio comparativo de las ofertas al menos en los siguientes aspectos:

a) **Oferta técnica:** Evaluando los métodos de trabajo ofrecidos, la estimación de recursos necesarios, la conformidad de estos antecedentes con las especificaciones y bases del proyecto, la programación y las holguras contempladas para el cumplimiento de los plazos.

b) **Oferta económica**: Evaluando las cubicaciones estimadas y los precios resultantes, la estimación de costos directos, gastos generales y el calendario de pago. En este punto el mandante deberá considerar la correcta correspondencia entre el avance programado de la obra y la estimación de flujos de pago, para luego llevar todas las ofertas a una misma base de comparación, pues el calendario de pagos afectará el financiamiento del mandante.

Un ejemplo de un proceso de evaluación de ofertas se presenta en la Figura 4.3.

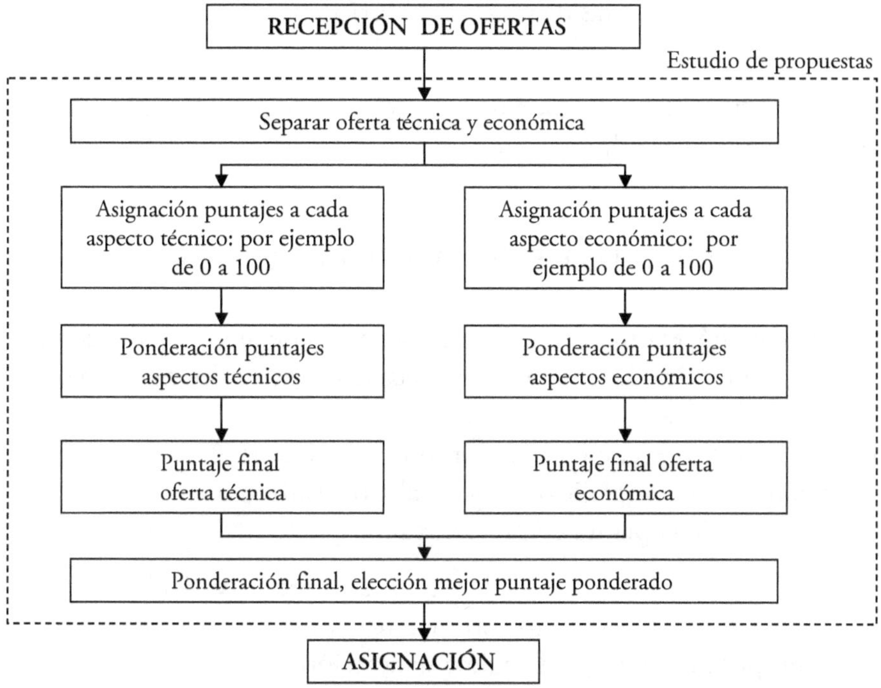

Figura 4.3
Idea general del proceso de evaluación de ofertas.

Suele darse el caso en que el mandante detecta aspectos de la oferta que le merecen dudas tanto en la estimación del precio como en la concepción misma de la ejecución de la obra. En estas ocasiones, dependiendo de la magnitud de las consecuencias que ello pueda significar, puede darse una instancia intermedia en que el mandante solicite al contratista mayores detalles y una ratificación de que la ejecución corresponderá a lo especificado en ese punto en particular. En todo caso, por la seriedad que debe revestir el sistema de propuestas, ni el mandante ni el contratista deberán aceptar una modificación de los precios y condiciones de la propuesta, por lo cual se cuidará que esta fase solo sea de orden aclaratoria.

Una vez hecha la comparación y decidida la oferta más conveniente se procederá a:

- Comunicar oficialmente a todos los proponentes el nombre de la empresa adjudicataria.
- Se concederá un plazo a la empresa adjudicataria para la firma del contrato.

- Se conservará la vigencia de las otras ofertas hasta la firma del contrato.
- Se devolverán las boletas de garantía de seriedad de la oferta una vez firmado el contrato.
- Se hará entrega del terreno, bases, especificaciones válidas para la construcción al Contratista adjudicado.

4.7.2 PROCEDIMIENTO DE EVALUACIÓN DE OFERTAS

Como se mencionó, el procedimiento de evaluación de ofertas se puede subdividir en técnica y económica. La evaluación técnica debe incluir los siguientes aspectos:

- Experiencia y antecedentes de la empresa (variable x1).
  - Cantidad y complejidad de los trabajos realizados
  - Tamaño de la planta de profesionales
- Tipo de organización y metodología que se ofrecen (variable x2).
  - Coherencia entre organización y tareas a ejecutar
  - Cumplimiento de normas de organización
  - Procedimientos para ejecutar los trabajos
  - Sistemas de control de la gestión
- Equipo de trabajo ofrecido (variable x3).
  - Calidad del personal (básicamente relacionados a la capacidad y experiencia del grupo de profesionales y otros colaboradores)
  - Cantidad de personal
  - Recursos de apoyo (ejemplo: computadores, laboratorios)
- Seriedad (variable x4).
  - Incumplimiento de plazos
  - Necesidad de supervisión
- Capacidad económica (variable x5).
  - Patrimonio
  - Capital de trabajo
- Capacidad técnica (variable x6).
  - Métodos constructivos
  - Análisis de recursos

Donde la nota final de la evaluación técnica (NFt) se puede obtener:

$$NFt = \sum_{i=1}^{n} (xi \times yi)$$

$$con \sum_{i=1}^{n} yi = 1$$

Por otra parte, para incluir los aspectos económicos en la evaluación, se puede ponderar la oferta técnica y los precios ofrecidos, obteniendo una nota final (NF); para ello se debe colocar una nota a la evaluación económica (NFe):

$$NF = a * NFt + b * NFe, \quad con \quad a + b = 1$$

La selección final se puede realizar asignando la propuesta aquel proponente con la más alta Nota Final. Variando las constantes a y b, se puede asignar una importancia relativa mayor a lo técnico o lo económico. En todo caso esa ponderación debe estar definida en el llamado a propuesta.

4.7.3 EJEMPLO DE EVALUACIÓN DE OFERTAS

Se presenta a continuación un ejemplo de una evaluación de ofertas.

Se ha llamado a una propuesta a la que se han presentado tres empresas. El mandante ha establecido previamente que la propuesta se asignará a la empresa que obtenga la mayor nota final, obtenida de la ponderación entre la oferta técnica y la oferta económica de acuerdo a los siguientes criterios:

a) Oferta Técnica (OT):
Se ha determinado asignar un puntaje máximo de 100 puntos con una ponderación del 60% de la nota final. Los elementos de Oferta Técnica (OT) a considerar son:
   - Experiencia y antecedentes de la empresa (x1), con una ponderación del 20% de la calificación de la oferta técnica.
   - Tipo de organización y tecnología ofrecida (x2), con una ponderación del 20% de calificación de la oferta técnica.
   - Equipo de trabajo ofrecido (x3), con una ponderación del 10% de la calificación de la oferta técnica.

- Seriedad (x4), con una ponderación del 10% del total de la calificación de la oferta técnica.
- Capacidad económica (x5), con una ponderación del 10% del total de la calificación de la oferta técnica.
- Capacidad técnica (x6), ponderación del 30% del total de la calificación de la oferta técnica.

b) Oferta Económica (OE):
Se ha determinado asignar un puntaje máximo de 100 puntos y una ponderación del 40% de la nota final. Los elementos de Oferta Económica (OE) a considerar son:

- Precio ofrecido (y1), con una ponderación del 100% de la oferta económica. En este caso para simplificar el ejemplo, no se considera el plazo ofrecido, pero esta variable puede resultar vital a la hora de la decisión final.

c) Proceso de Evaluación
Después de un estudio de las ofertas se llega a los siguientes resultados de la evaluación técnica y económicas.
Evaluación Oferta Técnica (OT): En la Tabla 4.3 se presenta el puntaje asignado por el mandante a cada una de las variables consideras y la calificación final de la oferta técnica de cada empresa, obtenida por medio de la suma ponderada de cada evaluación.

Tabla 4.3: Evaluación técnica de las ofertas

Empresas	**Puntaje Asignado por Variable**						**Nota Final O.T.**
	x1 (20%)	x2 (20%)	x3 (10%)	x4 (10%)	x5 (10%)	x6 (30%)	
Empresa 1	51,0	30,0	42,0	21,0	84,0	54,0	47,1
Empresa 2	42,0	80,0	42,0	50,0	47,0	21,0	44,6
Empresa 3	56,0	36,0	51,0	52,0	58,0	49,0	49,2

Evaluación Oferta Económica (OE): En la Tabla 4.4 se presenta el puntaje obtenido por cada una de las empresas y la calificación final de la oferta técnica de cada empresa, obtenida por medio de la suma ponderada de cada evaluación.

Esta tabla transforma en porcentaje la oferta económica, tomando como base que la oferta más baja equivale al 100%.

Tabla 4.4: Evaluación económica de las ofertas

Empresas	Oferta Económica, UF (y1)	Nota Final O.E.
Empresa 1	67.821	88
Empresa 2	60.454	100
Empresa 3	62.333	97

Dado que la Empresa 2 ha presentado la oferta más económica, se le otorga a ésta la evaluación máxima de 100 puntos. El resto de las empresas obtienen un valor porcentual en función de la diferencia con la oferta menor del modo siguiente:

Empresa 1: 100 x (67.821-60454)/60.454 = 12% => 100 – 12 = 88 puntos
Empresa 3: 100 x (62.333-60454)/60.454 = 3% => 100 – 3 = 97 puntos

d) Evaluación Final
Una vez que el mandante a asignado las calificaciones finales a la oferta técnica y económica, se procede a calcular la nota final de la propuesta. Esta se presenta en la Tabla 4.5, considerando una ponderación de un 60% para la Nota Final de la Oferta Técnica y un 40% para la Nota Final de la Oferta Económica, criterios establecidos previamente por el mandante.

Tabla 4.5: Nota final de las ofertas de las empresas oferentes

Empresas	O.T. (60%)	O.E. (40%)	Total
Empresa 1	47,1	88,0	63,5
Empresa 2	44,6	100,0	66,8
Empresa 3	49,2	97,0	68,3

De este modo, siguiendo los criterios establecidos previamente por el mandante, se asigna la propuesta a la Empresa 3. Se debe hacer notar que esta empresa no presentaba la oferta más económica.

4.8 EJERCICIOS

A continuación se presentan algunos temas que pueden servir de estudio, los cuales pueden ser resueltos con el material presentado en el capítulo y, a veces, con lecturas adicionales:

a) ¿Cuáles son las modalidades más comunes en que le puede tocar trabajar a una empresa constructora?
b) ¿Qué finalidad cumple un contrato?
c) Describa los contratos más usados en la construcción.
d) Dé un ejemplo de obra que mejor representa cada tipo de contrato.
e) ¿Cuál es el objetivo del registro de contratistas y de la precalificación?
f) ¿Cuál es la diferencia entre las bases generales y las bases especiales?
g) ¿Cuál es el objetivo de la serie de preguntas y respuestas? Si usted tiene un método constructivo muy innovador, ¿cómo haría las preguntas para asegurarse de que se lo van a aceptar en la propuesta y no trasmitir esa información a sus competidores?
h) Diseñe un sistema de evaluación de la propuesta para la construcción de su casa. Justifique los criterios adoptados.

CAPÍTULO 5

ESTIMACIÓN DE COSTOS DE PROYECTOS

El estudio de presupuesto de obras es una de las tareas más frecuentes de un profesional dedicado a la construcción. Existen diversos métodos para hacer uno de estos estudios, los que se presentan en la Figura 5.1. Estos pueden variar según la etapa de desarrollo en la que se encuentre el proyecto y el nivel de detalle con que se necesita esta información.

Los estudios de factibilidad permiten al mandante estimar el orden de magnitud de su inversión, proceso que se conoce normalmente como estimación conceptual. Normalmente se pueden realizar en base a precios unitarios generales de obras similares (tales como $\$/m^2$), y determinando el tamaño del proyecto, se puede estimar un monto aproximado del valor de la obra. La estimación inicial en cambio es más formal y normalmente corresponde al presupuesto oficial de la propuesta, el cual fue definido anteriormente. El presupuesto del contratista es uno detallado, en el cual se estudian todas las partidas componentes del proyecto y es el tema que se presenta en detalle en este capítulo. Los presupuestos de avance permiten conocer cómo se ha comportado el presupuesto hasta la fecha y cómo se verá afectado en el futuro. La evaluación final, permite al mandante y al contratista evaluar cómo fueron sus estimaciones, ya que se comparan y analizan los presupuestos con lo que realmente se gastó en la obra.

La forma de presentar los presupuestos varía de acuerdo a la modalidad del contrato y la metodología del cálculo es similar para los diferentes casos. En este capítulo se verá el estudio tradicional de un presupuesto detallado de contratista, que consiste en determinar los precios unitarios de cada partida.

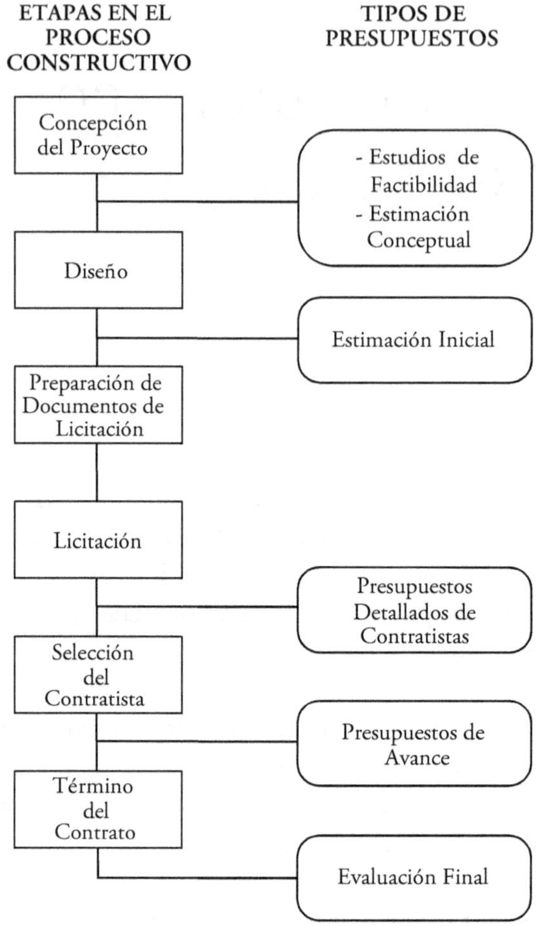

Figura 5.1
Fases de estimación de costos en el proceso constructivo (Adaptado de Adrian, 1982).

Antes de comenzar con el estudio es necesario conocer el máximo de antecedentes que permitan confeccionar el presupuesto sin contratiempos. La información más importante a tener presente es:

- Definición del proyecto: un proyecto debe estar definido de la forma más completa posible al momento de elaborar el presupuesto para poder llegar a una estimación de costos lo más cercana a la realidad. Para ello es conveniente contar, al menos, con: planos generales y de detalles de todas y cada una de las partes de la obra; especificaciones; informes geológicos con los detalles explicativos de los tipos de terrenos encontrados en los reconocimientos del sitio;

informes hidrográficos; normas técnicas y administrativas, estudios de impacto ambiental, reglamento y bases del contrato, planificación de la obra.

- Antecedentes de la zona y costos de referencia en ella: es conveniente una visita al terreno de las obras pues la información escrita dada en el proyecto, debido a la dificultad de expresar en palabras la calidad de un terreno y la falta de una terminología que lo exprese, debe ser completada con la observación directa de la zona en que se ejecutará la obra. Además, debe recogerse otro tipo de información, que no tiene relación con el proyecto mismo, pero sí con su construcción, como puede ser el mercado de trabajadores especializados y de personal en general, fuentes de abastecimiento de materiales y equipos de construcción y de alimentos, habitaciones, accesos a la obra, etc.
- Antecedentes disponibles en oficina central de la empresa constructora: el número de operarios y de personal técnico y administrativo a emplear en la obra, así como la cantidad y tipo de equipos para abastecer la faena, los que se obtendrán del programa de trabajo que estudie la oficina de ingeniería de empresa. El valor de los jornales y sueldos, rendimientos de los operarios y equipos, los costos de operación de los equipos y plantas productoras serán suministradas por la oficina de estadística y control (o como se llame) de dicha empresa.
  En caso de falta de datos estadísticos obtenidos de la propia experiencia se puede obtener valores de rendimiento y costos de operación de equipos de: experiencias de obras similares, informes de los fabricantes de equipos, manuales editados por las asociaciones de contratistas y libros o revistas de diversos autores. Algunos ejemplos de estos últimos son Walker's Building Estimator's Reference Book y Revista ONDAC.

5.1 ESTIMACIÓN CONCEPTUAL DE COSTOS DE PROYECTOS

Los esfuerzos de planificación y control de costos son importantes en las tres fases principales de un proyecto: fase conceptual, diseño y ejecución, pero sus objetivos y énfasis van variando a medida que se avanza en el desarrollo de cada fase.

El énfasis en la etapa conceptual está en la planificación preliminar del proyecto; en la segunda fase la preocupación está en una definición más detallada del proyecto; en la ultima, es decir en la etapa de ejecución, el énfasis está en realizar un control basado en la información de las fases anteriores (Figura 5.2).

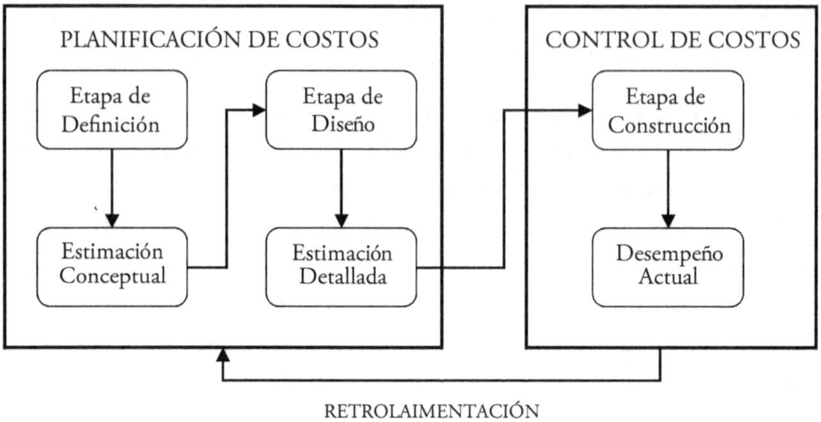

Figura 5.2
Planificación y control de costos en las fases de un proyecto (Serpell, 1990).

La estimación de costos es una de las tareas más frecuentes de un profesional que se dedica a proyectos. Apfelbaum (2005), Rad (2001) y Venkataraman (2008) proponen diversos métodos para hacer las estimaciones de costos, los que dependen en gran medida del nivel de avance en que se encuentre el proyecto y que a la vez cumplen diferentes funciones en el desarrollo del mismo (Figura 5.3). Los principales métodos son:

- Estimación preliminar o de orden de magnitud: generalmente realizada como parte del análisis de factibilidad económica de un proyecto.
- Estimación conceptual: normalmente utilizada por el dueño de un proyecto para determinar el presupuesto probable del mismo y para otras decisiones tempranas.
- Estimación detallada: generalmente basada en mediciones de cantidades, una vez que se cuenta con un diseño prácticamente detallado del proyecto.
- Estimación definitiva: esta estimación es una actualización de la estimación detallada, con énfasis en costos actuales más que en costos proyectados, el cual permite evaluar el desempeño de la estimación.

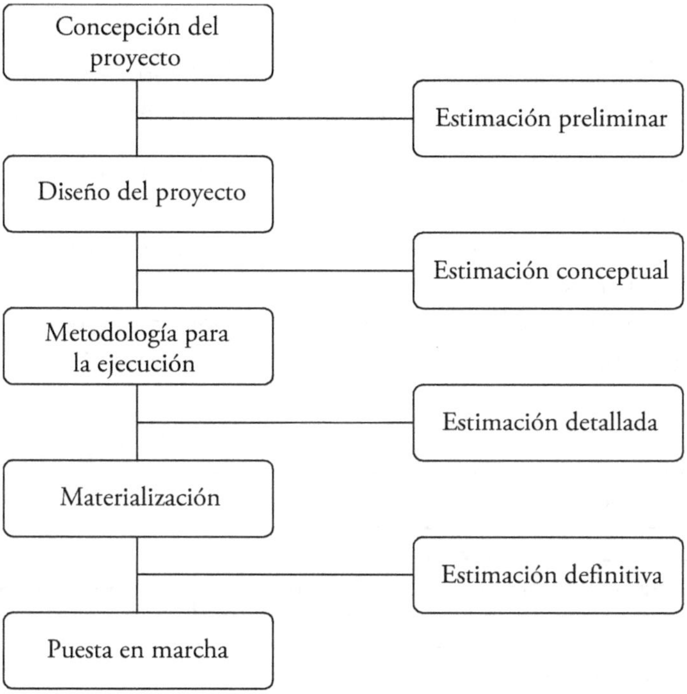

Figura 5.3
Tipos de estimaciones y su relación con las etapas en el desarrollo de un proyecto.

5.1.1 DESCRIPCIÓN DE ESTIMACIÓN CONCEPTUAL

Se entiende por estimación conceptual la predicción de costos de un proyecto realizada con una definición incompleta del alcance de éste, con limitada información de diseño y con el propósito de usarla como base de importantes decisiones (Serpell,1990).

Debido a la limitada información disponible, requiere la aplicación contextual de experiencia y juicio para derivar la información requerida, por medio de hacer suposiciones acerca de eventos que ocurrirán en el futuro. De este modo se puede decir que una estimación conceptual de costos se caracteriza por los siguientes elementos:

- Es un proceso inexacto basado en gran medida en juicio y experiencia, debido a la falta de información y la incertidumbre existente en las etapas iniciales de un proyecto.

- Depende en forma importante de la definición del alcance del proyecto.
- Requiere habilidades especiales para su realización, tales como: intuición, juicio, criterio, experiencia, conocimientos de diseño y materialización.
- El tiempo disponible para desarrollarla es una restricción importante.

El proceso de la estimación conceptual comienza con el estudio de la información existente y la posterior identificación de los parámetros relevantes, para continuar con el análisis y evaluación de costos y riesgos, lo que se puede apreciar en forma esquemática en la Figura 5.4.

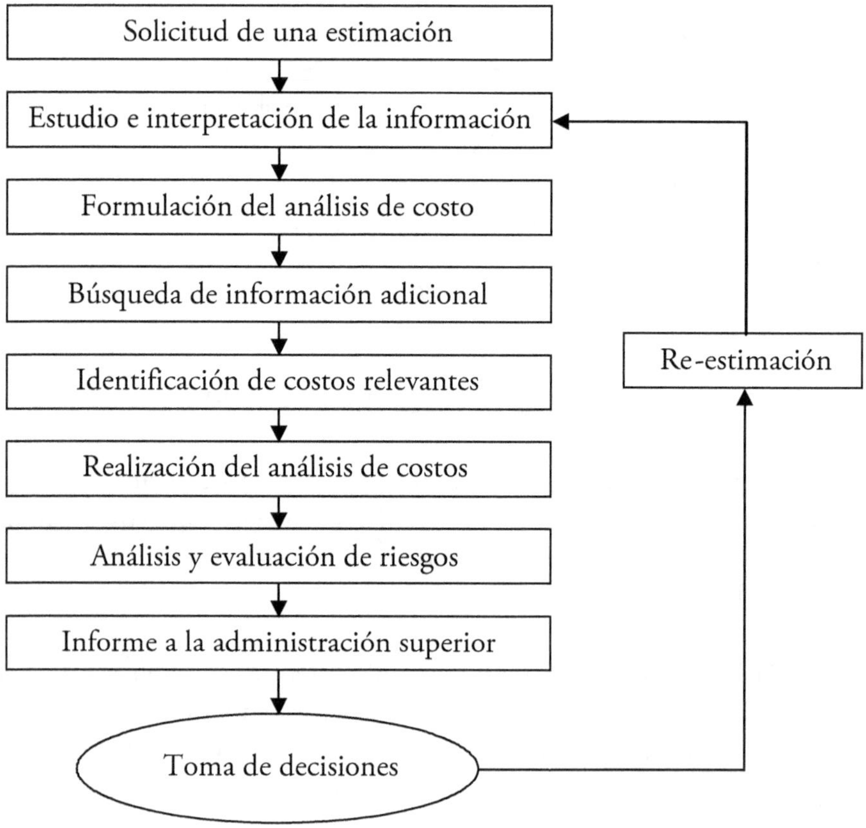

Figura 5.4
Etapas en el proceso de la estimación conceptual (Serpell, 1990).

5.1.2 RIESGO E INCERTIDUMBRE EN LA ESTIMACIÓN DE COSTOS

Cualquier estimación de costos tiene asociado un grado de riesgo, el que aumenta cuando la certeza de ocurrencia de determinados eventos es menor. En todos los casos, el análisis sistemático y detallado de proyectos anteriores es de gran utilidad para la identificación de los riesgos actuales.

Para incorporar el concepto de riesgo e incertidumbre a la estimación conceptual se debe desarrollar el concepto de contingencia o imprevisto. Se entiende por contingencia la provisión específica por elementos de costos imprevisibles, dentro del alcance definido del proyecto, que se transforma en particularmente importante cuando la experiencia previa con respecto a estimaciones vs costos reales indican que es probable que ocurran eventos imprevistos, que incrementan el costo. Contingencia puede también ser definida como una evaluación hecha por un profesional de la cantidad de fondos que, al agregarse a la estimación, reflejará el costo final más probable del proyecto dada ciertas condiciones del mismo.

De este modo las contingencias permiten cubrir un definición inadecuada del alcance del proyecto, métodos inadecuados de estimación, errores y omisiones de elementos importantes dentro del proyecto, datos e información inadecuada o errónea y cualquier otro evento imprevisto.

Evaluar y valorizar el riesgo no es fácil. En un proyecto existen muchos riesgos y el número de combinaciones en que estos pueden producir pérdidas es muy alto. Para cada riesgo individual existe un amplio rango de pérdida potencial y algunos riesgos son difíciles de definir en términos de la pérdida potencial que pueden generar.

De este modo, es necesario identificar los elementos de costos críticos en el desarrollo del proyecto, a los que generalmente puede aplicarse los principios de la ley de Pareto, según la cual existen pocos elementos importantes y muchos insignificantes, lo que permite reducir considerablemente el número de elementos a evaluar con más detalle. El criterio más común consiste en establecer un rango máximo de variación del costo total, debido a la variación potencial del costo total, debido a la variación potencial de uno de los elementos de costo. Si este rango es sobrepasado, entonces el elemento es crítico.

Una vez definidos los elementos críticos de costo es necesario evaluarlos. Para lo cual el método tradicional es utilizar la experiencia. Sin embargo el desarrollo de herramientas computacionales ha favorecido la aparición de otros métodos, tales como la simulación, los análisis matemáticos analíticos y la utilización de eventos discretos.

5.1.3 IMPORTANCIA DE LA ESTIMACIÓN CONCEPTUAL

Es sabido que en las primeras etapas del proceso de decisión se tienen los mayores impactos en el resultado de la implementación de proyecto (Figura 5.5).

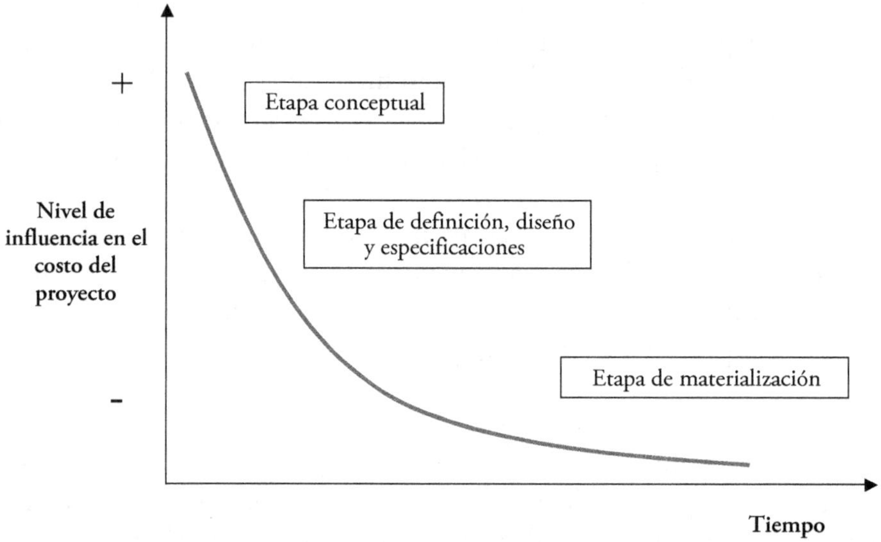

Figura 5.5
Nivel de influencia en los costos según el desarrollo del proyecto.

Por lo tanto, una estimación apropiada en las etapas iniciales del proyecto permiten decidir oportunamente la dirección que debe tomar el proyecto en el futuro, por ejemplo: seguir adelante sin modificaciones, abandonar el proyecto porque es inviable, o hacer modificaciones para lograr los objetivos considerando las restricciones que afectan el desarrollo del proyecto. Además, una estimación conceptual realista permite cuantificar las necesidades de financiamiento y definir los mecanismos más apropiados para lograr materializar exitosamente el proyecto.

El resultado de una estimación conceptual puede subestimar, sobreestimar, u obtener una estimación adecuada. Si una estimación conceptual subestima los costos totales, los costos asociados a las acciones tendientes a mejorar la situación serán bastante más altos que los costos de las mismas actividades, si estas se hubiesen considerado desde un comienzo. Si por el contrario la estimación conceptual sobreestima los costos totales, existe una alta probabilidad de que el desarrollo del proyecto tienda a cumplir estas predicciones. La importancia entonces de la estimación conceptual es que si esta se realiza en forma adecuada, permite disminuir los costos finales de un proyecto (Figura 5.6).

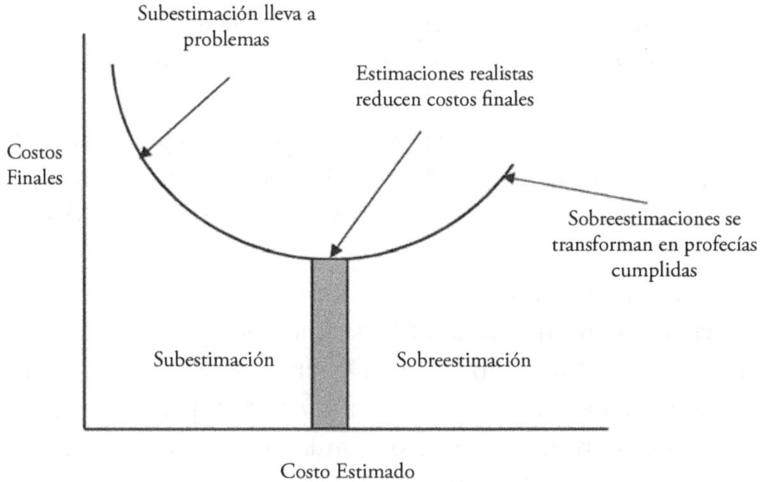

Figura 5.6
Importancia de la estimación conceptual en el costo final de un proyecto (Serpell, 1990).

5.1.4 RECURSOS PARA DESARROLLAR UNA ESTIMACIÓN CONCEPTUAL

Los principales recursos necesarios para realizar una estimación conceptual son: definición del alcance, información histórica y actual, método de la estimación y un estimador experimentado.

Definición del alcance del proyecto: La definición del alcance del proyecto es uno de los elementos críticos para el adecuado desarrollo de una estimación conceptual, pues determina la base para la estimación, y por ende incidirá decisivamente en la calidad de ésta. La definición del alcance para esta etapa debería considerar una descripción general del proyecto, información del diseño del proyecto que incluya el tamaño y componentes de los ítems más importantes e información de la planificación para la ejecución. Desafortunadamente en la etapa en que se debe desarrollar este proceso, la definición del alcance es generalmente muy limitada.

Información histórica y actual: La información es otro de los recursos críticos para estimar el costo de un proyecto. La información histórica está compuesta por los datos obtenidos por la misma empresa en proyectos previos, siendo su principal papel, el validar la información utilizada para la estimación actual. La información actual debe incluir los precios, regulaciones, restricciones ambientales, fuentes de los recursos. La principal fuente de información en este caso son los vendedores, los costos en los libros especializados y las agencias públicas.

Método de estimación: La selección del método apropiado para realizar la estimación de costos es función de la cantidad y calidad de la información disponible, lo que a su vez estará muy influenciado por la etapa de desarrollo del proyecto.

Estimador experimentado: Aun cuando se disponga de todos los recursos necesarios, si no se cuenta con un estimador experimentado el resultado de la estimación puede estar lejos del resultado final. Debemos entender por estimador experimentado a aquella persona que conoce muy bien el proceso que se pretende desarrollar, que ha desarrollado proyectos similares y que está familiarizado con los problemas que aparecen al avanzar la ejecución y no necesariamente a aquel que ha realizado muchas estimaciones anteriormente, aunque esta característica puede ser un buen complemento.

5.1.5 MÉTODOS PARA LA ESTIMACIÓN CONCEPTUAL

Los métodos más comunes para desarrollar una estimación conceptual se basan en uno o en la combinación de los siguientes métodos:

- Estimación paramétrica.
- Estimación por factores.
- Estimación basada en modelos.
- Estimación probabilística.

a) **Estimación paramétrica**

Esta estimación se basa en relaciones empíricas entre parámetros de costo y parámetros seleccionados de desempeño o resultados (tamaño, calidad, complejidad, capacidad), con consideración del método de construcción. Este método requiere la recolección y organización de información histórica a través de técnicas matemáticas y la relación de esta información con el resultado que se desea estimar, lo que también se conoce como CER (Cost Estimating Relationship). Un ejemplo puede apreciarse en la Figura 5.7.

Las ventajas de este método son que provee una rápida estimación con información muy limitada y puede entregar un nivel de exactitud razonable. Las desventajas son que la calidad del resultado depende de la calidad de la relación de costo utilizada, que las varianzas en las estimaciones pueden ser muy altas, que no hay necesariamente correspondencia entre la base de estimación paramétrica y la usada en las estimaciones detalladas y no entrega detalles necesarios para evaluar el efecto económico de cambios los niveles de productividad, programa o requerimientos de diseño.

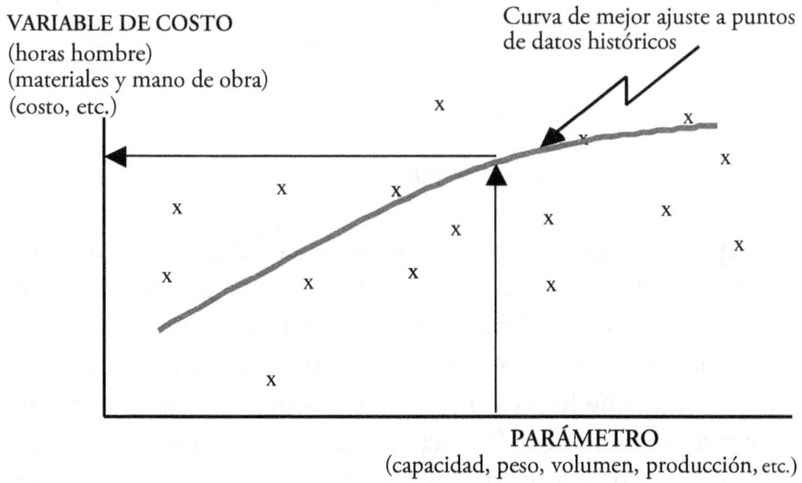

Figura 5.7
Ejemplo de estimación paramétrica.

b) **Estimación por factores**

Este método se basa en la aplicación de un factor a algún ítem relevante de costo de un proyecto para determinar el costo de otros ítems que son necesarios para el proyecto. Estos factores son derivados de datos históricos analizados estadísticamente, pudiendo llegar al nivel de detalle que se desee (Figura 5.8).

Las principales ventajas de esta estimación son que utiliza un método simple y rápido, basado en ítems tangibles y que puede ser razonablemente exacto. Las desventajas se centran en el hecho de que la estimación se realiza sobre relaciones poco sistemáticas entre el elemento base y los otros ítems, a lo que se agrega que el costo base puede ser incompleto y que puede no haber correspondencia entre la base de estimación paramétrica y la usada en las estimaciones detalladas.

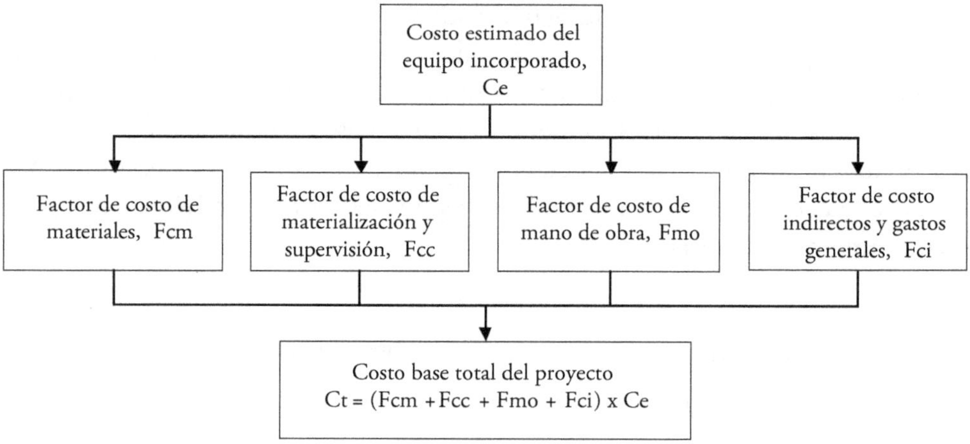

Figura 5.8
Ejemplo de estimación por factores (Serpell, 1990).

A modo de ejemplo, se presenta a continuación en la Tabla 5.1 la estimación del costo de construcción de un proyecto para una industria petroquímica. En este caso se ha escogido como ítem relevante el costo total de los equipos más importantes para el funcionamiento de la planta. El resto de los costos se han estimado como porcentaje (factor) de los costos acumulados que se desarrollan junto con el avance del proyecto. Solo el costo del edificio que cobijará a la industria se ha determinado de modo independiente, por no tener necesariamente relación directa con el costo de los equipos.

En base a esta estimación se puede señalar que el costo de la ejecución de este proyecto bordea los 42 millones de dólares.

Tabla 5.1: Ejemplo de estimación por factores

	%	US$ x 1000
Cotización de equipos mas significativos		10.000
Equipos misceláneos	5	500
Subtotal equipos		10.500
Mano de obra y materiales instalación	20	2.100
Soporte de fundación instalación	5	525
Subtotal equipo instalado		13.125
Instalaciones de piping	35	4.594
Instalaciones eléctricas	19	2.494
Instalaciones de instrumentos	12	1.575
Subtotal equipo instalado con instalaciones		21.788
Edificio		2.600
Subtotal equipo en edificio		24.388
Energía	5	1.219
Subtotal equipo en edificio con energía		25.607
Impuestos	19	4.865
Subtotal		30.472
Otros costos de ingeniería y terreno	20	6.094
Subtotal		36.566
Contingencia	15	5.485
TOTAL		**42.051**

c) **Estimación por modelos de costo**

Este método se basa en la construcción de un modelo que representa los componentes estandarizados y la estructura del proyecto a estimar, el que a través de la aplicación de datos de costo y su procesamiento, entrega el costo total del proyecto (Figura 5.9).

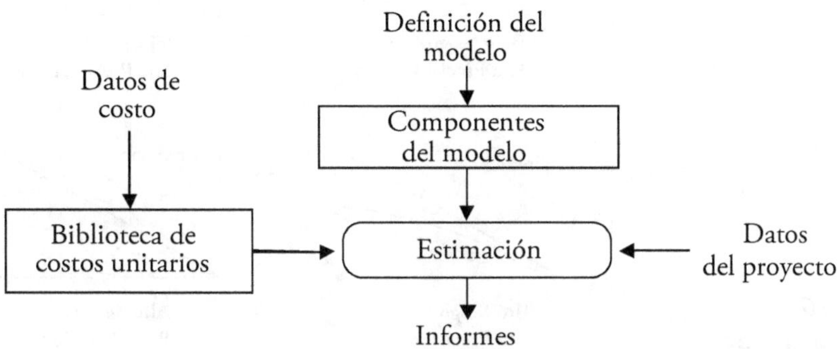

Figura 5.9
Estimación por modelos de costos. Proceso de modelación COSTMOS-MIT (Serpell, 1990).

d) **Estimación probabilística o de rango**
Este método utiliza un sistema similar al PERT, incorporando el riesgo directamente dentro de la estimación.

En la estimación probabilística existe una estimación múltiple para cada ítem, donde a = valor optimista, m = valor más probable y c = valor pesimista. El riesgo es evaluado para cada ítem y es proporcional a la varianza.

A diferencia de lo que ocurre en una estimación determinística, donde se realiza una estimación singular sin indicación de incertidumbre o variabilidad en cada ítem de costo y donde el riesgo es capturado como una suma final llamada contingencia.

5.1.6 CALIDAD DE LA ESTIMACIÓN

La calidad de una estimación se puede medir de acuerdo a los siguientes cuatro atributos: validez, confianza, sesgo y precisión.

Los problemas que pueden afectar una estimación pueden estar dados por la definición del proyecto, información relacionada con el proyecto y su medio, incertidumbre relacionada con los proyectos en general, y el proceso de estimación mismo (Figura 5.10).

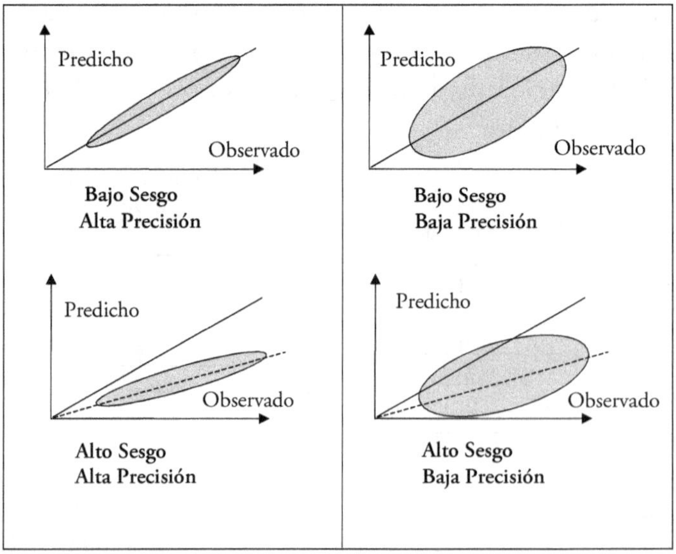

Figura 5.10
Comparación entre valores predichos y observados.

5.2 ESTUDIO DETALLADO DE UN PRESUPUESTO

5.2.1 COSTOS QUE SE DEBEN CONSIDERAR EN UN PRESUPUESTO

El presupuesto total de una obra se puede subdividir en varios ítems distintos, como se ve en la Figura 5.11. Estos se suman y determinan finalmente el presupuesto de venta que es presentado a la licitación.

Figura 5.11
Esquema de subdivisión de los costos a considerar en un presupuesto.

Los ítems presentados en la Figura 5.11 se definen a continuación:

- **Presupuesto de venta:** Es la cantidad total de dinero que el ejecutor del proyecto estima que debe cobrar al mandante por realizar la obra.
- **Presupuesto del diseño del proyecto:** Es el costo de diseñar y especificar el proyecto. Este debe incluir los diferentes diseños involucrados, como por ejemplo: arquitectónico, de cálculo, instalaciones, urbanización, etc.
- **Costos directos del proyecto:** Es la estimación que realiza el contratista que ejecuta el proyecto, de cuánto le va a costar cada partida en cuanto a materiales, mano de obra y equipos. Los costos directos comprenden en suma a cualquier costo que se pueda imputar, sin discusión, a una actividad o parte de la obra (por ejemplo, albañiles, a la actividad de albañilería).
- **Gastos generales del proyecto:** Son los costos directos del proyecto, que no se pueden imputar a una actividad específica y deben ser prorrateados en las

diferentes partidas, y son de responsabilidad del jefe de proyecto (por ejemplo: sueldo ingeniero a cargo de la ejecución, secretaria, personal administrativo, consumos, enseres y herramientas, artículos de aseo y escritorio, etc.).

- **Gastos generales indirectos**: Incluyen aspectos tales como:
  - Costo financiero: es el costo de los recursos necesarios para poder llevar a cabo las obras mientras se reciben los pagos del mandante o los ingresos que el proyecto espera generar.
  - Garantías: son los costos de las boletas de garantías que normalmente se exigen en los contratos, por ejemplo: boleta de garantía de seriedad de la propuesta o por buena ejecución de las obras.
  - Gastos generales de oficina central: es el aporte que la obra realiza a la empresa por concepto de administración de la oficina central. Estos gastos existen aunque la empresa no tenga obras. (por ejemplo: sueldo gerente, oficinas, teléfonos, secretarias, etc.)
- **Imprevistos**: Es el riesgo de los gastos no controlables. A mayor seguridad en los precios y cantidades de cada partida, menor es el riesgo, y por lo tanto, menores deberían ser los imprevistos.
- **Utilidad**: Es el monto del dinero que estima el ejecutor del proyecto que debería ganar por realizarlo. Normalmente se estima como porcentaje del presupuesto del proyecto. Dependen fundamentalmente de las esperanzas mínimas de rentabilidad que tengan los socios o dueños de la empresa, del grado de complejidad y riesgo del proyecto, de las proyecciones del mercado y de la carpeta de proyectos de la empresa, entre otros aspectos.
- **Impuestos**: Se deben considerar los impuestos correspondientes, como por ejemplo el IVA. En Chile, a partir de 1988, las obras de construcción se encuentra afecta al impuesto al valor agregado. Sin embargo, la construcción de viviendas para compradores finales cuenta con un crédito especial de 65%, lo que significa que cuando el IVA es del 19%, el precio final de venta de una vivienda para uso por su comprador está afecto a un IVA real del 6,65% (0,35x19%).

  Durante el año 2014 se aprobó la Reforma Tributaria, la cual limita el uso de esta franquicia para viviendas de un valor máximo de 2.000 UF a partir del 1 de enero de 2017. Esta reforma establece además un tope máximo de 100 UF para el crédito especial del IVA en la construcción de viviendas.

5.2.2 ETAPAS PARA EL ESTUDIO DE UN PRESUPUESTO

Efectuado el llamado por parte del mandante, el contratista inicia el estudio de la propuesta para presentarse a la licitación. El sistema para el estudio de una propuesta depende de múltiples factores como: los procedimientos habituales de la empresa, el tipo de licitación que se trate, la disponibilidad de herramientas computacionales y la experiencia del profesional a cargo. Sin embargo, en la mayoría de los casos, hay concordancia respecto de cierto ordenamiento básico, el cual se presenta en la Figura 5.12. A toda esta actividad se le conoce con el nombre de planificación de la propuesta.

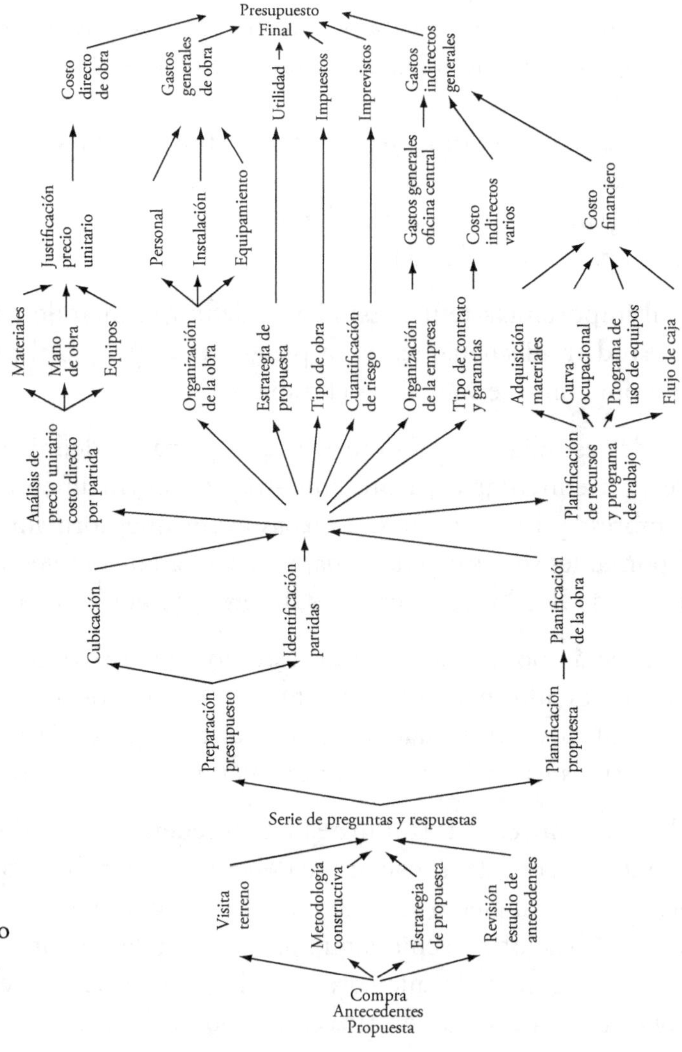

Figura 5.12
Etapas en el estudio de un presupuesto.

a) En primer término debe analizarse el calendario de la licitación configurando un programa para el estudio de la propuesta. El contratista debe autoimponerse, al menos, lo siguiente:
   - La fecha en que concluirá el análisis de los precios.
   - Plazo que se dará para terminar aquellos documentos técnicos que requieren contar antes del análisis de precios terminados (planificación de la obra, programa general de pagos, programa de utilización de recursos, etc.).
   - Plazo que requerirá para el análisis de gastos generales, considerando que algunos de ellos dependen del costo directo de la obra (gastos financieros por ejemplo).
   - Plazo máximo que se dará para recibir cotizaciones de los proveedores.
   - Tiempo que requerirá la confección de planos, digitación y compaginación de la propuesta.
   - Plazo que deberá otorgar a los subcontratistas para presentación de sus ofertas.
   - Plazo para preguntas al mandante.
   - Plazo para revisar la oferta.

b) De vital importancia resulta estudiar y definir el método constructivo para poder estudiar adecuadamente un presupuesto, ya que el precio está determinado por cómo se va realizar el trabajo.

c) Para poder estudiar un presupuesto es importante definir la estrategia con que se va a enfrentar cada presupuesto, que normalmente es diferente en cada empresa y cada propuesta. Los aspectos que normalmente consideran los responsables son: carga de trabajo, necesidad de obtener el contrato, cantidad y calidad de los competidores, interés por el tipo de trabajo y otros.

d) Luego deberá abocarse a hacer un estudio exhaustivo de las bases de licitación y bases administrativas, plasmando en el programa del proyecto los plazos señalados por el mandante para el término de la obra, los enclaves parciales, si los hay, y las condiciones adicionales impuestas por éste.

e) Simultáneamente con el estudio de los antecedentes y a medida que se avanza en el conocimiento del proyecto, se debe preparar el listado de cotizaciones a solicitar. Para tal efecto se debe tener claramente identificadas las exigencias y especificaciones técnicas que pide el mandante con el fin de solicitar y cotizar exactamente lo que corresponde (y evitar errores en el estudio del presupuesto). En el caso de cotizaciones por suministro de elementos necesarios para la construcción se debe avanzar rápidamente en la estimación de las cantidades y plazos de entrega, de modo de contar con tiempo suficiente para recibir varias ofertas. En la mayoría de los casos resulta preferible cotizar cantidades aproximadas de materiales por cuantos los errores menores que se cometen en estas estimaciones suelen no hacer variar el precio unitario de los insumos. En el caso de cotización de subcontratos se debe procurar entregar el máximo de información disponible al cotizador indicando las facilidades que la empresa estará en condiciones de otorgar para la ejecución de esos trabajos y los plazos exigidos.

f) En el caso de propuestas con contrato a suma alzada indudablemente debe enfrentarse de inmediato el estudio de las cubicaciones o cantidades por partidas de la obra, fijando desde un comienzo prioridades para la entrega parcial de resultados. Adicionalmente, en los casos que corresponda deberá hacerse un chequeo de los planos topográficos y de las condiciones del terreno.

g) En el caso de propuestas con contrato a serie de precios unitarios es igualmente recomendable el chequeo de cubicaciones, al menos en los ítems más relevantes por las consecuencias de plazos y distribución de gastos generales que puede tener una variación importante de la cantidad de obras a ejecutar.

h) Cualquiera sea la propuesta es necesario que en cuanto se tenga una visión medianamente clara de sus características principales y cantidades, se haga una estimación general del monto de la propuesta y de sus principales partidas. Por medio de la experiencia, asimilando a trabajos anteriores o a través de extrapolaciones sobre la base a costo de materiales o mano de obra deberá tenerse una visión de cuáles son los puntos en que deberá ponerse especial atención dada su influencia en el monto global. Esta es la única forma en que el encargado del estudio pueda dedicar sus mayores esfuerzos donde realmente se requiere y no distraer recursos en partidas menos significativas.

i) Una vez tomado un conocimiento cabal del trabajo a ejecutar y las condiciones impuestas por el mandante siempre es recomendable una o más visita al terreno, aún cuando ella no sea exigida por el propietario. En esa visita el profesional deberá detectar las condiciones en que deberá efectuarse la obra, los accesos, sitios de instalación de faenas, restricciones de paso en puentes y caminos, calidad del terreno, disponibilidad de materiales pétreos, maderas, combustible, agua potable y de faena, energía eléctrica, medios de transporte de carga y de personal, cualidades del entorno en cuanto a mercado, disponibilidad de mano de obra especializada y no especializada, condiciones del terreno, climatología, probables horarios de trabajo, etc.

Como generalmente no se dispone de mucho tiempo para el estudio de una propuesta y las obras civiles, a veces, se encuentran en lugares de difícil acceso, se recomienda preparar, para dicha visita, una lista detallada con todos los puntos e informaciones, que es necesario recoger, a fin de evitar olvidos u omisiones. Entre las informaciones más comunes a todo presupuesto, están las que se indica en la lista siguiente:

- Calidad y ubicación de las vías de acceso, estaciones de ferrocarril, capacidad de los carros de carga, gálibos, etc.
- Ubicación de los posibles lugares de abastecimiento de fuerza eléctrica y potencia disponible.
- Fuentes de abastecimiento de agua para la faena y de agua potable.
- Desmonte del terreno, remoción de edificios u otras construcciones, para hacer estimación del costo de dicha tarea.
- Naturaleza y calidad de los terrenos a excavar.
- Agua subterránea, fluctuaciones de la napa, posibles formas de agotamiento.
- Necesidad de construir cierres y/o reparar existentes.
- Ubicación de los posibles depósitos de desmontes, características de los caminos de acceso si los hay, necesidad de construir variantes o posibles trazados de los caminos a construir, si ellos no existen.
- Áreas disponibles para las instalaciones de los almacenes, oficinas, campamentos, patios de almacenamiento de materiales, plantas productoras, etc. Si hay edificios existentes en la zona y posibilidad de arrendarlos.
- Posibles trazados de los caminos provisionales a ejecutar, calidad de los terrenos, necesidad de construir alcantarillas o puentes, etc.
- Capacidad de carga de los puentes existentes y gálibos en los caminos de acceso.
- Posibles fuentes de abastecimiento de agregados, madera, etc., indicando su distancia a la faena y calidad de los caminos, precios, condiciones de pago.
- Posibilidades de contratar fleteros y sus precios.
- Posibilidad de contratar en la zona operarios y empleados, indicando oficios, profesión, calificación, jornales y sueldos.
- Si hay en la zona subcontratistas, su especialidad y capacidad de trabajo.
- Construcción u obras de infraestructura cercanas, especialmente para el caso de una excavación importante.

- Disponibilidad de recursos y arriendos de equipos.
- Servicios hospitalarios, su ubicación y calidad, etc.

j) Una vez conocidas la mayoría de las variables que influirán en el estudio, el profesional podrá elaborar uno o varios programas tentativos de la obra para luego abocarse a su evaluación. Estos programas están orientados a la optimización de recursos disponibles serán la base del precio resultante.

k) Otro paso antes de enfrentar la confección del análisis de costo lo constituye el proveerse de un listado de precios actualizado de mano de obra y maquinarias, del que normalmente disponen las empresas, pero que siempre es necesario revisar en función de las condiciones locales de trabajo. En el caso de la mano de obra deberá revisarse las condiciones del mercado local, las necesidades de implementar sistemas de turno, incentivos, viáticos, colocación, movilización, etc. En el caso de las máquinas deberán tenerse presente las fluctuaciones en los costos de combustibles, mantención, desgaste de neumáticos, etc.

l) Al momento de enfrentar el análisis de precios el profesional deberá definirse la subdivisión que sea necesaria hacer, de modo de estudiar por separado los costos directos, costos indirectos, gastos generales, imprevistos y utilidades para luego componer el precio definitivo.

m) Después de estimado el presupuesto final, el responsable de la propuesta debe revisarla para ver que cumpla con las bases y si los valores están dentro de lo esperado. Cualquier discrepancia debe ser analizada y resuelta con la debida antelación a la apertura de la propuesta. Finalmente el valor estimado puede ser modificado por el responsable en función de la estrategia que haya definido para esta propuesta específica.

5.3 ETAPAS EN EL ESTUDIO DEL COSTO DIRECTO

Continuando con los antecedentes presentados en la Figura 5.12, esta sección presenta una discusión sobre las principales etapas en el estudio del costo directo de una obra. El primer paso para comenzar a estudiar un presupuesto consiste en dividir la obra en partidas o ítem de pago que consideren todos los gastos en que se incurrirá en la construcción de la obra. Una vez aceptado el presupuesto, si se ha omitido algún ítem, éste normalmente pasa a ser una pérdida para el contratista.

Las partidas deben ser medibles, presupuestables y controlables, de modo de poder cuantificar avances, cobrar estados de pago y comparar el avance real con el programado. Es conveniente que cada partida sea identificada con un código, y que tenga, además, una descripción o nombre. Para facilitar este primer paso, existe la norma NCh 1156 Of. 99. "Especificaciones técnicas para la construcción. Ordenación y designación de partidas".

El segundo paso en el estudio de un presupuesto consiste en determinar la unidad de medida que tendrá cada partida. Estas unidades pueden venir dadas en las especificaciones técnicas o bien obtenerse de la norma NCh 353 Of 2000 "Mensuras en obras de edificación".

El tercer paso consiste en cubicar las distintas partidas, es decir, calcular las cantidades de unidades de cada partida, sean estos volúmenes (metros cúbicos u otra unidad), áreas (metros cuadrados u otro), longitudes (metro u otro), etc. Para cubicar se puede seguir las especificaciones dadas en la norma NCh 353 Of 2000.

El cuarto paso consiste en estimar el costo de la partida, es decir, se estudia su precio unitario, para lo cual se realiza un análisis de precios unitarios o estudio de costos base de cada uno de los componentes de la partida.

El costo directo o precio unitario (P.U.) de una partida debe incluir todos los costos en que se incurre para ejecutar un trabajo y debe ser compatible con las bases de medición y pago de las partidas. En general se estima como formado por cuatro componentes, que dependen de la naturaleza de la partida y del proceso constructivo que se utilice.

P.U. Partida = P.U. Mano Obra + P.U. Materiales + P.U. Equipos + otros costos

Definiendo cada uno como:

- Mano de obra: es el costo de la mano de obra involucrada en la partida, separada por especialidad. Se asigna según especialidad, planificación de la obra y productividad requerida.
- Materiales: es el costo de los materiales puestos en obra. Se obtiene de la cubicación y de las especificaciones técnicas.

- Maquinaria y equipos: es el costo de los equipos, maquinarias y herramientas utilizables en la partida. Depende fundamentalmente de la planificación de la obra y de la estrategia que se adopte para llevarla a cabo.
- Otros costos: considera equipo, herramientas y elementos menores que se requieren para efectuar una faena, por ejemplo: escaleras, huinchas, andamios y otros.

Las secciones siguientes presentan las metodologías para determinar los costos de cada uno de los componentes del costo directo.

5.4 COSTO BASE DE LA MANO DE OBRA

5.4.1 INTRODUCCIÓN

Para conocer los precios unitarios de cada uno de los componentes de la partida, estos se estudian por separado. Se comenzará por el costo base de la mano de obra.

Este costo es diferente para las distintas especialidades de mano de obra (M.O.) que participan en un proyecto, como por ejemplo: profesionales, personal técnico, maestros, ayudantes, jornaleros, personal administrativo, etc. Es un costo sujeto a factores subjetivos que a veces son difíciles de evaluar cualitativamente. Inciden en la variabilidad de los precios diversos factores tales como:

- exigencia de habilidades especiales
- exigencia de conocimientos especiales
- exigencia de condiciones físicas especiales
- demanda de mano de obra en el mercado

Para una buena evaluación del costo de Mano de Obra. se debe conocer o estimar el rendimiento del trabajador. Para este se debe de considerar que el tiempo total de permanencia de un trabajador en una obra es aprovechado solo parcialmente, pudiendo hacerse una subdivisión de su trabajo en (Serpell, 2002):

- Trabajo productivo: actividad que aporta directamente a la producción, por ejemplo: colocación de moldajes, hormigonado, alzaprimado, etc.

- Trabajo contributorio: actividades de apoyo que deben ser realizadas para que el trabajo productivo se pueda hacer, por ejemplo: traslado del moldaje a su lugar de colocación, limpieza de las superficies de hormigonado, etc.
- Trabajo no contributorio: son todas las demás acciones que no se enmarcan dentro de las anteriores y que representan tiempos desaprovechados, por ejemplo: espera por recursos faltantes, conversación entre trabajadores, etc.

Es importante optimizar el tiempo de actividad productiva de los trabajadores, tratando de maximizar el tiempo que se usa en los trabajos productivo y contributorios. En la Figura 5.13 se ven gráficos comparativos de las categorías de trabajo según sector de actividad, además de los valores promedio nacionales actuales y en la Figura 5.14 se presentan los valores que idealmente deberían cumplirse, de acuerdo a un estudio del Servicio de Productividad y Gestión (SPG) de la Pontificia Universidad Católica de Chile.

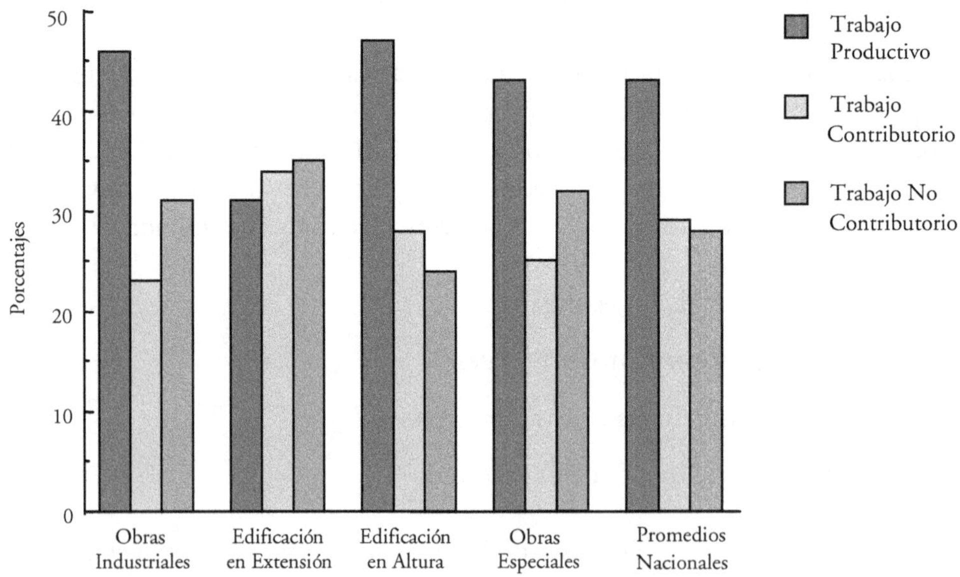

Figura 5.13
Valores de las categorías de trabajo según sector de actividad.

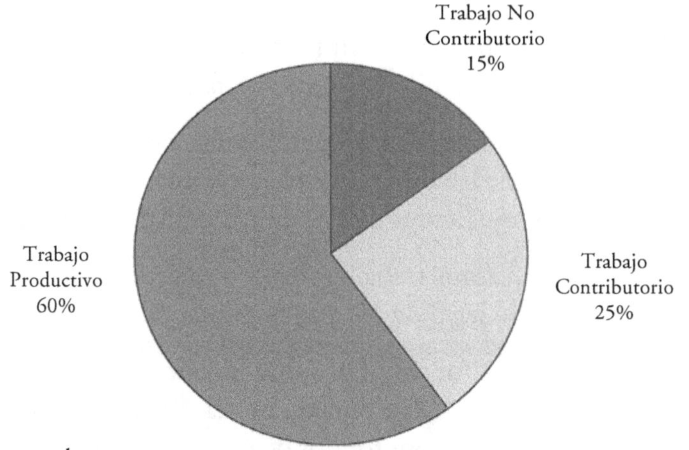

Figura 5.14
Ejemplo de valores esperados para las tres categorías de trabajo en labores de construcción.

5.4.2 ALGUNAS DEFINICIONES

Antes de calcular el costo base de la mano de obra se darán algunas definiciones necesarias para comprender el cálculo y que están basadas en lo estipulado por las leyes 2.200 y 18.018.

- Remuneración (R): se entiende por remuneración las prestaciones en dinero y las adicionales en especies avaluadas en dinero que debe percibir el trabajador por causa del contrato de trabajo.
- Remuneración imponible (Ri): parte de la remuneración sobre la base de la cual se deben pagar las imposiciones.
- Sueldo: es el estipendio fijo en dinero pagado por períodos iguales, determinado en el contrato, que recibe el trabajador por la prestación de sus servicios. Dentro del léxico de la construcción se entiende como jornal base el sueldo que es pagado diariamente, en cambio se llama sueldo base al sueldo que es pagado mensualmente. Al descontar las imposiciones e impuestos del sueldo bruto se obtiene el sueldo líquido que recibe el trabajador.
- Pago por semana corrida: el trabajador remunerado por día tendrá derecho a la remuneración en dinero, por los días domingos y festivos. El derecho al pago por semana corrida se pierde por parte del trabajador, si por causa ajena a un accidente del trabajo, éste falla o llega atrasado en dos o más horas acumuladas durante una semana, o pierde el pago de una semana corrida

durante el mes si la acumulación de atrasos y faltas llegue a 4 o más horas en el mes, descontando los atrasos o faltas de las semanas ya sancionadas.

- Gratificación: es la recompensa pecuniaria a los trabajadores de acuerdo a las utilidades de la empresa en cada ejercicio anual o monto fijo de 4,75 salarios mínimos anuales (ambas opciones se aceptan de acuerdo a la ley).
- Feriado legal: los trabajadores con más de un año de trabajo tienen derecho a un feriado legal de 15 días hábiles, con derecho a remuneración íntegra.
- Imposiciones: se calculan sobre la base de un porcentaje sobre la remuneración imponible (Ri). Son parte del dinero del trabajador que el empleador retiene e ingresa a los fondos de pensiones y de salud a nombre del trabajador. La cantidad destinada al fondo de pensiones es variable según la empresa de Administradora de Fondos de Pensiones (AFP) o Servicio de Seguro Social a que esté afiliado el trabajador aunque generalmente se acerca al 12% de la remuneración imponible; la destinada a salud es un 7% de la remuneración imponible (como mínimo, pudiendo ser más si está afiliado a alguna Isapre y cuenta con un plan de más alta cotización).

Los siguientes pagos recibidos por el trabajador no constituyen remuneración:

- Asignación de movilización.
- Asignación por colación.
- Asignación por pérdidas de caja, siempre que persiga los fines descritos y no pueda estimarse como una mayor remuneración para el trabajador.
- Asignación por desgaste de herramientas.
- Viáticos (montos en dinero para traslados, alojamiento y comidas, supeditadas a rendición de cuentas).
- Prestaciones familiares otorgadas según Ley.
- Devoluciones de gastos en que se incurre por causa del trabajo.

5.4.3 EL TRATO

En la construcción existe tradicionalmente otra forma de pagar parte de los servicios prestados por los trabajadores. Este sistema es conocido como "trato", y consiste en un convenio entre el empleador y el trabajador, o entre la empresa constructora y el subcontratista, según sea el caso, mediante el cual se fija un monto de dinero por realizar una faena específica en un plazo determinado.

Básicamente, el trato consiste en pagar por el trabajo efectivamente realizado, es decir, se paga un precio por cada unidad terminada. Ejemplos de esto son la elaboración de hormigón ($\$/m^3$) y la colocación fierro ($/kg). El trato se utiliza normalmente para pagar faenas que son repetitivas o de un volumen importante en la construcción.

La fórmula general para calcular el trato es la siguiente:

TRATO = (Sueldo Base) + (Cantidad efectivamente realizada · Precio de la unidad)

Para los convenios directos entre empleador y trabajador se utiliza directamente la fórmula anterior, en cambio en el caso de los subcontratos solo se utiliza el segundo término de la ecuación. Para compensar esta situación, el precio de la unidad en el segundo caso debe ser mayor que en el primero, ya que la empresa subcontratista incluye en el precio de la unidad los sueldos prorrateados de los distintos trabajadores que participarán en la faena.

Cuando la faena la realiza una cuadrilla específica, se divide el total (precio por cantidad) de acuerdo a la función que cada trabajador tiene dentro de la cuadrilla y se le agrega el sueldo base correspondiente.

Es importante saber que cuando se trata de los trabajadores, el precio por unidad es solo de colocación o elaboración, es decir, la empresa debe proveer a sus trabajadores con los materiales necesarios. En los casos de subcontratos ambas modalidades son posibles, pudiendo proveer los materiales el mismo subcontratista o la empresa que lo contrata.

El precio que se paga por cada unidad efectuada dependerá básicamente de la dificultad que tiene la faena (hay actividades en las que se tiene un rendimiento bajo, debido al grado de dificultad que presentan), y a la rentabilidad que la empresa desea obtener con esa partida.

La principal ventaja de utilizar el trato es obtener una mayor productividad en la obra, además de fijar una remuneración acorde al grado de dificultad, cantidad de trabajo e implementos disponibles para efectuar dicha faena, lo que finalmente se traduce en menores tiempos y costos, con las respectivas ganancias para la empresa. Además, al utilizar subcontratos, resulta administrativamente ordenado utilizar el trato, ya que es un tercero quien maneja los sueldos, las leyes sociales y lleva los avances de los distintos trabajadores.

La principal desventaja que este sistema de pago presenta, es que en ciertas ocasiones los trabajadores o los subcontratistas se despreocupan de la calidad requerida, debido principalmente a dos razones:

- Los trabajadores o subcontratistas muchas veces no se sienten involucrados con la faena que están realizando, por lo que se limitan solamente a colocar o elaborar el producto, sin considerar ciertos aspectos que aseguren la calidad de éste.
- Puesto que la paga es por la cantidad efectivamente realizada, tanto los trabajadores como los subcontratistas pueden verse incentivados a acelerar el proceso constructivo, para aumentar la cantidad realizada, prestándole menos atención a la calidad del producto. Este efecto es notorio en obras de mayor envergadura.

Lo anterior hace que un adecuado control sea importante para asegurar que las especificaciones técnicas de la obra sean cumplidas. Si bien la empresa se reserva el derecho a aceptar o rechazar un trabajo, si el control no es realizado durante la ejecución de las obras, el rechazo de trabajos terminados generará pérdidas de tiempo importantes por trabajos rehechos. Este control puede ser importante también cuando las distintas faenas llegan a su fin, ya que los trabajadores en este caso demoran el trabajo, evitando así ser finiquitados, ya que si bien el sueldo será más bajo, aseguran el sueldo base.

5.4.4 COMPONENTES DEL COSTO DE LA MANO DE OBRA

El costo de un trabajador considera un costo fijo, un costo variable, un costo adicional por leyes sociales y otros costos asociados a gastos generales de faena. Se indicarán cuando correspondan valores estimativos para determinar un ejemplo del costo de las leyes sociales. Para aplicaciones específicas se recomienda realizar este análisis con las estadísticas de cada empresa y las características del proyecto a desarrollar. Mayores antecedentes pueden encontrarse en la revista ONDAC (www.ondac.cl).

a) **Costo fijo**

Está constituido por la remuneración del trabajador, lo que debe considerar el pago de vacaciones, derecho a semana corrida y el costo de las imposiciones. También puede considerarse en este costo la gratificación, cuando se adopta el pago de ella mensualmente.

Si se considera que en obras de construcción se trabaja de lunes a sábado, se tienen aproximadamente 300 días de trabajo al año. Si cada día tiene 8 horas de trabajo, las horas totales trabajadas al año serán:

Horas anuales trabajadas: 300 días x 8 horas/día = 2400 horas

Si además se considera un ingreso promedio de $1.100 por hora de trabajo que incluye imposiciones, se tiene que el ingreso anual promedio en la industria de la construcción es:

Ingreso anual : 2400 x 1.100 = $2.640.000

A lo anterior debe sumarse el pago de los días domingos (derecho a semana corrida), el que anualmente corresponde a:

Ingreso por domingos: 53 domingos x 8 horas x $1.100 = $466.400

Con esto el ingreso total anual (remuneración anual) es:

Ingreso anual total: $2.640.000 + $466.400 = $3.106.400

b) **Costo variable**

En el costo variable se pueden distinguir:

i) Costos variables mensuales
- Sobretiempo, en el caso de presupuestarlo se considera como el precio de una hora normal recargada en un cierto porcentaje. Normalmente es un 50% en horas extras en días hábiles y del 100% en horas extras de días domingos y festivos.

- Trato, en el caso de presupuestarlo, se debe considerar un mayor costo por este concepto, dependiendo del factor que se fije como coeficiente de trato.
- Participaciones de producción mensual, si se considera en la obra.

ii) Costo variable anual
Entre los que se encuentran las gratificaciones si se ha adoptado el sistema de repartición de un porcentaje de las utilidades y de las participaciones de producción anual, o 4,75 ingresos mínimos. Este costo también puede ser imputado a leyes sociales.

c) **Costo adicional de un trabajador (CAT)**
Adicional al sueldo bruto de un trabajador, el empleador debe considerar los otros costos que debe incurrir por la mano de obra que utiliza en su proyecto, entre los cuales se destacan:

i) Seguro de accidentes: Se considera un porcentaje sobre el total ganado por el trabajador, que puede variar entre un 0,95 y un 5% de acuerdo a los índices de accidentabilidad de la empresa. Para el ejemplo se considerará un 3%.

ii) Seguro de desempleo: Desde el 1 de octubre de 2002 entró en vigencia la ley 19.728 que establece el seguro de cesantía en Chile. Están sujetos a este seguro los trabajadores dependientes que inicien o reinicien actividades laborales con posterioridad a la entrada en vigencia de esta ley. Para los contratados con anterioridad a esta fecha, el sistema es voluntario, pues el trabajador puede incorporarse al sistema sin necesitar el consentimiento del empleador. El sistema es financiado en forma tripartita. El trabajador debe cotizar cada mes el 0,6% de su remuneración imponible (con tope de 90 U.F.). El empleador debe aportar un 2,4% del mismo sueldo, del cual un 1,6% se abona a la cuenta individual del trabajador y un 0,8% que pasa a formar parte del fondo solidario. El Estado aporta al fondo solidario el equivalente a 225.000 UTM. El trabajador que sufra un despido indemnizable, tendrá derecho a solicitar 5 pagos mensuales decrecientes, el primero de estos corresponderá a un 50% de la su última remuneración con un máximo de $125.000.

iii) Aporte patronal: Se consideran aporte patronal a la Corporación Habitacional (0,9%) y al Servicio Médico (2,1%).

iv) Asignaciones:
- Asignación de alimentación: Se considera un aporte diario para colación, que se acerca a los $200. Con esto el costo asociado es:

Asignación de alimentación: 300 días x \$200 = \$60.000
Asignación de alimentación (%): \$60.000/\$3.106.400 = 1,9%

- Asignación de movilización: Se considera un aporte diario que en promedio debe bordear los \$600 (considerando 2 viajes diarios). El costo asociado será:

  Asignación de movilización: 300 días x \$600 = \$180.000
  Asignación de movilización (%): \$180.000/\$3.106.400 = 5,8%

- Asignación por desgaste de herramientas: Estimativamente se puede considerar que el 40% de los trabajadores debe recibir esta asignación, la que puede ascender a modo de ejemplo a \$400 diarios. Así el costo asociado es:

  Asignación por herramientas: 300 días x \$400 x 40% = \$48.000
  Asignación por herramientas (%): \$48.000/\$3.106.400 = 1,5%

- Viáticos, generalmente no se consideran en la construcción.

v) Indemnizaciones: costos en que se incurre al despedir un trabajador que no haya incurrido en causa de caducidad de contrato según la ley, se tienen los siguientes casos:
- Desahucio: Se debe cancelar un mes de sueldo al trabajador que es despedido sin el previo aviso de un mes por lo menos. En obras transitorias como la construcción normalmente no se paga.
- Indemnización por años de servicio: se debe cancelar un mes de sueldo por cada año de servicio que lleve el trabajador en la empresa, con un tope máximo fijado por la ley. En obras transitorias como la construcción normalmente no se paga.
- Pago proporcional por vacaciones: se paga al trabajador que sea despedido antes de haber hecho uso de sus vacaciones (normalmente antes de un año de trabajo). Se le debe cancelar por este concepto una cantidad proporcional a los días que le corresponderían de vacaciones de acuerdo al tiempo que alcanzó a trabajar. Si se consideran el feriado anual de 15 días hábiles (21 días si se consideran días corridos) a los que tiene derecho anualmente un trabajador, el costo asociado es:

  Feriado anual (vacaciones): 21 días x 8 horas x \$1100 = \$184.800
  Feriado anual (%): \$184.800/\$3.106.400 = 5,9%

vi) Causas climáticas: Se considera que por lluvia se pueden detener los trabajos en 10 días del año. El costo asociado es:

Clima: 10 días x 8 horas x $1.100 = $88.000
Clima: $88.000/$3.106.400 = 2,8%

vii) Días festivos: Un año promedio tiene 14 días festivos. Así el costo asociado es:

Festivos: 14 días x 8 horas x $1.100 = $123.000
Festivos: $123.200/$3.106.400 = 4,0%

viii) Aguinaldos: Se consideran dos al año, Fiestas Patrias y Navidad. El costo asociado puede ser:

Aguinaldos: 2 x $25.000 = $50.000
Aguinaldos: $50.000/$3.106.400 = 1,6%

La Tabla 5.3 resume, a modo de ejemplo, la estimación realizada en los ítems correspondientes, basada en las estimaciones anteriores

Tabla 5.3: Ejemplo para la estimación del costo adicional de un trabajador (CAT)

Resumen de los aspectos considerados en el ejemplo	
Item	% del costo fijo
Seguro de accidentes	3,0 %
Seguro de desempleo	2,4 %
Aporte patronal	3,0 %
Colación	1,9 %
Locomoción	5,8 %
Desgaste de herramientas	1,5 %
Desahucio	0,0 %
Indemnización	0,0 %
Feriado anual	5,9 %
Causas climáticas	2,8 %
Días festivos	4,0 %
Aguinaldos	1,6 %
TOTAL	**31,9 %**

d) **Otros gastos imputables a la mano de obra**
Se considera como tal a los gastos generales de faena, entre los cuales están:

- Alojamiento y alimentación del personal, cuando se tiene que realizar campamentos especiales.
- Recreación.
- Instrucción.
- Otros.

En la Figura 5.15 se presenta un ejemplo de estimación del costo de mano de obra para la construcción de muros de albañilería de ladrillos.

Partida: **Albañilería muros perimetrales**
Obra: **Viviendas Lote-10**

Item N° 4.52					**Unidad m²**
Descripción Cuadrilla	**Cod. Ocup.**	%	**Rend. (m^2/HD)**	**P.U. (U.F./HD)**	**Total**
Jornal	J	0,5	8,0	0,33	0,02
Ayudante	A	1,0	8,0	0,35	0,04
Albañil	M1	1,0	8,0	0,57	0,07
Sueldo Base					0,14
Costo adicional de un trabajador (CAT) (31,9%)					0,04
Total (U.F./m^2)					**0,18**

Para el jornal se tiene: 0.5 x 0.33 (UF/HD) / 8 (m^2/HD) = 0.02 UF/m^2.

Figura 5.15
Ejemplo de precio unitario de mano de obra.

5.5 COSTO BASE DE LOS MATERIALES

Costo base de los materiales consiste en una cotización adecuada de los materiales a utilizar en la obra. Esta cotización debe ser diferenciada por tipo de material y buscando al proveedor más conveniente. El precio a considerar debe ser puesto en obra, este precio se puede ver afectado por factores tales como: habilidad negociadora del comprador, formas de pago, volúmenes de compra del producto, calidad de los materiales, ofertas del momento, etc.

Al analizar el costo de materiales es recomendable incluir posibles robos, pérdidas por mala utilización, mal almacenamiento, mal transporte y otras pérdidas, los que en algunas situaciones pueden ser bastantes considerables. Una empresa eficiente debe reducir al máximo estos problemas.

En la Figura 5.16 se presenta un ejemplo del costo de los materiales para la partida: "albañilería de muros perimetrales".

Partida: **Albañilería muros perimetrales**
Obra: **Viviendas Lote-10**

Item N° 4.87 **Unidad m²**

Descripción de Materiales	**Cod.**	**UN**	**Rend. (Un/m²)**	**P.U. (U.F./un)**	**Total**
Ladrillo muralla	298	un	31	0,009	0,279
Cemento especial	395	sc	0,468	0,190	0,090
Arena estuco	456	lt	56	0,0003	0,017
P.U. (U.F./m²)					**0,386**

Para el ladrillo muralla se tiene: 31 (un/m²) * 0.009 (UF/un) = 0.279 UF/m².

Figura 5.16
Ejemplo de precio unitario de materiales.

Otro aspecto importante en los materiales es poder planificar su compra adecuadamente, para ello se puede utilizar una matriz de cubicaciones u orden de materiales, que consiste en determinar el volumen de los distintos materiales requeridos a través del tiempo en la obra. La Figura 5.17 presenta un ejemplo de una matriz de materiales para efectuar las adquisiciones según avance de la obra.

Item	Cod. Part.	Partida	Un.	Cant.	Cod. Mat.	Partida	Un.	Rend.	Cant.	mes 1	mes 2	mes 3	mes 4	mes n
1.2.1	52	Hormigón H30	m^3	600						200	300	100	0	
					CE12	Cemento corr.	sc	8,47	5082	1694	2541	847	0	
					AR18	Arena	m^3	0,71	426	142	213	71	0	
					GR14	Grava	m^3	1,33	798	266	399	133	0	
3.2.1	66	Pintura óleo	m^2	2000						0	1300	700	....	
					PT17	Galón ACME	Gal.	0,12	240	0	156	84	....	
7.2.4	85	Estuco ext.	m^2	700						0	0	200	400	
					CE12	Cemento	sc	...	...			...	...	
					AR20	Arena	m^3	...	...			...	...	
					CA01	Cal	k	...	...			...	...	

Figura 5.17
Ejemplo de una matriz de materiales.

5.6 COSTO BASE DE LOS EQUIPOS

En esta sección solo se presenta una breve introducción al tema, ya que el costo de poseer y operar un equipo se analiza en detalle en el capítulo 7 de este libro.

Costo base de **maquinaria y equipos**: se considera en este rubro a herramientas (martillos, palas, carretillas, etc.), útiles (escaleras, andamios, etc.) y maquinarias (grúas, vibradores, etc.), en muchas empresas el costo de los dos primeros es cargado a gastos generales, pero en el caso de las maquinarias pueden haber tres posibilidades:

- Equipos **arrendados**, en esta situación solo se considera una tasa de arriendo, teniendo la precaución de conocer qué es lo incluido dentro de ella, por ejemplo: si no se incluye ciertos costos tales como operador, mantención o accesorios, es necesario agregarlos, para presupuestar el costo real de operar los equipos.
- Equipos **con leasing**, utilizan el instrumento financiero del leasing para adquirir equipos, que consiste en un arriendo con compromiso de compra. Normalmente, el costo mensual usando leasing es superior a un arriendo tradicional, pero aparte de tener algunos beneficios tributarios, al término

del período de leasing, se tiene la posibilidad de adquirir el equipo con el valor de una cuota adicional.

- Equipos propios, para este caso, la situación es un poco más compleja, ya que se requiere determinar los costos de depreciación del equipo y los de posesión y operación del mismo, mediante algún método como el que se desarrollará en el capítulo correspondiente.

La Figura 5.18 presenta un ejemplo de precio unitario de equipos utilizado en un "tratamiento superficial doble", que consiste fundamentalmente en dos capas sucesivas de riego asfáltico y gravilla compactada, que se coloca como capa superficial en algunos caminos.

Obra	Camino R-88
Ubicación	El Laja
Item N° 123	Tratamiento Superficial Doble
Unidad	m^2

Equipos Descripción	**UN**	**Rend.**	**P.U. (U.F.)**	**Sub Total**	**Factor Ocup.**	**Total (U.F)**
Barredora	hr	0,01	0,23	0,002	0,5	0,001
Camión ajibe	hr	0,005	0,55	0,003		0,003
Camión imprimador	hr	0,01	0,94	0,009		0,009
Camión tolva (7 m^3)	hr	0,01	0,63	0,006		0,006
Cargador frontal	hr	0,01	0,94	0,009	0,5	0,005
Gravilladora autoprop.	hr	0,01	0,94	0,009		0,009
Costo unititario (U.F.)					**0,033**	

Para la barredora se tiene: 0.01 (hr/m^2) x 0.23(UF/hr) x 0.5 = 0.001 UF/ m^2

Figura 5.18
Ejemplo de precio unitario de maquinaria y equipos.

5.7 JUSTIFICACIÓN DE PRECIOS UNITARIOS

Una vez conocidos los costos de los componentes principales de cada partida, se debe justificar su precio unitario, determinándolo para cada partida incluida en el presupuesto.

Una forma para calcular estos precios consiste en determinar el precio total de la partida y luego dividirlo por la cantidad de unidades respectiva, ya que así se consideran los distintos factores que influyen en las economías o deseconomías debido al volumen de obra.

Esto se puede apreciar fácilmente en el siguiente ejemplo: el costo unitario de 100.000 m^3 de hormigón es diferente (normalmente menor) al costo unitario de realizar 10 m^3 del mismo hormigón. Estas diferencias pueden ser producto de variación en los precios de los insumos, debido a las diferentes cantidades utilizadas en cada caso u otros factores.

Otra forma de calcularlo, que es la que tradicionalmente usan las empresas, consiste en estimar el precio unitario de cada partida independiente de la cubicación, sólo considerando las cantidades de los materiales, equipos y personal necesarios para la unidad (por ejemplo: m^2, ml, gl, c/u, etc.). Además, se puede tener una situación intermedia, en que algunas partes de la obra se realizan de una forma y otras con el segundo método.

El método que se continuará analizando será el segundo de ellos y para entenderlo mejor se verá a través de un cuadro que muestra la información requerida para estimar los costos por cada componente (Tabla 5.4) y de un ejemplo de cómo realizar una justificación de precios unitarios (Figura 5.19)

Tabla 5.4: Información requerida para justificar los precios unitarios de las partidas

Componentes	Unidad	Cantidad	Precio unitario
Materiales. Estos componentes se pueden determinar de las especificaciones técnicas y de la metodología de trabajo	De acuerdo a las unidades comerciales de los distintos materiales (m^3,m^2, m, c/u, gl, lts., kg, saco, etc.)	Especificaciones, cubicaciones, manual de rendimientos, experiencia	Costo base de materiales
Mano de obra. Se puede determinar de la metodología de trabajo	De la forma de pago a los trabajadores (hora, día, mes, etc.)	Programación de la obra, rendimientos, experiencia	Costos base de la mano de obra
Equipos. Se puede determinar a partir de la metodología de trabajo	De acuerdo a la forma de pagar el uso de los equipos (hora, mes, etc.)	Programación de la obra, rendimientos, experiencia	Costos base de los equipos
Otros Costos. Depende de cada caso			

JUSTIFICACIÓN DE PRECIOS UNITARIOS

Empresa:	ICC 2302 Ltda.
Obra:	Sala A
Fecha:	12 de Mayo de 2017
Partida:	Moldaje Muros (m^2)

Ítem	Unidad	Cantidad	P.U. (U.F.)	Total (U.F.)
Moldaje Muros	**m^2**	**1,00**	**0,847**	**0,847**
a) Materiales				
Placa terciado e=18 mm	m^2	0,210	0,35	0,073
Viga madera	ml	0,277	0,62	0,172
Viga UPN	kg	2,080	0,04	0,073
Bridas amarre	un	0,231	0,41	0,094
Estabilizador	un	0,035	2,63	0,092
Pernos con tuerca	un	0,045	0,17	0,007
Desmoldante	lt	0,065	0,02	0,001
Subtotal				0,514
b) Mano de obra				
Carpintero obra gruesa	HD	0,140	1,81	0,254
Ayudante carpintero	HD	0,060	1,32	0,079
Subtotal				0,333

NOTAS:
- Las cifras indicadas son sólo para ejemplificar el método.
- Este precio está referido a U.F., pero se pueden usar otros índices.

Figura 5.19
Formato modelo de justificación de precios unitarios.

5.8 ESTUDIO DE GASTOS GENERALES

Son todos aquellos gastos generales en que se incurre para la materialización directa de un proyecto. Como ya se determinó la forma en que se va a ejecutar la obra, sabemos qué recursos se necesitan en cuanto a organización, equipos e instalaciones. Ahora se debe calcular el gasto que todo eso significa. Para hacerlo se puede dividir los gastos en tres grupos:

a) **Personal**: aquí se incluye todo el gasto de personal que no ejecuta obra directamente. Fundamentalmente el personal de dirección, administración y apoyo. Entre los que se cuentan:
   - Personal de gastos generales: profesionales, administrativos, laboratoristas, topógrafos, supervisores, jefes de turnos, bodegueros, pañoleros, alistadores, jefes de seguridad, serenos, junior, gásfiter y carpintero de instalaciones, jefe de talleres, contador, mecánicos, eléctricos, programadores, pasatiempos, etc.
   - Asesores: auditores, calculistas, abogados, de medio ambiente, seguridad.
   - Entretenciones: fiestas de los tijerales, club deportivo.

b) **Instalaciones**: aquí se incluye todo lo referente a instalaciones de faena principales, pasajes y gastos de funcionamiento de la obra. A continuación se presenta un listado de ítems que se consideran en este tema:
   - Instalaciones de faenas: oficinas propias, oficinas para la inspección, servicios higiénicos, cercos, letreros, casino, dormitorios, talleres, bodegas, lockers, instalaciones fijas de grúas, plantas de áridos, plantas de hormigón, plantas de asfalto, galpones, policlínico, pañoles, polvorines, laboratorio, etc.
   - Movilización: movilización de profesionales, de personal, ambulancia, camioneta, etc.
   - Viajes y visitas: pasajes y costos de visitas de la empresa.
   - Gastos de oficina de obra: fotocopia, papelería, cafetería, planos, correspondencia.
   - Gastos de servicios públicos: agua, luz, alcantarillado.
   - Policlínico: gasto en materiales médicos.
   - Seguridad higiene industrial: costo de elementos de seguridad, letreros.

c) **Equipamiento**: aquí se incluye todo lo que son vehículos, fletes, equipos de laboratorio y topografía, computación y comunicaciones. Además, si los equipos no fueron considerados en el precio unitario, se deben incluir en estos gastos generales. Se puede considerar como parte del equipamiento, entre otros a:
   - Fletes de ida y retorno de instalaciones de faena, equipos, materiales, mudanzas del personal.
   - Gastos de control de calidad: laboratorio externo.
   - Gastos de topografía: arriendo de equipos, estacas, mantención de puntos de referencia (PR).

- Comunicaciones: radio, teléfono, telex, etc.
- Despachos: correspondencia, encomiendas, etc.
- Herramientas de uso general.

5.9 GASTOS GENERALES INDIRECTOS

Son todos aquellos gastos que se incurren por la materialización del proyecto pero no directamente por su construcción, como son, oficina central, costos financieros e indirectos, varios e imprevistos.

a) **Oficina Central**: la oficina central de la empresa debe ser pagada por todas las obras que se estén realizando en un determinado momento.
Se debe calcular el gasto mensual de la oficina, incluyendo personal, oficinas, cuentas, papelería, etc., costo que es distribuido entre las obras. Normalmente se usa el estimar un porcentaje del costo directo como costo de oficina central y este porcentaje se determina haciendo el cuociente entre el costo mensual de oficina y la facturación mensual promedio de la empresa, o bien, se puede tomar por separado costos tales como:
    - Gastos de oficina general: contabilidad, etc.
    - Gastos de representación: publicidad, atención de personalidades y otros de la empresa.

b) **Costo financiero**: para estimar el costo financiero de la obra, se debe calcular el flujo de caja neto de ésta, esto es, estimar la diferencia entre los gastos mensuales programados y los ingresos por estados de pago. Ambos flujos se sacan a partir del programa mensual de inversiones, programa de trabajo valorizado a costo directo y flujo mensual de gastos generales. Conociendo el desfase entre egresos e ingresos se puede estimar el costo financiero del contrato a la tasa de interés del banco con que se está trabajando o del indicador financiero que se use de referencia.

c) **Costos indirectos varios**: son los gastos que se incurre por efectos del proyecto, asesoría y aspectos legales. Algunos de ellos son:
    - Gastos de propuesta: costo del estudio de la propuesta, viajes, etc.
    - Garantías: costo de boletas de seriedad de propuesta, garantía de fiel cumplimiento de contrato, garantía de correcta ejecución de las obras.
    - Costos de notaría: por trámites varios, tales como escritura de contrato, etc.

- Derechos ypermisos: exploración de canteras, aguas, permisos munici - pales y edificación, etc.
- Seguros: de responsabilidad civil, de vehículos, de vida de empleados, de daños a terceros, de incendio, de equipos y otros. Es importante destacar que existe hoy en el mercado un seguro a todo riesgo de construcción, que permite a la empresa constructora asegurar su personal, sus equipos y su obra desde el momento que comienza la obra hasta que la termina.

5.10 PRESENTACIÓN DE UN PRESUPUESTO

Una vez analizados los principales componentes de un presupuesto, es necesario preparar el presupuesto definitivo. La forma de presentación de los presupuestos que se verá en este punto, es similar para cada tipo de contrato, la diferencia fundamental está en la interpretación que se haga de la información.

Para el caso del contrato por administración delegada, el presupuesto solo es una buena estimación del costo, ya que el dueño pagará todos los gastos incurridos por el contratista en la construcción de la obra. Por esto, es importante definir los honorarios del contratista. En el contrato a serie de precios unitarios, lo importante son las partidas y sus precios unitarios, ya que las cantidades son solo estimaciones de la realidad. El dueño pagará al contratista las cantidades efectivamente avanzadas, a los precios unitarios pactados. Finalmente, en el caso de un contrato de suma alzada, esta presentación es solo referencial, ya que el dueño pagara el monto total acordado.

La Figura 5.20 presenta en forma esquemática la metodología para integrar todos los componentes del presupuesto. La información requerida para realizar la presentación del presupuesto final se resume en la Tabla 5.5. Finalmente un ejemplo de presupuesto se presenta en la Tabla 5.6.

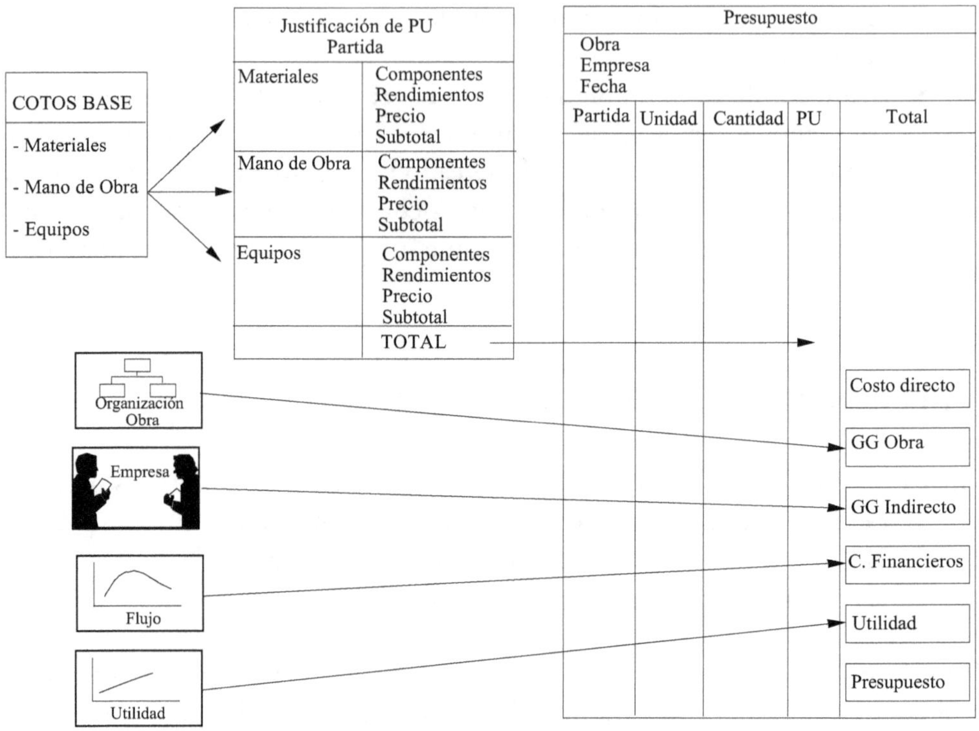

Figura 5.20
Metodología esquemática para integrar toda la información disponible en el presupuesto.

Tabla 5.5: Cuadro indicativo de los distintos documentos o estudios que son necesarios en cada parte de un presupuesto.

Item	Partida	Unidad	Cantidad	P.U.	Total
NCh 1156 o especificaciones del mandante o contratista	NCh 1156 o especificaciones del mandante o contratista	Nch 353	Cubicación	Justificación P.U	Cant x P.U.

Tabla 5.6: Ejemplo de un presupuesto

Empresa	ICC 2302 Ltda.
Tipo de Presupuesto	Precios Unitarios
Obra	Bodegas
Presupuesto #	1
Dirección	Vicuña Mackenna 4860, Santiago
Propietario	P. Universidad Católica de Chile
Fecha	25 de abril de 2017

	Unidad	Cantidad	P.U. (U.F.)	Total (U.F.)
1: Proyectos y Permisos	m^2	65.000	0,10	6.546,4
2: Urb. Exterior, Obras Previas y Otros	m^2	4.000	3,77	15.090,0
3: Urb. Interior y Obras Anexas	m^2	65.000	1,40	91.232,1
4: Galpones Modulares	m^2	26.500	4,69	124.313,4
5: Oficinas Modulares de Galpón	m^2	7.900	9,69	76.584,9
6: Edificio de Oficinas	m^2	4.000	6,15	24.616,7
Total Costo Directo				338.383,5
G.G. y Utilidades (*)	%	30		101.515,0
Imprevistos (*)	%	5		16.919,2
Costo Total sin IVA				456.817,7
IVA	%	19		86.795,4
Costo Total con IVA				**543.613,1**

NOTAS:
- (*) Estas cantidades podrían estar prorrateadas en las diferentes partidas.
- Las cifras y % utilizados son solo para ejemplificar el método.
- Este presupuesto es a precios para una determinada fecha y se reajustará de acuerdo al contrato.
- Si se debe utilizar decimales en los precios, siempre utilizar en pares de dígitos para no confundir la lectura con los números enteros.

Para la presentación del presupuesto u oferta final, la empresa constructora debe normalmente distribuir todos los otros gastos, distintos a los costos directos, en las partidas que se consideran ítems de pago. Para esto el contratista tiene varias opciones, una de ellas es una distribución porcentual. Además, la oferta final se puede ver afectada por la estrategia que se haya tomado para la propuesta específica. Este valor puede bajar si el contratista tiene mucho interés en la propuesta o puede subir si se tiene mucho trabajo.

Una manera de simplificar la tarea de estudiar presupuesto es sacar ventajas de la tecnología computacional, la cual puede acelerar mucho el proceso, pero siempre es importante recordar que el responsable final es quien usa el programa y no el computador. Una empresa puede diseñar su propio programa o puede comprar alguno que este disponible en el mercado. En Chile se pueden encontrar distintos programas para el estudio de presupuestos, por ejemplo: NOTRASNOCHES de ONDAC, PRESTO y UNYSOFT.

5.11 PRESUPUESTO COMPENSADO

El presupuesto compensado es una herramienta que tiene el mandante para protegerse de que los presupuestos desbalanceados que algunos contratistas podrían presentar. Presupuesto desbalanceado es aquel en que se incrementa artificialmente el precio unitario de algunas partidas en desmedro de otras, con el fin de tener un flujo de caja distinto al avance real.

El presupuesto compensado se puede utilizar si el mandante lo especifica en su llamado a propuesta y consiste en mantener el monto total del contratista seleccionado, pero distribuido de acuerdo al presupuesto oficial. Este presupuesto es el que realiza o manda hacer el mandante para estimar cuánto le puede costar un determinado proyecto. En la Tabla 5.7 se presenta un ejemplo de presupuesto compensado.

Tabla 5.7: Ejemplo de presupuesto compensado

				Presupuesto oficial		Presupuesto contratista		Presupuesto compensado	
Item	**Partida**	**Un**	**Cant.**	**PU**	**Total**	**PU**	**Total**	**PU**	**Total**
1	A	m^3	300	400	120.000	450	135.000	420	126.000
2	B	ml	250	600	150.000	782	195.500	630	157.500
3	C	kg	280	500	140.000	450	126.000	525	147.000
4	D	m^2	400	300	120.000	250	100.000	315	126.000
				Total	**530.000**	**Total**	**556.500**	**Total**	**556.500**

Nota: P.U. Compensado = (Total contratista / Total oficial) * P.U. Oficial

5.12 REAJUSTE DE PRESUPUESTOS

Las obras de construcción, en general, tienen un período de ejecución tal que se hace necesario considerar, si el contrato así lo estipulara, reajustes de precios para actualizar los montos.

En el caso que se consideren reajustes, estos generalmente se pagan en los estados de pagos parciales o al término de la obra. Para fijar la forma de considerar los reajustes existen varias posibilidades, entre las cuales se tiene:

a) Confeccionar el presupuesto sobre la base de algún índice que sea reajustable (por ejemplo: UF).

b) Reajustar el presupuesto sobre la base de polinomios de reajustes, en los que se incluyen, en distintas proporciones, diferentes índices de modo que represente aproximadamente la variación real del costo de obra.
Ejemplo: Reajuste = 0,20 (variación del costo de la mano de obra) + 0,40 (variación del precio de los materiales) + 0,1 (variación del dólar) + 0,30 (variación de la unidad de fomento).

En los casos en que los contratos tengan cláusulas de reajustes para sus precios, es recomendable tener presente y considerar, si así se estimara, en el valor de la oferta, el efecto de una posible diferencia entre el índice contractual de reajuste y la variación real del costo. Si se prevé una diferencia importante entre estos dos índices, es aconsejable considerar en el presupuesto un mayor o menor costo, según sea el caso, por este concepto. Este efecto es aún más importante cuando en un proyecto no se consideran reajustes.

5.13 SISTEMAS DE PAGO

Existen varias modalidades de pago del mandante al contratista, que deben ser estipuladas en el contrato. Estas son: pago por adelantado, pago en períodos de tiempo iguales, pago en porcentajes iguales, pago en porcentajes variables, pago por medio de estados de pago, pago al término de la obra.

La modalidad de **Estados de Pago** (EP) es la más común y consiste en un reflejo, en términos de dinero, del avance físico de la obra, considera, entre otros, el avance físico, retenciones, descuentos y devoluciones. Es realizado por el contratista y consta de:

- **Detalle del Estado de Pago**: el que incluye:
  - antecedentes de obra
  - número correlativo y período
  - partidas contempladas
  - monto contratado (unidad, cantidad, P.U.)
  - obra realizada hasta la fecha (unidad, cantidad, P.U., total)
  - valor realizado hasta el estado de pago anterior (total)
  - valor del presente estado de pago. (diferencia entre el actual y el anterior EP).
- **Carátula del Estado de Pago**: la que incluye:
  - antecedentes de obra
  - número de estado de pago y período que comprende
  - valor realizado a la fecha (+)
  - valor realizado hasta el estado de pago anterior (-)
  - retenciones (-)
  - devoluciones (+), y
  - descuentos (-)
  - líquido a pagar.
- **Factura.**

Luego este estado de pago debe ser revisado y aprobado por la inspección, para que posteriormente sea cancelado por el dueño. Los estados de pago pueden ser elaborados para diferentes períodos de tiempo y ser pagados inmediatamente después de su aprobación o con algún retraso. Todas las condiciones anteriores van estipuladas en el contrato correspondiente. Un esquema de pagos que considera lo que recibe el contratista, menos lo que devuelve y lo que se le retiene en los diversos estados de pago a lo largo de la ejecución de la obra se ve en la Figura 5.21.

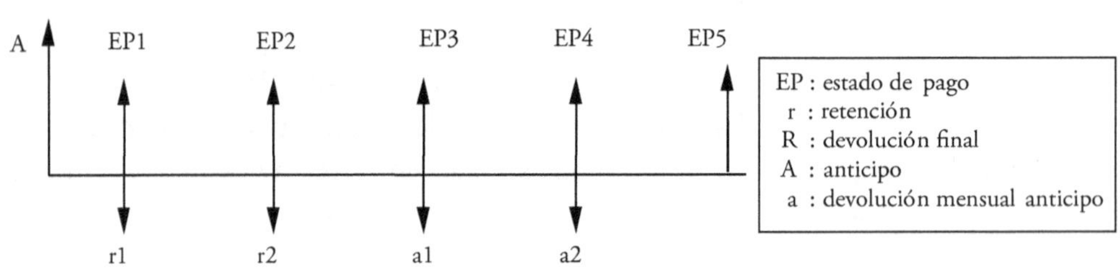

$$\text{MONTO CONTRATO} = A + \Sigma(EPi) - \Sigma(ai) - \Sigma(ri) + R$$

Figura 5.21
Esquema de pago.

5.14 INCERTIDUMBRE EN LA ESTIMACIÓN DE COSTOS

Independiente del cuidado que se tenga en realizar un buen presupuesto, es todavía una estimación realizada bajo condiciones de incertidumbre. Dado que los proyectos son únicos, los riesgos pueden estar presentes en todos los elementos del proyecto, por ejemplo en su programación y sus costos.

Las razones para esta incertidumbre en el costo de un proyecto pueden ser muy variadas, las que pueden ir desde problemas en la escala de los precios, diferencias entre recursos necesarios y los proyectados, variaciones en las estimaciones del tiempo requerido para realizar una actividad, cambios en los requerimientos del proyecto, entre otras.

Las razones de estos cambios pueden ser muy variadas, por ejemplo: algunos errores pueden deberse a un mal supuesto del estimador, otras veces el estimador o el mandante puede aprender más sobre el comportamiento del proyecto, o a veces pueden cambiar las bases legales en que se realizó la estimación.

Una buen administrador de proyectos, entonces, debe anticiparse a esta situación y tomar todas las medidas necesarias, las que deben incluir planes de contingencia, que son actividades preestablecidas si no se cumplen algunos supuestos en la materialización del proyecto. Una forma de hacerlo es implementar una estrategia para manejar el riesgo.

En general, el manejo del riesgo incluye tres áreas: identificación del riesgo, análisis del riesgo y respuesta al riesgo. La identificación del riesgo consiste el estudio de todos los posibles fuentes de riesgos en el proyecto. La esencia del análisis del riesgo está en establecer los resultados de una decisión como una distribución probabilística y usarla para evaluar el impacto de ciertas decisiones. La respuesta al riesgo normalmente involucra una decisión acerca de cuales riesgos hay que prepararse, cuales hay que ignorar, y cuales hay que dejarlo como potenciales.

Existen varias formas de estimar la probabilidad de que se cumpla un determinado presupuesto. Una forma de hacerlo es a través de la simulación. Este análisis puede entregar información acerca del rango y la distribución del costo del proyecto. Primero hay que definir un valor pesimista, uno optimista y uno que represente el valor más probable o normal para una determinada partida. El valor optimista, que identificaremos como "a", es cuando el valor de la partida será "a" o menor solo en 1% o menos de las veces. El valor pesimista, que denominaremos "b", en cambio es cuando el valor de la actividad sea "b" o mayor solo en 1% o menos de las veces. Finalmente, el valor normal "m" es la moda de la distribución de los datos.

La media de esta distribución o valor esperado (Ve), se obtiene según la siguiente formula:

$$Ve = \frac{(a+4m+b)}{6} \tag{5.1}$$

La desviación estándar y la varianza se pueden estimar utilizando las siguientes ecuaciones:

$$Desv\ est = \frac{(b-a)}{x} \tag{5.2}$$

$$Varianza = \left[\frac{b-a}{x}\right]^2 \tag{5.3}$$

Donde x es una constante determinada por el intervalo de confianza utilizado. Cuando se desea incluir el 90% de los casos, x toma el valor 2,6. Cuando se desea incluir el 95% de los casos, x toma el valor 3.2. Finalmente cuando se desea incluir el 99% de los casos, x toma el valor 6. En esta sección se considerará para todos los cálculos el último caso.

A continuación se presenta un ejemplo para estimar la probabilidad de que se cumpla una determinada estimación de costos, por medio de una simulación usando Excel. Las siguientes dos preguntas se desea contestar:

a) ¿Cuál es la probabilidad de que se complete este proyecto realmente a un valor de $84 o menos?

b) ¿Cuánto sería el costo un proyecto para tener un 95% de probabilidad que se cumpla su costo?

Para este ejemplo se consideran las siguientes siete partidas para el presupuesto, para cada una de las actividades se estima un valor optimista, uno normal y uno pesimista. Con ellos se calcula el valor esperado (Ve), la varianza (Var) y la desviación estándar (Std. Var) y su resultado se presenta en la Tabla 5.8.

Tabla 5.8: Datos iniciales del proyecto para calcular las probabilidades de cumplimiento de costos

Actividad	Optimista (a)	Normal (m)	Pesimista (b)	Ve	Var	Std. Var
a	8	10	16	10.67	1.78	1.33
b	11	12	14	12.17	0.25	0.50
c	7	12	19	12.33	4.00	2.00
d	6	6	6	6.00	0.00	0.00
e	10	14	20	14.33	2.78	1.67
f	6	10	10	9.33	0.44	0.67
g	5	10	17	10.33	4.00	2.00
h	4	8	11	7.83	1.36	1.17

Para este ejemplo se realizaran 30 iteraciones en esta simulación, pero para mejorar la estimación se debe aumentar la cantidad de repeticiones, ej: 100 o más. Usar la herramienta para la "Generación de números aleatorios" con una distribución normal con media = Ve y desviación estándar = Std. Var, de Excel. Para ello se debe ir la barra de "Análisis de datos" en el menú "Herramientas" de Excel y calcular una estimación aleatoria para cada ítem o actividad del presupuesto. El resultado se presenta en la Tabla 5.9.

Tabla 5.9: Estimación aleatoria para cada partida

Nº Simulación	Act a	Act b	Act c	Act d	Act e	Act f	Act g	Act h	Suma de Costos
1	11.27	11.79	13.30	6.00	13.67	8.56	11.33	7.41	83.33
2	10.08	11.64	9.95	6.00	13.63	10.06	9.42	8.44	79.22
3	11.85	11.59	10.25	6.00	11.97	8.96	9.41	8.47	78.49
4	10.31	11.76	11.24	6.00	14.71	8.22	10.23	8.86	81.32
5	12.60	12.56	17.77	6.00	15.43	8.80	10.42	4.79	88.38
6	12.24	12.13	11.85	6.00	11.83	8.64	10.23	8.65	81.57
7	11.38	12.99	11.45	6.00	15.07	8.95	6.87	7.71	80.41
8	11.27	12.91	12.16	6.00	15.96	9.87	10.25	5.84	84.27
9	10.54	11.52	13.62	6.00	16.34	9.95	12.67	5.44	86.08

Tabla 5.9: Estimación aleatoria para cada partida (cont.)

Nº Simulación	Act a	Act b	Act c	Act d	Act e	Act f	Act g	Act h	Suma de Costos
10	10.48	12.41	10.09	6.00	12.89	9.89	11.33	5.68	78.77
11	11.17	12.82	8.30	6.00	12.16	8.12	9.16	7.00	74.73
12	10.91	11.27	12.59	6.00	15.49	8.82	12.83	6.86	84.77
13	11.50	12.20	13.37	6.00	14.78	8.97	6.94	6.45	80.21
14	9.97	11.77	12.47	6.00	13.38	9.73	11.38	8.70	83.40
15	10.11	12.49	11.29	6.00	16.87	9.06	11.03	8.23	85.10
16	12.20	12.49	12.18	6.00	13.61	9.60	13.41	5.41	84.90
17	9.81	12.11	10.16	6.00	13.70	10.42	11.59	6.60	80.40
18	11.74	11.88	10.48	6.00	13.75	9.58	11.02	8.84	83.29
19	11.05	11.53	13.68	6.00	14.32	9.47	9.71	8.02	83.78
20	13.38	12.24	8.44	6.00	16.91	7.82	9.80	5.16	79.76
21	10.99	12.20	12.55	6.00	14.62	9.44	9.83	6.94	82.56
22	10.55	12.73	12.21	6.00	16.39	8.80	9.20	6.98	82.85
23	11.14	12.80	10.33	6.00	14.61	9.02	8.72	8.95	81.58
24	10.60	12.50	11.71	6.00	13.23	9.21	9.71	9.79	82.75
25	9.68	12.14	11.23	6.00	14.77	9.43	10.36	9.99	83.60
26	10.90	12.51	10.59	6.00	12.49	8.51	9.64	9.33	79.98
27	8.35	11.81	17.08	6.00	16.23	8.81	8.33	7.32	83.93
28	12.08	11.73	11.38	6.00	18.08	9.02	12.28	7.51	88.08
29	9.09	12.21	16.33	6.00	12.84	7.68	10.94	8.00	83.09
30	10.85	11.24	10.26	6.00	16.42	9.49	9.74	7.24	81.24
Mínimo (a)									**74.73**
Máximo (b)									**88.38**
Promedio (m)									**82.39**

Con la información anterior, se pueden calcular los parámetros de la distribución del costo total de la estimación. Estos se presentan en la Tabla 5.10.

Tabla 5.10: Parámetros de la distribución del costo total

Optimista	Normal	Pesimista	Ve	Var	Std. Var
74.73	82.39	88.38	82.11	5.18	2.28

Por lo tanto, las respuestas a las dos preguntas iniciales son las siguientes:

a) ¿Cuál es la probabilidad de que se complete este proyecto realmente a un valor de 84 o menos?

En el Menú "Insertar" de Excel se debe buscar la función "estadística" y dentro de ella buscar "distribución normal" y usando los parámetros de la distribución del costo total del proyecto, se obtiene un resultado de 0.796, es decir probabilidad de 80% que el costo del proyecto sea menor o igual a $84.

b) ¿Cuál sería el costo del proyecto que podría cumplirse con una probabilidad de 95%?

En le menú "Insertar" de Excel seleccionar función estadística "distribución normal inversa" con los parámetros de la distribución del costo total del proyecto se obtiene 85.86. Con esto, $85.9 sería el costo del proyecto que puede cumplirse con una probabilidad del 95%.

5.15 SEGUIMIENTO Y CONTROL DE PROYECTOS

En esta sección se presenta la necesidad de realizar seguimiento y control a los proyectos y el método de Valor Ganado.

5.15.1 POR QUÉ HACER SEGUIMIENTO Y CONTROL

En general, en todo proyecto se deberán corregir errores durante su progreso, y para ello la información oportuna y apropiada es fundamental para la correcta toma de decisiones.

Ahora bien, para que cada proyecto pueda ser materializado, es fundamental hacer un buen presupuesto antes de comenzar, así como un buen seguimiento y control durante su materialización.

El seguimiento y control de los proyectos surge ante la necesidad de mantener bajo control el desarrollo de cada propuesta, y a su vez permite realizar una comparación entre las estimaciones y el desempeño real de una iniciativa.

Como resultado de dicho proceso, se deben revisar las estimaciones de costos, actualizar el presupuesto y generar las acciones correctivas cuando sean necesarias. También se requiere estimar el costo final del proyecto con y sin estas acciones, y aprender lecciones para futuras ideas.

5.15.2 PREOCUPACIÓN POR LOS COSTOS

El seguimiento y control de los costos es el complemento necesario para finalizar con éxito la materialización de un proyecto.

El seguimiento, llamado también monitoreo, es la recolección, respaldo y posterior reporte de la información relacionada al desarrollo de un proyecto. Esto resulta clave para una gestión eficiente, para determinar su desempeño real y para compararlo con lo planificado.

La diferencia entre seguimiento y control es pasada por alto, y su interacción a menudo hace pensar que son una misma tarea. Si bien los antecedentes que se obtienen a través del seguimiento sirven para múltiples propósitos (auditoría, mantener informado a la gerencia, aprender de los errores), son secundarios al ser comparados con el propósito del control.

Para diseñar un sistema efectivo de monitoreo y control, la clave es crear un sistema que le entregue al administrador de una iniciativa la información suficiente para tomar decisiones adecuadas y oportunas, que mantengan el desempeño del proyecto lo más cercano posible a lo planificado.

En paralelo, es necesario identificar y corregir problemas de costo, con el propósito de predecir su magnitud, determinar su origen, seleccionar la alternativa de solución apropiada y reflejar en el presupuesto el impacto de las medidas correctivas.

En la Figura 5.22 se presenta un esquema que da cuenta del efecto que un adecuado control puede producir. También muestra cómo los costos comienzan a elevarse mientras avanza la materialización del proyecto, cómo se detecta el problema, cómo se aplican las medidas correctivas a tiempo y cómo se reajusta el costo presupuestado. Por simple que parezca, si el control no entrega la información a tiempo, las medidas correctivas podrían aplicarse demasiado tarde, comprometiendo el éxito del proyecto.

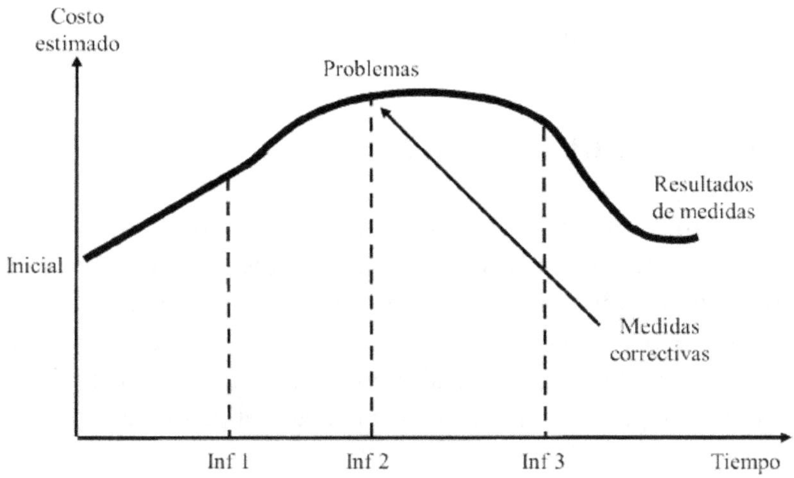

Figura 5.22
Efecto del control en los costos de proyectos.

El control que se debe realizar a un proyecto va cambiando según avanza su nivel de desarrollo. De este modo se pueden distinguir tres etapas: control en la etapa conceptual, control durante la ingeniería de detalle y control durante la materialización. En esta sección se abordará con mayor profundidad esta última parte.

5.15.3 CAMBIOS EN LOS PROYECTOS

Cuando el impacto de los cambios en el proyecto no es identificado ni estimado de manera eficiente, el proyecto podría salirse de control desde el punto de vista de los costos.

Por lo tanto, es necesario establecer una fecha clara en el desarrollo del proyecto para fijar las bases de la estimación. Cualquier modificación después de esta fecha debe hacerse con una "orden de cambio".

Asimismo, cuando se solicita un cambio en el proyecto, se debe dejar claro a todos los involucrados que los cambios verbales no existen, salvo que sean ratificados y aprobados por escrito. Una vez que esto se ha efectuado, se debe preparar una estimación detallada del efecto del cambio a la brevedad, determinando el impacto en los plazos y en los costos.

Una vez aprobado el cambio, se deben agregar los costos al presupuesto y las variaciones de plazo a la programación.

5.15.4 CONTROL DURANTE LA MATERIALIZACIÓN

Si bien el control de un proyecto comienza por controlar las actividades más importantes, es fundamental determinar alguna medida de progreso completo del proyecto en términos de desempeño, del programa y de los costos. Esta medida existe y se conoce como valor ganado, el cual se calcula multiplicando el costo presupuestado de cada actividad por el porcentaje de avance de cada tarea. Luego se suma este producto para todas las tareas del proyecto.

Para hacer una buena comparación se suelen incluir tres curvas distintas que permiten analizar mejor el avance real del proyecto. En la Figura 5.23 se presentan las tres curvas.

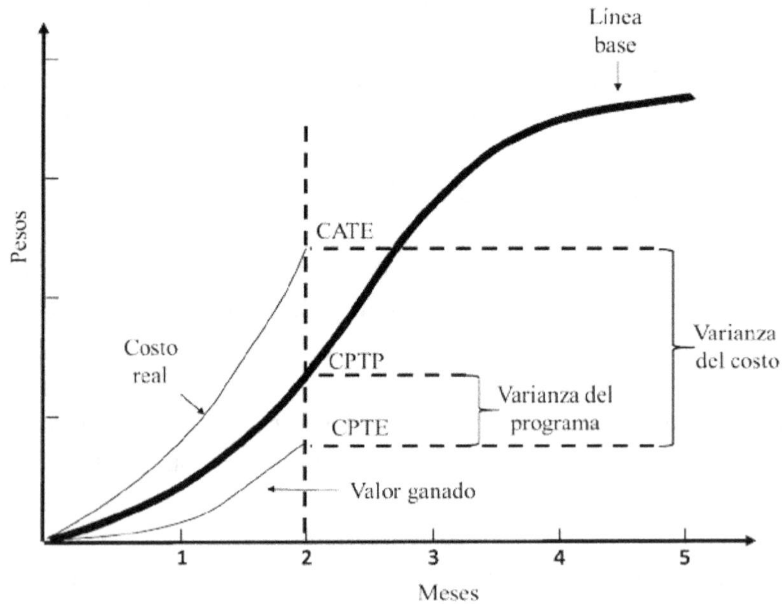

Figura 5.23
Método del Valor Ganado. (Adaptado de *Project Management Institute*, 2008).

De la Figura 5.23 se observan las tres curvas principales. La línea base, que corresponde al costo presupuestado de las tareas programadas (CPTP); el costo actual del trabajo ejecutado (CATE), que corresponde a lo gastado en realidad en el trabajo ejecutado, y el costo programado del trabajo ejecutado (CPTE) o valor ganado, que corresponde al valor total del trabajo ejecutado de acuerdo al presupuesto.

En estos gráficos, la "varianza del programa" (VP) muestra qué tan adelantado o atrasado se encuentra el proyecto con respecto a lo programado, y de la misma manera para la "varianza del costo" (VC).

Las varianzas en el gráfico del valor ganado son calculadas utilizando dos reglas simples. La primera es que la varianza de costo se calcula como el valor ganado (CPTE) menos el costo real del trabajo efectuado (CATE), y la varianza del programa se calcula como el valor ganado (CPTE) menos el costo presupuestado de las actividades programadas (CPTP), determinado desde la línea base de la planificación, siendo todas las mediciones realizadas en una misma fecha. La segunda, en tanto, es que, en función de la primera regla, una varianza negativa es considerada "mala" para el proyecto, y una varianza positiva es considerada "buena".

A continuación se listan las fórmulas utilizadas para el cálculo de las varianzas:

$$VC = CPTE - CPTP$$

$$VC = CPTE - CATE$$

Específicamente en la Figura 5.23, el valor ganado a la fecha es menor que la línea base estimada para este momento de la vida del proyecto, y representa un atraso en el avance. Sin embargo, en este caso el costo real es mucho mayor al valor ganado, resultando en una "varianza de costo" negativa, que incluso excede la línea base del proyecto.

De este modo, la Figura 5.23 representa una difícil situación, porque da cuenta de un proyecto atrasado en el programa y con gastos considerablemente mayores al presupuesto en esta etapa de la vida del proyecto.

Para poder realizar este proceso de gestión de costos de un proyecto, se deben desarrollar cuatro etapas estrechamente ligadas entre sí, tal como recomienda el *Project Management Institute*, (2014).

1. Planificar los recursos: Permite determinar qué tipo y cantidad de cada uno de los recursos se debe utilizar para desarrollar adecuadamente las actividades del proyecto.

2. Estimar los costos: Ayuda a desarrollar una aproximación de los costos de los recursos necesarios para completar las actividades del proyecto.

3. Presupuestar los costos: Comprende la asignación de todas las estimaciones de costos a cada tarea individual, con el fin de establecer una base de costos en el tiempo y de medir el desarrollo del proyecto.

4. Controlar los costos: Permite comparar lo real con lo programado, a través del seguimiento y análisis, para tomar oportunamente las acciones correctivas cuando sea necesario.

5.16 EJERCICIOS

A continuación se presentan algunos temas que pueden servir de estudio, los cuales pueden ser resueltos con el material presentado en el capítulo y, a veces, con lecturas adicionales:

a) Explique cuáles son los costos de un trabajador para una empresa.
b) Analice el nivel de influencia de las diferentes etapas de un proyecto de construcción en los costos finales de ese proyecto.
c) ¿Cómo las empresas constructoras financian los costos incurridos en el estudio de las propuestas?
d) ¿Qué factores tienen en cuenta los directivos de una empresa constructora al definir la estrategia que utilizarán en el estudio de una propuesta en particular?
e) Los gastos generales pueden ser una parte importante de un presupuesto. ¿Qué se considera como gastos generales y cómo le recomendaría Ud. a una empresa constructora que los estudiara?

f) ¿En qué consiste el trato, cuáles son sus ventajas y desventajas?
g) Analice la importancia de la ubicación geográfica de la obra en el estudio del costo de construcción.
h) Realice una subdivisión del trabajo total que realiza un trabajador de la construcción con respecto al aprovechamiento del tiempo, explique cada una de las subdivisiones.
i) ¿Cuáles son los antecedentes que hay que tener en cuenta con anterioridad a la confección de un presupuesto?
j) Mencione cuál es la metodología que se sigue para la preparación de un presupuesto y estudie el presupuesto para realizar una silla.
k) Explique qué es una estimación conceptual, cuándo se utiliza y cuál es su importancia.
l) Explique qué es el IVA y cómo se aplica en la actualidad en la actividad de la construcción.
m) ¿Cuál es la importancia de definir la metodología constructiva previamente a la estimación de costos del proyecto?
n) Explique cómo construiría una curva de probabilidad que cumpla un proyecto a un determinado costo (ubique en el eje x el costo y en el eje y la probabilidad acumulada).
o) Se requieren aproximadamente 1.000 estructuras de hormigón con una geometría concreta para la formación de un espigón marítimo. La estructura está formada por hormigón G-25 y con una cuantía de enfierradura de 105 kg/m^3. Para la construcción se utilizarán moldajes especiales con una vida útil de 15 usos. El moldaje se colocará en todas las caras perimetrales, así como en la cara inferior. Determinar el PU de construir 1 m^3 de la figura (incluido hormigón, enfierradura y moldaje). Considerar los siguientes costos y rendimientos:

Hormigón:

- Cuadrilla de hormigonado: 1 concretero
- Rendimiento concretero: 0.5 HD/m^3
- Costo concretero: 20.000 $/HD
- Arriendo bomba: 7.000 $/m^3
- Arriendo vibrador: 20.000 $/día
- Costo hormigón premezclado: 69.800 $/m^3

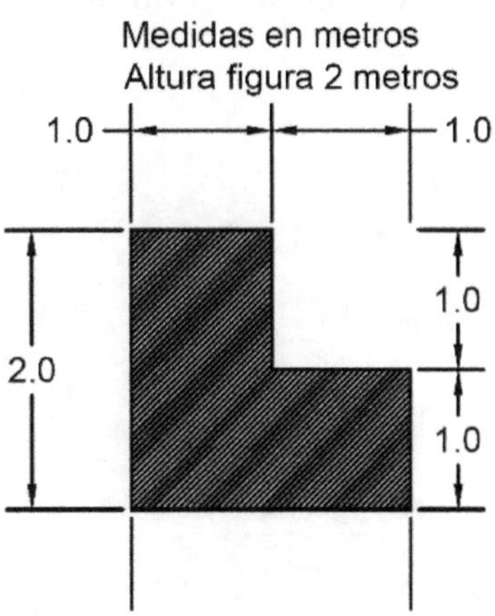

Enfierradura:

- Colocación y preparación enfierradura: 2 enfierradores
- Rendimiento enfierrador: 170 kg/HD
- Costo enfierrador: 22.000 $/HD
- Costo fierro: 900 $/kg

Moldaje liviano:

- Cuadrilla carpinteros: 2 carpinteros + 1 ayudante
- Rendimiento carpintero: 6 m^2/HD
- Rendimiento ayudante: 12 m^2/HD
- Costo carpintero: 21.000 $/HD
- Costo ayudante: 12.000 $/HD
- Costo moldajes especiales: 62.150 $/$m^2$

Datos generales:

- Leyes sociales: 35%
- 22 días hábiles/mes

La resolución del ejercicio o) se presenta en la sección Anexo B.

p) Describa cuál es el efecto del control de costos de proyectos y cómo se comporta frente a las variables de costo estimado y tiempo.

q) Explique las diferencias entre las curvas CATE, CPTP y CPTE y las diferencias entre las varianzas de programa y costo.

TERCERA PARTE

EMPLAZAMIENTO DE UNA OBRA DE CONSTRUCCIÓN

CAPITULO 6

CONSIDERACIONES GENERALES EN UNA EDIFICACIÓN

Para poder realizar una edificación se debe considerar obras anexas, entre estas se cuentan: la urbanización del terreno, en el cual se levantará la obra; las instalaciones de faenas necesarias para la ejecución de las obras, etc. En este capítulo se tratarán dichas consideraciones, para pasar en los capítulos siguientes a analizar las diversas técnicas constructivas tradicionales usadas en los distintos componentes de una edificación.

6.1 CLASIFICACIÓN DE LAS ESTRUCTURAS

El cuerpo de un edificio está compuesto por la supraestructura, que es aquella parte que se encuentra sobre la superficie y que por lo mismo es la parte más visible, en la mayoría de los casos.

Existen diversos tipos de cuerpos de acuerdo a la solidez, a las características propias que presentan los materiales que los componen y a los diferentes sistemas de construcción. De acuerdo a dichos factores las edificaciones son clasificadas en la Ordenanza General de Construcción y Urbanismo de acuerdo a las siguientes clases:

a) **Clase A**: Construcciones con estructura soportantes de acero con entrepisos de perfiles de acero o losas de hormigón armado.

b) **Clase B**: Construcciones con estructura resistente de hormigón armado o con estructura mixta de acero con hormigón armado. Los suelos se construirán con losas de hormigón armado.

c) **Clase C**: Construcciones con muros soportantes de albañilería de ladrillo confinado entre cadenas y pilares de hormigón armado. Entrepisos de losas de hormigón armado o entramados de madera. Podrá emplearse en construcciones de hasta cuatro pisos, las losas de hormigón armado solo podrán reemplazarse en el suelo del último piso de edificaciones de hasta tres pisos. La altura libre de piso a cielo no podrá exceder de 5 m.

d) **Clase D**: Construcciones con muros soportantes de albañilería de bloques o de piedra, entre cadenas y pilares de hormigón armado. Entrepisos de losas de hormigón armado o entramados de madera. No podrán tener más de dos pisos y la altura libre de piso a cielo no podrá exceder de 2,60 m.

e) **Clase E**: Construcciones con estructura soportante de madera. Paneles de madera, de fibrocemento, de yeso cartón o similares, incluidas las tabiquerías de adobe. Entrepisos de madera.

f) **Clase F**: Construcciones de adobe, tierra cemento u otros materiales livianos aglomerados con cemento. Entrepisos de madera.

g) **Clase G**: Construcciones prefabricadas con estructura metálica. Paneles de madera, prefabricados de hormigón, yeso cartón o similares. No podrán tener más de dos pisos y la altura libre de piso a cielo no podrá exceder de 2,60 m.

h) **Clase H**: Construcciones prefabricados de madera. Paneles de madera, yesocartón, fibrocemento o similares. No podrán tener más de dos pisos y la altura libre de piso a cielo no podrá exceder de 2,60 m.

i) **Clase I**: Construcciones de placas o paneles prefabricados. Paneles de hormigón liviano, fibrocemento, o paneles de poliestireno entre malla de acero para recibir mortero proyectado. No podrán tener más de dos pisos y la altura libre de piso a cielo no podrá exceder de 2,60 m.

6.2 COMPONENTES DE UNA EDIFICACIÓN

Un edificio se compone de cinco grandes partes (Figura 6.1):

- Infraestructura (o fundación): distribuye las solicitaciones de la supraestructura en el terreno.

- Supraestructura (o cuerpo): corresponde al cuerpo estructural de la edificación y cumple aspectos estructurales y funcionales.
- Techumbre o cubierta: cumple funciones estructurales y funcionales.
- Terminaciones: se consideran terminaciones principales tales como pisos y puertas, ventanas, aislaciones, y terminaciones de detalles tales como junquillos, guardapolvos y elementos estéticos.
- Instalaciones: considera, instalaciones de agua, gas, electricidad, ascensores, etc.

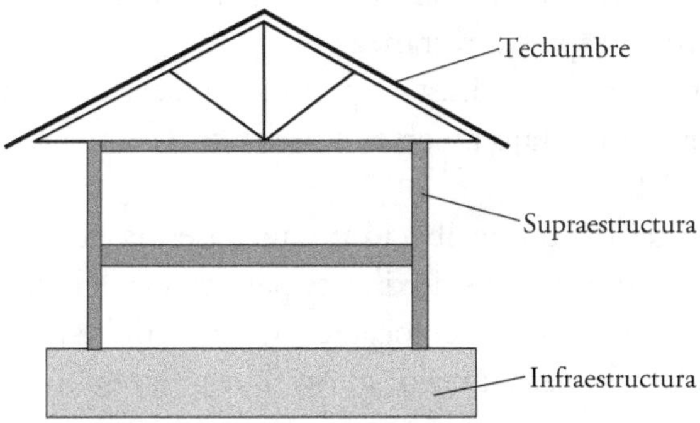

Figura 6.1
Esquema de los principales componentes de una edificación.

6.2.1 INFRAESTRUCTURA

A continuación se presente un resumen de las principales etapas asociadas a la construcción de la infraestructura.

a) **Limpieza y emparejamiento de terreno**: procedimientos necesarios para conseguir una zona apta donde poder comenzar la construcción.

b) **Trazado o replanteo**: es el traspaso al terreno de la información de los planos para el emplazamiento de la obra.
Las etapas de un replanteo son:
   - replanteo previo, que consiste en trazar los deslindes del terreno y la línea oficial.
   - replanteo principal, que consiste en trazar los ejes importantes y los vértices del proyecto.

- replanteo secundario, en el cual se trazan los detalles, tales como dimensión exacta y profundidad del lugar ocupado por las fundaciones e instalaciones.

c) **Movimientos de tierra**: comprenden las excavaciones y los rellenos requeridos por la obra.
   i. *Excavaciones*: corresponden a retiros de material en zonas en que sea necesario para instalar elementos bajo el nivel original del terreno, de acuerdo al tipo de excavación pueden ser:
      - Escarpe: remoción de la capa vegetal.
      - Excavación con agotamiento: cuando para excavar es necesario deprimir la napa subterránea.
      - Excavación subterránea o tipo túnel: aquella que tiene un techo natural.
      - Excavación a tajo abierto: aquella que no tiene un techo natural de material.
      - Excavación con entibación: aquella en la cual hay que colocar elementos soportantes auxiliares para evitar derrumbes.

   ii. *Rellenos*: consiste en la colocación de material en zonas donde es necesario que la cota sea superior al nivel original del terreno o donde es necesario dar una mayor resistencia al terreno agregando material compactado. Los rellenos pueden ser construidos con dos tipos de materiales.
      - Suelo proveniente de otras excavaciones.
      - Escorias o materiales de escombros no orgánicos.

      Adicionalmente, los rellenos pueden ser colocados sin compactación o compactados, estos últimos son rellenos a los cuales, mediante golpes o vibraciones, se les reduce su índice de huecos.

d) **Fundaciones**: son elementos destinados a transmitir al suelo los esfuerzos que solicitan al edificio. De acuerdo a cómo se transmiten estos esfuerzos al suelo, se tienen dos tipos de fundaciones:
   i. *Fundaciones superficiales*: son aquellas fundaciones que traspasan por compresión los esfuerzos al suelo de apoyo.
   ii. *Pilotes*: son columnas largas enterradas en el suelo, que traspasan los esfuerzos por fricción o traspasando carga como columnas a estratos inferiores de suelo o roca más resistente.

6.2.2 SUPRAESTRUCTURA

Una supraestructura está compuesta por:

- Elementos estructurales primarios: destinados a transmitir a la infraestructura los esfuerzos que solicitan al edificio.
- Elementos estructurales secundarios: destinados a servir de soporte de ele mentos no estructurales tales como marcos, tabiques, cielo, etc.

Se entiende de las definiciones anteriores que los elementos de mayor importancia en la edificación son los elementos estructurales, por su condición de elementos resistentes del edificio. A ellos se los puede clasificar en:

a) **Pilares**: Son elementos estructurales verticales, que según su ubicación en la planta estructural del proyecto, deben resistir cargas por compresión, flexión, corte y torsión. Los tipos de pilares según sus características constructivas son:
   i. *pilar común*: es aquel pilar que tiene al menos una de sus caras adosada a un muro. Se divide en (Figura 6.2):
      - extremo: el que tiene solo una cara adosada al muro
      - intermedio: con dos de sus caras verticales opuestas adosadas a un muro: y
      - esquinero: con dos de sus caras verticales contiguas en contacto con los muros.

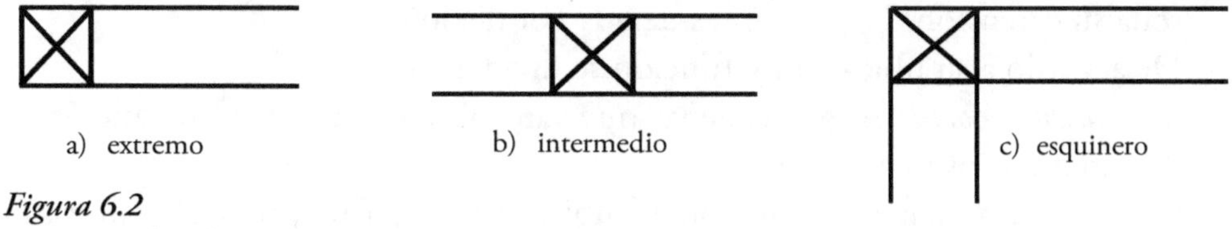

Figura 6.2
Esquemas de pilares.

   ii. *columnas*: son pilares aislados que no están adosados a ningún muro.
   iii. *machones*: son pilares en los cuales una de sus dimensiones (diferente al largo) es muy superior a la otra.

b) **Vigas**: Son elementos estructurales horizontales, que se diseñan principalmente a la flexión, corte y torsión. Se pueden clasificar en:

- viga aislada: las cuales pueden tener diferentes formas geométricas según el material con que se construya (Figura 6.3 a).
- viga colaborante: vigas de hormigón o acero que trabajan junto con la estructura de la losa (Figura 6.3 b).

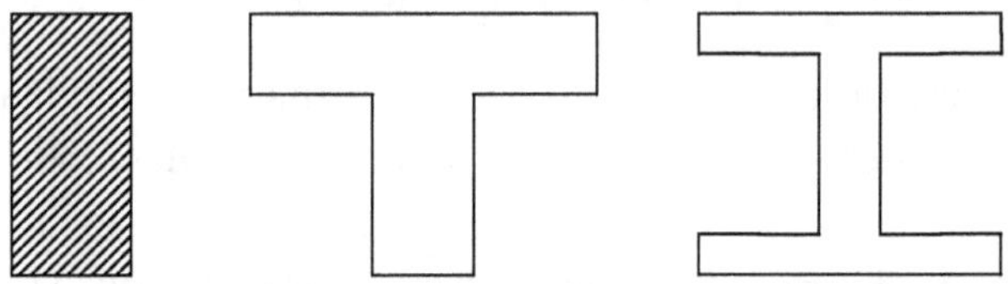

a) vigas aisladas

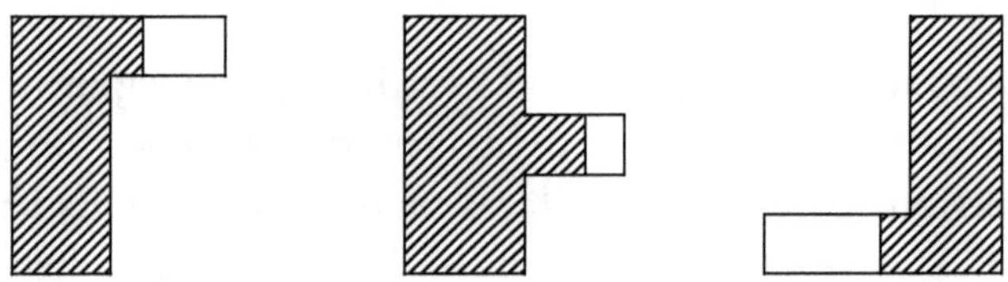

b) vigas colaborantes

Figura 6.3
Esquemas de vigas.

c) **Cadenas**: Son elementos horizontales de longitud considerablemente superior a las dimensiones de su sección transversal y además están apoyadas en toda su extensión. No toman esfuerzos por flexión.
De acuerdo a su ubicación y función se dividen en:
   i. *cadenas normales*: son cadenas que van sobre los muros y su función es amarrar los pilares.
   ii. *cadenas dintel*: es aquella cadena ubicada en la parte superior de un vano menor de 2 m., en una ventana o puerta. Si el vano es mayor de 2 m., debe usarse una viga dintel.
   iii. *sobrecimiento*: es una cadena a la altura del primer piso.
   iv. *cadenas de fundación*: se presentan en el capítulo correspondiente al tema de fundaciones.

d) **Muros**: Son elementos verticales, donde el espesor es bastante menor al resto de las dimensiones. Pueden clasificarse, según su destino y materiales de fabricación:

i. *muros estructurales*: Cuando se diseñan y construyen como elementos estructurales, capaces de transmitir los esfuerzos verticales y de resistir los esfuerzos horizontales de corte.

ii. *muros no estructurales*: Son aquellos que dividen ambientes al interior o exterior de un edificio, deben tener propiedades de aislación tanto térmica como acústica fundamentalmente, pero no es necesario que cuenten con propiedades de resistencia estructural, pueden ser opacos o transparentes.

Los muros exteriores tienen como objeto aislar el medio protegido (interior) del medio ambiente externo, más específicamente de factores adversos tales como: humedad, temperatura, viento, lluvia, ruidos, etc. Dependiendo de su espesor (e), se denominan de forma diferente:

- muro si $e > 15$ cm.
- tabique si $e < 15$ cm.

Adicionalmente, dentro de la clasificación de los muros existen dos tipos que por su función se consideran especiales:

muros medianeros: son aquellos muros que dividen dos predios; pueden o no ser estructurales.

muros cortafuego: son muros que tienen la propiedad de resistir el calor durante una determinada cantidad de tiempo y que sirven como medio de protección en caso de incendios.

e) **Losas**: son elementos horizontales que se caracterizan por tener un espesor que es bastante menor que el resto de sus dimensiones. Están sometidas principalmente a esfuerzos de flexión. Las losas transmiten las cargas a sus bordes apoyados.

La forma en que se pueden apoyar las losas acepta un gran número de combinaciones de casos posibles, algunos de ellos son:

- losas simplemente apoyadas en dos, tres o cuatro de sus extremos;
- losas en volado (o marquesinas), son aquellas losas que tienen un extremo empotrado y el resto libre;
- losas empotradas en dos, tres o cuatro lados;

Por otra parte, de acuerdo a la distribución de sus armaduras se tienen:

- losas con armadura principal en un sentido.
- losas con armadura cruzada principal en dos sentidos y por lo general sus dimensiones en planta son similares.

Existen también:

- losas nervadas son aquellas losas provistas de nervios (vigas), con distancias libres no mayores a 70 cm.

- losas continuas, es aquel conjunto de losas individuales en cuanto a su construcción, pero que trabajan estructuralmente en conjunto.

6.2.3 TECHUMBRE, TERMINACIONES E INSTALACIONES

Todos los aspectos referidos a techumbres, terminaciones e instalaciones serán tratados en detalle más adelante en los capítulos correspondientes de este libro.

6.3 URBANIZACIÓN

Para obtener la autorización de ocupación de una nueva obra de edificación se debe contar con la urbanización adecuada, en que se otorguen los servicios básicos a los futuros habitantes. Según lo indicado en la Ley General de Urbanismo y Construcción el diseño de las obras de urbanización deberá cumplir con los estándares que establezca la Ordenanza General de Urbanismo y Construcción en lo relativo a:

a) Trazados viales y urbanos: los que deben entregarse pavimentados. Las características básicas de las obras de pavimentación (Figura 6.4) para efectos de su recepción dependen de las condiciones climáticas de las diversas zonas del país y corresponden a alguna de las alternativas entre:
   - estabilizado a nivel de la subrasante y soleras con o sin zarpa,
   - pavimentación definitiva de la faja central con hormigón o asfalto y solera con o sin zarpa.

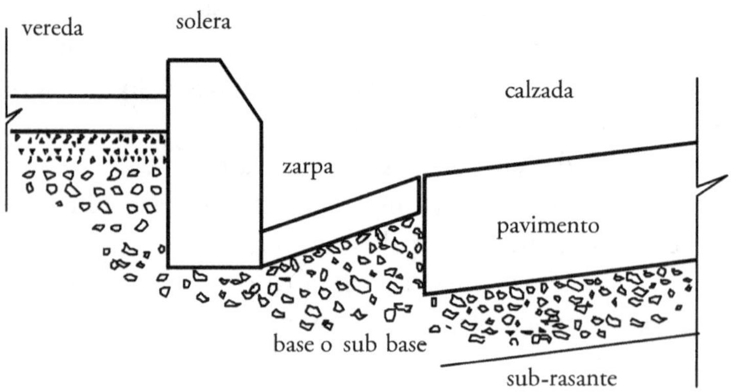

Figura 6.4
Esquema de pavimentación.

Además los trazados para circulación exclusiva de peatones (vereda) deben ir pavimentados por pastelones de hormigón, asfalto u otros.

b) Áreas verdes y equipamientos: se debe destinar las superficies que señale la Ordenanza para esos fines y consiste en realizar jardines públicos y zonas de recreación dentro de la urbanización.

c) Condición de salubridad, iluminación y ventilación.

d) Dotación de servicios sanitarios energéticos, entre otras.
En los dos últimos puntos va implícita la necesidad de:
   - redes de agua potable,
   - redes de alcantarillado y desagües, y
   - red eléctrica.

Con respecto a lo anterior es importante tener en cuenta lo indicado en el artículo 547 de la Ordenanza General de Urbanismo y Construcción que indica: "El urbanizador está obligado a ejecutar el pavimento de las nuevas calles, avenidas y plazas y el de sus aceras, e instalar el servicio de alumbrado público, agua potable, desagües, etc. Todas estas obras las hará el urbanizador a su costa y bajo su responsabilidad y pasan a ser propiedad municipal desde el momento de la recepción y puesta en servicio".

Es recomendable que las nuevas urbanizaciones no produzcan cambios en la cantidad de lluvia que escurre aguas abajo. Para ello se debe diseñar la urbanización de modo tal que el agua lluvia que caiga sea absorbida por el terreno en igual condición que la situación original. Con este mecanismo se soluciona uno de los grandes problemas en el diseño de alcantarillado de aguas lluvias, el que es su dimensionamiento.

El Departamento de Ingeniería Hidráulica y Ambiental y el Departamento de Ingeniería y Gestión de la Construcción de la Escuela de Ingeniería de la Pontificia Universidad Católica de Chile, han desarrollado un proyecto FONDEF con el objetivo de establecer soluciones estandarizadas destinadas a mantener las condiciones de infiltración natural del terreno antes de ser urbanizado, que incluye entre otros, la utilización de pavimentos porosos de hormigón para vías de bajas solicitaciones, dispositivos de infiltración para viviendas, pozos de infiltración, etc.

6.4 INSTALACIONES DE FAENAS

6.4.1 CARACTERÍSTICAS GENERALES DE LA INSTALACIÓN DE FAENAS

La instalación de faenas es un conjunto de instalaciones provisorias que sirven de apoyo a la construcción de la obra, proporcionan la infraestructura mínima para el desarrollo del proyecto y permiten establecer un estricto sistema de control sobre los materiales y personal dentro de la obra, evitándose gastos extras por concepto de pérdida de materiales y mal aprovechamiento del personal.

Una buena planificación de la instalación de faena permite evitar transformaciones y detenciones durante la obra, que pueden aumentar los costos de la misma, por ello deben planificarse con anticipación.

Sus características dependen de las características de la obra, considerándose en su planificación y distribución en el terreno: la topografía del terreno, sus deslindes, ubicación de fuentes de abastecimiento de agua, energía eléctrica y otras, tamaño del terreno y de la obra ejecutar, posibilidades de acceso, etc.

Un medio práctico para determinar su ubicación es trazar en un plano del terreno todas las zonas ocupadas por la edificación o elementos anexos, para así poder ubicar la instalación de faena en las zonas libres. En caso de ser un terreno muy chico se puede adoptar soluciones tales como arriendo de algún terreno aledaño a la obra o, de no existir tal posibilidad se debe pensar en instalaciones de fácil movilidad para poder trasladarlas a medida que avanza la obra para no interferir en ella.

En general, la distribución de las diversas instalaciones debe considerar la circulación de los materiales, movimiento de equipos y circulación del personal, para evitar pérdidas de tiempo, traslados innecesarios, etc. Se busca lograr objetivos tales como: minimizar costos de instalación, reducir al máximo el área ocupada por ellas, mejorar o contribuir a la productividad de la obra.

Adicionalmente, es importante considerar las recomendaciones que pueda indicar el estudio de impacto ambiental, en cuanto a las consideraciones que deben tener las instalaciones de faenas. Normalmente incluyen aspectos relacionados con: ubicación, uso de recursos, contaminación, residuos, escombros, abandono de faena, precauciones en caso de accidentes, etc.

6.4.2 COMPONENTES DE UNA INSTALACIÓN DE FAENAS

Una instalación de faena debe contener:

a. **Cierro provisorio**: que permita mantener a la obra como un recinto cerrado, a fin de evitar el acceso de personas extrañas, robos de materiales, accidentes de transeúntes, etc. Por lo general se usan cercos que pueden ser:
   - transparentes (en que se permite ver desde el exterior la obra sin dificultades),
   - panderetas,
   - placas de hormigón vibrado,
   - entablados.

b. **Ingresos**: es recomendable que en las obras exista un solo ingreso que permita controlar el flujo de materiales, así como también el ingreso y salida de los trabajadores, especialmente su asistencia y puntualidad. Tal ingreso debe contemplar una sección para vehículos y otra para peatones.

c. **Portería**: debe existir una portería, en lo posible ubicada en el ingreso a la faena y cuyas funciones son:
   - controlar todo lo que entra y sale de la obra (tanto personas como materiales),
   - controlar la asistencia del personal.

d. **Instalaciones administrativas y para el personal**: toda obra debe poseer las siguientes construcciones provisionales:
   - oficinas administrativas: se recomienda que estén en un punto estratégico que domine el sitio y que sea accesible para recibir a las visitas. Dentro de las oficinas administrativas se cuentan: oficina del jefe de faena, de la inspección, de contratistas y subcontratistas, oficina técnica, entre otras.
   - lockers: para guardar los implementos del personal.
   - piezas del personal: necesarias solo en caso de que el personal deba pernoctar en la obra.
   - comedores: los que se instalan solo si la magnitud de la obra lo requiere, en caso de ser una obra pequeña se debe asegurar, al menos, la existencia de facilidades para calentar los alimentos.
   - policlínico: la decisión de instalar uno o solo contar con servicios menores tales como un botiquín depende de la cantidad de trabajadores y de la ubicación geográfica de la obra.

e. **Servicios**: una instalación de faena debe contener los siguientes servicios dependiendo de la obra específica:
  - bodega propia de la obra, lugar cerrado para guardar los materiales que se utilizarán en la construcción de la obra, debe estar convenientemente organizada y controlada para cumplir una labor eficiente y no provocar problemas a la obra (retrasos por falta de material, pérdidas de materiales por robo, etc.);
  - bodega de subcontratistas, es conveniente que estas se ubiquen separadas del resto para evitar complicaciones derivadas de utilización de materiales por parte de personas que no corresponde o pérdida de los mismos;
  - almacén (materiales, maquinarias y herramientas): el espacio de cada uno depende de las necesidades determinadas por el programa de la obra. Deben ser lugares seguros para evitar robos y pérdidas por mal almacenamiento.
    - taller de carpintería;
    - taller de enfierradura;
    - talleres (garaje y maestranza);
    - pañoles de repuestos;
    - plantas de hormigón;
    - planta seleccionadora de áridos;
    - laboratorio;
    - otros.

f. **Canchas**: en una obra siempre deben existir lugares para poder almacenar los diferentes materiales, dichos lugares se denominan comúnmente canchas de acopio y su tamaño depende del tamaño y ubicación del proyecto. Entre ellas se cuentan:
  - barraca de madera;
  - barraca de fierro sin elaborar;
  - cancha de acopios de áridos;
  - bodega o silos de cemento;
  - botadero o almacenamiento provisorio de escombros.

  En la actualidad una obra de construcción debería organizar los escombros según tipo de material y según posibilidades de poder enviar luego a plantas de reciclado.

g. **Instalaciones**: la instalación de faena debe tener instalaciones que la provean de los servicios básicos para poder funcionar y que son:
  - instalación eléctrica provisional;

- instalación de agua de faena;
- instalación de agua potable;
- instalación de aire comprimido (que se hace en grandes obras principalmente) y
- servicios higiénicos.

Para poder contar con estos servicios a tiempo, se deberán realizar todos los trámites previos y si es necesario con instalaciones y medidores especiales. Algunas faenas requerirán de instalaciones de plantas generadoras de electricidad y en otros casos serán necesarias fuentes de bombeo de agua.

h. **Caminos de acceso y de circulación**: en caso de obras grandes o alejadas se podría requerir diseñar y construir una red propia de caminos.

i. **Estructuras de apoyo a la construcción**: tiene como característica común el ser construcciones o elementos provisorios que sirven para llevar a cabo la obra, entre ellos se cuentan:
   - rampas y plataformas;
   - andamios;
   - entibaciones, muros de contención;
   - otros.

6.4.3 ELEMENTOS AUXILIARES

Para llevar a cabo la construcción de edificios se requiere el apoyo de elementos auxiliares provisorios, los cuales se utilizan para transitar, alcanzar zonas de difícil acceso, mantener la seguridad, etc.; entre los principales se cuentan:

- Entibaciones: elementos destinados a la contención de las paredes o taludes de una excavación. Se tratarán en detalle en el capítulo correspondiente.

- Rampas y plataformas: superficies inclinadas (rampas) u horizontales (plataformas) destinadas a unir diferentes niveles en una obra y a permitir el tránsito de los obreros, materiales e inclusive de vehículos, se construyen por lo general en madera.

- Escaleras: el uso de escaleras provisorias fijas deben ofrecer el mismo grado de seguridad que una escalera permanente. Por lo general los trabajadores transitan por ellas con equipos pesados o en grupos, pero además muchas veces constituyen el único medio de escape ante un eventual accidente en una obra. Las escaleras provisorias deben ser inspeccionadas semanalmente.

- Andamios: construcciones auxiliares para acercar a los obreros al lugar de trabajo, toman mayor importancia a medida que aumenta la altura de la obra. Los andamios pueden ser de madera o metálicos.

  Andamios de madera: estos se construyen con doble pie derecho, de manera independiente del edificio mismo (Figura 6.5), aunque van amarrados firmemente a la fachada cada cierto trecho aprovechando los vanos de las ventanas. Estas amarras reemplazan la ausencia de arriostramientos transversales de la estructura, la que solo existe en sus extremos, ya que en el resto del espacio útil de trabajo obstaculizarían.

  Si los andamios dan a una calle con tránsito de peatones deben tener adecuadas defensas para evitar caídas de materiales u otros elementos desde la faena. Por otra parte, para sostener andamios individuales en pisos altos de un edificio se pueden usar algunas soluciones como las que se ven en la Figura 6.6.

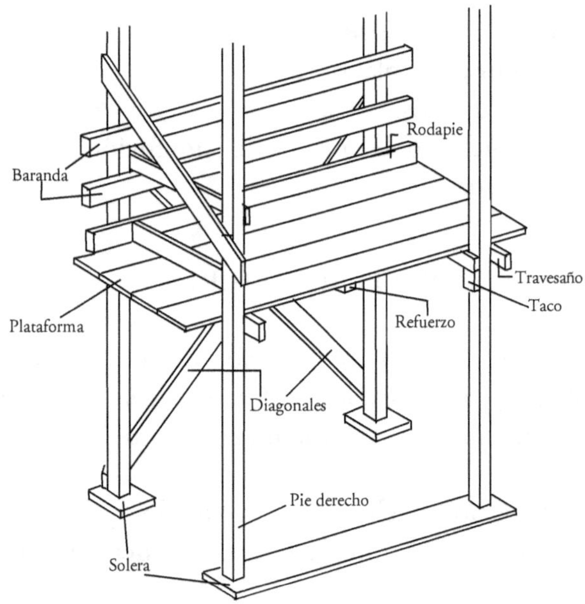

Figura 6.5
Andamios de madera
(Mutual de Seguridad, 1993).

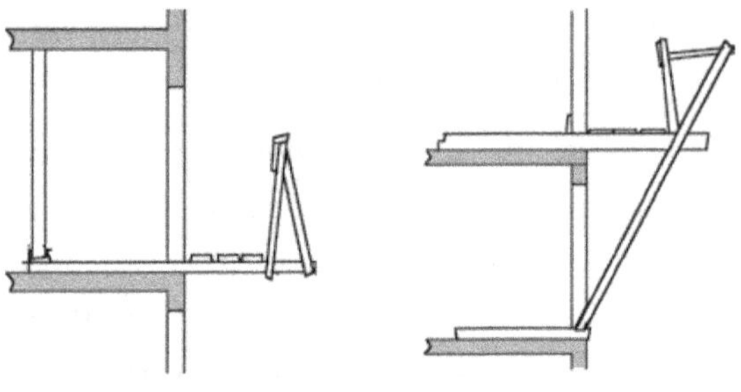

Figura 6.6
Andamios individuales
para pisos altos.

Andamios metálicos: tienen la ventaja sobre los de madera de poder construir con ellos formas que luego son fácilmente desmontables y que pueden servir un gran número de veces, los más usados en edificación son los de uniones desmontables y tubos metálicos y los de bastidores planos soldados. Estos bastidores deben amarrarse a la fachada del edificio tal como los de madera y es necesario adoptar algún sistema en cuánto al apoyo de los tablones para impedir que resbalen unos sobre otros (Figura 6.7).

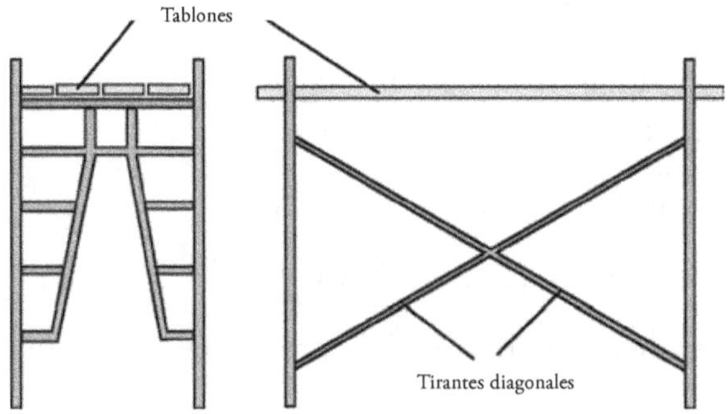

Figura 6.7
Andamio metálico (Mutual de Seguridad, 1993).

Andamios colgantes: consisten en sujetar en forma vertical todos los andamios desde el último piso del edificio en construcción. Esta sujeción puede realizarse por medio de vigas metálicas afirmadas a las vigas o muros del último piso y desde ahí conectar los andamios por medio de cables de acero de alta resistencia, con los que se sujetan los tablones de madera y se proveen las barandas de seguridad.

6.4.4 RECOMENDACIONES ESPECIALES

Especial consideración se le debe dar al diseño de la instalación de faenas de modo de reducir su impacto en el medio, ya sea éste urbano o rural. En general se debe exigir que luego de retiradas las instalaciones provisorias, se restituya la totalidad del área afectada por ésta. En general, son las instalaciones de faenas de las obras civiles las que mayor impacto producen en el medio, por lo que cuando se planifican deben considerar el momento del retiro.

6.5 NOCIONES BÁSICAS DE TOPOGRAFÍA

Topografía se entiende como el estudio de la medición y representación del relieve de la superficie, incluyendo sus accidentes naturales y artificiales. Proporciona antecedentes naturales, como forma, dimensión y accidentes y permite traspasar un determinado proyecto a su emplazamiento físico correcto.

La importancia de la topografía en obras civiles radica en que:

- Aporta el conocimiento de las superficies, en cuanto a dimensiones, forma, relieve y accidentes.
- Facilita las etapas de estudios de proyectos.
- Apoya las faenas de ejecución, guía y control.
- Constituye una herramienta básica para llevar adelante cualquier trabajo de ingeniería civil.

Las mediciones efectuadas en topografía pueden ser lineales o angulares. La medición lineal puede ser directa (cinta, huincha, distancímetro) o indirecta (utilizando geometría). Las mediciones angulares pueden ser horizontales (posición planimétrica de puntos) o verticales (corregir longitudes inclinadas).

Existen distintas formas de representar la información que se obtiene de la topografía. Algunas de ellas son:

- Mapas: cubren superficies muy extensas y son de poco detalle de las superficies. Las escalas utilizadas varían entre 1:250.000 y 1:2.500.000.
- Cartas: Superficies extensas. Conforman mosaicos para cubrir toda la extensión del territorio y proporcionan mayor detalle del terreno. Las escalas utilizadas son 1:100.000, 1:50.000 y 1:25.000.
- Planos: Escasa extensión de superficies y entregan gran detalle de los elementos del terreno. Las escalas utilizadas son 1:50, 1:100, 1:500 y 1:1.000.

Las coordenadas geográficas son la longitud y la latitud, además de la altitud (metros sobre el nivel del mar). La longitud es el ángulo entre el meridiano principal (de Greenwich) y el meridiano que pasa por el punto que se quiere ubicar sobre la superficie terrestre. La latitud es el ángulo entre la dirección radial del punto en cuestión y el paralelo origen (Línea del Ecuador).

Las coordenadas UTM (Universal Transversal de Mercator) es el sistema de proyección cartográfico más adecuado y difundido. Se intersecta al geoide con cilindros cuya longitudinal es normal al eje polar. Son usadas en trabajos geodésicos y topográficos que involucran grandes superficies y donde se tiene que tomar en cuenta la curvatura de la Tierra.

6.5.1 DIVISIÓN BÁSICA DE LA TOPOGRAFÍA

En el desarrollo de todo proyecto topográfico se distinguen cinco etapas. La primera de ellas es la obtención de datos, en la cual se realizan las mediciones correspondientes en el terreno. Posteriormente viene el procesamiento de los datos obtenidos. La tercera etapa es la confección del plano topográfico. La cuarta etapa consiste en la materialización del proyecto realizando la demarcación en el terreno. La quinta y última etapa es la verificación y el control en obra.

Las tres primeras etapas conforman lo que se llama un **levantamiento**, donde se determinan las características del terreno en estudio; la cuarta se conoce como **replanteo** y la última como **verificación y control**.

Para desarrollar estas etapas, la topografía suele dividirse en:

a) Planimetría: es la proyección de superficies y accidentes sobre un plano horizontal imaginario. Representa las dimensiones en planta.

b) Altimetría: se refiere a las diferencias de nivel entre distintos puntos de estudio. Representa las dimensiones en elevación.

c) Taquimetría: combina planimetría y altimetría, entregando simultáneamente información de posición y elevación en un plano planimétrico-altimétrico.

6.5.2 ESCALAS

La Escala es la relación de proporcionalidad entre las medidas naturales (real en terreno) y las de su representación (en el papel).

En una escala pequeña se deben tener varias consideraciones. La primera de ellas es que existirán más detalles, por lo que se deberán tomar más puntos en el terreno. En segundo lugar, los elementos utilizados deberán tener una mayor precisión y, finalmente, el personal que realice la labor deberá poseer una mayor experiencia y realizar un trabajo minucioso.

Para la elección de una escala, se debe tener en cuenta:

- La dimensión del menor elemento que se representará.
- Los límites de representación gráfica (escala donde se vea todo lo necesario en el papel).

6.5.3 REPRESENTACIONES ALTIMÉTRICAS

El relieve se dibuja mediante curvas de nivel, que son la unión de puntos de igual cota, señalando el nivel correspondiente a cada una. Las curvas de nivel se obtienen cortando al relieve con planos paralelos (Figura 6.8).

Las curvas de nivel tienen las siguientes propiedades:

a) Toda curva se cierra sobre sí misma (dentro o fuera del dibujo).

b) No puede dividirse o ramificarse.

c) En caso de que dos curvas se junten, significa que están superpuestas. Si en algún lugar se cruzan dos o más curvas indica saliente o voladizo.

d) En una zona de pendiente constante las curvas quedan equidistantes.

e) Si las curvas se encuentran equidistantes es porque la pendiente es suave, si las curvas están cercanas existe una pendiente fuerte, y si están superpuestas, la pendiente sería vertical.

f) Las curvas concéntricas indican montículo o depresión, según si estas van creciendo o decreciendo hacia el centro. Las divisorias y las vaguadas se indican con líneas donde la concavidad es mayor.

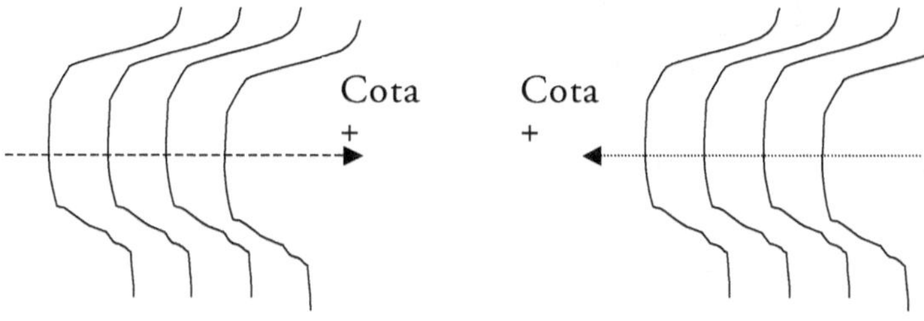

a) Divisoria b) Vaguada

Figura 6.8
Curvas de nivel.

Una forma alternativa de representación altimétrica es a través de perfiles. Los perfiles representan la intersección entre el terreno y un plano vertical, en una cierta dirección, quedando diagramadas las cotas del relieve.

6.5.4 NIVELACIONES

a) **Nivelación geométrica**
La nivelación geométrica es un procedimiento de medición de desniveles mediante el establecimiento de un plano horizontal y de su intersección con elementos verticales, ubicados en puntos de terreno.

El instrumento utilizado para generar un plano horizontal es el nivel topográfico. Está formado por:

- un trípode ajustable, que sirve para fijar el instrumento.
- una base, formada por tres tornillos nivelantes y una placa nivelante.
- el instrumento en sí, formado por un anteojo topográfico con ocular, un objetivo y un retículo.

La obtención del desnivel entre los diferentes puntos en estudio se logra mediante datos que entrega la lectura en mira. Los datos se dividen en tres categorías:

- Lectura Atrás: Efectuadas contra el sentido de avance.
- Lectura Adelante: Efectuadas a favor del sentido de avance.

- Lectura intermedia: Realizadas en puntos diferentes a los señalados y no intervienen en el desnivel total.

Una nivelación simple se puede ver en la Figura 6.9:

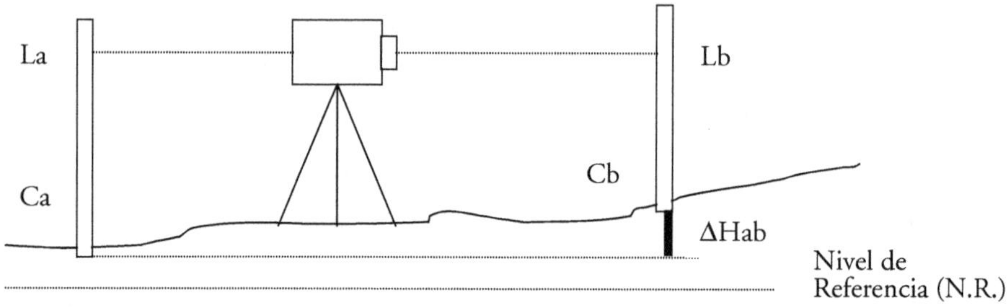

Figura 6.9
Nivelación Simple.

En este caso se trabaja sin cambiar el plano de trabajo, y la cota (altura) en B (Cb) se obtiene de la siguiente manera:

$$Cb = Ca + La - Lb = Ca + \Delta Hab$$

Una nivelación compuesta (Figura 6.10) consiste en la utilización de una cadena de nivelaciones simples, enlazadas entre sí mediante la realización de dos lecturas a un mismo punto desde estaciones distintas. Este punto común se conoce como punto de enlace o cambio.

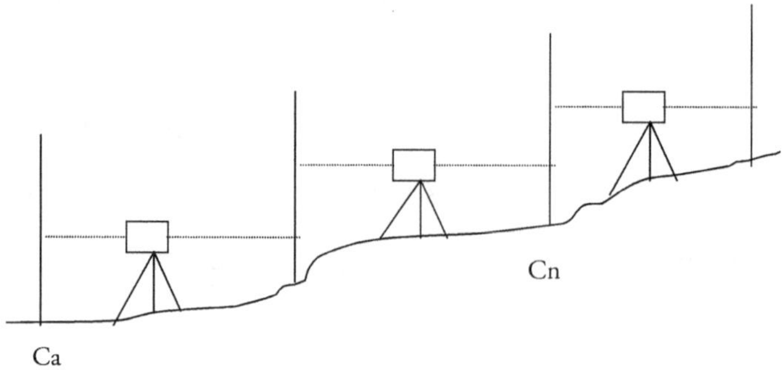

Figura 6.10
Nivelación Compuesta.

En este caso, la cota de un punto N respecto a un punto N-1 es:

$$C_N = (C_{N-1} + L_{atrás(N-1)}) - L_{adelante\ N}$$

De esta manera, la cota de un punto N cualquiera respecto al punto de referencia (P.R.) es:

$$C_N = C_{PR} + \Sigma L_{atrás} - \Sigma L_{adelante}$$

Se realiza una nivelación compuesta básicamente en los siguientes casos:

- Si la distancia es muy grande.
- Si los puntos en cuestión en el terreno no son vistos desde solo un punto de observación.
- Si la pendiente es muy fuerte.
- Si por obligación o especificación se deben levantar puntos a una determinada distancia entre instrumento y mira.

Una **nivelación cerrada** es aquella nivelación compuesta que se desarrolla entre dos puntos de cota conocida o en forma de circuito cerrado. Así, para cada uno de los casos se debe cumplir:

Si se parte de un punto y se llega a otro de cota conocida:

$$\Sigma L_{atrás} - \Sigma L_{adelante} = PR_{final} - PR_{inicial}$$

$$\Sigma L_{atrás} - \Sigma L_{adelante} = PR_{final} - PR_{inicial} + \varepsilon \qquad \text{(si hay error)}$$

Si se parte de un punto y se llega al punto de origen (circuito cerrado):

$$\Sigma L_{atrás} - \Sigma L_{adelante} = 0$$

$$\Sigma L_{atrás} - \Sigma L_{adelante} = \varepsilon \qquad \text{(si hay error)}$$

Todo trabajo topográfico tiene error, asociado al equipo utilizado, el procedimiento y la medición misma. Estos errores deben ser compensados de alguna manera. A continuación se presentan las tres formas tradicionales para realizar la compensación:

- Compensación por distancias.
- Compensación por tramos.

- Compensación por estaciones.

b) **Nivelación trigonométrica**
Consiste en la determinación de los desniveles a través de la medición de ángulos y distancias inclinadas. Los instrumentos utilizados se llaman genéricamente goniómetros, los que a su vez se subdividen de acuerdo a la precisión del ángulo que entregan en Taquímetros (al minuto) y en Teodolitos (al segundo). Los elementos de una nivelación trigonométrica se pueden apreciar en la Figura 6.11.

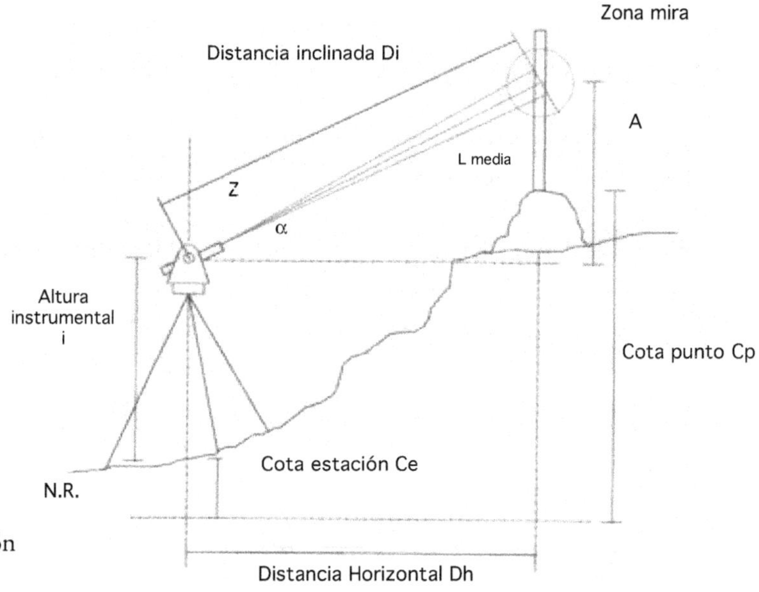

Figura 6.11
Elementos de nivelación trigonométrica.

6.5.5 LEVANTAMIENTOS

a) **Levantamientos planimétricos**
El levantamiento se puede entender como el conjunto de operaciones que comprenden la obtención de datos en terreno mediante mediciones lineales y angulares, el procesamiento de los datos (cálculo) y la confección del plano topográfico.

La finalidad del levantamiento planimétrico es la de obtener una imagen reducida y exacta de un sector de la superficie, que permita utilizarla como base de antecedentes de proyectos de ingeniería, obras agrarias, deslindes, entre otros.

Las etapas de un levantamiento son:

- Mediciones.
- Procesamiento de mediciones.
- Obtención del plano.

A continuación se analizarán cinco de los principales métodos de levantamiento.

Medición directa
Es un sistema basado en la utilización de cinta o huincha, para la determinación de la magnitud y ubicación de los detalles planimétricos.

Tiene la ventaja de proporcionar gran precisión planimétrica en sectores de extensión limitada. Resulta apto para medir formas irregulares y zonas de gran densidad planimétrica.

Radiación
Se determina en terreno un punto (P) relevante desde el cual se visualizan todos los puntos que interesan para realizar mediciones. Se determina la posición en planta de los puntos en función de las coordenadas polares. También se puede determinar la cota de los puntos con un trabajo altimétrico.

Los requisitos para poder realizar una radiación son:

- Posibilidad de poder visualizar los puntos desde P.
- Pendientes suaves.
- Distancias regulares a la mira.

Poligonación
Se utiliza en levantamientos de mediana extensión y consiste en determinar una serie de puntos en el terreno de estudios, entre los cuales se pueda efectuar mediciones angulares y lineales, de manera que en lo posible se forme un polígono cerrado. Esto es para poder cuantificar errores angulares o lineales. Las poligonales pueden ser abiertas, cerradas o de enlace, pudiéndose cuantificar errores en estas dos últimas.

En todo polígono cerrado se debe cumplir:

$$\Sigma\beta_{int} = (n-2) \cdot 200^{g}$$

$$\Sigma\beta_{ext} = (n+2) \cdot 200^{g}$$

Donde n es el número de lados del polígono.

Al realizar una poligonación en un trabajo topográfico vamos a tener que al final:

$$\Sigma\beta_{int} = (n-2) \cdot 200^{g} + \text{error angular } (\varepsilon\tau)$$

Para corregir o compensar el error, se utilizan dos alternativas:

- Compensación por número de ángulos o estaciones:

  Compensación = Comp = – $\varepsilon\tau$ / (nº de ángulos)
  βi compensado = βi + Comp.

- Compensación ponderando por ángulo:

  Error Unitario = $\varepsilon u = \varepsilon t / (\Sigma\beta int)$
  Compensación unitaria = Cu = – εu

  Compensación ángulo i = Compi = $\beta i \cdot Cu$

  βi compensado = βi + Compi.

Triangulación
Corresponde a una forma de enlazar estaciones mediante triángulos de pequeña, mediana o gran magnitud; es básicamente un sistema que permite apoyar mediciones, sean levantamientos o replanteos, con un buen grado de precisión. La forma de realizarlo consiste en la medición de una base topográfica, la medición de los ángulos de los vértices de cada triángulo, y la verificación con una o más bases de control.

Intersecciones
Sistema que permite determinar la posición de puntos, ejecutando la medición de un solo tipo de elementos en el terreno (fundamentalmente ángulos), y utilizando para ello al menos dos estaciones. Se emplea tanto para levantar como para replantear puntos.

b) **Planimetría**
Ubicación de un punto con sus coordenadas horizontales.

Utilizando coordenadas horizontales, un punto cualquiera del espacio queda definido de la siguiente manera (Figura 6.12):

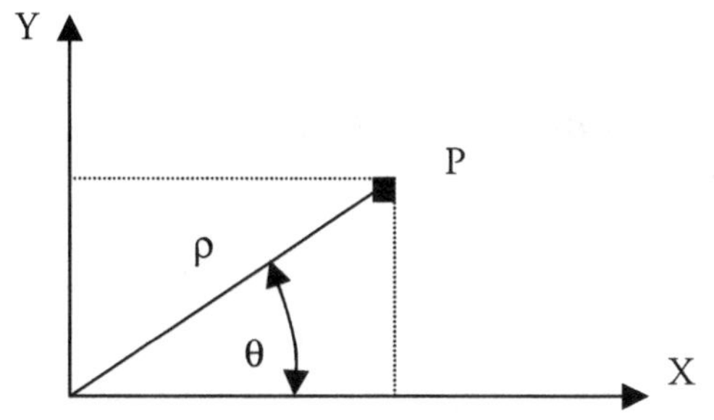

En coordenadas polares tenemos (ρ,θ).

En coordenadas ortogonales tendremos que:
Coord. X $x = \rho \cdot \cos(\theta)$
Coord. Y $y = \rho \cdot \text{sen}(\theta)$

Figura 6.12
Coordenadas horizontales.

Coordenadas parciales
Es el incremento en distancias lineales de un vértice respecto de uno anterior. Un ejemplo puede verse en la Figura 6.13.

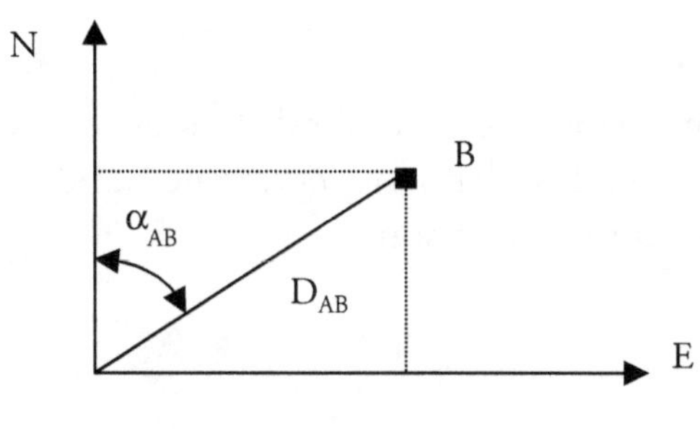

$$\Delta N = D_{AB} \cdot \cos(\alpha_{AB})$$
$$\Delta E = D_{AB} \cdot \text{sen}(\alpha_{AB})$$

Figura 6.13
Incrementos coordenada Norte y Este.

c) **Trazado de curvas**

Su mayor aplicación se encuentra en el trazado de obras viales, donde surgen como solución a cambios violentos que genera la existencia de puntos de quiebre o vértices del trazado, tanto planimétrico como altimétrico.

i) **Curvas verticales**: corresponden a los tramos de enlace entre dos pendientes uniformes del trazado en planta de caminos. Cumplen la función de permitir el cambio gradual de la aceleración vertical de un vehículo en movimiento (Figura 6.14).

ii) **Curvas horizontales**: la función que desempeñan es la de permitir el cambio gradual de dirección de un vehículo en movimiento.

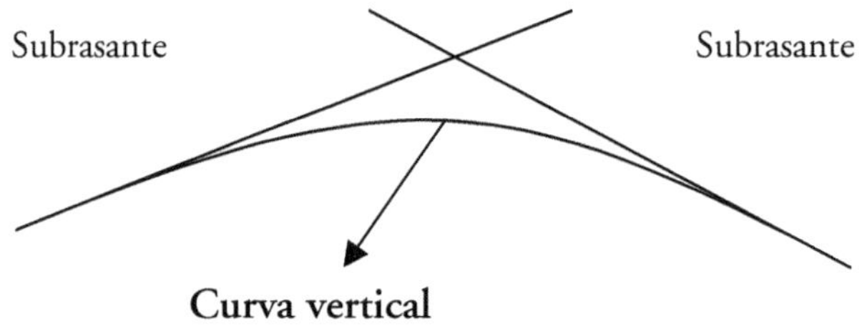

Figura 6.14
Curva vertical.

6.6 REPLANTEO

Replanteo es la materialización de las dimensiones, ejes, deslindes, cotas, ubicación de muros, excavaciones, etc., presentes en los planos, en el terreno donde se ejecutarán las obras. Los pasos básicos de un replanteo son:

- Limpieza del terreno.
- Replanteo de límites del terreno.
- Replanteo línea oficial.

- Replanteo línea oficial edificación.
- Replanteo ejes principales.
- Verificar ángulos y ejes principales.
- Bajar vértices.
- Marcar ancho de las excavaciones.
- Excavar hasta sello de fundación o nivel deseado.

En la Figura 6.15 se puede apreciar una estructura típica utilizada en el replanteo. En la Figura 6.16 se observa una fotografía de un proceso de replanteo, que se encuentra en la etapa de excavaciones.

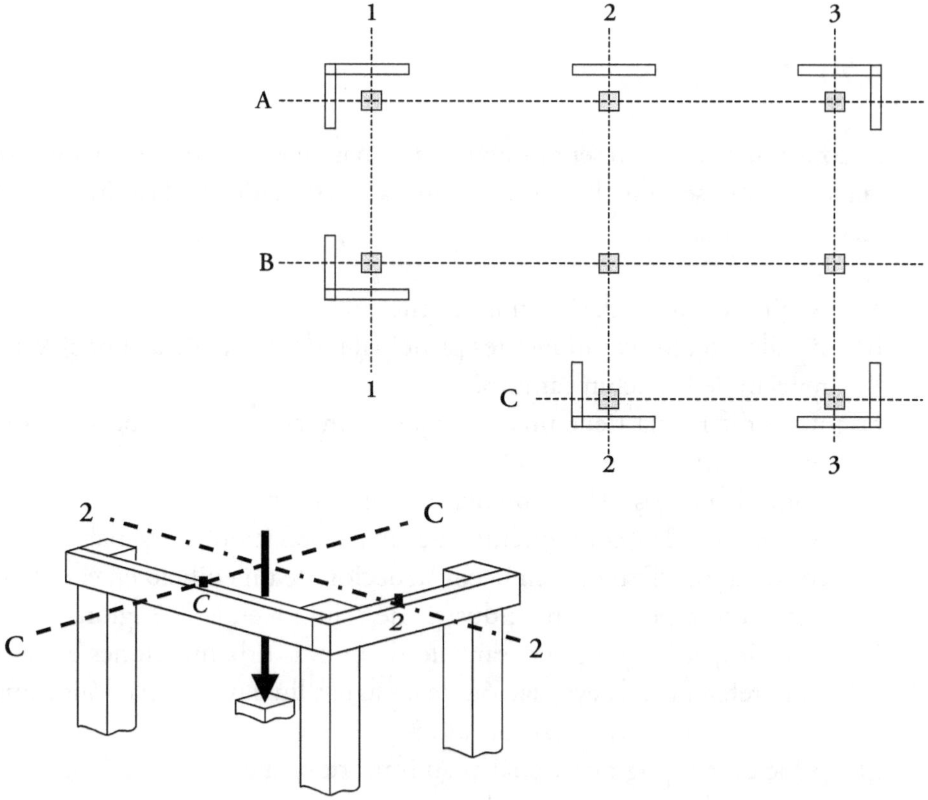

Figura 6.15
Esquema de desarrollo de replanteo.

Figura 6.16
Ejemplo de replanteo de fundaciones de viviendas. (Gentileza Roberto Bascuñán).

6.7 EJERCICIOS

A continuación se presentan algunos temas que pueden servir de estudio, los cuales pueden ser resueltos con el material presentado en el capítulo y a veces con lecturas adicionales:

a) Analice cómo se clasifican las estructuras.
b) ¿Cuáles son los componentes principales de una edificación? ¿Cómo se diferencian de los de un camino?
c) ¿Qué diferencia tiene una cadena de fundación con respecto a una viga de fundación?
d) ¿Qué elementos debe contener una urbanización?
e) ¿Cuáles son los componentes de una instalación de faena? ¿Qué aspectos consideraría diferentes en la construcción de un edificio en el centro de Santiago con respecto a una industria de celulosa en la X Región?
f) ¿Qué impactos tiene el desarrollo de nuevas urbanizaciones en las ciudades en lo referente a la evacuación de las aguas lluvias? ¿Hacia dónde apuntan las nuevas tendencias en este ámbito?
g) ¿Qué es la topografía y cuál es su importancia en obras civiles?
h) Explique las tres divisiones básicas de la topografía.
i) ¿En qué consiste la representación altimétrica?

j) ¿Qué es la nivelación geométrica?
k) ¿Cuál es la diferencia entre la nivelación simple y la compuesta cerrada?
l) ¿Qué es la nivelación trigonométrica?
m) ¿Qué es un levantamiento planimétrico? Y explique cinco métodos de levantamiento.
n) ¿Para qué sirven las curvas de nivel?
o) ¿En qué consiste el replanteo?

CAPÍTULO 7

EQUIPOS DE CONSTRUCCIÓN

En toda construcción se ocupan diferentes recursos físicos, entre los que se destacan: mano de obra, materiales, equipos, insumos, etc. El objetivo de este capítulo es presentar las características principales de los equipos que tradicionalmente se utilizan en la construcción, analizar los criterios para seleccionar el equipo más apropiado a una situación particular y estudiar los costos de poseer y operar un determinado equipo en una situación específica.

7.1 CLASIFICACIÓN DE EQUIPOS DE CONSTRUCCIÓN

7.1.1 CLASIFICACIÓN GENERAL

Existen básicamente dos clases de equipos o maquinarias para la construcción:

- **Equipo o maquinaria estándar**: es aquel tipo de maquinaria especializada que se fabrica en serie, de la cual existe en el mercado una variedad de modelos, tamaños y formas de trabajo, los que se adecuan a diversas labores. Tales maquinarias pueden emplearse satisfactoriamente en más de una obra y cuentan con la ventaja adicional de que para ellas normalmente existen repuestos y su operación es relativamente estándar.
- **Equipo o maquinaria especial**: son aquellos que se fabrican para ser usados en obras de características especiales o para un tipo de operación específica. Por lo general, aquellos equipos pueden no ser adecuados o económicos para ser usados en otras obras, pues su origen está, precisamente, en una necesidad puntual que es satisfecha mediante su diseño y fabricación específica y requieren de operadores especializados.

En el presente capítulo nos dedicaremos principalmente a la maquinaria estándar, que se pueda utilizar en: movimiento de tierra, transporte horizontal y vertical de materiales, compactación, producción de hormigón y otros equipos que normalmente se ocupan en obras de construcción.

7.1.2 EQUIPOS DE EXCAVACIÓN Y MOVIMIENTO DE TIERRAS

Los equipos de excavación y movimiento de tierras en su mayoría componen la familia de palas y excavadoras, las que se desarrollaron a partir de la creación de una máquina mecánica (alrededor de 1836) que duplicó el movimiento y efectividad del trabajo de un hombre cavando con una pala de mano (Nunally, 2001). Entre los principales equipos de excavación y movimiento de tierras se encuentran los siguientes:

- **Tractor**: máquina cuyo objetivo es tirar o empujar cargas dentro de una obra. Existe en dos variedades, de acuerdo a su medio de movimiento: oruga y con ruedas. Son las máquinas más básicas y versátiles que existen y sirven, además, para montar en ellos cuchillas de bulldozer, plumas laterales o cucharones de carga los cuales amplían sus rangos de utilidad. Usualmente se catalogan según su tamaño y potencia.
- **Bulldozer**: los bulldozer son tractores equipados con una cuchilla, la cual puede ir: perpendicular a la dirección de avance, por lo que empuja la tierra hacia adelante; o en ángulo con la dirección de avance, caso en el que empuja la tierra hacia adelante y a un lado. Estas máquinas se utilizan durante el proyecto de construcción en operaciones tales como: limpieza del terreno de árboles y maleza, apertura de brechas en terrenos rocosos, movimientos de tierras en estanques, cortes carreteros u otros, esparcimiento de rellenos de tierras y limpieza de escombros en sitios de construcción (Figura 7.1).
- **Cargador frontal**: consiste en un tractor equipado con un cucharón de carga en el frente (cucharón que puede poseer distintas formas o tamaños según las necesidades específicas). Los cargadores son usados para: excavar material blando a medio, mover materiales dentro de la obra o acumularlos en alguna zona específica y rellenar fosos. Los cargadores poseen una excelente movilidad de trabajo y están disponibles en tamaños distintos para cubrir las necesidades específicas de cada obra (Figura 7.2).

Figura 7.1
Bulldozer.
(Gentileza de CAT).

Figura 7.2
Cargador frontal.
(Gentileza de CAT).

- **Pala mecánica**: máquina utilizada para excavar frontalmente todo tipo de material, excepto roca no triturada. Logra su mayor eficiencia en el caso de cavar desde el nivel de terreno en que está instalada hacia arriba, hasta la altura que logra su brazo, no funciona tan bien en el caso de cavar bajo su nivel de terreno.

  Existen palas de diversos tamaños según el volumen de material que puede contener, que van desde 3/4 yd^3 ó 0.57 m^3 hasta incluso 10 yd^3 ó 7.6 m^3 (Nunnally, 2001). La selección de una variedad de pala en particular se hace sobre la base del costo del volumen de material a excavar y a las condiciones de la obra en que operará la máquina. Entre tales condiciones están: el tamaño de la obra, tipo de material a excavar, capacidad de las unidades de acarreo, topografía del terreno, habilidad del operador, etc.

- **Draga**: es una máquina muy versátil, con mayor alcance para movimientos de tierras que cualquier otro miembro de la familia de palas y excavadoras. Puede excavar materiales blandos a medianamente duros, en niveles que estén sobre o bajo el terreno en que se apoyan. La mayor limitación de su uso está en la dificultad para controlar al cucharón lateralmente (puede volcarse provocando el derrame del material), tal limitación puede ser superada mediante la contratación de un operador avezado para la máquina (Peurifoy, 2002).

  El tamaño de los cucharones para las dragas, al igual que para las palas, se mide según el volumen de material que pueden contener, típicamente va entre 3/4 yd^3 (0.57 m^3) y 5 yd^3 (3.82 m^3) (Nunally, 2001) y la selección de un tamaño en particular depende del tipo de excavación a realizar, del peso del material a remover y del poder del motor de la máquina.

  Un caso particular dentro de estos equipos lo constituyen las de **cucharón de almeja**, usado para manejo de materiales sueltos como arena, grava, etc. De acuerdo al tipo de material específico se escogen cucharones de formas distintas, con o sin dientes por ejemplo. El tamaño máximo del cucharón de almeja está limitado por la capacidad de la grúa que lo sostiene y su alcance máximo está limitado por el largo de la pluma de la grúa en que está instalado. (Figura 7.3).

Figura 7.3
Grúa con cucharón de almeja.

- **Retroexcavadora:** máquina que excava con la pala en dirección opuesta a la dirección de avance de la máquina, se usa principalmente para excavar bajo la superficie natural del terreno (sobre el cual está instalada la máquina), son muy adecuadas para hacer pozos, trincheras, zanjas y otras obras en que sea necesario un control sobre las profundidades que se desee lograr (Figura 7.4). Por su rigidez son superiores a las dragas cuando operan en espacios reducidos y, en caso de permitirse el establecimiento de taludes naturales, son de mejor operación que las zanjadoras.

Figura 7.4
Retroexcavadora. (Gentileza de CAT).

- **Zanjadora:** es una máquina desarrollada específicamente para excavar zanjas, para instalación de tuberías, drenajes u otros. Es de utilidad en cualquier tipo de suelo, excepto en roca. Trabaja con gran rapidez y con ella es posible mantener un perfecto control de la profundidad y ancho de las zanjas que se están excavando (Peurifoy, 2002).

- **Fresadora:** es una máquina desarrollada específicamente para retirar material por capas de espesores de hasta 30 cm y cargar directamente un camión a través de una cinta transportadora que forma parte del equipo.

7.1.3 EQUIPOS DE TRANSPORTE HORIZONTAL DE MATERIALES

Se consideran dentro de este grupo a todos aquellos equipos destinados al acarreo de material dentro de una obra. Debido a que el transporte de material es la mayor actividad del movimiento de tierras, hay distintos tipos de equipo adecuados a los volúmenes de material y a las distancias que se requiere cubrir. Entre los principales equipos de transporte están:

- **Camiones**: son las máquinas más comúnmente usadas para movimientos de materiales. Su uso masivo se debe a la flexibilidad y habilidad para moverse con rapidez entre sitios de trabajo dentro de una obra y en carreteras públicas, además de poseer un costo de acarreo bajo con respecto a su capacidad. Los camiones existen en variedad diesel o bencinera, con 2 o más ejes y posibilidad de volteo lateral, trasero o por el fondo para evacuar el material, así como también hay otros en que se puede retirar todo el contenedor de material para cargarlo o descargarlo. Esta ultima característica es una alternativa cada día más común en obras de edificación para la extracción de escombros.

- **Vagones**: son elementos de transporte que son tirados por tractores, sirven como unidades de acarreo, principalmente para grandes obras como: construcción de diques, presas, carreteras y aeropuertos, en las que se debe mover importantes cantidades de material. Existen en distintos tamaños, con descarga lateral, por el fondo o por el lado.

- **Traíllas**: son máquinas capaces de cargar, acarrear y descargar materiales sin depender de otros equipos, generalmente son tiradas por un tractor. Su origen está en la conjunción de las mejores características de las máquinas de carga y las de acarreo, de ahí que su habilidad para las dos labores en conjunto les da una ventaja decisiva, a pesar de no ser 100% eficientes en cada labor por separado. Existen diversos tamaños de traílla, de acuerdo a la cantidad de material que pueden contener. La operación de una traílla puede verse afectada por factores externos tales como: el tamaño del tractor que la tira y su capacidad de movimiento, tipo de material con que se está trabajando y soltura del mismo y distancia de acarreo del material (Figura 7.8).

- **Cintas transportadoras**: son usadas como unidades para el movimiento de materiales tales como tierra, piedras, hormigón, etc. a distancia, normalmente cortas dentro de las obras. Por su flujo continuo a velocidades apreciables los transportadores de banda presentan altas capacidades de transporte de material.

- **Trenes**: los trenes de carga convencionales pueden ser usados para mover tierra o roca a grandes distancias cuando las líneas están ubicadas cerca de las áreas de trabajo. Además en algunas obras, tales como los túneles, se construyen líneas especiales para mover el material con mayor rapidez y seguridad.

7.1.4 EQUIPOS DE TRANSPORTE VERTICAL DE MATERIALES

El principal equipo de transporte vertical de materiales es la grúa, que se usa para alzar, bajar y transportar carga de un punto a otro dentro de la zona de trabajo. Existen grúas fijas o móviles, hidráulicas, telescópicas y con pluma, esta última es la que se conoce como de tipo torre, y es la más usada en construcción (Figura 7.5). Para llevar a cabo satisfactoriamente su labor las grúas se sirven de ganchos, recipientes u otros elementos que sujeten los materiales a ser transportados. En el caso de las grúas de torre, se logra una mayor eficiencia a medida que la pluma es más corta, pues se tiene una mejor capacidad de levantamiento y se requiere de menor potencia para hacer girar la unidad.

Figura 7.5
Grúa torre.
(Gentileza de PERI).

Otro equipo utilizado en edificación corresponde a los elevadores. Estos pueden ser solo para el transporte de materiales o también para personas. Básicamente se pueden definir como ascensores provisorios.

7.1.5 EQUIPOS DE COMPACTACIÓN Y TERMINACIÓN

La compactación es el proceso de incrementar la densidad de un suelo mediante la aplicación de fuerzas mecánicas. La técnica para compactar varía según sea el tipo de suelo, el espacio disponible y los requerimientos estructurales de la supraestructura.

Las cuatro fuerzas que se usan para compactar son: carga estática, vibración, impacto y amasado. La mayoría de los equipos compactadores usan la carga estática para compactar, además muchos de ellos la combinan con alguna de las otras para llevar a cabo su tarea. Los equipos de compactación incluyen:

- **Placas compactadoras vibratorias y compactadores neumáticos** ambos existen en distintos tamaños que se adecuan a las necesidades específicas de cada faena. Por ejemplo: existen vibradores manuales, adecuados para espacios reducidos por su maniobrabilidad y tamaño.
- **Rodillos lisos**: compactan por carga únicamente o por carga y vibración.
- **Rodillos neumáticos**: compactan por amasado en donde la intensidad del amasado se regula variando la presión de los neumáticos.
- **Rodillos pata de cabra**: compactan por amasado y se emplea en suelos altamente plásticos.
- **Otros**: existen una variedad de rodillos que combinan los efectos de los rodillos anteriores.

7.1.6 EQUIPOS DE PRODUCCIÓN DE HORMIGÓN

En el proceso de producción e instalación del hormigón el personal encargado se sirve de maquinarias entre las que se cuentan (Peurifoy, 2002):

- **Plantas mezcladoras**: se instalan en caso de necesidades grandes de concreto en obra, incluyen manejo y almacenamiento de agregados y cemento, dosificadores, mezcladores, etc.
- **Betoneras**: son aquellos equipos en que se mezcla el cemento y los demás materiales que forman el hormigón (agua, áridos y aditivos) y existen en variedades móviles y fijas, en distintos tamaños según los m^3 de capacidad de concreto que pueden mezclar.

- **Camiones mixer**: son mezcladoras de concreto montadas sobre un camión, pueden servir como mezcladores propiamente tal o como transportadores de premezclado, que funcionan también como agitadores, mantienen el estado de la mezcla hasta llegar a destino.
- **Bombas de hormigón**: sirven para los casos en que es necesario bombear el concreto. Por ejemplo: para revestir túneles o hacer llegar el hormigón a lugares inaccesibles dentro de una obra.
- **Vibradores**: elementos mecánicos que se utilizan para compactar el concreto, eliminar las burbujas de aire, distribuir la mezcla homogéneamente y evitar la segregación.

7.1.7 OTROS EQUIPOS Y HERRAMIENTAS

Existen además otros equipos estándar usados en faenas de construcción para diversas necesidades, los que con el desarrollo de la industria han tenido un aumento bastante importante, entre ellos se cuentan:

- **Compresores de aire**: son usados como fuente de poder para herramientas de construcción y equipos tales como: taladros de roca, vibradores de concreto, etc. Los compresores pueden ser de tipo reciprocante o rotatorio y según su forma de instalación pueden ser de tipo:
  - estacionaria: para obras en que se necesite aire comprimido por un largo período de tiempo en un mismo punto de la obra.
  - móvil o portátil: cuando se trata de obras en que es necesario mover el equipo de un punto a otro durante el desarrollo de las faenas.
- **Bombas de agua**: se utilizan para operaciones tales como: extraer agua de excavaciones para bajar el nivel freático; retirar el agua de túneles, pozos u otros; proporcionar agua para diversas labores en la obra. Las bombas existen en variedades de desplazamiento, reciprocantes, de diafragma y centrífugas.
- **Martinetes**: empleado para el hincado de pilotes, tableestacado y ataguías. Utiliza energía potencial y en algunos modelos emplea además energía adicional proporcionada por la combustión al interior de un cilindro.
- **Perforadores**: se utiliza para perforar roca, tradicionalmente funcionan gracias a la acción de aire comprimido o al uso de potencia hidráulica y existen en variedades, por percusión y mixta.

7.2 CRITERIOS DE SELECCIÓN DE EQUIPOS Y MAQUINARIAS DE CONSTRUCCIÓN

7.2.1 EL EQUIPO PARA LA CONSTRUCCIÓN

El equipo para ejecutar trabajos de construcción es una fuerza vital para las operaciones competitivas modernas, particularmente para la llamada construcción pesada. La planificación de la producción para un proyecto dado, en algunos casos se enfoca hacia la productividad que puede alcanzar los equipos. Además, la planificación financiera de una empresa constructora, siempre comienza a partir de la inversión en equipos, ya que ésta constituye una de las mayores inversiones de capital en el largo plazo.

Al planear la adquisición de equipos para construcción, un factor determinante, es el costo total que representa y que comprende no solamente la inversión original, sino también el costo de operación, reparación y conservación del equipo que conforman lo que se conoce como inversión total de un equipo.

$$\text{INVERSIÓN TOTAL} = \text{Costo de compra} + \text{Costo de operación} + \text{Costo de reparaciones} + \text{Costo de conservación}$$

La selección de un determinado equipo de construcción depende de diversos factores, principalmente de los relativos a: productividad y eficiencia; cobertura de las necesidades puntuales de cada obra y de la empresa que las ejecuta.

7.2.2 PRODUCTIVIDAD Y EFICIENCIA DEL EQUIPO

La productividad del equipo de construcción es una base primordial para su selección al planear una operación y es la expresión empleada para designar el rendimiento del equipo en una unidad de tiempo (normalmente una hora), en otras palabras, la productividad de un equipo indica el número de unidades de trabajo que produce el equipo en determinado período de tiempo (por ejemplo un hora). Esto no es una cantidad fija para un equipo dado, sino que depende principalmente de las condiciones del trabajo y de la dirección del mismo, así como de la destreza del operador, de su experiencia y de la coordinación con las demás fuerzas de construcción.

A la mejor productividad que puede esperarse se le denomina *productividad óptima* (**Qp**), la que está regida principalmente por las limitaciones de diseño del equipo y su determinación se basa en la situación ideal de que el equipo trabaje los 60 minutos completos de cada hora.

Considerando una tolerancia por factor humano en la operación del equipo no automatizado, habrá un régimen de producción un poco más bajo, a ese nivel se le llama *productividad normal* (**Qn**). Esta productividad está determinada principalmente por las condiciones del ambiente de trabajo, lo que considera topografía, tamaño de la faena, condiciones climáticas (dentro y fuera de la cabina), requerimientos especificados para el método o la secuencia de trabajo. Este factor tiene un promedio normal de 0.85.

Adicionalmente se corrige por otro factor conocido como *factor de dirección del trabajo* (**fp**), el cual toma en consideración la organización de la faena y la planificación, supervisión y coordinación del trabajo, el entrenamiento y motivación de los trabajadores y la selección, operación y mantención del equipo. Este factor tiene un promedio normal de 0.8.

En definitiva los valores de productividad se determinan como sigue:

Productividad Óptima: **Qp**

Productividad Normal: **Qn** = fw * Qp (7.1)

Productividad Real: **Qr** = fp * Qn = fw * fp * Qp = fa * Qp (7.2)

La combinación de los dos factores fw y fp da un factor de eficiencia general de operación denominado *factor de productividad real* (fa) que es el producto de fw * fp.

Por ejemplo: La sección de costos de carreteras de la oficina de caminos públicos de los EE.UU., determinó, tras un amplio estudio de las operaciones de construcción realizado en los años cincuenta, que el tiempo medio productivo del equipo durante las horas de trabajo “netas disponibles”, es de 44 minutos. Esta es la eficiencia de trabajo, fw. Esta misma eficiencia varió en la construcción de carreteras, desde una productividad alta de 53 min. por hora, para los bulldozer de orugas, hasta una baja de 38 min. por hora, para las motoniveladoras.

Algunos valores representativos para las eficiencias de trabajo y para los factores de dirección del mismo, que podrán utilizarse en la estimación de productividades para condiciones dadas, están sugeridos en la Tabla 7.1. En dicha tabla las eficiencias están determinadas por el efecto combinado de las condiciones de trabajo y la planificación de las actividades.

Tabla 7.1: Factores de eficiencia combinada de equipos
(Adaptada de Nunnally, 2001)

	Planificación y gestión de las actividades			
Condiciones de trabajo	Excelente	Buena	Deficiente	Mala
Excelentes	0.84	0.81	0.76	0.70
Buenas	0.78	0.75	0.71	0.65
Deficientes	0.72	0.69	0.65	0.60
Malas	0.63	0.61	0.57	0.52

Al planificar, la utilización de las productividades de los equipos debe ser lógica y realista; el técnico de planificación debe conocerlas y aplicar su criterio al usarlas. Por otra parte al comparar un equipo con otro, o al considerar varios equipos en operación simultánea, las productividades usadas de cada uno deben ser comparables. En general, lo anterior significa que debe usarse ya sea la productividad óptima, o la normal, para cada equipo, en tales determinaciones. De esta manera, la condición de dirección del trabajo, que no depende del equipo, no afectará la comparación. Sin embargo, si el equipo usado afecta al factor de dirección del trabajo, este valor debe incluirse en la comparación.

7.2.3 FACTORES DE SELECCIÓN DE EQUIPOS

Los factores más importantes en la selección de equipos son (respecto de la empresa que trabajará con ellos para realizar operaciones de construcción) costo, financiamiento y facilidad de conservación. Es decir, se escoge aquel equipo que pueda hacer el trabajo con un costo total mínimo en caso de igualdad de los demás factores de selección.

Por otra parte los principales factores de selección relativos al trabajo que ejecutará el equipo, y que deben analizarse en cada etapa son:

- Trabajo u operación específica a ejecutar.
- Especificación de construcción.
- Movilidad requerida por el equipo.
- Influencia de las variaciones atmosféricas en el funcionamiento del equipo.
- Tiempo programado para hacer el trabajo.
- Balanceo del equipo interdependiente.
- Versatilidad y adaptabilidad del equipo a otros conjuntos de maquinaria.
- Efectividad del operador con el equipo.

Una solución factible al problema de selección de equipo, para condiciones de terreno reales, comprenderá indudablemente varios de los factores antes mencionados. En efecto, una selección de equipo que dependiera de un solo factor sería una operación de construcción muy extraña. Para lograr una mayor comprensión y capacidad de aplicar los diversos factores en la selección, se estudiarán uno por uno. Al hacer esto, a modo de modificar el análisis se supondrá que mientras se estudia un factor dado, los demás permanecen constantes y subordinados en cuanto a su efecto.

a) **Trabajo u operación específica a realizar**
Es obvio que la operación específica de construcción, es el factor primario en la selección del equipo necesario para lograr el trabajo. El concepto de trabajo u operación específica por realizar tiene varios efectos generales en la selección de equipo. El problema comprende el conocimiento de: el trabajo físico a efectuar al realizar la operación; la disponibilidad de espacio de trabajo; los requisitos y la disponibilidad de potencia.

Las características de diseño de un equipo suponen ciertas indicaciones respecto a los trabajos y también respecto de los espacios en que puede ser usado. Por ejemplo: cuando existen limitaciones de espacio de trabajo, el planificador de la construcción debe recurrir a su conocimiento sobre la variedad de los posibles equipos que le serán útiles, y de las especificaciones de los que pudiera elegir. Puede ser que el espacio de trabajo tenga una altura limitada, tal condición supondría para una operación de carga, seleccionar un equipo de pluma telescópica o hidráulica, en oposición a otro de pluma de longitud fija, regulada por cables, que requiere más espacio total para girar. Otro ejemplo para ilustrar la aplicación de este factor de selección del equipo, es el de una operación de vaciado de hormigón en un espacio congestionado de trabajo. Bajo tales circunstancias, puede ser aconsejable decidirse por una bomba de hormigón, por requerir un mínimo de espacio.

Por otra parte si el trabajo se encuentra en un lugar remoto y sin mucha infraestructura, será diferente la consideración de necesidades, en cuanto al tipo energía de accionamiento, de las que se tendrían para un trabajo a desarrollar en un área urbana. La selección del equipo se basa, en cierto grado, en la disponibilidad de fuentes de energía para accionarlo en el lugar de la faena constructiva.

La planeación de las necesidades de potencia de un equipo en particular se rige, a menudo por su especificación, y la selección de los medios de accionar equipos se hace de acuerdo al estudio de las necesidades de potencia y a su disponibilidad en aquellos puntos en que se realizará el trabajo específico, así como también de las condiciones del sitio de la construcción.

Las unidades motrices seleccionadas con mayor frecuencia para los equipos de construcción, son los motores de combustión interna. Para los equipos que han de trabajar durante largos períodos, el motor diesel es, por lo general, el más económico. Ya sea que se trate de un motor accionado por diesel o por gasolina, se necesita un abastecimiento adecuado del combustible requerido, el que puede transportarse al lugar de la construcción anticipadamente, para varios días de trabajo. Ya sea combustible diesel o gasolina, el transporte se puede hacer en carros tanque del proveedor o bien en tambores o tanques a bordo de los camiones del contratista. Para reducir al mínimo los inconvenientes, es necesaria la planificación anticipada, a fin de cubrir perfectamente los tiempos de recarga de combustible. Además, dada la importancia que esta tomando el cuidado por el medio ambiente, es importante tomar las precauciones necesarias para evitar la contaminación de la naturaleza

Si el trabajo específico o el lugar de la construcción se encuentra en las proximidades de una fuente de energía eléctrica, la electricidad puede generarse económicamente para utilizarse en una variedad de equipos y servicios, y si el equipo no requiere gran variación de potencia y movilidad, es ventajoso considerar unidades motrices eléctricas. En esos casos, esta forma de potencia es la más económica posible y también es la más limpia, y puede ser la necesaria por razones de control ambiental. Presenta, empero, ciertos riesgos que deben considerarse.

Las otras formas de potencia que pudieran considerarse para satisfacer las condiciones de trabajo se seleccionan atendiendo más bien a las operaciones o trabajos específicos a realizar y al equipo en particular o las herramientas que han de usarse para llevarlas a cabo. Así, se escoge generalmente la potencia del aire comprimido para accionar las herramientas para taladrar, en vez de las operadas a mano con las cuales corre riesgos el operador. Esto es significativo, en particular, en los trabajos de avance de túneles. En contraste, la potencia del vapor podría ser la adecuada al considerar ciertos martinetes de hincado de pilotes, en donde su cercanía a los trabajadores no representa un problema mayor, y los beneficios de impacto de esta forma de potencia son ampliamente ventajosos.

b) **Requisitos de la especificación**

Idealmente, las especificaciones de un contrato de construcción deberían dictar o expresar solamente los resultados finales deseados, en tal caso, no se requeriría especificar equipo alguno, ya que existe una gran variedad de equipos que podrían escogerse para lograr los productos terminados deseados. Pero, para evitar tener un producto terminado indeseable de construcción, algunos profesionales prefieren especificar pasos intermedios o equipo a utilizar.

Por ejemplo: la densidad y la capacidad de carga de un relleno de tierra, no son propiedades a verificar solo cuando ya está terminado el relleno. Si no se presta atención a estas propiedades a medida que se construye el relleno, existe la posibilidad de obtener falta de homogeneidad del mismo, independientemente de lo concienzudo que pueda ser el contratista. Consecuentemente, las especificaciones estipulan, por lo general, que el relleno sea colocado y compactado por capas, cada una de alrededor de 15 centímetros de espesor (una vez compactado), y que tales capas sean aprobadas por el profesional residente, o el ingeniero de suelos y para asegurar mejor el control de los resultados, se especifican además ciertos tipos y tamaños de equipos de compactación, así como los procedimientos para su uso, es decir, su velocidad de viaje y el número de pasadas sobre el relleno. El objeto de tales especificaciones es asegurar los resultados finales deseados, que de otra manera, serían difíciles de controlar o de obtener.

Puede seguirse una línea de razonamiento muy similar, respecto a la necesidad de especificar pasos intermedios y necesidades de equipo para producir concreto de calidad en un proyecto de construcción.

Así, se justifica especificar ciertos tipos o características de equipo, como medio de control, en los trabajos de construcción, para asegurar los resultados finales deseados. Toda especificación relativa al equipo, influirá forzosamente en su selección y en la resolución de los problemas de planificación. Pero no debe especificarse algún tipo, tamaño o marca de equipo en particular cuando haya otros que pueden producir un resultado final idénticamente satisfactorio.

En todo caso, es importante mencionar que la tendencia actual en los países desarrollados es especificar comportamiento y no procedimiento. Un ejemplo en esta dirección es la especificación de la terminación (rugosidad) de los pavimentos, llegando incluso a diseñar mecanismos de premios y multas asociados a lo que realmente se alcanza en el terreno comparado con lo especificado.

c) **Movilidad que requiere el equipo**

El aspecto de la movilidad del equipo para utilizar en los trabajos de construcción se enfoca desde dos puntos principales:

- El movimiento necesario del equipo de trabajo y de los materiales para una operación dada.
- El movimiento planeado de una operación a otra en un proyecto dado, o de un proyecto de construcción a otro.

La importancia de los movimientos del equipo, en cualquiera de las dos situaciones, depende del tiempo necesario para hacerlos y de la frecuencia que ellos presentan. Por ejemplo: si se está utilizando el equipo en una operación de vaciado de hormigón que toma un día entero, y para realizar la operación del siguiente día, debe moverse el equipo al otro lado del edificio, no será necesario que este sea móvil de autopropulsión, pero sí transportable con relativa facilidad de un punto a otro de la obra con un remolque o algún otro elemento similar.

En términos generales se tiene que:

- es deseable que el equipo pesado que deba moverse por lo menos una vez a la semana sea de autopropulsión.
- el equipo más ligero, montado en sus propios ejes de rodamiento, puede moverse económicamente, por tiro o arrastre, cuando tal operación puede efectuarse con facilidad, con un vehículo que se tenga disponible en el proyecto.

- si los movimientos son largos, por ejemplo, mayores de 300 metros, y se hacen sobre superficies variables debe considerarse el uso de equipos montados sobre camión, o equipos con ruedas propias.
- para traslados más cortos, o en rutas ásperas, sin camino previamente conformado, deben seleccionarse equipos montados en orugas, en virtud de que en esas superficies se reduce notablemente la ventaja de alta velocidad de traslado que ofrecen los equipos montados en neumáticos (y que afecta en términos de costos). Este ultimo aspecto ha ido cambiando con la aparición de los vehículos de tracción a las cuatro ruedas. Otro sistema también usado en estos casos son equipos que se desplazan sobre rieles.
- si el equipo se usa generalmente en una posición, y sus movimientos se hacen con muy poca frecuencia, o si consumen menos del 2% de su tiempo de trabajo en desplazamientos, probablemente sea más económico no tenerlos montados sobre ruedas ni sobre orugas. Estos equipos pueden asentarse y asegurarse sobre una base temporal, firme y de bajo costo, lo cual representa una economía en cuanto a estabilidad extra, bastidor de montaje y accesorios. Para hacer movimientos de frecuencia esporádica, resulta generalmente más económico utilizar los servicios de equipos comunes para elevación y tiro, que tener inactiva la potencia de transportación, durante los largos períodos que transcurran entre movimientos.

Una expresión generalizada que puede ser útil en la resolución del problema de la movilidad se indica a continuación. Los movimientos realizados durante una operación, o entre operaciones, son costosos; el gasto total efectuado durante cada movimiento comprende la suma de todos los componentes del costo de propiedad, de todo el equipo involucrado, el costo del operador de cada equipo involucrado, y los demás gastos de operación de los equipos que sean utilizados para el movimiento. Llamaremos Cm a este gasto total de pesos ($) por hora. Entonces, el efecto de los movimientos en el costo por unidad de producción C'm, es:

$$C'm = dCm \ / \ 60\, v\, Qm \qquad (7.3)$$

en donde,

d: distancia media de movimiento, en metros.
v: velocidad media durante el movimiento, en metros por minuto.
Qm: número de unidades de producción terminadas entre movimientos.

Este gasto adicional por movimientos, como parte integrante del costo total de producción de unidades construidas, debe mantenerse en un valor mínimo, que corresponda a los planes para todas las operaciones relacionadas. A tal costo debe dársele atención especial sobre todo al seleccionar equipos para operaciones como las siguientes: excavación para cimentaciones diseminadas en un área industrial o área de planta muy grande, operaciones de hincado de pilotes, vaciado de concreto en lugares distantes, entre otras.

d) **Influencia de las condiciones atmosféricas en la operación y productividad del equipo**

La influencia o el efecto de las variaciones atmosféricas en la selección de equipo, es importante. Las condiciones atmosféricas que deben considerarse son: temperatura, humedad, viento y presión del aire.

Todas estas condiciones afectan al funcionamiento del equipo, de diversas maneras. Incluso, algunas de ellas afectan también la habilidad del operador para trabajar su equipo en forma eficiente.

La temperatura tiene un efecto significativo en la eficiencia de operación de un motor de combustión interna (C.I.). A baja temperatura, por ejemplo: bajo del punto de congelación, debe calentarse más el aire aspirado, para lograr su atomización y favorecer su mezcla con el combustible, y el encendido de la mezcla, dentro de los pistones. También, el aceite, y los otros fluidos viscosos, serán más espesos. Cuando la temperatura es muy alta, por ejemplo, de 38 °C o más, el aire aspirado para la combustión es menos denso, es decir, tiene menos oxígeno por metro cúbico que lo normal, y debe comprimirse para obtener la mezcla necesaria del oxígeno y combustible. Este se convierte en un factor aún mayor, a altitudes muy grandes sobre el nivel del mar.

De esta forma, en la potencia, así como en la operación de un motor de C.I., las condiciones atmosféricas estándares son 15.5 °C al nivel del mar, por cada variación de 5.5 °C, en comparación con la temperatura estándar, se origina un cambio de aproximadamente 2%, en la fuente de potencia.

La temperatura en los lugares donde se utilizan equipos mezcladores para procesamiento, debe considerarse de otra manera. Los materiales al ser utilizados para mezclas de asfalto o de concreto, deben estar dentro de un rango de temperatura razonable para su trabajo. Si los agregados están a 0 °C o a una temperatura menor, debido a la temperatura circundante, su humedad se encuentra congelada, esta situación provocará que actúen en forma adversa con los demás materiales con los que se mezclen. Para evitarlo, el equipo usado para mezclar materiales cementantes debe tener medios para precalentar los materiales separadamente, y así asegurar mezclas buenas y uniformes.

La lluvia, la nieve o la humedad excesiva en la atmósfera, y en el terreno sobre el que viaja el equipo, pueden ocasionar problemas. En general, cuando la superficie está mojada la tracción es más deficiente para el equipo en sus contactos de propulsión. El equipo impulsado por neumáticos, tendrá de un 5 a 10% menos de tracción en superficies mojadas. La reducción es mucho mayor en la nieve o sobre una superficie congelada. Tal situación es de tipo intermedio cuando hay rocío abundante sobre la superficie, regularmente por las mañanas.

La precipitación sobre la superficie de traslado, también aumenta, a menudo, la resistencia al rodamiento. La conclusión general a deducir de estas observaciones, es que, en un equipo de autopropulsión, la lluvia y la humedad obstaculizan su movimiento.

Otro punto significativo, acerca de la influencia del tiempo en la operación del equipo, es el efecto que tiene sobre los operadores. Las condiciones adversas del tiempo, como el calor y el frío, tienden a disminuir la habilidad del operador para hacer un esfuerzo máximo de producción. También, la temperatura de congelación tiene su efecto, a no ser que el operador tenga un espacio tibio para trabajar. El efecto relativo de esta influencia será mayor para los equipos de alta velocidad y para los que requieren muchas maniobras, así como para aquellas unidades que requieran de un alto grado de destreza, y que, por lo tanto, fatigan al operador con su manejo.

e) **Tiempo programado para realizar el trabajo**

La selección del equipo depende directamente de las siguientes consideraciones de tiempo, y puede decidirse por alguna de ellas:

- El tiempo permitido por el contrato de construcción.
- La sincronización de las operaciones secuenciales.
- La variación de las tarifas de renta del equipo, con el tiempo que toma a los equipos realizar la operación.

En el siguiente desarrollo se analizará el efecto relativo de estos conceptos del tiempo. El contrato de construcción puede fijar una fecha de terminación, o un cierto número de días hábiles de trabajo. Conociendo la cantidad planeada, o el número de unidades, Q, por construir, la producción media necesaria, **qa**, para satisfacer el límite de tiempo contratado, puede usarse la siguiente expresión:

$$\mathbf{qa} = Q \; / \; Haw \; Dw \qquad (7.4)$$

en la que:

Haw : tiempo medio de trabajo, en horas por día
Dw : días de trabajo disponibles

La productividad media así determinada, no contiene tolerancia por posibles reparaciones o desperfectos del equipo, por falta de materiales o de equipo interdependiente en el momento necesario para lograr una operación eficiente y, en general, por cualquier reducción prevista o imprevista, a partir de la productividad óptima o de la normal.

Para tener un margen por atrasos impredecibles, debe usarse un factor de contingencia fc. Este factor debe bajarse más y más respecto a su valor ideal 1 (uno), en la medida en que aumenten las probabilidades de clima caluroso, huelgas, etc. Entonces, es necesario planear para un régimen de producción real de calendario, un **qa'** que se obtiene de:

$$\mathbf{qa'} = Q \; / \; Haw \; Dw \; fc \qquad (7.5)$$

Con la productividad requerida, determinada con las fórmulas anteriores y en conjunto con el tiempo permitido por el contrato, la selección del equipo se limita a aquellas posibilidades que puedan satisfacer o sobrepasar al régimen de producción qa'.

El aspecto de la sincronización necesaria y económica de las operaciones de realización secuencial es de particular importancia para ciertas operaciones de construcción, principalmente para operaciones repetitivas que no pueden efectuarse económicamente como operaciones continuas independientes, que deben ser hechas sin interrupciones, y que consumen desde una hora hasta un día o más en cada ciclo.

f) **Balanceo del equipo interdependiente**

Muchas operaciones de construcción tienen dos o más tipos de equipo trabajando simultáneamente, realizando cada uno su parte del trabajo, estos equipos se denominan interdependientes. Para que estos equipos trabajen juntos, en forma efectiva y económica, sus regímenes de producción deben ser tan compatibles como sea posible. Las medidas que se toman en la planeación y selección de los equipos interdependientes, para asegurar su compatibilidad, se basan en el "balanceo" de los mismos. Expresado en otras palabras, los equipos que trabajan juntos deben estar balanceados, en cuanto a tamaño y producción para lograr una operación económica.

Una parte del balanceo del equipo interdependiente, consiste en hacer compatibles los tamaños de sus elementos de trabajo. Por ejemplo, un cucharón de carga debe poder llenar, precisamente, un recipiente de acarreo, con un cierto número de cucharones llenos, o un camión de acarreo de concreto debe poderse cargar con un número par de tambores llenos, procedentes de la mezcladora.

Por ejemplo: si la cargadora es de 3/4 m^3 de capacidad, las unidades o cajas de acarreo deben tener capacidades de 3, 4.5 o 6 m^3. En tales casos se requeriría un número par de cargas de cucharón: 4, 6 u 8, respectivamente, para cargar los recipientes de traslado. Además se sugiere a menudo, por razones de economía de operación, que el recipiente de acarreo debe ser llenado con un mínimo de tres y un máximo de ocho cargas de cucharón.

Otra parte del balanceo del equipo interdependiente se refiere a la correspondencia de las productividades de varios tipos de equipo. Una cargadora o una mezcladora, o cualquier pieza clave de equipo, tiene cierta productividad fija para una operación dada. Como se explicó antes, ese equipo tiene productividades óptima, normal y real. Ahora bien, si en la obra solo hay una unidad de ese tipo de equipo, por ejemplo una cargadora, su productividad óptima será la máxima para esa parte del trabajo. El equipo de acarreo que trabaje con ella no puede hacer que se logre una producción mayor (cualquiera sea el número de unidades de acarreo utilizadas). Sin embargo es posible la obtención de un régimen de producción máximo más bajo, si el rendimiento óptimo de los equipos de acarreo es menor que la productividad óptima de la cargadora.

Se lograría un balance ideal de productividades, si el valor q máximo de la cargadora, correspondiera exactamente a la suma de los valores q correspondientes de las unidades de acarreo planeadas. Lo anterior, indica que habría un cierto número de unidades optimas de acarreo trabajando con la cargadora. Puede escribirse una expresión como la que sigue para definir la posible relación de balanceo favorable.

Sean

qp1: productividad óptima de la cargadora, mezcladora, etc.
qp2 : productividad óptima de una de las unidades de acarreo.
N: nº de unidades de acarreo que han de trabajar con la cargadora.

Entonces, el balanceo de este equipo interdependiente, basado en las productividades óptimas es, idealmente.

$$qp1 = N * qp2 \tag{7.6}$$

Como la operación la efectúan un número completo (N) de unidades, la igualdad anterior es raras veces válida, si lo llega a ser, el número real de unidades enteras que se usen, determinará qué tipo de equipo controla el régimen de producción de la operación. Por consiguiente, el técnico de planeación, selecciona el número de unidades a usar, con base en:

$$N1 > qp1 / qp2 \tag{7.7}$$

cuando la cargadora, mezcladora, etc., rigen la operación.

O bien, en el caso menos frecuente, con base en:

$$N2 < qp1 / qp2 \tag{7.8}$$

cuando las unidades de acarreo rigen el régimen de producción.

La selección del equipo correcto y del número de unidades de equipo interdependiente, podría basarse en las productividades normales, qn así como también en los valores qp. En todo caso, debe basarse en valores lógicos y compatibles. Para tener una operación bien balanceada, el número seleccionado debe encontrarse dentro de uno de los números teóricos, N, determinado por la ecuación.

Por ejemplo: si la productividad óptima de la cargadora es qp1 = 160 m^3/h, y la de las unidades de acarreo es qp2 = 45 m^3/h, entonces N = 160/45 = 3.55 unidades, teóricamente. Usando tres o cuatro unidades de acarreo se tendría un balance razonable, basado en estas productividades óptimas. En este caso, N1 = 4 y N2 = 3. En efecto, siempre resulta que los valores correctos de N1 y N2 difieren entre sí por una unidad.

g) **Versatilidad y adaptabilidad del equipo**
Otro factor de selección del equipo que no depende del costo, es la versatilidad y adaptabilidad del mismo. El planificador debe considerar este factor cuando tiene varias operaciones que se requieren de un equipo similar. Si todas las operaciones pertenecen a un mismo proyecto, algunos equipos podrán usarse para trabajar en varias operaciones. Lo anterior sería también válido al haber varios proyectos cercanos que se desarrollarán durante las mismas semanas o meses. Para hacer uso de los equipos en una variedad de operaciones, puede resultar útil un "gráfico de uso del equipo". Cuando se hace una lista de todo el equipo ordenado, atendiendo a su necesidad en el trabajo, y luego se programa por operaciones, movimientos, etc., se logra un gráfico muy objetivo para la utilización del equipo durante toda la vida del trabajo.

Un equipo versátil es aquel que está diseñado para lograr varios propósitos, y que funciona en una variedad de operaciones. El ejemplo más obvio entre los equipos de construcción, es el tractor. Puede utilizarse como unidad de movimiento primario, como empujador, como excavador de hoja frontal y los cambios de una función a otra deben ser con movimientos relativamente simples.

A menudo, el comprador de un equipo se interesa en estos factores de selección, ya que va a poseer el equipo durante varios años, y en ese período no puede estar seguro de las operaciones que habrá de realizar. Por esto, le interesa tener un equipo con el que pueda hacer una amplia variedad de trabajos. De esta manera estará más seguro de mantenerlo en funcionamiento, y de recuperar el dinero que invirtió en él. Esta situación cambia cuando se trata de una empresa especialista, la cual requiere de un equipo determinado para desarrollar su labor.

h) **Efectividad del operador con el equipo**
Todos los equipos de construcción están hechos para ser manipulados por un operador. Cuando son de alto grado de automatización, el operador debe oprimir simplemente los botones correctos para ponerlos en acción. Sin embargo, la mayoría de los equipos de construcción no son tan sencillos de manipular. Se necesita una gran pericia del operador, para hacer trabajar al equipo en forma efectiva. En terreno se ha demostrado que operadores experimentados normal-

mente obtienen mejores rendimientos que los que se están iniciando, por lo tanto, es importante siempre tener alternativas de operador en un equipo, para cuando el operador principal deba faltar al trabajo.

Las características de diseño que facilitan la manipulación, son importantes en la selección del equipo adecuado. Entre estas se consideran: la posición de los controles de manipulación, la visibilidad del operador, comodidad y seguridad.

7.3 COSTOS DE POSEER Y OPERAR UN EQUIPO

Una parte importante de las actividades que se desarrollan normalmente en un proyecto requieren la utilización de equipos. El costo de este ítem considera herramientas, útiles y maquinarias, aunque en muchas empresas el costo de los dos primeros es cargado a gastos generales. En el caso específico de las maquinarias, pueden utilizarse desde el punto de vista de los costos, bajo tres modalidades: usar equipos arrendados, adquiridos con leasing o propios.

En caso de ser arrendados, el planificador debe incluir el costo del arriendo dentro de la estimación del costo total del equipo, recordando que existen distintas modalidades de arriendo, entre las cuales se cuentan algunas en que el arrendatario paga el operador, el combustible, lubricantes, reparaciones, etc., y otras, en que tales gastos pueden ser responsabilidad del dueño de la máquina. Todo debe ser considerado al momento de calcular el costo. Un caso especial de arriendo es el leasing o arriendo con compromiso de compra. Este último sistema es una forma común con el que las empresas hoy en día compran sus equipos.

En caso de ser comprados, es necesario determinar los costos totales que los equipos representan para la empresa por el período en que ésta es dueña del equipo. Los costos que se deben considerar cuando se utilizan equipos propios son costo de poseer y costo de operar.

7.3.1 COSTO DE POSEER UN EQUIPO

El costo de poseer un equipo está compuesto a su vez por dos tipos de costos: el costo de depreciación y el costo de la inversión.

a) **Costos de depreciación de un equipo**

Al cargo regular representado por la disminución de valor referida a la inversión original se le llama depreciación. En consecuencia, la depreciación representa la disminución del valor original del dinero invertido en el equipo durante el tiempo en que ha pertenecido a la empresa. La disminución del valor original del equipo es función de los años (n) que éste permanece en la empresa y de su valor residual (Vr).

La depreciación de un equipo se ve afectada por tres factores:

i) **Amortización**: es la disminución del valor inicial por el progresivo deterioro del equipo, el cual está relacionado al desgaste por uso. La disminución del valor por deterioro trabaja 'poco a poco' y se explica por: pérdida de eficiencia, aumentos en el consumo de energía; aumentos en el costo de mantenimiento, reparaciones y materiales; pérdida de trabajo productivo de la mano de obra por tiempos ociosos derivados de las detenciones por desperfectos; mayor consumo de mano de obra por disminución de la velocidad de trabajo; mayor número de inspecciones y revisiones por aumentar la inseguridad en el uso.

ii) **Obsolescencia**: la obsolescencia, en cambio, es un fenómeno que opera bruscamente, y se produce por el aparecimiento de nuevos equipos tecnológicamente superiores. Significa también aumentos de costos con respecto a la tecnología nueva, por: Mayor consumo de energía; mayores costos de mantenimiento, reparaciones y materiales; mayor número de detenciones por fallas de diseño; mayor cantidad de pérdidas de materiales y menor seguridad en el trabajo por diseños; mayor consumo de mano de obra y de supervisión a causa del diseño menos automatizado; mayor volumen de espacio utilizado por el equipo debido a su diseño menos compacto. Por lo tanto, el valor residual puede tender rápidamente a cero por concepto de obsolescencia.

iii) **Envejecimiento**: independientemente de si el equipo se usa o no, o de que aparezcan en el mercado otros equipos de mejor tecnología, los equipos envejecen y requieren del reemplazo de piezas solo por efecto de su deterioro en el tiempo. Por ejemplo: gomas, baterías, piezas oxidadas etc. Este último factor no es muy influyente en el cálculo de la depreciación de un equipo.

Para el cálculo de la depreciación de un equipo, en la mayoría de los casos se emplean métodos matemáticos que reflejan solo el efecto del deterioro por uso (amortización). La obsolescencia y envejecimiento se reflejan en un menor período de vida útil y/o un menor valor residual del equipo.

El Servicio de Impuestos Internos suele regular el cálculo de la amortización a través de tabulaciones preestablecidas. Pero existen también métodos para calcular las depreciaciones, los tres más comunes son: depreciación en línea recta; depreciación a porcentaje constante o de balance descendente; depreciación por el método de la suma de los años dígitos.

Todos estos métodos se inician determinando la vida útil n del equipo. La vida útil del equipo de construcción se considera comúnmente entre 3 y 12 años, siendo más corta para el equipo de alta movilidad o portátil, sujeto a choques frecuentes, vibraciones y abuso, es decir, a mayor desgaste.

La determinación del valor residual dependerá de quien posea el equipo y el número de años o kilómetros que se desea poseer el equipo.

i) **Depreciación Lineal (Dl)**: en ella se asume que el equipo disminuye el valor de su costo original total en un porcentaje uniforme en el tiempo.

Para estimar la depreciación del costo se puede dividir el costo original o valor inicial (Vi) menos el valor residual (Vr) entre el tiempo probable de vida útil (n):

$$Dlj = \frac{\left(Vi - Vr\right)}{n} \tag{7.9}$$

Este es el método más fácil de aplicar, y el que han aceptado los oficiales de impuestos federales de los E.E.U.U., durante muchos años.

ii) **Depreciación a Porcentaje Constante (Dp)**: el método de porcentaje constante o de balance descendente, requiere que se establezca un porcentaje como factor constante a aplicar al balance previo, o valor anterior en libros para determinar el cargo de depreciación y en consecuencia, el nuevo valor en libros (Peurifoy, 1992).

$$\mathrm{Dpj} = \mathrm{K} \cdot (1 - \mathrm{K})^{(j-1)} \cdot (\mathrm{Vi} - \mathrm{Vr}) \tag{7.10}$$

En que K: régimen de depreciación a porcentaje constante, el cual no puede ser mayor del doble del régimen de línea recta, de acuerdo con las reglas de Impuestos Internos.

Ejemplo 7.1:
Sea el valor inicial del equipo Vi = US$ 10.000 y el valor residual o de recuperación estimado Vr = US$ 0. El régimen de depreciación establecido (K) es de: 0.4 (40%), determinado como el doble del porcentaje promedio de depreciación por año (estimado en 20%). La vida útil estimada es de n = 5 años.

La depreciación año a año deja los siguientes valores en libros:

Valor inicial en libros	= $ 10,000			
Valor en el primer año	=	10,000	- 0.4 (10,000)	= $ 6,000
Valor en el segundo año	=	6,000	- 0.4 (6,000)	= $ 3,600
Valor en el tercer año	=	3,600	- 0.4 (3,600)	= $ 2,160
Valor en el cuarto año	=	2,160	- 0.4 (2,160)	= $ 1,296
Valor al final de la vida útil	=	1,296	- 0.4 (1,296)	= $ 778

Evidentemente, por este método el valor del equipo nunca se depreciará a cero. Es necesario hacer algún cambio del método hacia el final de la vida útil, para depreciarlo a cero o a su valor residual (en caso de ser distinto de cero).

iii) **Suma de años dígitos (Dd)**: el método de la suma de los años dígitos, requiere la determinación de "los dígitos" después de decidir la vida útil estimada. Todos los dígitos representan cada año de la vida útil del equipo y se suman (Peurifoy, 1992).

$$Ddj = 2 \cdot [(n - j + 1) / (n \cdot (n + 1))] \cdot Vi$$

Ejemplo 7.2:
Siguiendo con los datos del ejemplo anterior, n = 5, la suma de los dígitos es 5 + 4 + 3 + 2 + 1 = 15. Entonces, Dd: la cantidad del valor original que se toma cada año como depreciación, sería 5/15 el primer año, 4/15 el segundo año, etc. Por lo tanto, el valor original de 10,000 dólares del equipo, se depreciaría, siguiendo el método, como sigue:

Valor inicial en libros	= $ 10,000			
Valor en el primer año	=	10,000	- 5/15 (10,000)	= $ 6,667
Valor en el segundo año	=	6,667	- 4/15 (10,000)	= $ 4,000
Valor en el tercer año	=	4,000	- 3/15 (10,000)	= $ 2,000
Valor en el cuarto año	=	2,000	- 2/15 (10,000)	= $ 667
Valor al final de la vida útil	=	667	- 1/15 (10,000)	= $ 0

A continuación, en la Tabla 7.2 se presenta una comparación entre los resultados obtenidos en los ejemplos anteriores, lo que permite visualizar las diferencias que se producen entre ellos y que son mínimas.

Tabla 7.2: Comparación de costos de depreciación anual

Año	**Depreciación lineal**		**Depreciación a porcentaje constante**			**Depreciación por suma de años dígitos**		
	Deprec. por año	Valor en libros	Porcentaje de deprec.	Deprec. por año	Valor en libros	Porcentaje de deprec.	Depreci. por año	Valor en libros
0	$0	$1.0000	0	$0	$10.000	0	$0	$10.000
1	$2000	$.8000	40	$4000	$6.000	5/15	$3333	$6.667
2	$2000	$6.000	40	$2400	$3.600	4/15	$2667	$4.000
3	$2000	$4.000	40	$1440	$2.160	3/15	$2000	$2.000
4	$2000	$2.000	40	$864	$1.296	2/15	$1333	$667
5	$2000	$0	40	$518	$778	1/15	$667	$0

Los tres métodos para considerar la depreciación de un equipo, pueden representarse gráficamente (Figura 7.6). En cada método, se hace el cargo, a menudo, solo una vez al año, probablemente al final de cada año de vida útil; o a lo sumo, los cargos por depreciación se harán cada mes. Por lo tanto, la gráfica de cada método debería ser una línea escalonada. Sin embargo, para mayor claridad del análisis de las ventajas y desventajas de estos métodos, uniremos cada valor depreciado sucesivo con una curva continua. Estas curvas se basan en valor de recuperación nulo.

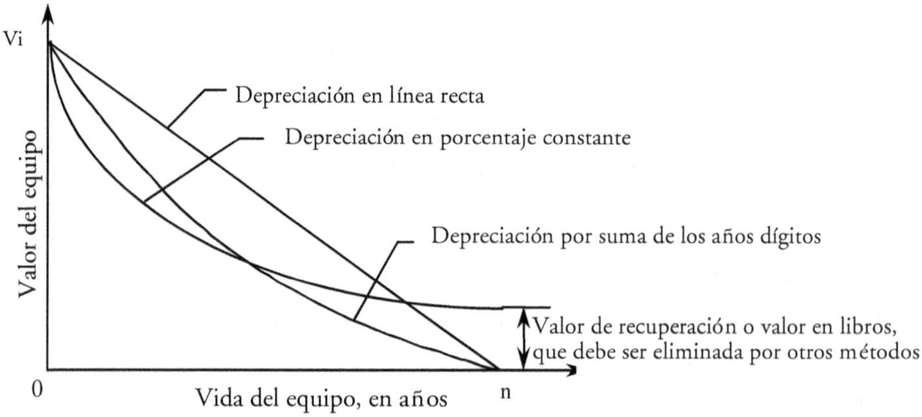

Figura 7.6
Comparación de métodos de cálculo de depreciación.

El método de la línea recta es el más fácil de aplicar, pero probablemente no conduce a un valor depreciado realista para el equipo, durante los años de su vida. Este método tiene la ventaja de que el cargo de depreciación anual o periódico, es un valor constante durante toda la vida útil del equipo. El método del porcentaje constante o del balance descendente, conduce a un valor depreciado más realista del equipo, y debe ser el método a considerar cuando se prevé una reventa prematura del equipo usado. Este método tiene la obvia desventaja de no llegar a un valor cero en libros, al término de la vida útil del equipo. El método de la suma de los dígitos conduce a un valor de depreciación más realista del equipo, y elimina la desventaja del método de porcentaje constante. Además, puede calcularse fácilmente el cargo por depreciación, para un año cualquiera. Finalmente, es importante señalar que en Chile, el Servicio de Impuesto autoriza el método lineal normal o acelerado para efectos tributarios. El acelerado no es más que una depreciación lineal a la cual se le ha reducido la vida útil del equipo.

b) **Costos de la inversión**

Los costos de inversión de un equipo deben ser considerados por el propietario para evaluar y proteger su inversión, independientemente si el equipo está o no en funcionamiento. Para esto se considera el costo original del equipo, que está formado por todo lo que es necesario gastar para tener el equipo instalado en el patio del contratista, o en el lugar de la obra de construcción, listo para trabajar. Esta base es aceptada por Impuestos Internos para el cálculo del costo inicial de la inversión.

Estos costos pueden determinarse en base al cálculo de un valor anual medio de la inversión por el período de su vida útil. En realidad, el valor medio es variable (disminuye) durante la vida del equipo, por lo que el costo de propiedad debería variar con dicho cambio. Sin embargo, para facilitar la determinación de su cargo regular, es conveniente usar un valor medio constante para toda su vida útil. A este valor se le llama Inversión Anual Media (IAM). Para el cálculo del Costo de posesión se requiere entonces, determinar la Inversión Anual Media (IAM).

Si la depreciación del equipo es lineal, dicho costo se encuentra fácilmente empleando la siguiente fórmula:

$$IAM = \frac{Vi\,(n+1) + Vr\,(n-1)}{2n} \tag{7.11}$$

donde: Vi : Valor inicial del equipo

Vr : Valor residual
n : Vida útil

Una demostración de esta ecuación se presenta a continuación. Suponiendo depreciación lineal se tiene que:

$$V_{año\,1} = Vi\,; \quad V_{año\,2} = Vi - 1\left(\frac{Vi - Vr}{n}\right); \quad V_{año\,j} = Vi - (j-1)\left(\frac{Vi - Vr}{n}\right)$$

$$IAM = \frac{1}{n}\left[\; Vi + \left(Vi - \frac{Vi - Vr}{n}\right) + \left(Vi - 2\frac{Vi - Vr}{n}\right) + \cdots + \left(Vi - (n-1)\frac{Vi - Vr}{n}\right)\right]$$

$$IAM = \frac{1}{n}\left[\; Vi + \left(Vi - \frac{Vi}{n}\right) + \cdots + \left(Vi - \frac{(n-1)\,Vi}{n}\right) + \left(\frac{Vr}{n} + \frac{2Vr}{n} + \cdots + \frac{(n-1)Vr}{n}\right)\right]$$

$$IAM = \frac{1}{n}\left[\; Vi\left(1 + \left(1 - \frac{1}{n}\right) + \left(1 - \frac{2}{n}\right) + \cdots + \left(1 - \frac{(n-1)}{n}\right)\right) + Vr\left(\frac{1}{n} + \frac{2}{n} + \cdots + \frac{(n-1)}{n}\right)\right]$$

$$IAM = \frac{1}{n}\left[\; Vi\left(\frac{n}{n} + \frac{n-1}{n} + \cdots + \frac{1}{n}\right) + Vr\left(\frac{1}{n} + \frac{2}{n} + \cdots + \frac{(n-1)}{n}\right)\right]$$

$$IAM = \frac{1}{n}\left[\frac{Vi}{n}\sum_{1}^{n} n + \frac{Vr}{n}\sum_{1}^{n-1} n\right]$$

$$IAM = \frac{1}{n^2}\left[\; Vi\left(\frac{n(n+1)}{2}\right) + Vr\left(\frac{(n-1)n}{2}\right)\right]$$

$$IAM = \frac{1}{2n}\left[\; Vi\,(n+1) + Vr\,(n-1)\;\right]$$

$$IAM = \frac{Vi\,(n+1) + Vr\,(n-1)}{2n}$$

Si la depreciación del equipo no es lineal se deberá calcular su valor promedio sumando el valor de cada año del equipo después de la depreciación y dividiendo por la vida útil (n).

Algunos dueños de equipos cargan un interés fijo a su inversión inicial, por el período de la vida útil del equipo. Este método produce un interés anual mayor del que debiera ser. Cada año que el equipo se usa el dueño debería retener el valor de la depreciación de éste por lo que el valor real de la inversión disminuye cada año. Por lo tanto, al término de la vida útil del equipo el dueño habrá recuperado su inversión inicial en base a las retenciones de la depreciación.

Por otra parte para el cálculo del valor inicial del equipo, generalmente, se parte del precio en que se lo compró a la fábrica (que en la mayoría de los casos está en el extranjero y que por lo tanto implica la necesidad de una operación de importación para la obtención del mismo) y a él se debe agregar los recargos por traslado desde el país de origen, internación en el país de destino, etc. Es necesario saber que:

- Precio **FOB (Free On Board)**: es el precio que se cobra por un equipo puesto en el puerto más cercano al lugar de fabricación del mismo.
- Precio **CIF (Cost, Insurance and Fleet)**: es el precio que se cobra por un equipo puesto en un puerto del país del comprador (es decir es un precio que incluye el costo del flete y seguros de traslado desde el país de fabricación al de destino).
- Costo de internación: costo a pagar por internar los equipos en un país importador, corresponde principalmente a los aranceles de aduana.

Debe entenderse que la IAM no es el costo asociado a poseer el equipo, sino como su nombre lo indica, es la inversión asociada a poseer ese equipo. Los componentes del costo de propiedad del equipo se calculan como porcentaje de la IAM e incluyen los intereses o costo de capital, los impuestos, los seguros y el almacenamiento cuando corresponda.

i) **Costo de los intereses**: Es el cargo a pagar por el dinero obtenido en préstamo o el producto, obtenido por la inversión de dinero. En efecto, si se obtiene un préstamo de un banco o de otra institución, para pagar el costo original de un equipo, el propietario tendrá que pagar interés sobre el préstamo. Este cargo representa el costo del dinero invertido por el financista. Incluso cuando el comprador utilice su propio dinero para comprar un equipo, debe considerar el cargo por interés, al calcular el costo de propiedad del equipo, pues si no hubiera utilizado el dinero para comprar el equipo, podría haberlo invertido en acciones o bonos para que le rindiera intereses. El cargo por interés anual, puede tomarse como un porcentaje del valor IAM del equipo. (ejemplo 5% al 15%).

ii) **Impuestos**: Son los costos que cargan los gobiernos federales, estatales o locales, a la posesión de bienes. Este cargo, se calcula generalmente como porcentaje del valor amortizado del equipo (ejemplo: 1% al 5%).

iii) **Seguro**: es el costo de la prima a pagar para proteger al propietario contra pérdidas financieras, en caso de pérdida o daños sufridos por su equipo. Este cargo, se calcula generalmente como porcentaje del valor amortizado del equipo. (ejemplo: 1% al 3%).

iv) **Almacenamiento**: es el costo que representa guardar el equipo en un lugar seguro y protegido, durante el tiempo en que no está siendo utilizado, o bien, en algún lugar de la obra, bajo la custodia del contratista. Este costo representa el pago por terreno extra alquilado o el de un recinto cubierto para almacenar el equipo. El cargo por almacenamiento, se toma generalmente como un porcentaje nominal de valor IAM del equipo, durante un año representativo. (ejemplo: 1% al 3%).

Finalmente, con estos antecedentes se determina el costo de la inversión del equipo, que es:

$$\text{Costo de la inversión} = \text{IAM} \cdot (\%\ \text{interés} + \text{impuestos} + \text{seguros} + \text{almacenamiento}) \quad (7.12)$$

7.3.2 COSTOS DE OPERACIÓN

Los costos de operación se pueden subdividir en cuatro tipos de costos atendiendo el flujo de caja requerido para el servicio del equipo: directo, mantención, reparaciones menores y neumáticos (cuando corresponda).

a) **Costos de operación directo**

Los costos directos de operación se componen de los costos de operador, combustibles y lubricantes.

i) **Operador**: incluye salario y leyes sociales.

ii) **Combustible**: el combustible alimentador puede ser gasolina o diesel, o bien, la energización puede lograrse mediante energía eléctrica u otras formas de

energía. El costo de las diversas formas de energización, así como su efectividad por unidad de potencia entregada, varían considerablemente.
El consumo de combustible, trabajando a potencia máxima, se puede expresar en función de la potencia máxima del motor en Hp. La potencia de un equipo en Hp es consumida en parte por los accesorios del motor (generador, bomba de agua, bomba de aceite, sistema de enfriamiento, etc.), en donde la demanda combinada de potencia de los accesorios se estima entre un 20% a 25%. La potencia disponible se le denomina "Flywheel HP" o en español "Potencia al Freno" (fhp).
El consumo de combustible se determina en lt/hr a partir de los datos del fabricante del equipo o de las estadísticas de cada empresa utilizando la expresión:

Consumo de combustible (lts/hr) = a x Hp del equipo

Donde "a" es el factor de consumo del equipo expresado en lts/(Hp*hr). El valor de este factor depende del tipo de equipo y de las condiciones de uso. Sin embargo, valores entre 0.05 y 0.15 son usuales de encontrar en faenas de construcción.
El consumo total deberá corregirse por dos factores:

f_w : factor de productividad normal = 0.75-0.80
f_p : factor de trabajo a potencia máxima. Depende del tipo de trabajo y del ciclo de operación del equipo.

Ejemplo 7.3:
Se asume que el ciclo de un equipo es de 20 seg. de los cuales 5 seg. trabaja a potencia máxima. El resto del ciclo requiere como promedio un 40% de su potencia máxima. Por lo tanto, fc se calcula como sigue:

$$fc = (5/20) \cdot 1.0 + (15/20) \cdot 0.4 = 0.55$$

Nota: La selección de la forma de fuente de potencia a utilizar, no se basa necesariamente en el costo más bajo de combustible para accionar un equipo dado, sino que depende de muchas otras consideraciones como por ejemplo, la potencia requerida y las condiciones ambientales.

iii) **Lubricantes**: es un gasto que comprende las lubricaciones diarias o regulares, y los cambios periódicos de aceite. Esta parte representa un concepto secundario en el costo total de operación del equipo, y se separa del costo del combustible porque la frecuencia con que se requiere hacer los cambios de aceite y lubricación depende considerablemente de las condiciones y ambiente de trabajo.

El consumo de aceite lubricante puede calcularse usando la ecuación siguiente:

$$\text{Aceite} = ((hp \times fc \times 0.006) / 7.4) + cc / t \quad \text{(gal/hr)} \tag{7.13}$$

donde:

cc : Capacidad caja en gal.

t : Número de horas de trabajo entre cambios de aceite (aprox. entre 100 y 200 hrs)

b) **Costos de mantención**

Se entiende por mantención a la parte programable de las operaciones para mantener a los equipos en buenas condiciones de trabajo. Se puede realizar mantención preventiva o mantención por diagnóstico. La mantención preventiva se realiza en base a un programa estricto de cambios de repuestos de acuerdo a lo sugerido en los manuales de los equipos. Es una mantención más cara, pero de mayor seguridad respecto a la disponibilidad continua del equipo. La mantención por diagnóstico requiere de un seguimiento de aquellas partes del equipo que deberían ser reemplazadas y solo reemplazarlas cuando existan señales de falla.

Al escoger un método u otro se deberá tener en cuenta que una mala mantención reduce la disponibilidad de un equipo en un 40 a 70% dependiendo del tipo de actividad que efectúa el equipo; un equipo puede estar efectuando una actividad crítica dentro de un conjunto de operaciones de construcción.

c) **Costos de reparaciones menores**

Corresponde a la parte no programada de la mantención. El costo de reparaciones y ajustes menores es un trabajo que se efectúa en el lugar de la obra en donde ha de trabajar el equipo. Las reparaciones aquí involucradas, son de tal naturaleza que se pueden hacer en el taller de la obra, cambiando las partes necesarias, que se tengan disponibles; son aquellas alteraciones de fácil ejecución ya previstas en el diseño original del equipo.

Todos los costos de operación del equipo son convertidos fácilmente a costo por hora trabajada. Por conveniencia en la preparación de estimaciones y cargos, y como estos costos solo pueden cargarse al tiempo de operación, se recomienda reducir cada uno de ellos, una vez que se conocen, a costos por hora de trabajo, y mantenerlos en tales términos. Así, puede obtenerse con facilidad el costo total de operación del equipo por hora de trabajo o de operación. Esta parte del gasto originado por el equipo, es esencialmente igual, si el equipo es de la propiedad del constructor o si es rentado.

Los costos de mantención y reparación varían generalmente entre 0.4 a 0.9 de la amortización.

d) **Costos de neumáticos**

Los neumáticos pueden corresponder a un costo relativamente alto respecto de la inversión total del equipo. Además, su vida útil es más corta. Es así, que si el costo de los neumáticos excede al 20 ó 30% del costo del equipo conviene considerarlo como un "equipo" por sí solo con su propia línea de depreciación. Si el neumático no es considerado como parte del equipo entonces el costo de reparación y cambios de los neumáticos es un costo de operación.

Ninguno de los neumáticos originales de las unidades móviles tiene una vida útil tan larga como la del equipo a que pertenecen. La diferencia principal puede relacionarse a las horas de operación y los kilómetros recorridos.

Una de las bases para estimar la vida de los neumáticos de un equipo, está fundada en el uso constante que tienen en las operaciones mineras. El objeto es establecer la duración o vida máxima de los neumáticos bajo las condiciones normales de uso y el óptimo mantenimiento. Luego, para determinar la duración estimada más corta, se aplican factores para cada condición de uso y de mantenimiento esperada. Una vida máxima u óptima posible de un neumático podría ser 5,000 hr. u 80,000 km. Los factores de reducción se encuentran en la Tabla 7.3.

Tabla 7.3: Factores de reducción de la vida de los neumáticos

Condiciones de uso	Factor a aplicar				
	1.0	0.9	0.8	0.7	0.6
A. Presión del neumático (kg/cm2), en comparación con la especificada	100%	90%	80%	75%	70%
B. Carga del neumático, en comparación con la especificada	100%	110%	130%	150%	-
C. Velocidad media (km/hr)	16	24	32	40	48
D. Posición de la rueda	Traseras de arrastre	Frontales	De tracción en vagonetas de acarreo de materiales		Moto
E. Clase de superficie de recorrido	Tierra blanda suave o suelta	Camino de grava, grava angulosa			Roca angulosa

Un ejemplo ayudará a entender este método de estimación de la vida de los neumáticos, y, consecuentemente, a calcular el costo de operación de los mismos.

Ejemplo 7.4:
Un cargador frontal de neumáticos trabaja en un pozo de grava, moviéndola una distancia máxima de 90 metros y promediando una velocidad de 16Km/h. Los neumáticos son vigilados cuidadosamente para mantenerlos a la presión especificada, pero con frecuencia se sobrecargan en un 10%. Encuentre la vida estimada de los neumáticos de tracción del cargador frontal.

En la Tabla 7.3, encontramos que los factores son: A = 1.0, B = 0.9, C = 1.0, D = 0.7, E = 0.7, por lo que la vida estimada de los neumáticos, n es:
n = 5,000 (1.0) (0.9) (1.0) (0.7) (0.7) = 2,200 horas.

Se puede determinar el costo por operación del equipo para estos neumáticos, conociendo el costo de una de ellas. Suponiendo que uno de estos neumáticos cuesta 2,500 dólares, nuevo. Entonces, los dos neumáticos de tracción de esta cargadora frontal, dan un gasto de operación, N = 5,000/2,200 = 2.27 dólares por hora.

El gasto que representa el cambio de neumáticos o su renovación es un gasto de operación del equipo, ya que depende principalmente de la operación de éste. Si el desgaste de los neumáticos es demasiado variable, es difícil aplicar el método anterior y tiene que hacerse una estimación menos precisa. El gasto por concepto de neumáticos puede ascender al equivalente de uno o más neumáticos nuevos cada doce o dieciocho meses. El tiempo más corto se debe al uso rudo, es decir, al uso en caminos malos, al mantenimiento deficiente, o a las velocidades y cargas excesivas. Un año normal, para la mayoría de los equipos, representa de 1,500 a 2,000 horas de trabajo.

7.4 VIDA ECONÓMICA DE UN EQUIPO

En la sección anterior se utilizó el concepto de vida útil de un equipo. Impuestos Internos tiene una guía de períodos de vida para diferentes clases de propiedades depreciables. Es necesario hacer la estimación de la vida útil, para establecer, desde el principio de la vida de un equipo, un costo razonable o cargo a aplicar por el uso del equipo. Ahora es posible determinar de manera más realista la vida práctica de un equipo, con base en razones económicas. Se sugieren dos métodos cuyos objetivos son bastante diferentes. Con el primero se llega a una vida económica basada en el mínimo costo horario que representa el uso del equipo. El segundo método indica que la vida económica se encuentra cuando ocurre el retorno financiero máximo. Ambos métodos requieren la contabilización de los costos que ocasiona el equipo en la forma en que se usa, así como de otros costos que se explicarán más adelante. De tal manera, ninguno de los dos métodos puede indicar la vida económica con antelación o cuando el equipo está nuevo.

La vida económica de un equipo se puede basar en el costo real mínimo por hora, que representa su propiedad y operación. El costo real, incluye al costo original de capital, los gastos de propiedad, y los gastos de operación. La clave para determinar el tiempo de reposición más económico, es la observación del costo acumulativo por hora, a lo largo de la vida del equipo. Este es alto al principio, cuando está reciente la inversión inicial y el equipo no ha trabajado muchas horas. A medida que trabaja más horas, durante los primeros meses y años, el costo acumulativo por hora disminuye. Pero cuando el equipo está más usado, y requiere reparaciones y revisiones generales cada vez más frecuentes, su costo va aumentando. En un momento dado de la vida del equipo, estos costos mayores de mantenimiento y reparaciones hacen que aumente el costo acumulativo por hora, en comparación con las horas anteriores. Al alcanzar el costo acumulativo por hora su nivel más bajo, el equipo llega al término de su vida económica, de acuerdo con esta base.

Una manera interesante de considerar los diversos gastos de propiedad y operación que forman el costo acumulativo por hora del equipo, es considerar sus diversos efectos sobre la vida económica del equipo o sobre su tiempo de reposición. Algunos de los gastos permiten conservar la máquina indefinidamente. Los costos de depreciación e inversión, como los de seguros e impuestos, son ejemplos de este caso, porque todos ellos disminuyen al reducir el valor en libros, con el tiempo.

Otros gastos comprendidos en el costo acumulativo por hora, favorecen la pronta reposición de la máquina. Los costos de mantenimiento y reparación, unidos al gasto que representa el tiempo que el equipo está parado por descompostura, son los principales ejemplos de esta categoría. Estos favorecen la pronta reposición del equipo, porque aumentan con el tiempo de uso del equipo. Una tercera categoría de gastos no afecta a la vida económica ni al tiempo de reposición de los equipos. Los salarios del operador y las prestaciones, son los principales ejemplos.

Los gastos relacionados con el costo acumulativo de depreciación e inversión por hora más los gastos relacionados con los costos de mantenimiento, reparación y detención del equipo por descompostura, forman parte del costo acumulativo por hora y se emplean para determinar la vida económica del equipo. Su variación de ilustra gráficamente en la Figura 7.7.

El costo acumulativo por hora es el total de los gastos que favorecen la conservación del equipo y de los que favorecen su rápida reposición. Así, la curva superior del grupo de curvas que se ilustran, muestra el valor mínimo o punto más bajo del costo acumulativo a determinar. El número total de horas de trabajo logradas hasta ese momento, da la vida económica de dicho equipo.

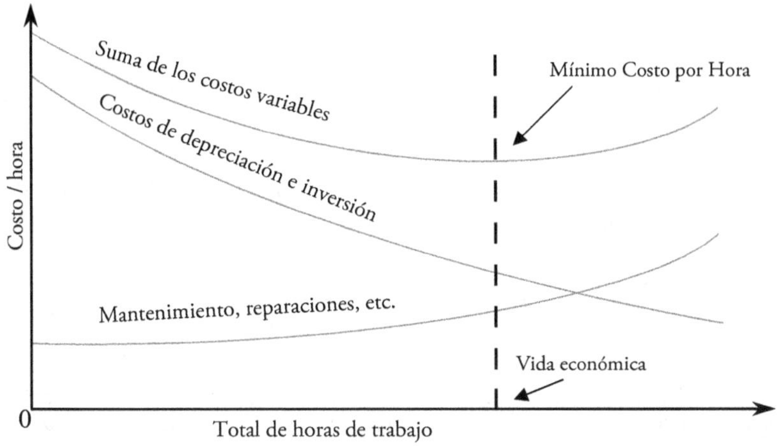

Figura 7.7
Variación de los costos del equipo.

A continuación se presenta un ejemplo numérico para calcular la vida económica de un equipo.

Ejemplo 7.5:
Un pequeño cargador es adquirido en US$ 106.000. Se espera que las horas de operación, costos de mantención y valor residual para cada año sean los mostrados en la Tabla 7.4. Determine la vida útil de este equipo, asumiendo un costo de inversión total de 8%.

Tabla 7.4: Valores esperados asociados al equipo adquirido

Año	Horas de operación	Costos de operación	Valor residual
1	1.850	US$3.340	US$79.500
2	1.600	US$3.900	US$77.500
3	1.400	US$4.460	US$76.320
4	1.200	US$5.000	US$73.000
5	800	US$6.600	US$70.000

Para determinar la vida útil, es necesario calcular el costo total acumulado asociado a la utilización de este equipo al finalizar cada año de servicio. Una de las formas de hacerlo se ejemplifica en la Tabla 7.5.

Tabla 7.5: Valores esperados asociados al equipo adquirido

1. COSTO DE POSEER	Años				
1.a) Costo de depreciación	1	2	3	4	5
Depreciación acumulada (US$)	26,500	28,500	29,680	33,000	36,000
Horas de operación acumuladas (hr)	1,850	3,450	4,850	6,050	6,850
Costo unitario depreciación acumulada (US$/hr)	14.32	8.26	6.12	5.45	5.26
1.b) Costo de inversión					
Inversión anual media (US$)	92,750	78,500	76,910	74,660	71,500
Costo de la inversión (8% del IAM) (US$)	7,420	6,280	6,153	5,973	5,720
Costo de la inversión acumulada (US$)	7,420	13,700	19,853	25,826	31,546
Horas de operación acumuladas (hr)	1,850	3,450	4,850	6,050	6,850
Costo unitario de inversión acumulada (US$/hr)	4.01	3.97	4.09	4.27	4.61
Costo de poseer (US$/hr)	18.34	12.23	10.21	9.72	9.86
2. COSTO DE OPERAR					
Costo de operación acumulado (US$)	3,340	7,240	11,700	16,700	23,300
Horas de operación acumuladas (hr)	1,850	3,450	4,850	6,050	6,850
Costo de operar (US$/hr)	1.81	2.10	2.41	2.76	3.40
COSTO TOTAL ACUMULADO					
Costo Total (poseer + operar) (US$/hr)	20.14	14.33	12.63	12.48	13.26

- La depreciación acumulada del año j es Dj=Vrj-V0, donde Vrj es el valor residual en el año j y V0 es el valor inicial en el año 0 (US$ 106.000)

- La inversión anual media del año j es IAMj=(Vrj-Vij)/2, donde Vrj es el valor residual en el año j y Vij es el valor inicial en el año j

Como se puede apreciar en la tabla anterior, el costo total acumulado es menor al finalizar el cuarto año de servicio. Por esta razón, dadas las condiciones de uso y los costos de mantención y de depreciación, la vida útil de este equipo es 4 años.

Un resultado más preciso podría obtenerse si en vez de realizarse un análisis al finalizar cada año, éste se hiciera por hora (en forma continua). Para esto sería necesario determinar la función de distribución de cada uno de los costos asociados a la utilización del equipo, establecer la función de costos total acumulada y encontrar el valor mínimo de la curva, derivando e igualando a cero esta última función.

Es muy importante destacar que la determinación de la vida útil se realiza considerando los costos acumulados. La importancia de esto puede apreciarse con ejemplo simple. Si se desea mantener este equipo 5 años, la pérdida a considerar sería US$0.78 (US$13.26 - US$12.48) sobre las 6,850 horas de operación en todo el período y no sobre las 800 horas del último año.

7.5 EJEMPLOS DE CÁLCULO DE COSTOS

En esta sección se incluyen dos ejemplos típicos de cálculo de costo de equipos y faenas de construcción. Estos ejemplos dan a conocer básicamente la forma de resolver los problemas de costo en construcción y son solo una mínima muestra de las numerosas posibilidades que ofrece el cálculo de costos en construcción. Es importante indicar que los costos calculados corresponden en todos los casos a costos por unidad de tiempo.

Ejemplo 7.6:
Se desea determinar el costo del hormigón colocado, en UF/m^3, para una obra en extensión. La obra consiste en edificar una población de 1,500 casas en un terreno de 65 Ha., en tales condiciones la mejor selección para obtener el hormigón necesario para las construcciones es instalar una planta de fabricación del hormigón en el mismo terreno. La ubicación de la planta se ha determinado en una posición tal que se minimicen los traslados entre ese lugar y la casa a hormigonar, a pesar de ello el traslado entre la planta y la casa a hormigonar representa un costo que es necesario tomar en cuenta al considerar el costo del hormigón colocado. Además se cuenta con una grúa para la colocación definitiva del hormigón.

Los datos base del problema se listan a continuación:

1.- Datos generales:

Costo del capital:	10%	
Paridades cambiarias:	1 US$ = $ 700	1UF = $ 16,800
Producción de hormigón al año:	15,120 m^3/año	

2.- Datos de fabricación del hormigón:

Valor FOB Planta:	US$ 74,202
Recargo FOB a CIF:	9%
Internación:	11%
Transporte a Santiago:	5%
Vida útil de la planta:	10 años
Valor residual de la planta:	10% del valor inicial
Costo anual de mantención y reparaciones:	15% del valor inicial
Costo del muestreo:	1.5 UF: cada 100 m^3

3.- Datos de transporte interno en obra:
Costo de transporte: 0.13 UF/m^3

4.- Datos de colocación del hormigón:

Valor CIF de grúa:	US$ 111,000
Internación:	11%
Flete a Santiago:	US$1,000
Vida útil de grúa:	8 años
Valor residual de grúa:	30%
Rendimiento:	10 m^3/hr
Costo de instalación:	UF 50 anual
Costo anual de mantención y reparaciones:	20% del valor inicial

5.- Datos de materiales:

Costo presupuestado de materiales:	1,355 UF/m^3
Pérdidas operativas de la planta:	2%

6.- Mano de obra:

Costo de mano de obra de la planta:	\$ 1,107,000 mensual
Sueldo de operario de grúa:	\$ 400,000 mensual
Sueldo total ayudantes de colocación:	\$ 300,000 mensual
Rendimiento de la cuadrilla de colocación:	10 m^3/hr
Trato de la cuadrilla:	\$ 800/m^3

7.- Costo y consumo de energía:

Costo de energía:	1 kW = \$ 40
Consumo de energía en fabricación del hormigón:	7.3 kW/m^3
Consumo de energía de grúa para su instalación:	15 kW/hr

Solución:

a) **Costos de la fabricación:**

i) Costo de poseer: costo de la planta de fabricación de hormigón puesta en obra (se asume que la obra está en Santiago):

Vi (planta) = 74,202*1.09*1.11*1.05 (valor FOB más recargos hasta su instalación en Stgo)

= 94,265.85 (US$)

Depreciación = 8,483.93 (US$) (1) (según ec. [7.9])

IAM = [94,265.85 * (10+1) + 0.1*94,265.85 * (10-1)] / (2*10) (según ec. [7.11])

= 56,088.18 (US$)

Costo del Capital (de la planta) = 56,088.18 * 0.1 = 5,608.82 (US$) (2) (según ec [7.12])

Costo de poseer = (1) + (2) = 14,092.75 (US$)
= 9,864,925 ($)
= 587.2 (UF)
= 587.2 / 15,120 = 0.039 (UF/ m^3) (i)

ii) Costos de operar: se determinan los valores anuales de los costos de operar la planta de hormigón.

Mantención = 0.15 * 94,265.85 * 700 = 9,897,914 ($) (3)

M.O. de operación = 1,107,000*12 =13,284,000 ($) (4) (mano de obra mensual por un año)

Energía = 7.3*15,120*40 = 4,415,040 ($) (5) (costo del consumo de energía en total para la producción anual)

Muestreo = 1.5* 151.2 * 16,800 = 3,810,240 ($) (6) (costo total del muestreo)

Costo de operar = (3) + (4) + (5) + (6) = 31,407,194 ($)
= 31,407,194/ (15,120*16,800)
= 0.124 (UF/m^3) (ii)

Costo de fabricación = (i)+(ii) = 0.039 + 0.124
= 0.163 (UF/m³) (a) (costo de poseer y de operar)

b) **Costo de los materiales:**
Costo de los materiales = 1,355* 1.02
= 1,382 (UF/m³) (b) (costo presupuestado considerando pérdidas operativas)

c) **Costo del transporte interno:**
Costo del transporte interno = 0.13 UF/m³ (c) (dato)

d) **Costo de la colocación:**

i) Costo de poseer: costo de la grúa para colocar el hormigón (puesta en obra).

Vi (grúa) = 111,000*1.11 + 1000 (valor FOB más recargos hasta su instalación en Santiago)
= 124,210 (US$)
Vr (grúa) = 0.3 * 124,210
= 37,263 (US$)

Depreciación = 10,868.38 (US$) (7) (según ec [7.9])

IAM = [124,210 * (8+1) + 37,263 * (8-1)] / (2*8) (según ec [7.11])
= 86,170.69 (US$)

Costo del capital (de la grúa) = 86,170.69 * 0.1 = 8,617.07 (US$) (8) (según ec [7.3])

Costo de poseer = (7) + (8) = 19,485.45 (US$)
= 13,639,815 ($)
= 811.9 (UF)
= 0.054 (UF/m^3) (i)

ii) Costos de operar (la grúa para la colocación del hormigón), anual:

Mantención = 124,210*0.2 * 700 = 17,389,400 ($) (9)

Energía = $15 * \frac{15,120}{10} * 40$ = 907,200 ($) (10) (costo de la energía consumida por la grúa)

Instalación = 50 * 16,800 = 840,000 ($) (11)

Costo de operar = (9) + (10) + (11) = 19,136,600 ($)
= $\frac{19,136,600}{16,800*15,120}$ = 0.075 (UF/m^3) (ii)

iii) Costo de mano de obra de colocación del hormigón:

MO de grúa = (400,000 + 300,000) * 12 (sueldos anuales de operario y ay.)
= 8,400,000 ($)
= 0.033 (UF/m^3) (12)

MO de colocación = 800/16,800
= 0.048UF/m^3 (13) (trato en UF/m^3)

Costo de M.O. de colocación = (12) + (13) = 0.081 (UF/m^3) (iii)

Costo de colocación = (i) + (ii) + (iii) = 0.054 + 0.075 + 0.081
= 0.210 (UF/m^3) (d)

Por lo tanto el costo del hormigón colocado en obra será de:

Costo del hormigón en obra = *(a)* + *(b)* + *(c)* + *(d)*
= ***1,885 (UF/m³)***

Ejemplo 7.7:
En la construcción de una represa se está utilizando un tractor con ruedas como vehículo de arrastre, se requiere calcular el costo por hora en US$ de este tractor. Como datos de importancia cabe mencionar que se trata de un tractor de cuatro ruedas y motor diesel de 160 Hp. (caballos de fuerza).

Los datos aplicables son para la resolución del problema son:

1.- Datos generales:
Paridad cambiaria: 1 US$ = $ 700
Costo del capital
- interés: 2.5%
- impuestos: 5.0%
- seguros: 5.0%
- almacenaje: 1.5%

Horas de uso por año: 1,300 hr
Recargo FOB a CIF: 8%
Internación: 11.5%

2.- Datos del tractor:

Valor FOB del tractor:	310,000 (US$)
Valor residual:	30%
Vida útil:	13,000 hr
Costo mantención del equipo:	7.59 US$/hr
Consumo de lubricantes:	0.138 lt/hr
Consumo de combustible:	0.15 lt/(hr*Hp)
Fittings (recambio cada 1800 hr.):	650 un.

3.- Datos de los neumáticos:

Valor FOB de neumáticos (c/u):	2,780 (US$)
Vida útil de neumáticos con tracción:	1,810 hr

4.- Costo de los insumos:
Petróleo: 290 $/lt.
Lubricantes: 600 $/lt.

Grasas: 0.07 US$/fitting
Filtros: 0.37 US$/hr

5.- Mano de obra:
Operador: 368,000 $/mes

Solución:

a) **Costo de los neumáticos**

Precio FOB de los neumáticos = 4 * 2,780
= 11,120 (US$)

Vi (neumáticos) = 11,120*1.08*1,115 = 13,390.70 (US$), Vr (neumáticos) = 0

Vida útil de cada neumático n = 1,810 hr
= (1810 hr) / (1300 hr/año)
= 1,392 (años)

IAM = [13,390.70*(1.392+1)]/(2*1.392) = 11,505.23 (US$) (según ec. [7.11])

Costo del capital (neumáticos) = 11,505.23* 0.075 (según ec. [7.12])
= 862.89 (US$/año)
= 0.66 (US$/hr) (1)

$$\text{Depreciación} = \frac{13{,}390.7}{1{,}810} = 7.40 \text{ (US\$/hr)} \quad (2)$$ (según ec. [7.9])

Costo de los neumáticos = (1)+(2) = 8.06 (US$/hr) (a)

b) **Costo del equipo**

i) Costo de poseer el equipo.

Vi (tractor) = 310,000*1.08*1.115 - 13,390.7 = 359,911.30 (US$)

Vr (tractor) = 0.3*359,911.30 = 107,973.39 (US$)

Vida útil: n = 13,000/1,300 =10 (años)

Depreciación = 25,193.79 (US$/año) (según ec. [7.9])
= 19.38 (US$/hr) (3)

IAM = [359,911.30*(10+1) +107,793.39 * (10-1)] / (2*10) (según ec. [7.11])
= 246,485.24 (US$/año)
= 189.60 (US$/hr)

Costo de capital del tractor = 189.60 * 0.14 (según ec. [7.12])
= 26.54 (US$/hr) (4)

Costo de poseer el equipo = (3) + (4) = 45.92 (US$/ hr) (i)

ii) Costo de mantener el equipo.

Mantención = 7.59 (US$/hr) (5)

Consumo de lubricantes = 0.138 lt/hr * 600 $/lt
= 82.8 ($/hr)
= 0.12 (US$/hr) (6)

Consumo de fittings = $\frac{650}{1,800}$ (un/hr) * 0.07 (US$/un)
= 0,03 (US$/hr) (7)

Consumo de filtros = 0.37 (US$/hr) (8)

Consumo de petróleo = 290 ($/lt) * 0.15 (lt/(hr*Hp)) * 160 (Hp)
= 6960 ($/hr)
= 9.94 US$/hr (9)

Costo de mantener el equipo = (5) + (6) + (7) + (8) + (9) = 18.05 (US$/hr) (ii)

iii) Costo de operador del equipo.

Costo del operador = 368,000 * 12 * 1/700
= 6,308.57 (US$/año)
= 4.85 (US$/hr) (iii)

Costo total del equipo = (i) + (ii) + (iii) = 68.82 (US$/ hr) (b)

Costo del tractor en obra = (a) + (b)
= 76.88 (US$/ hr)

7.6 EJERCICIOS

A continuación se presentan algunos temas que pueden servir de estudio, los cuales pueden ser resueltos con el material presentado en el capítulo y a veces con lecturas adicionales:

a) Explique cómo determinar la vida económica de un equipo.

b) Cómo se determina la vida útil de los neumáticos.
c) Mencione y explique cuatro factores de trabajo que afectan la selección de un equipo para la construcción.
d) Calcule el costo en pesos por metro cúbico del empleo de un camión, marca Caterpillar modelo 773 B. No considere el costo de los neumáticos.

1. Datos Generales:
Internación: 11%
Recargo FOB a CIF: 7%
Paridad cambiaria: 1US$ = 700 $
Costos de inversión:
- Interés: 5%
- Impuestos: 3%
- Almacenaje: 2%
- Seguros: 4%

2. Datos del Camión:
Valor FOB: 90,000 (US$)
Valor residual: 30%
Vida útil: 12,000 hr
Potencia equipo 650 HP
Capacidad de la operación: 40 m^3/hr
Horas de uso por año del equipo: 1,200 hr/año
Costo mantención equipo: 9 US$/hr
Consumo de lubricantes: 0.60 lt/hr
Consumo de combustible: 0.90 lts/(HP*hr)

3. Costo de los insumos:
Petróleo: 250$/lt
Lubricantes: 1,000 $/lt

4. Mano de Obra:
Chofer Camión: 350,000$/mes

Respuesta

Costo Inversión Anual Media	*$ 47,888.064*
Costo de poseer por metro cúbico	*$ 150*
Costos de depreciación por metro cúbico	*$ 125*
Costos de operación directos por metro cúbico	*$ 3,759*
Costo de mantención por metro cúbico	*$ 158*
Costo total por metro cúbico	*$ 4,191*

e) Calcular mediante el método de depreciación lineal, depreciación ponderada y depreciación por suma de años dígitos, el valor de una maquinaria con Vi: $24.000.000; Vr= $0 y 6 años de vida útil. Para la depreciación ponderada estimar un 45% anual.

f) En la construcción de un centro comercial es necesario realizar grandes movimientos de tierra, para lo cual la empresa a cargo está evaluando entre arrendar o comprar un importante número de camiones. Con respecto a la primera alternativa, una empresa externa ofrece el camión que usted requiere a un costo de $600.000 mensuales (costo anual $7.200.000) sin incluir insumos ni operador. Con respecto a la alternativa de comprar, se tiene la estructura de costos que a continuación se presenta. Con estos antecedentes, indique si conviene arrendar o comprar el camión a utilizar.

- **Datos generales:**

Internación:	6%
Recargo FOB a CIF:	6%
Paridad Cambiaria:	1 US$ = $500
Costos de Inversión:	
– Interés:	4%
– Impuestos:	2%
– Almacenaje:	2%
– Seguros:	2%
Horas de uso por año:	2000 hr/año
Capacidad de la operación:	80 m^3/hr
Potencia:	300 HP
Jornadas de trabajo:	8 horas diarias

- **Datos del camión:**

Valor FOB:	100.000 US$
Valor residual:	30%
Vida útil:	24.000 horas
Costo de mantención:	9,3 US$/hr
Consumo de lubricantes:	0,1 lt/hr
Consumo de combustible:	0,2 lts/(HP*hr)

- **Costo de los insumos:**
  Petróleo: 500 $/lt
  Lubricantes: 1.000 $/lt
- **Mano de Obra:**
  Chofer del camión: 600.000 $/mes.

La resolución de los ejercicios e) y f) se presenta en la sección Anexo B.

CAPÍTULO 8

EXCAVACIONES

Antes de dar inicio a la ejecución de una excavación, sea esta para una fundación, canalización u otro uso, es preciso efectuar varias operaciones en el terreno natural, éste nunca presenta las características necesarias para poder empezar los trabajos sin algún tipo de intervención o actividades previas, Entre las que se cuentan:

- Desmalezar y nivelar el terreno.
- Remover estructuras y árboles existentes.
- Planificar el proceso según tipo de maquinaria de excavación a utilizar.
- Señalizar las obras y colocar protecciones.
- Planificar la circulación de personas y equipos de retiro de escombros.
- Estudiar el trazado de excavaciones subterráneas.
- Proteger estructuras y árboles existentes.
- Determinar claramente las técnicas a emplear para la evacuación del agua subterránea o de superficie.
- Estudiar y tener aprobados los sistemas de contención a utilizar.

Posteriormente es necesario replantear los planos sobre el terreno, es decir, efectuar el trazado de la obra dejando señales claras de referencia de modo que se pueda verificar fácilmente, distancias, cotas y ángulos en todo momento tanto durante las obras de excavaciones como las obras de construcción propiamente tal. Previo a iniciar cualquier obra definitiva, una vez realizadas las excavaciones, es necesario verificar todo el replanteo nuevamente debido a que una estructura mal replanteada o ubicada es, tal vez, el error constructivo que más consecuencias negativas puede traer.

Cuando se realicen grandes movimientos de tierra, es recomendable escarificar cuidadosamente la capa superficial (10 a 20 cm) y almacenar en un lugar cercano a la obra. El material escarificado servirá más tarde para cubrir con tierra vegetal de las mismas características a la que ya existían. Con esto se evita la importación de materia, pero principalmente se recuperan semillas y microorganismos locales lo que ayuda a que se establezca un equilibrio ambiental más rápido.

Una excavación puede hacerse empleando variadas técnicas y equipos diferentes, según sean las condiciones del proyecto y las restricciones específicas en que se desarrolle la obra. Algunas condiciones y restricciones a ser consideradas son:

- Tipo de proyecto de ingeniería.
- Tamaño y profundidad de la excavación.
- Tipo de terreno (roca o suelo, tipo de estratificación etc.).
- Calidad del suelo (inclinación de taludes o protecciones).
- Estructuras contiguas.
- Restricciones de espacio.
- Equipo y maquinaria disponible.
- Presencia de agua subterránea o superficial.
- Condiciones ambientales.

Las técnicas de excavación que se empleen van en relación con el tamaño de la excavación, el tipo de suelo, presencia de agua y restricciones del entorno, tipo de transporte y planificación de la operación. La técnica a emplear debe ser siempre la más segura y además se debe balancear, adicionalmente, economía, rendimiento, impacto ambiental y otros factores.

En trabajos pequeños y en suelo blando, la tierra se puede excavar con palas. Si el terreno se encuentra ligeramente compactado se puede utilizar azadones (picotas) para soltarlo y, cuando se encuentra muy compactado se suelta con picos (chuzos) o con utilización de aire comprimido.

En excavaciones abiertas con volúmenes mayores de movimiento de tierra se debe considerar el empleo de equipos especializados, tales como:

- Palas Mecánicas: cargadores frontales, retroexcavadoras, palas frontales.
- Dragas.
- Grúas con cucharón de almeja.
- Zanjadoras y otros.

Cada uno de estos equipos existe en varios modelos y tamaños, presentando características que los hacen más eficientes y productivos en ciertas condiciones de trabajo con respecto a otras, por ejemplo: una retroexcavadora realiza excavaciones en zanja pero, para ciertas condiciones de terreno, una zanjadora es más eficiente y productiva por lo que en obras con grandes volúmenes de movimiento de tierra en zanja, la opción lógica debería ser una zanjadora.

En general la elección del tipo de equipo a utilizar se basa en las condiciones de la excavación y la disponibilidad del equipo en el mercado. En particular, en las obras de edificación se trata de buscar muchas veces equipos menos especializados, de mayor versatilidad que permitan realizar una variedad de trabajos de movimiento de tierra, escombros y otros, a costa de un menor rendimiento. Por otra parte, cuando el suelo que se excava está demasiado compactado o se trata de roca debe ser soltado previamente con explosivos. En tales condiciones el tipo de maquinaria que se vaya a utilizar para remover los escombros determina el tamaño al cual debe ser dinamitada la roca.

Toda técnica seleccionada debe ser coherente con los estudios de impacto ambiental, es decir, su impacto debe ser controlado para mitigar su efecto tanto en el corto (etapa de construcción) como en el largo plazo (etapa de operación). Algunas precauciones, dicen relación con polvo, ruido, bloqueo de cauces, ubicación de escombros, destrucción de la capa vegetal, etc.

El objetivo de este capítulo es hacer una reseña de las principales características de los distintos tipos de excavaciones, de las técnicas utilizadas para llevarlas a cabo y de las prescripciones de seguridad que se deben seguir en el proceso. No se consideran en este capítulo las excavaciones cerradas (túneles), solo se estudian las excavaciones a cielo abierto. Capachi (2005) propone una serie de recomendaciones a considerar al momento de estudiar y ejecutar las operaciones correspondientes a excavaciones.

8.1 TIPOS DE EXCAVACIONES A CIELO ABIERTO

Las excavaciones a cielo abierto se pueden clasificar según la forma volumétrica que poseen:

Excavación de zapata: es una excavación relativamente pequeña de dimensiones similares (largo ancho y profundidad) que, en general, no reviste mayores consideraciones ingenieriles, excepto que se deba realizar un número muy importante de ellas.

Excavación en zanja: se designa como tal a una excavación de ancho condicionado por los procedimientos de ejecución (mayor a 0.5 metros y menor a 3.2 metros) y de largo muy superior al ancho. El destino de una excavación de zanja puede ser el emplazamiento de una fundación corrida, o una canalización.

Cuando se trata de una excavación para una canalización se debe tener en consideración el destino de ésta para que, de acuerdo a tal destino, se puedan establecer los controles de construcción necesarios. Su destino puede ser: canalización para escurrimiento de agua u otros fluidos; canalización libre de fluidos por tuberías; canalización a presión de fluidos y gases por tuberías; canalización para tuberías de conductos sólidos.

El grado de control de las cotas, de la uniformidad de los rellenos laterales y superiores, de la nivelación de la cama de apoyo y otros, será extremadamente importante para lograr el funcionamiento deseado y/o evitar averías posteriores de una canalización, tales como; rotura de cañerías por el paso de vehículos pesados, descensos del relleno superior de la tubería, estabilidad de taludes, etc. En canalizaciones con tuberías no metálicas es conveniente dejar cables guías subterráneos que permitan localizar posteriormente el trazado de la tubería a través de localizadores magnéticos.

Excavaciones amplias: se designa como tal a aquellas excavaciones de más de 3.2 m. de ancho y profundidad importante (varios metros por lo general), con frecuencia cubren superficies iguales o superiores a las de la edificación y su destino es, comúnmente subterráneos, fundaciones de losas o grandes fundaciones.

Pozos: excavaciones de forma rectangular o circular para usos tales como captación de aguas, calicatas para prospección de suelos, etc., de profundidad mucho mayor que su largo y ancho.

8.2 EXCAVACIONES ABIERTAS SIN PRESENCIA DE AGUA

8.2.1 GENERALIDADES

Según la profundidad de la excavación y la estabilidad del suelo una excavación abierta se puede diseñar de las siguientes formas:

- Taludes libres: vertical, inclinado, escalonado.
- Taludes protegidos: apuntalados, entibados.

La elección entre dejar un talud vertical o no, libre o protegido, estará dado por varios factores y condiciones especiales de la obra, tales como:

a) Tipo de terreno: Existen terrenos suficientemente cohesivos que permiten alcanzar alturas de excavación relativamente profundas sin requerir algún tipo de apuntalamiento. Se debe contar siempre con la asesoría de un mecánico de suelos y un experto en seguridad cuando se trate de excavaciones muy profundas en donde se deba trabajar al interior de la excavación, ya que una causa importante de los accidentes en la construcción esta asociada a esta actividad.

b) Costo relativo entre ambas soluciones: En general cuando no sea recomendable utilizar taludes verticales, las alternativas son las de utilizar taludes inclinados o taludes verticales protegidos. Es decir, se debe balancear el costo de una sobreexcavación versus el costo de un trabajo de excavación con protecciones. Obviamente el emplear taludes inclinados está sujeto a las condiciones respecto del espacio que se dispone para realizar la sobre excavación (Figura 8.1). Es importante sin embargo considerar que excavaciones con protecciones de taludes son faenas, en general, menos operacionales desde el punto de vista del tipo y tamaño de equipos que pueden operar dentro de la excavación, en comparación a una excavación libre con taludes verticales o inclinados.

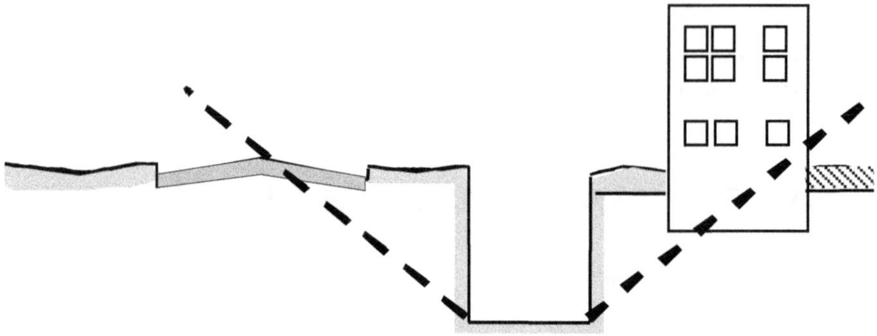

Figura 8.1
Excavación de talud vertical, sin espacio para ser realizada con talud inclinado.

c) Tiempo en que la excavación permanecerá abierta: si la excavación debe permanecer mucho tiempo abierta es altamente recomendable proteger los taludes de la excavación, particularmente cuando alrededor de la excavación operen vehículos de transporte o equipos que emiten vibraciones. También, en países sísmicos constituye un alto riesgo mantener una excavación abierta por un largo período sin emplear algún tipo de protección.

d) Asentamientos permisibles en torno de la excavación: la presencia de construcciones u obras de infraestructura cercanas a la excavación obligan a tomar todas las prevenciones para no afectar estructuras adyacentes así como a todas sus instalaciones de servicio (Figura 8.1).

e) Presencia de agua: las excavaciones a cielo abierto, sin presencia de agua implican que la napa freática (o agua subterránea) se encuentra bajo la superficie del punto más bajo de la excavación, lo que permite trabajar sin el riesgo de infiltración. Sin embargo, cualquier excavación puede estar sujeta a inundación producto de aguas lluvias, lo que se debe prevenir, evitando que las aguas superficiales se canalicen hacia la excavación. También el rompimiento de tuberías subterráneas contiguas a la excavación puede originar inundaciones. Todas las excavaciones en donde exista riesgos de presencia de agua deben ser protegidas adecuadamente.

f) Otras consideraciones: existe una variedad de condiciones suplementarias que deben ser consideradas al momento de establecer la estrategia y técnica a emplear en una excavación. Como por ejemplo, podrán haber requerimientos específicos de seguridad para proteger trabajadores, peatones, medio ambiente, etc.

En general cualquier tipo de excavación debe ceñirse a la norma chilena NCh 349 Of 99 "Disposiciones de Seguridad en Excavaciones". Es importante cumplir con las condiciones de seguridad que indica la norma, que entre sus puntos más importantes establece: taludes recomendados según tipo de terreno; tratamiento de la humedad; precauciones en el borde de la excavación; accesos, pasarelas, rampas y pasadizos; dimensionamiento de elementos de apuntalamientos de zanjas; protecciones para el público y el personal; entre otras consideraciones.

8.2.2 EXCAVACIONES CON TALUD LIBRE

Según la NCh 349, las excavaciones con talud libre se deben efectuar, cuando el espacio lo permita, de acuerdo al ángulo de reposo del tipo de terreno, lo que se conoce como talud natural. La misma norma recomienda algunos ángulos de talud con respecto a la horizontal para diferentes tipos de terreno (Tabla 8.1).

Tabla 8.1: Talud natural recomendado para diferentes tipos de terreno (NCh 349)

Naturaleza del terreno	Ángulo (grados)	
	Terreno seco	Terreno húmedo
Roca dura	80 a 90	80
Roca blanda	55	55
Trozos de roca	45	40
Terreno vegetal	45	30
Mezcla de arena y arcilla	45	30
Arcilla	40	20
Gravilla	35	30
Arena fina	30	20

Cuando se deban realizar excavaciones con profundidad superior a 1,2 metros y si las condiciones del terreno y del entorno permiten o exigen realizar excavaciones con talud vertical, solo se podrán efectuar si el terreno es cohesivo y si se ha calculado la altura crítica de excavación Hc, que corresponde a la máxima altura que se puede excavar en forma vertical sin entibación.

Esta altura crítica se calcula mediante la siguiente ecuación

$$H_C = 1{,}3\ \frac{qu}{\gamma} \qquad (8.1)$$

en que:

> *qu* = corresponde a la resistencia al corte de una muestra inalterada de suelo en el ensaye de compresión simple (monoaxial), kg/m^2;
>
> γ = corresponde a la densidad natural del terreno, kg/m^3.

Esta formula tiene validez solo si cualquier sobrecarga al borde de la excavación se encuentra a una distancia (d) del borde superior a la profundidad de ella (Hs). Tal situación se puede observar en la Figura 8.2

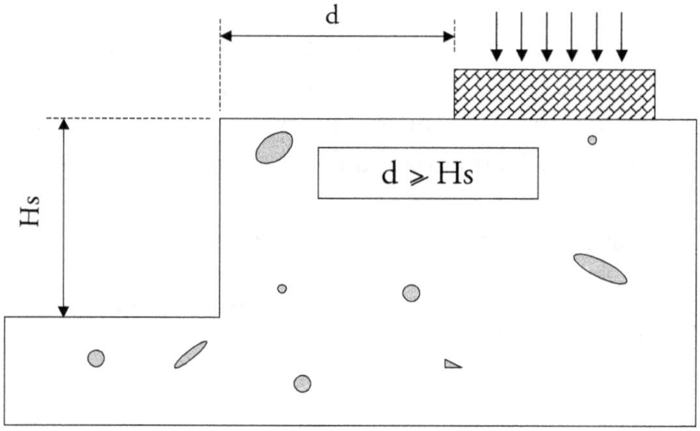

Figura 8.2
Sobrecargas cercanas a excavaciones (NCh 349).

La altura máxima de excavación a la cual se le denomina altura de seguridad Hs se calcula dividiendo la altura critica Hc por un factor de seguridad F.S. que puede variar entre 1,1 y 2,0.

$$H_S = \frac{Hc}{F.S.} \tag{8.2}$$

Cuando exista sobrecarga al borde de la excavación (Figura 8.3), o cuando sea necesario colocar camiones, maquinaria pesada, materiales, instalaciones de faenas u otros objetos pesados en lugares cercanos a algún borde de la excavación, la expresión de la *Hc* se calculará utilizando la siguiente expresión (la altura de seguridad se calcula utilizando este valor de *Hc*).

$$H_C = \frac{1,3\,qu - \sigma}{\gamma} \tag{8.3}$$

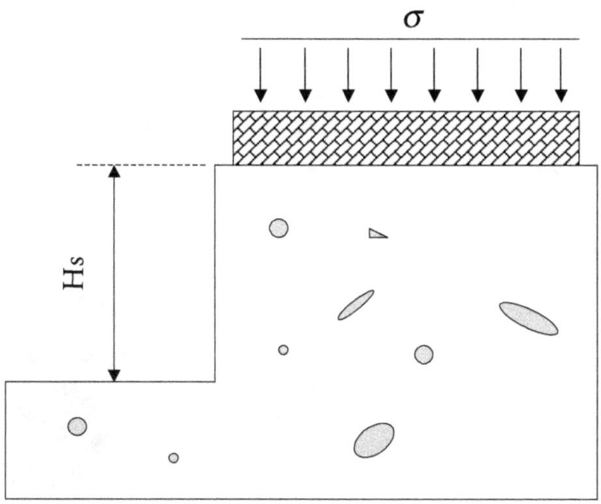

Figura 8.3
Sobrecarga en el borde de la excavación (NCh 349).

Sin perjuicio de lo anterior, se recomienda el empleo de taludes libres verticales, solo en terrenos cohesivos o medianamente cohesivos y en excavaciones que permanecerán abiertas por muy corto tiempo, pues los suelos al estar en contacto con el medio externo pueden perder su humedad en corto tiempo. Tal pérdida de humedad genera a su vez una pérdida de cohesión y unidad en el terreno que puede dar origen a los derrumbes; para controlar esa situación se debe proteger a las paredes de la excavación por medio de algún recubrimiento con elementos aislantes (se puede usar hormigón proyectado u otro similar).

Como el largo de la excavación influye en la estabilidad de un talud en algunos casos específicos, se pueden emplear con relativo éxito los arcos (Figura 8.4) y los puntales de tierra (Figura 8.5) para aumentar la segu-

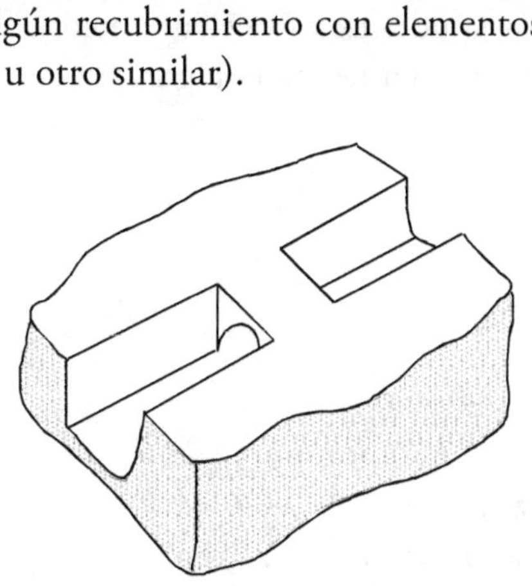

Figura 8.4
Esquema de apuntalamiento mediante arcos de tierra.

ridad. Una precaución especial que se debe tener presente cuando se usa alguna de estas soluciones, especialmente en el caso del arco, es cuando se termina el trabajo y se debe rellenar la zanja. En este caso es importante desarmar el arco para poder realizar una compactación adecuada y homogénea en toda la extensión.

Figura 8.5
Puntales de tierra.

Una solución práctica intermedia para ahorrar el volumen de tierra a remover en taludes excesivamente inclinados o altos es el empleo de taludes escalonados como lo muestra la Figura 8.6.

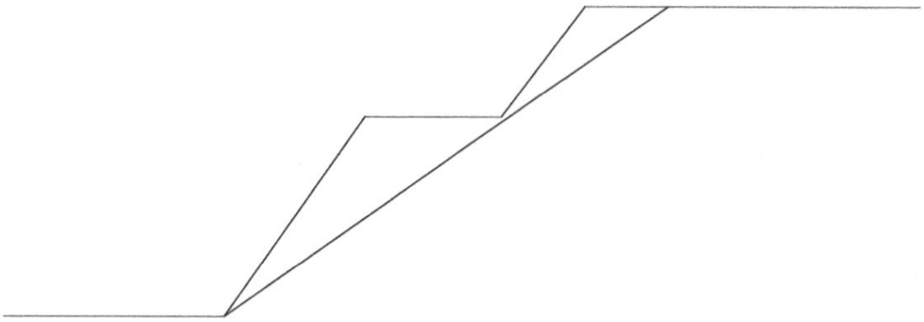

Figura 8.6
Talud escalonado.

8.2.3 EXCAVACIONES CON TALUDES PROTEGIDOS

En muchas ocasiones no es posible dar la inclinación necesaria a un talud y se debe excavar verticalmente. Además, en suelos poco cohesivos y poco estables o en aquellos suelos que se puedan desprender piedras o bolones, es fundamental considerar el empleo de algún sistema de protección. Los tipos más usuales de protección en excavaciones provisorias son:

- *Hormigon proyectado o Shotcret*: en general solo previene el desprendimiento de piedras pequeñas y controla la pérdida de humedad y la consiguiente falta de cohesión de los taludes. En la Figura 8.7 se puede observar el talud de una excavación protegido con hormigón proyectado.

Figura 8.7
Talud protegido con hormigón proyectado.

- *Mallas metálicas*: están más bien diseñadas para controlar el desprendimiento de piedras y bolones y reducir los riesgos de impacto en caso de desprendimientos de bolones. Las mallas no contribuyen a la estabilidad del talud, solo sirven de prevención ante desprendimientos

- *Puntales*: los puntales se pueden emplear apoyándose en el otro frente de la excavación o contra el piso de la excavación (Figura 8.8). La solución de puntales es utilizada con éxito en suelos que presentan suficiente cohesión. El diseño de puntales debe contar con el concurso de un mecánico de suelos.

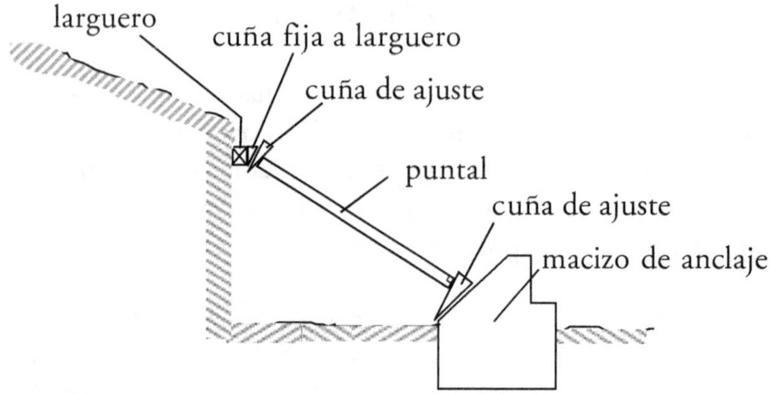

Figura 8.8
Puntales para apoyar las paredes de una excavación.

- *Entibaciones*: la forma más común de entibaciones son los tablaestacados (Figura 8.9) pero también se utilizan ataguías metálicas o de concreto aunque estas últimas solo se justifican en excavaciones con presencia de agua. Cuando los verticales están juntos unos de otros se denomina tablaestacado (Figura 8.10).

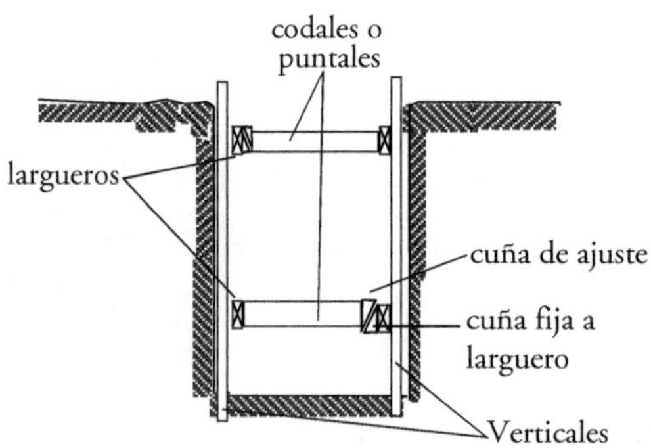

Figura 8.9
Componentes principales y ejemplo de una entibación.

Figura 8.10
Tablaestacado de madera.

8.2.4 CONSIDERACIONES GENERALES PARA EL CÁLCULO DE LOS ESFUERZOS LATERALES SOBRE LA ENTIBACIÓN

a) En Chile la Norma NCh 349, ofrece diseños constructivos estándar para excavaciones en zanja de hasta 4,5 metros de profundidad, en donde se establecen las dimensiones mínimas de los distintos elementos que forman parte de una entibación; codales (puntales), largueros y verticales. La distancia a la que deberán estar los codales entre sí verticales y horizontales, los soportes y largueros dependerá del tipo de suelo y de la altura de la excavación, todo está mencionado también en la referida norma.

Los mismos diseños se pueden utilizar para excavaciones muy anchas o excavaciones amplias, con las siguientes salvedades:

- En excavaciones en zanja muy anchas, entre 3 y 8 metros, en donde los codales se apoyan en la pared opuesta de la excavación se deberán arriostrar los puntales según los ejes verticales y horizontales para prevenir el pandeo de las piezas.
- En excavaciones muy amplias se puede buscar apoyo en el fondo de la excavación cada 2 ó 3 metros y se instala una batería de puntales o se hincan pilotes afianzados hacia atrás (Figura 8.11).

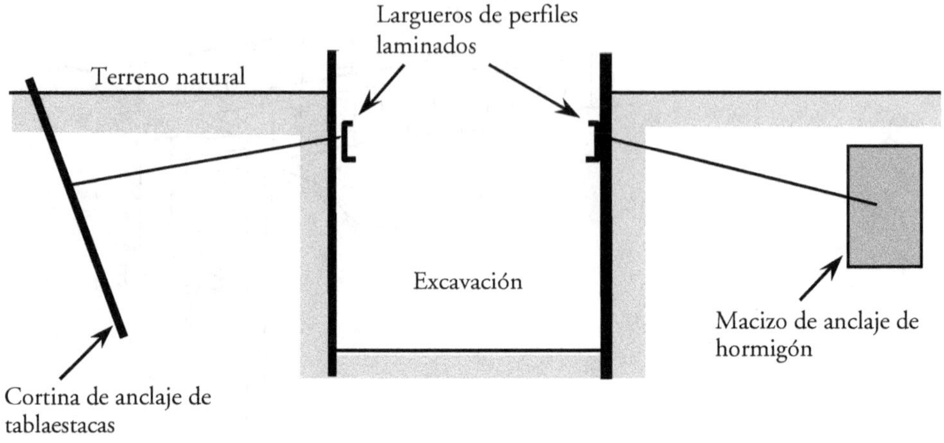

Figura 8.11
Excavación con tablaestacas ancladas mediante tirantes.

b) En excavaciones profundas, como la entibación se va construyendo a medida que se excava, se pueden producir un desplazamiento hacia la excavación de las paredes de ésta. En la superficie el desplazamiento es muy pequeño (la fila superior de codales se pone antes de que el estado de tensiones en el suelo haya sido alterado por efecto de la excavación) y va creciendo con la profundidad, lo que trae una distribución de tensiones del tipo parabólico con la presión máxima cerca de la mitad de la altura, a diferencia de un muro de sostenimiento en que la distribución de tensiones aumenta en forma hidrostática en función lineal con la profundidad (Figura 8.12). Por este motivo es de vital importancia reforzar los puntales y largueros a la mitad de la altura de una excavación.

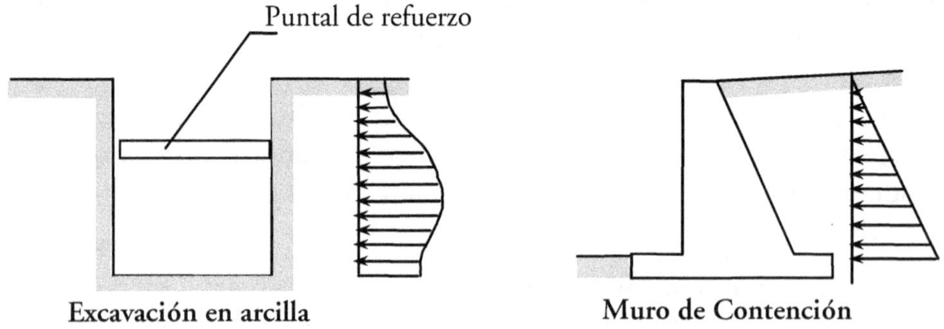

Figura 8.12
Distribución de tensiones.

c) Cuando se realizan entibaciones en suelos granulares se debe colocar en el frente soportes continuos, debiéndose entibar rápidamente para evitar derrumbes (Figura 8.13).

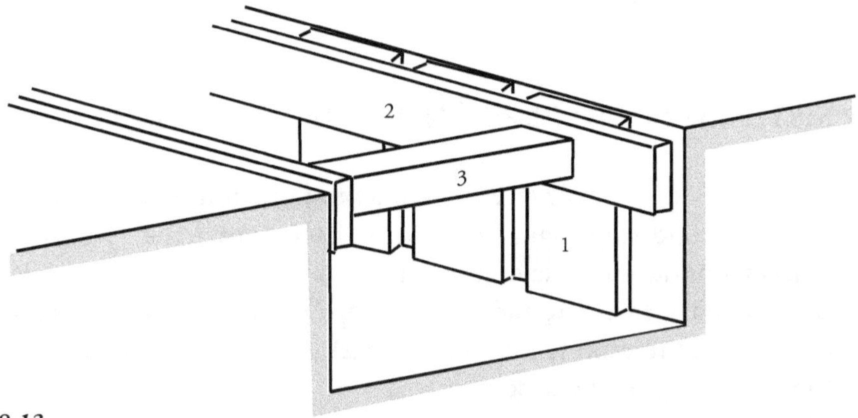

Figura 8.13
Secuencia para entibación en suelo granular.

d) Cuando se realiza entibación en suelos finos cohesivos, el suelo tiene la ventaja de poder autosostenerse por un cierto tiempo sin necesidad de puntales, los cuales se podrían ir colocando una vez hecha la excavación.

8.3 EXCAVACIONES ABIERTAS CON PRESENCIA DE AGUA

8.3.1 GENERALIDADES

En trabajos a cielo abierto en donde la cota de excavación se encuentra por debajo de la cota de la napa freática (nivel en que se encuentra el agua subterránea), se requiere emplear técnicas constructivas diferentes, para evitar que la excavación se inunde. La presencia de agua en una excavación modifica el estado de equilibrio del suelo pudiendo provocar desprendimientos, socavaciones, etc., además de originar complicaciones importantes en el trabajo del personal y de los equipos.

Las técnicas que se utilizan en excavaciones con presencia de agua son muy diferentes entre sí. Entre las técnicas más utilizadas se encuentran las siguientes:

- Sistemas sin depresión previa de la napa.

- Sistemas con depresión previa de la napa.
- Sistemas de ataguías.
- Sistemas especiales.

8.3.2 SISTEMAS SIN DEPRESIÓN PREVIA DE LA NAPA

Este sistema consiste en realizar el agotamiento por sumideros o pozos abiertos, que consiste en conducir el agua de filtración hacia sumideros o pozos poco profundos ejecutados dentro de la excavación, desde donde se bombea hacia canales exteriores (Figura 8.14). Este método se ocupa en obras pequeñas, es aplicable a cualquier tipo de terreno (excepto en arenas) y en él es recomendable tener en consideración los siguientes aspectos:

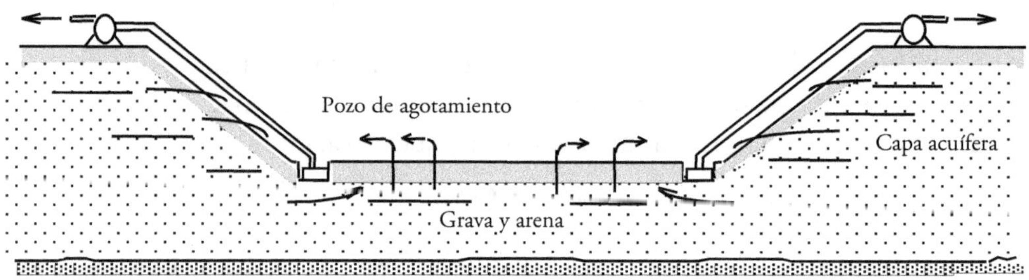

Figura 8.14
Zanja desecada por agotamiento ordinario.

- Como la mayor parte del agua de filtración emerge del pie de los taludes y es conducida por zanjas hacia uno o varios sumideros, es recomendable prestar especial atención a dichas zanjas de drenaje en aquellas excavaciones que deban permanecer abiertas por largos períodos de tiempo para evitar la erosión y socavaciones al pie del talud. Se recomienda el empleo de exclusas, tuberías perforadas, u otros para prevenir estos problemas.
- El efecto de las presiones de filtración en el pie del talud, puede provocar ablandamientos o derrumbes del talud, debido a que en dicho sector el volumen de agua y la velocidad de escurrimiento serán mayores. Para esto se recomienda el empleo de entibaciones como lo muestra la Figura 8.15.

- También hay que poner especial atención a las subpresiones de agua que se producen en el fondo de la excavación. El suelo del fondo de la excavación sería constantemente removido reduciendo el valor portante de éste. El empleo de entibaciones, suficientemente profundas, a lo pies del talud permite controlar el efecto negativo de las subpresiones.

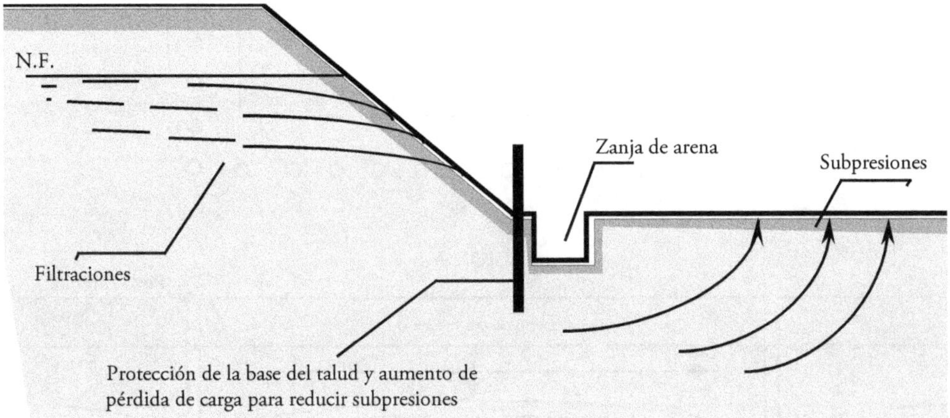

Figura 8.15
Efecto de presiones de filtración en una excavación.

8.3.3 SISTEMAS CON DEPRESIÓN PREVIA DE LA NAPA

Este procedimiento consiste en hacer bajar el nivel de la napa subterránea para poder realizar el trabajo (ejemplo excavaciones) en seco por debajo del nivel normal del nivel freático, sin hacer agotamientos en la excavación propiamente tal (Figura 8.16). Los sistemas de depresión de napa deberán estar adaptados, entre otros aspectos a: la permeabilidad media del suelo, la profundidad de la excavación, al tipo suelo (en cuanto a su estabilidad principalmente), al equipo de bombeo posible de adaptar.

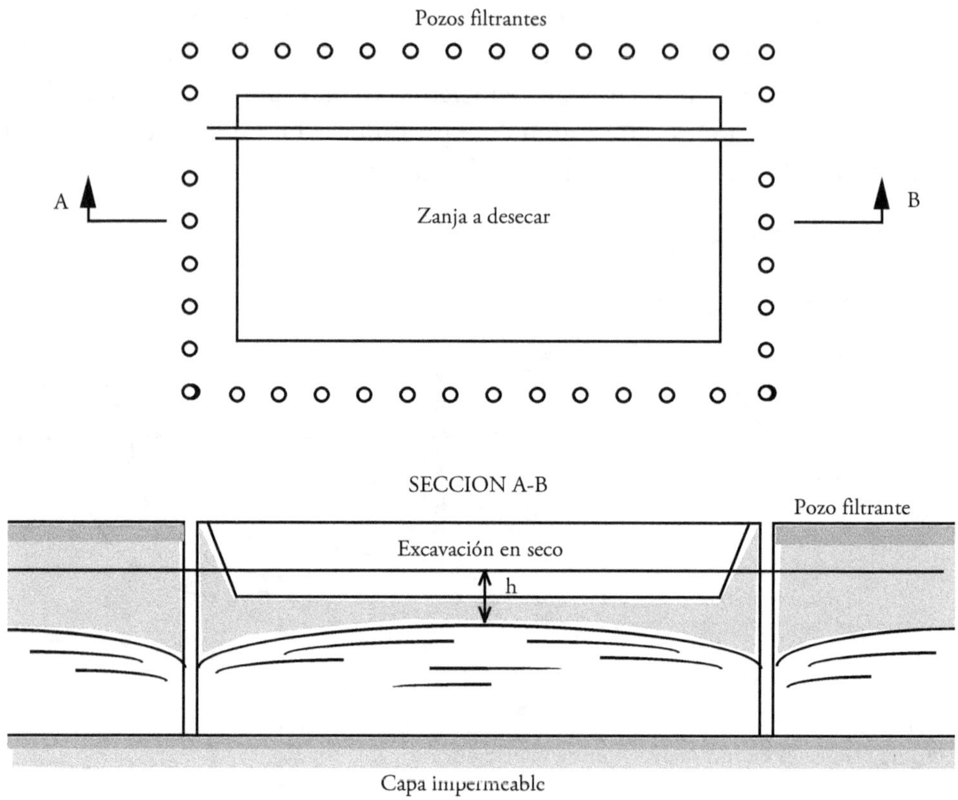

Figura 8.16
Excavación realizada en seco por descenso de la napa.

El método de depresión previa de la napa, es aplicable a terrenos permeables que permiten la circulación del agua, como arenas y gravas, a condición de que la velocidad del agua sea suficientemente pequeña para no socavar el terreno por arrastre de elementos finos. Para este tipo de situaciones se han diseñado dos sistemas equivalentes:

i) **Pozos Filtrantes**: Para suelos con coeficientes de permeabilidad superior a 10-3 cm/seg. Se instalan alrededor de la excavación a realizar y antes de su ejecución, una red de pozos filtrantes provistos de bombas eléctricas para pozos estrechos, cuya separación es función de su radio de acción R y de un caudal Q (Figura 8.17).
Para la perforación de los pozos y la localización de las bombas en el fondo existen varios métodos y es conveniente informarse bien de la experiencia

que se ha tenido con los equipos y sistemas que se quieran emplear o se estén cotizando a fin de escoger el correcto.

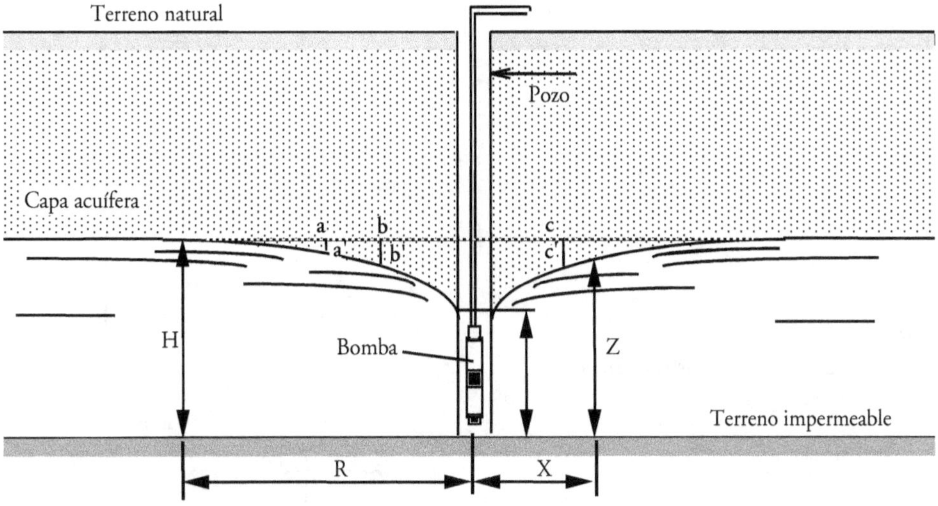

Figura 8.17
Descenso de la capa acuífera haciendo uso de pozo filtrante (Gasc, 1971).

ii) **Tubos Filtrantes o Sistema "Well-Point"**: Para suelos cuyo coeficiente está comprendido entre 10-3 y 10-6 cm/seg.
En las arenas finas que pueden ser arrastradas por las bombas y en los terrenos arenosos de pequeña permeabilidad, se sustituyen los pozos filtrantes por sondas secadoras hundidas en el suelo y bastante juntas (0.75-1.0 m. de separación). Estas sondas secadoras o tubos filtrantes están unidas a un colector mediante un tubo de aspiración y una junta articulada. El colector termina en una bomba de vacío de gran cilindrada; teóricamente, podría aspirarse hasta 9.8 m. de altura, pero se limita en la práctica a 6 m. Para profundidades mayores se emplean sistemas de escalones como lo muestra la Figura 8.18.
El sistema de tubos filtrantes puede también situarse a un solo lado de la excavación, cuando se trate de excavaciones tipo zanja (Figura 8.19).

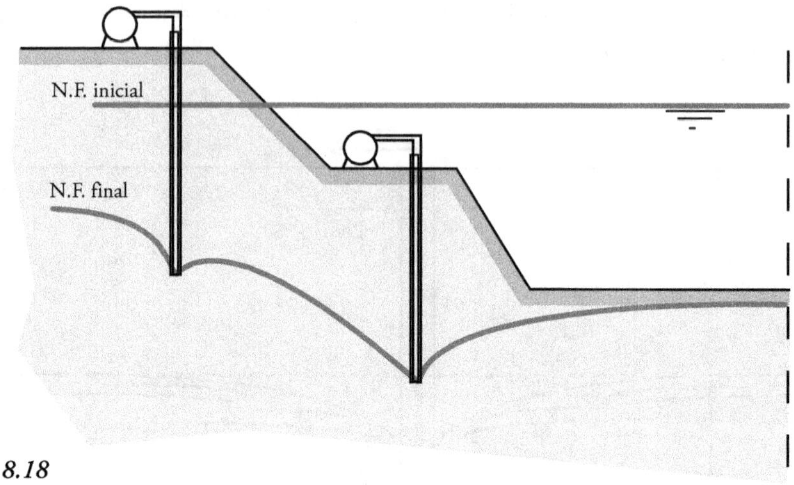

Figura 8.18
Sistema escalonado de tubos filtrantes.

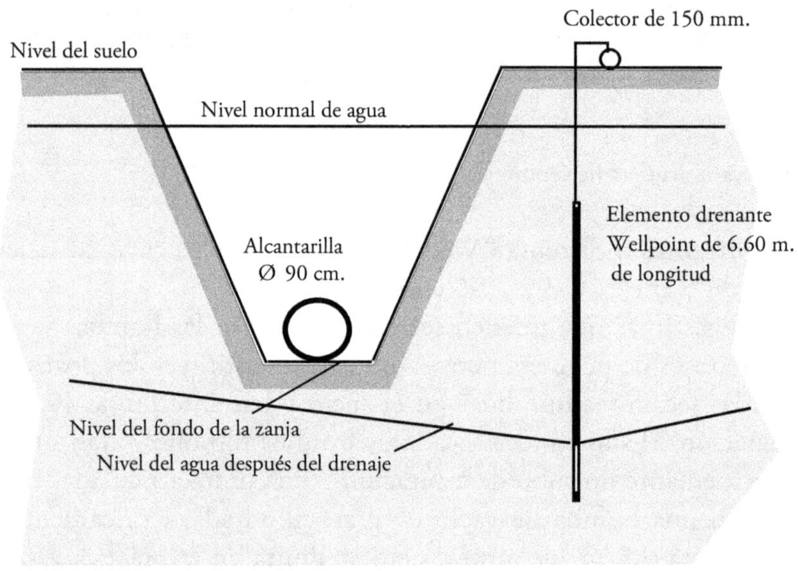

Figura 8.19
Construcción de una zanja para tubería.

Los tubos filtrantes se hunden por trepidación e inyección de agua a presión. Tanto en los casos en que la conexión es un circuito "cerrado" como, cuando es lineal la separación de los tubos se prevé cada 0.75 m., pero si la naturaleza del suelo lo permite, se puede adoptar separaciones mayores.

8.3.4 EXCAVACIONES CON EL EMPLEO DE ATAGUÍAS, O CORTINAS DE TABLAESTACAS

Es posible que el uso de los sistemas de depresión descritos anteriormente no resulten aplicables, seguros o económicos. En tal caso el retiro del agua se realizará a medida que se progrese en la excavación, empleando algún sistema de entibación. En la presente sección distinguiremos dos casos según las condiciones de permeabilidad de los estratos de suelo.

i) *El terreno de cimentación es permeable, pero un poco más abajo es accesible el terreno impermeable*: la solución en este caso consiste en revestir la excavación mediante cortinas de ataguías que se hincan hasta llegar a terreno impermeable (Figura 8.20).

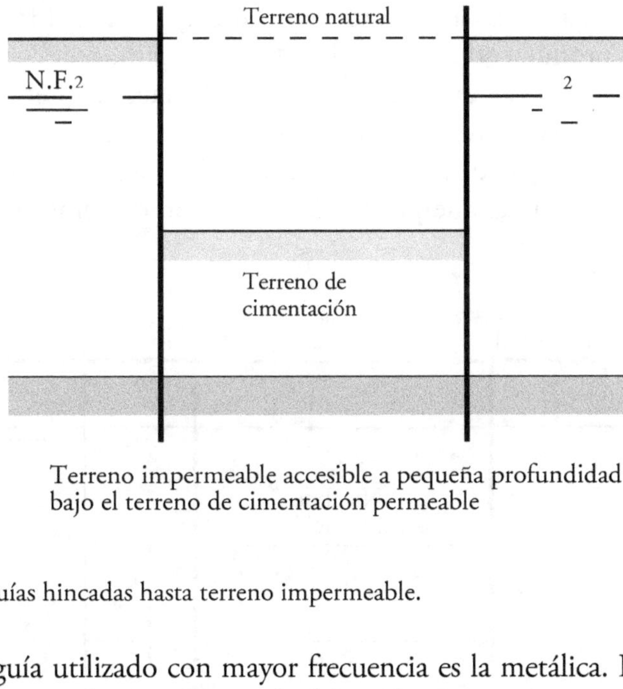

Figura 8.20
Cortinas de ataguías hincadas hasta terreno impermeable.

El tipo de ataguía utilizado con mayor frecuencia es la metálica. Las ataguías metálicas son elementos de acero laminado de perfiles diversos que se encajan mediante juntas deslizantes y que se hincan por percusión o vibración (Figura 8.21). En la selección de un perfil para una ataguía se debe tener en cuenta la resistencia mecánica a las presiones de suelo y las características de impermeabilidad de las juntas. Otro tipo de ataguía es la que se puede materializar con elementos de madera. Las ataguías sellan la excavación en contacto con un estrato impermeable de suelo, reduciendo al mínimo la filtración de agua por lo que el agotamiento es fácil.

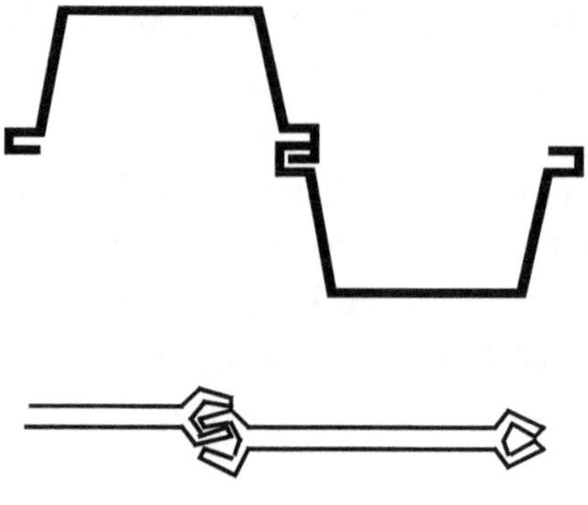

Figura 8.21
Ejemplos de perfiles para tablaestacas metálicas (Gasc, 1971).

ii) *Cuando el terreno impermeable es prácticamente inaccesible*: en este caso puede actuarse siguiendo una variedad de técnicas constructivas, entre las cuales se pueden aplicar los siguientes principios:

- Hincar las ataguías a una profundidad mayor a la del fondo de la excavación, produciendo una pérdida de carga y flujo del agua que circula al interior de la excavación. En este caso las ataguías deben ir avanzando adelante de la excavación a una profundidad que debe ser determinada en base a la altura de la napa sobre el fondo y la permeabilidad del suelo. El caudal de agua que penetra la excavación es bombeado hacia afuera (Figura 8.22).

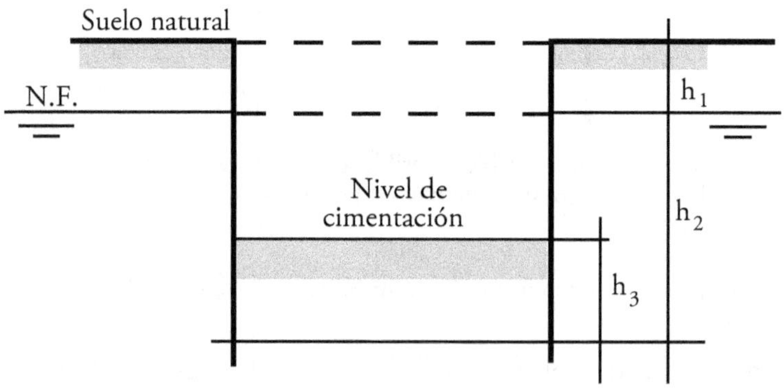

Figura 8.22
Longitud de hinca de las tablaestacas que revisten la zanja tal que satisfagan la condición h3 > h2/2+h1/50.

- Utilizar el mismo principio anterior, pero contrarrestar las subpresiones de agua a través del empleo de hormigón vaciado al fondo de la excavación (Figura 8.23).

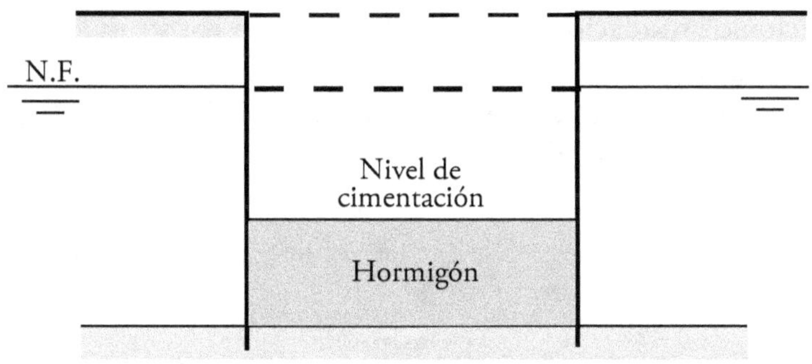

Figura 8.23
Excavación con hormigón vaciado al fondo para evitar subpresiones.

8.3.5 SISTEMAS ESPECIALES

Para excavar en presencia de agua no siempre es necesario bombear el agua fuera de la excavación. En ciertas obras la cantidad de agua puede ser tal que la alternativa de bombear el agua es tecnológicamente poco factible, por ejemplo: fundaciones de puentes, muelles, etc. Entre los sistemas más comunes de excavación bajo agua están los siguientes.

a) **Campanas de presión**: Consiste en introducir una campana al fondo del lecho de la excavación y contrarrestar las subpresiones de agua con presión dentro de la cámara. Esta es una faena altamente técnica y de muy bajo rendimiento (Figura 8.24).

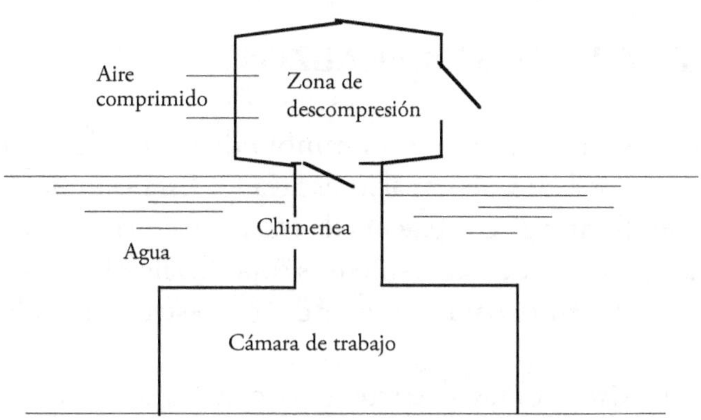

Figura 8.24
Esquema de trabajo en campana con aire comprimido.

b) **Socavación de fundaciones en islas**: Consiste en construir islas sobre el nivel del agua, construir la fundación sobre ella y luego llevarla a la cota de fundación socavando el fondo de la fundación la cual se puede desplazar con su propio peso (Figura 8.25).

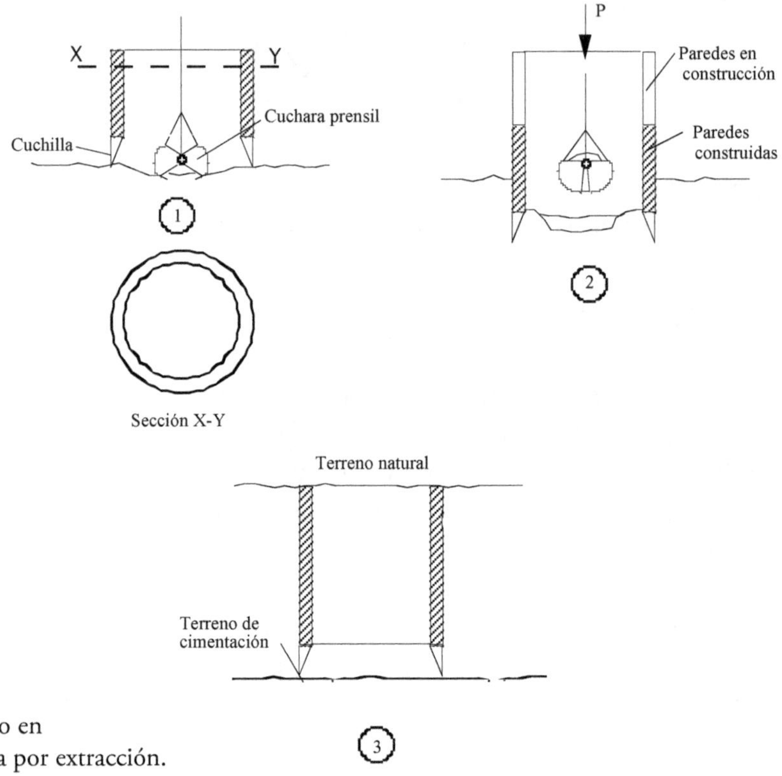

Figura 8.25
Etapas de trabajo en proceso de hinca por extracción.

8.4 ASENTAMIENTOS Y RECALZOS

Una excavación siempre produce un cambio de estado del esfuerzo de la roca o suelo debajo y a los lados del espacio excavado. Este cambio ocurre siempre, se entiben o no los frentes de corte, y puede traer consigo ciertas deformaciones que se manifiestan en forma de asentamientos superficiales, y estos por pequeños que sea pueden ser suficientes para producir daños a estructuras adyacentes.

En general, si existen obras o estructuras con fundaciones superficiales adyacentes a la excavación (pavimentos, soleras, etc.) cualquier asentamiento que se produzca producirá deterioro en dichos elementos.

En excavación a cielo abierto en arena el asentamiento originado por la excavación no se extiende más allá de un distancia igual a la profundidad de la excavación y si el terreno adyacente no soporta carga esta no se extenderá más allá de la mitad de dicha distancia. Si la excavación es bien entibada, el asentamiento máximo no suele exceder el 0.5% de la profundidad de la excavación.

Cuando se excava en arcilla húmeda (blanda), la arcilla de los costados de la excavación, actúa como una sobrecarga, que hace que la arcilla ubicada en el fondo de la excavación se deforme lateralmente. Debido a estos movimientos la superficie del terreno circundante se asienta y durante el lapso de tiempo que pasa entre la excavación y la instalación de codales se pueden producir deformaciones laterales. La magnitud de estos movimientos laterales y de sus correspondientes asentamientos depende de:

a) Relación ancho-profundidad de la excavación: si es una excavación angosta se puede estimar que el asentamiento abarcará un área de radio R no mayor a la profundidad de la excavación (Figura 8.26), si es muy ancha puede abarcar un área mucho mayor a la profundidad de la excavación.

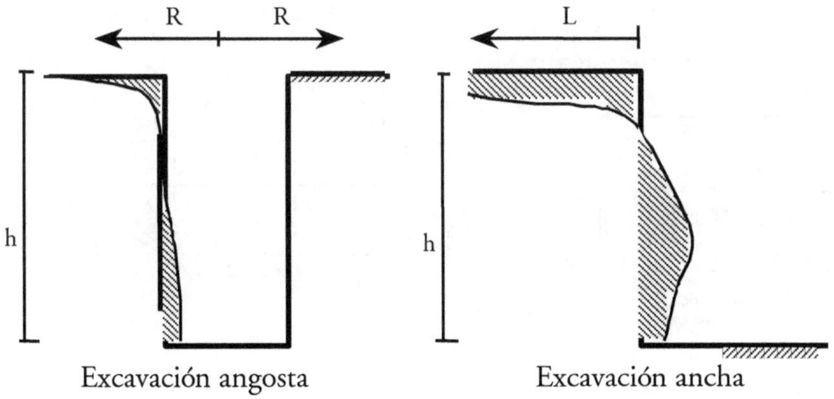

Figura 8.26
Relación ancho profundidad de excavación.

b) El procedimiento constructivo a utilizar, número y tipo de codales, velocidad de construcción, etc.

c) El espesor del estrato de arcilla blanda por debajo del fondo de la excavación.

Si contiguo a la excavación existen fundaciones de estructuras de mayor envergadura y la profundidad de la excavación esta por debajo de la cota de fundación de la obra contigua, el cimiento existente debe ser protegido o recalzado durante de la excavación. Se debe prolongar la fundación de la estructura existente siguiendo una metodología muy precisa de trabajo, cuyo esquema en corte y planta se presenta en la Figura 8.27. En la Figura 8.28 se presenta una aplicación de recalzado.

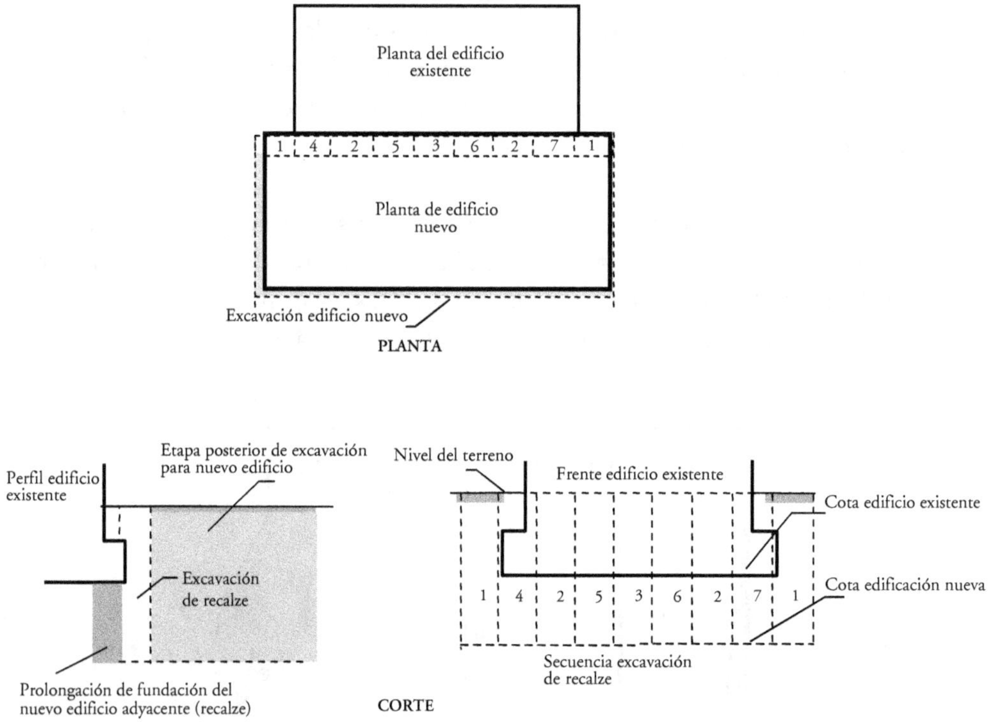

Figura 8.27
Secuencia de excavación y recalce.

Figura 8.28
Aplicación de recalzado.

En toda excavación debe llevarse control continuo de los posibles asentamientos que pueda originar (Figura 8.29), también se debe llevar un control de humedad de los taludes para prevenir accidentes por deslizamiento de tierras.

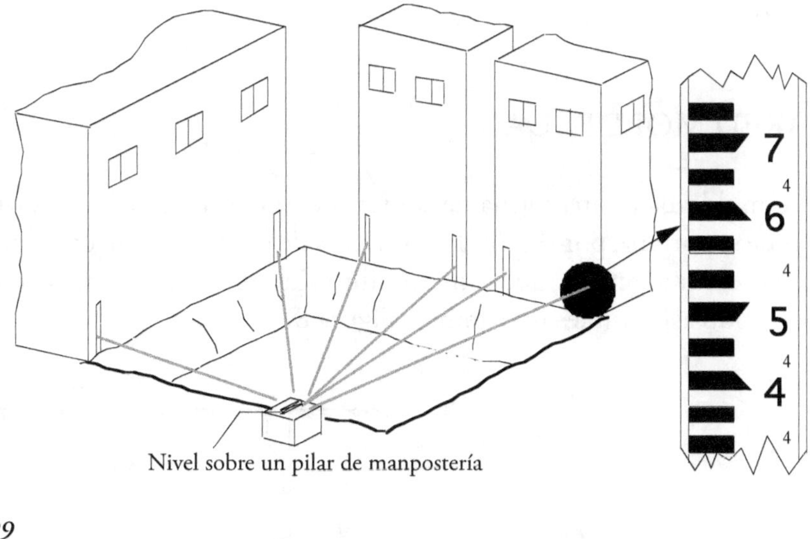

Figura 8.29
Control de asentamiento en excavaciones profundas, en estructuras vecinas.

8.5 EXCAVACIONES QUE PERMANECEN ABIERTAS

Un capítulo aparte requeriría excavaciones que permanecerán abiertas o cortes de cerro en donde los taludes no solo deben permanecer estables a las presiones laterales, sino que además deben resistir la intemperie como el agua, viento, vibraciones y otros. Dada las características de este libro, los interesados deben consultar textos más específicos del tema.

Las técnicas que se aplican en taludes o cortes abiertos permanentes se pueden resumir como sigue:

- Emplear taludes con inclinaciones mayores a los que determinan los cálculos de estabilidad.
- Emplear muros de contención para la altura total o altura parcial.
- Empleo de tabla-estacador o ataguías.
- Empleo de mallas con pernos.
- Empleo de mallas de geotextiles con bolsas de sembrado.
- Empleo de geosintéticos tipo geoweb (Ossa, 1996).
- Otros.

8.6 PARED MOLDEADA

La pared moldeada es una forma de contener el suelo cuando al excavarlo éste no es capaz de soportarse por si solo. Estos muros de contención se construyen antes de nacer la excavación, de modo que el muro sea capaz de soportar el empuje del suelo evitando así posibles derrumbes (Figura 8.30).

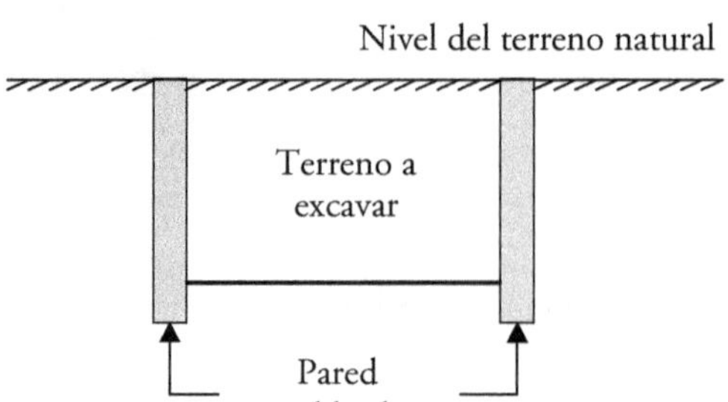

Figura 8.30
Esquema de la pared moldeada.

Muy importante en este proceso constructivo resulta la utilización del lodo bentonítico, Este lodo, mezcla de agua con bentonita, tiene la propiedad de ser un material **trixotrópico**, que se comporta como un gel en estado de reposo y como un líquido en movimiento. Además en la superficie de contacto con el terreno natural genera una película resistente llamada comúnmente "cake", que reviste la pared y evita desprendimientos de material dentro de ella. Este revestimiento es además impermeable.

La secuencia de construcción de una pared moldeada puede resumirse en cuatro pasos:

1) Se excava usando generalmente un cucharón de almeja y si es necesario se suelta el terreno utilizando un cincel.

2) Al mismo tiempo que se excava, se agrega lodo bentonítico para sostener la excavación.

3) Una vez que la excavación alcanza la profundidad deseada, se introduce la enfierradura con los moldajes en los extremos. Estos moldajes tienen forma de medio tubo para generar un sistema machihembrado en la pared (Figura 8.31).

4) Se hormigona utilizando un tubo Tremie, que permite que el hormigón vaya llenando la excavación desde abajo sin contaminarse. En la superficie se recoge el lodo que comienza a rebalsar (y que puede ser reciclado), hasta que toda la excavación queda hormigonada.

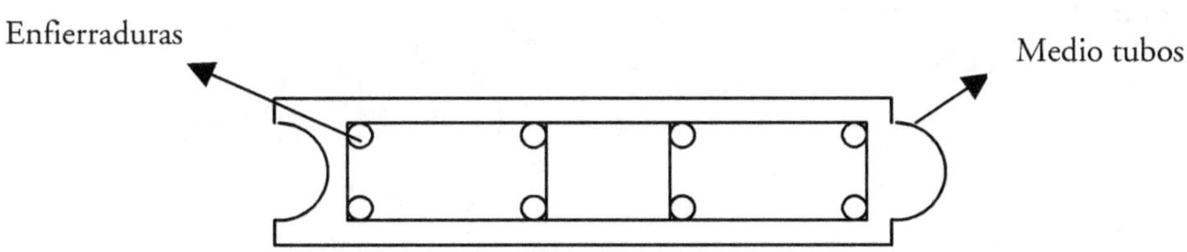

Figura 8.31
Vista en planta de una pared moldeada.

8.7 EJERCICIOS

A continuación se presentan algunos temas que pueden servir de estudio, los cuales pueden ser resueltos con el material presentado en el capítulo y a veces con lecturas adicionales:

a) ¿Qué precauciones deben tomarse al colocar maquinaria pesada en lugares cercanos a una excavación?
b) ¿Qué restricciones existen respecto del material proveniente de una excavación y que se acopia junto a ésta?
c) ¿Qué condiciones determinarán el uso de tablaestacado, apuntalamiento o refuerzo de una excavación?
d) ¿Qué requisitos se deben cumplir para el caso de excavaciones de zanjas en la vía pública?
e) La elección de dejar un talud vertical o no, dependerá de ciertas condiciones. Mencione 3 de estas condiciones y 2 soluciones que permitan sobrepasar la altura crítica de excavación del suelo.
f) Explique qué efecto puede tener la depresión de la napa freática en el terreno circundante a una excavación.
g) Explique la diferencia entre los pozos filtrantes y el sistema well-point, para excavaciones con presencia de agua.
h) ¿Cómo controlaría durante una excavación profunda, la existencia de asentamientos en edificios vecinos?
i) ¿Cuándo es recomendable el uso de pared moldeada?
j) Explique cómo calcularía el ángulo de un talud de una excavación en suelo granular.

CAPÍTULO 9

FUNDACIONES

El estudio de un proyecto de fundación considera simultáneamente el tipo de supraestructura, las condiciones de carga que esta le impone, las características del suelo de fundación y las restricciones constructivas de la obra.

Una vez finalizada la excavación de la futura fundación, el ingeniero a cargo de la construcción debe asegurarse que esta sea recibida por el ingeniero proyectista o experto en mecánica de suelos.

Es muy recomendable que el ingeniero constructor estudie la memoria de cálculo del diseño de fundación y disponga de toda la información y ensayos provenientes de los estudios de geotecnia.

9.1 CONSIDERACIONES GENERALES PARA EL ESTUDIO DE UN PROYECTO DE FUNDACIÓN

9.1.1 EFECTOS DE LA SUPRAESTRUCTURA SOBRE EL TERRENO DE FUNDACIÓN

La cimentación de un edificio no plantea los mismos problemas que los de un puente, un silo, un muro de contención u otro tipo de estructura. Los esfuerzos que toma y transmite la fundación al suelo de apoyo están relacionados al tipo de estructura de que se trate. A continuación se presentan algunos ejemplos de tipos de transmisión de esfuerzos.

a) *Esfuerzos normales uniformes y constantes*: viviendas u otro tipo de edificaciones, en zonas no sísmicas, ejercen sobre sus fundaciones una presión uniforme que es prácticamente la misma una vez que la obra ha sido puesta en servicio y no se modifican con el uso de estas (Figura 9.1A).

b) *Esfuerzos normales uniformes y variables*: silos, depósitos, estanques ejercen presiones variables debido a su uso (Figura. 9.1B), así como también lo hacen estructuras tales como puentes grúas y otras.

c) *Esfuerzos preferencialmente oblicuos*: arcos u otro tipo de estructuras similares provocan este tipo de esfuerzo a sus fundaciones (Figura 9.1C).

d) *Esfuerzos preferencialmente horizontales*: como los provocados por muros de contención por ejemplo (Figura 9.1D).

e) *Esfuerzos normales no uniformes*: como los que sufren fundaciones de estructuras sometidas a esfuerzos sísmicos. También edificios y construcciones altas y livianas en las cuales las presiones horizontales de viento sobre la estructura transmitirán al terreno un estado de presiones no uniforme, trapezoidal o triangular (Figura 9.1E). Y, finalmente, fundaciones que tengan que recibir esfuerzos horizontales predominantes y deban, además, equilibrar momentos, por ejemplo: muros de contención, marcos rígidos y otros (Figura 9.1 D y F).

f) *Esfuerzos cíclicos*: cierto tipo de equipos o máquinas fijadas a una fundación producen esfuerzos cíclicos: máquinas rotativas, chancadoras, etc. (Figura 9.1G).

9.1.3 EFECTOS DEL COMPORTAMIENTO DE LA FUNDACIÓN EN LA SUPRAESTRUCTURA

Una fundación puede fallar en diversas formas y el grado de daño que sufre la supraestructura debido a tales fallas es variable. Las fallas se ven en la Figura 9.2 y su clasificación es la que sigue:

a) *Asentamiento*: corresponde a un hundimiento o descenso de la fundación (Figura 9.2A), Este descenso se puede originar por diversas razones, tales como: calidad del suelo de fundación, compactación del terreno o terraplén, vibraciones que produzcan acomodo de cierto tipo de suelos finos, el peso de la misma estructura, etc. El asentamiento puede ser uniforme o diferen-

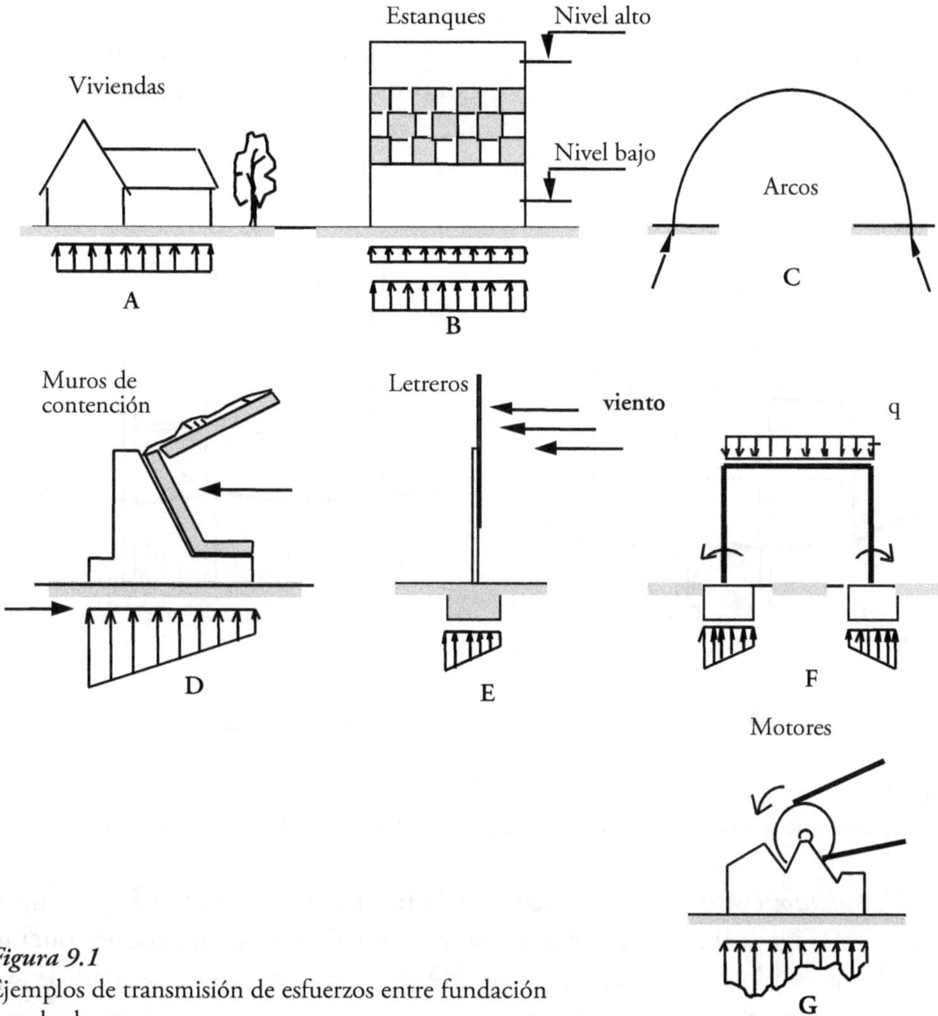

Figura 9.1
Ejemplos de transmisión de esfuerzos entre fundación y suelo de apoyo.

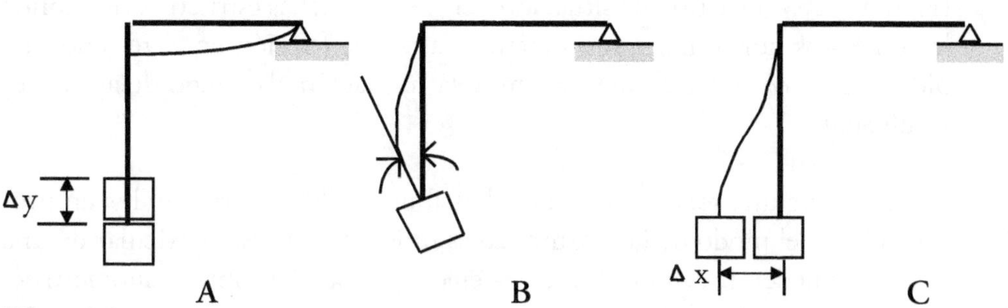

Figura 9.2
Fallas que puede sufrir una fundación. A: Asentamiento. B: Giro. C: Deslizamiento.

cial, de acuerdo a si las condiciones antes mencionadas se dan en todo el terreno por igual o varían a lo largo de la zona en que se ubica la fundación. Estas variaciones pueden deberse a: estratos de suelo de diferentes espesores y capacidad de soporte, compactación del terreno no uniforme, presiones de carga en la fundación no uniformes, etc. (Figura 9.3).

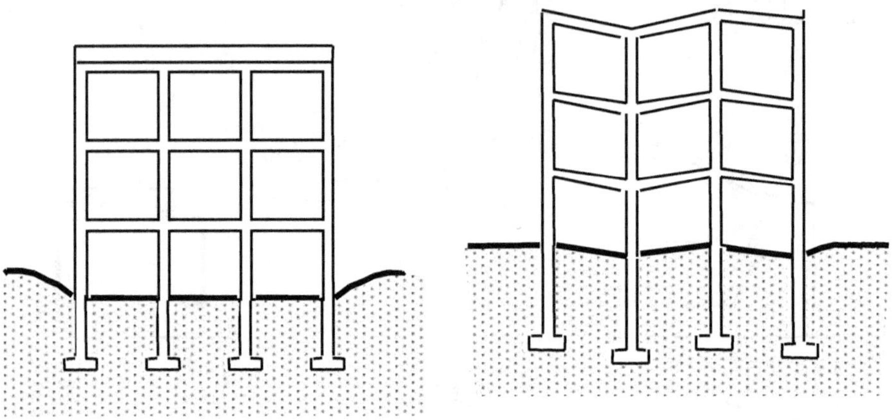

A B

Figura 9.3
Ejemplos de estructura de marco rígido asentada uniforme (A) y diferencialmente (B).

b) *Volcamiento*: corresponde al vuelco de la fundación en torno a algún punto de giro (Figura 9.2B). Este puede estar originado en una mala distribución de la carga y/o estratos de suelo de diferentes espesores y capacidad de soporte y/o momentos volcantes no equilibrados.

c) *Deslizamiento*: consiste en el traslado de la fundación de un punto a otro (Figura 9.2C). Este tipo de situación ocurre en aquellas estructuras en donde los esfuerzos horizontales son preferenciales y la fricción en el terreno, debido al esfuerzo vertical que transmite la fundación al terreno de apoyo, es insuficiente.

Pocas veces existe una sola causa a la cual atribuir un fallo estructural y, en muchas situaciones el modo de falla tampoco es único. En el caso particular de una fundación se pueden presentar diferentes efectos de la falla sobre la supraestructura según como haya sido diseñada; por ejemplo:

- Falla de fundación sin afectar la supraestructura: frente a un asentamiento uniforme algunas estructuras pueden seguir funcionando como tal aún cuando los asentamientos sean muy grandes, un caso extremo es el de la biblioteca de la Ciudad de México que ha experimentado un asentamiento uniforme superior a 1 m.
- Falla de fundación sin afectar estructuralmente la supraestructura pero inutilizándola: existen estructuras que pueden quedar inutilizadas sin sufrir daños, como es el caso de la Torre de Pisa, la que ha experimentado un asentamiento diferencial lento a lo largo de siglos; que hasta ahora la ha inutilizado, sin afectarla estructuralmente (Figura 9.4).

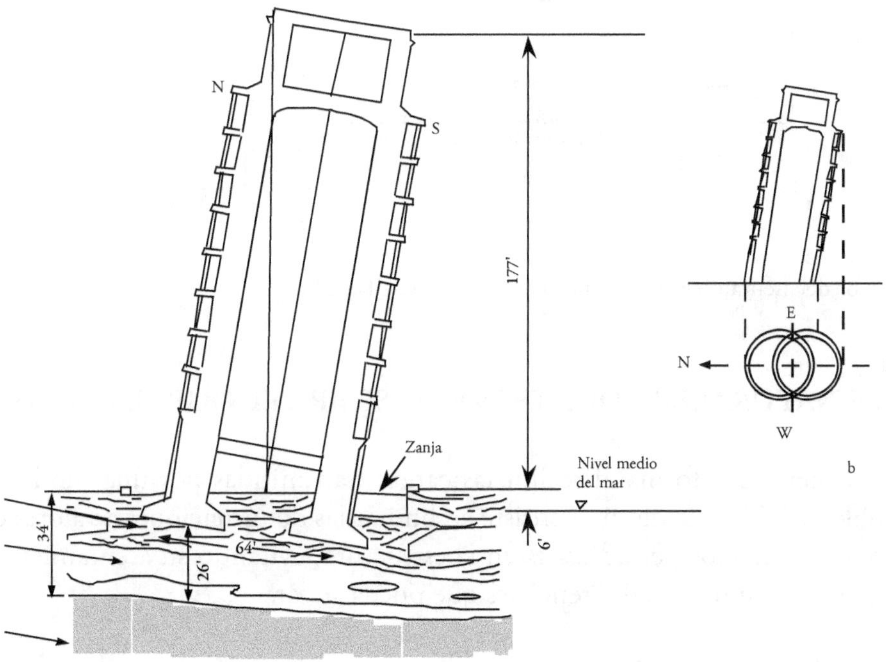

Figura 9.4
Sección transversal de la Torre de Pisa y probables condiciones de su subsuelo. (a) Movimiento observado de ella (b) (Krynine, 1980).

- Fallo de fundación tensionando estructuralmente la supraestructura sin inutilizarla: la supraestructura puede no mostrar daños pero estar excesivamente tensionada, lo que representa en cierto modo un peligro escondido, como es el caso de estructuras hiperestáticas que experimenten pequeños asentamientos diferenciales.

- Fallo de fundación afectando estructuralmente la supraestructura e inutilizándola: Lo más común es que una estructura junto con el fallo de fundaciones presente daños al punto de quedar inutilizada. Por ejemplo un muro de ladrillo, como el que se ve en la Figura 9.5, que se ha fracturado producto del asentamiento de sus fundaciones.

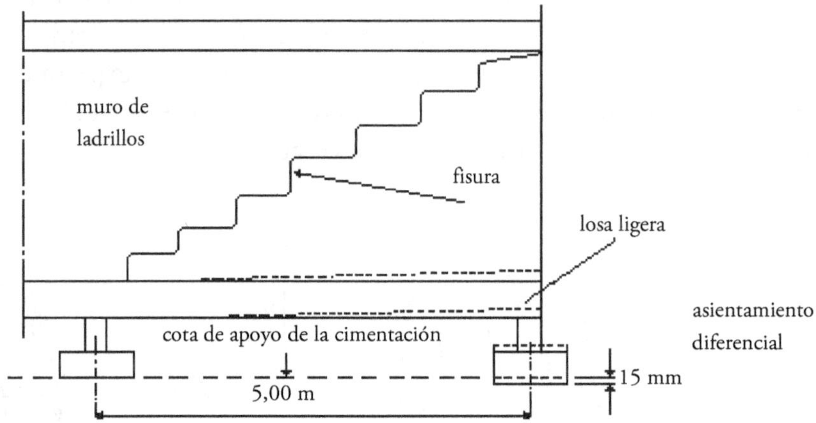

Figura 9.5
Efectos del asentamiento diferencial en un muro de ladrillo.

9.1.4 NATURALEZA DEL TERRENO SOBRE EL QUE SE CONSTRUYE

Todo suelo se deforma al recibir las cargas transmitidas por una fundación. El problema básico de diseño consiste en limitar las deformaciones a valores que no produzcan efectos perjudiciales en la estructura, evitando su asentamiento total y/o los asentamientos diferenciales que pueda sufrir.

Los suelos pueden variar desde la roca al légamo. Entre estos extremos existe una gran variedad de tipos y combinaciones de estratos, cada uno de los cuales tiene características propias de comportamiento. Se describen a continuación en forma simplificada los tipos de suelos más comunes clasificados según su estructura de grano (Das, 1985):

a) **Roca**: Se clasifican en tres grupos principales de acuerdo a sus orígenes:
   - Rocas ígneas y eruptivas: son impermeables y duras, con buena resistencia al aplastamiento (mejor cuánto más finos sean sus granos), constituyen un excelente terreno para las cimentaciones.

- Rocas sedimentarias: como terreno para fundaciones tiene características muy variables en función de su resistencia, en conjunto constituye una buena alternativa para cimentar.
- **Rocas metamórficas:** son las rocas más densas, en particular el gneis, mármol y esquistos, estos últimos con características de resistencia muy diferentes según la dirección de los esfuerzos a que están sometidos.

Las rocas son, en general, un terreno apto para cimientos, pues son resistentes y no experimentan cambios en presencia de agua. Sin embargo, es preciso tener en consideración una serie de factores adicionales que ofrecen restricciones de tipo técnico y económico para la fundación sobre roca; entre estos cabe destacar los siguientes:

- La roca por su naturaleza rígida, no disipa la energía de los sismos, transmitiéndola toda a la supraestructura.
- Las rocas fracturadas pueden presentar planos de deslizamiento preferenciales, por lo cual deben ser reforzadas con pernos u otro sistema constructivo.
- La excavación en roca requiere, por lo general, del empleo de explosivos, lo cual además de ser peligroso la hace ser altamente costosa y de bajo rendimiento.

b) **Grava y suelos de grava:** suelos con cantidad apreciable de material comprendido entre 7.5 cm. y 2.4 mm., en general poseen excelentes características de drenaje, son muy permeables, a no ser que entre sus componentes se encuentre material arcilloso plástico o que la compactación natural sea muy buena. Forman un buen suelo de fundación, con pequeñas variaciones de acuerdo al tamaño de los gránulos, los asentamientos son rápidos y de poca importancia, sobre todo si están compactados naturalmente.

c) **Arenas y suelos arenosos:** suelos con material comprendido entre 2.4 mm. y 0.076 mm. principalmente. Sus características de drenaje son variables de acuerdo a los componentes del suelo, especialmente a la existencia o no de finos de naturaleza arcillosa que más bien absorben el agua, en lugar de dejarla pasar. Este tipo de suelo corre el peligro de transformarse en arena movediza, si se satura y actúa como líquido pasando a un estado de resistencia nula que se conoce como licuefacción, o puede sufrir rápidos asentamientos. Además es posible que se produzca erosión en las zonas expuestas a vientos fuertes.

Los materiales granulares, como arena y gravas, tienen características de deformación bien definidas, y muy diferentes a las arcillas. Si están bien compactados y soportados lateralmente son un excelente material. Si están

sueltos se deforman bajo la aplicación de cargas, siendo la deformación prácticamente instantánea. El peligro mayor, sin embargo, está en las vibraciones, que tienen efecto de hacer que las partículas pequeñas llenen los huecos, pudiendo producir asentamientos apreciables.
En terrenos arenosos o gravosos, en consecuencia, es conveniente dar importancia al grado de compactación, en especial en zonas sísmicas o con otras causas de vibraciones (tráfico, maquinaria).

d) **Suelos de grano fino con poca plasticidad**: suelos con cantidad apreciable de material de menos de 0.076 mm. y características de drenaje de regulares a malas, se componen principalmente de limos con características de comportamiento intermedias entre arenas y arcillas.

e) **Suelos de grano fino con plasticidad media a elevada**: suelos formados principalmente por material de menos de 0.002 mm., de tipo arcilla y otros, sus características de drenaje son malas, el agua circula a pequeñas velocidades, pudiendo considerarse como terreno impermeable, pero tiene la desventaja de ser susceptible a absorber grandes cantidades de agua, sufriendo una hinchazón que es seguida de una contracción apreciable al secarse. Por lo anterior los suelos en zona de variación del nivel de aguas subterráneas son especialmente peligrosos. Son susceptibles de sufrir, también, asentamiento lento, el que puede prolongarse por años, y hasta siglos como en el caso de la Torre de Pisa.

f) **Casos particulares**: existen terrenos para fundar que no se incluyen directamente en los mencionados anteriormente y que es importante tener en cuenta, pues en su mayoría no son recomendables para hacer una fundación segura:
- *Barro*: cuya capacidad de carga es prácticamente nula.
- *Suelo Vegetal*: no es apropiado para fundaciones y, en general, debe removerse antes de construir, ya que se puede descomponer con el tiempo.
- Terrenos poco consolidados: tales como rellenos; su capacidad de soporte es muy baja y pueden presentar asentamientos importantes e inevitables, particularmente durante el primer año posterior a la aplicación de la sobrecarga.
- *Suelos salinos naturalmente cementados*: Estos suelos son altamente susceptibles a las filtraciones de agua que pueden disolver parte de la estructura salina y producir importantes asentamientos.

9.1.5 EFECTO DEL AGUA SUBTERRÁNEA EN EL TERRENO DE FUNDACIÓN

La presencia de agua en un suelo o las variaciones de humedad puede tener consecuencias tanto en la capacidad de soporte de los suelos, como en los mayores costos, asociados a un diseño del proyecto de fundación más conservador.

a) **Efecto en los suelos**: los terrenos ripiosos o de arena gruesa tienen prácticamente las mismas características secos que saturados, de modo que el agua subterránea no afecta sus propiedades.
En arenas finas o arenas arcillosas la humedad capilar actúa como un agente cementador, y tiene el efecto de aumentar la adherencia y volumen del suelo. Si un terreno de esta especie está sometido a ciclos alternados de humedad y sequedad, es aconsejable construir un sistema de zanjas de drenaje para evitar los cambios de volumen. Iguales medidas deben tomarse en terrenos principalmente arcillosos, en los cuales los cambios de volumen son aún más acentuados.

b) **Efecto en los costos y métodos**: cuando el nivel de cimentación está por debajo del nivel de la napa subterránea, se modifican por completo las condiciones de ejecución y el costo de la obra. En esta situación habrá que prestar especial atención al método que se emplee para la realización de la excavación, de modo tal que:
   - no produzca efectos negativos en el suelo de sustentación por las presiones de filtración y/o sifonamiento hidrodinámico;
   - no afecte estructuras adyacentes al modificar las condiciones del suelo por el uso de sistemas de drenaje;
   - se utilice el método de excavación más seguro y económico para no encarecer excesivamente la obra ya sea por accidentes, demoras, o el empleo de una técnica inadecuada.

c) **Efecto en el proyecto de fundación**: el proyecto de diseño de una fundación emplazada en un área con presencia de agua debe ser considerado cuidadosamente. A continuación, se mencionan algunos aspectos de importancia con respecto al emplazamiento de la obra en un área que pueda ser afectada por el agua, aspectos que se deberán tener en cuenta al momento de diseñar y construir.
   - *Corriente de agua superficial*: el agua superficial en zonas lluviosas y terrenos con pendientes fuertes o en cauces naturales puede acarrear las partículas del suelo y socavar o erosionar las fundaciones; este inconve-

niente puede salvarse construyendo zanjas de drenajes o protecciones adecuadas para desviar la corriente.

- *Agua estancada o excesiva humedad*: cuando la fundación ha quedado por debajo de la napa freática, el contacto entre las paredes de ella y el agua va a perdurar en el tiempo y será muy probable que las paredes de la fundación se comiencen a filtrar, inundando subterráneos y galerías bajo en nivel de la napa. Además es posible que el agua ascienda por capilaridad corrompiendo las pinturas y otras terminaciones.
  Las soluciones a este tipo de problema son variadas y en general consisten en evitar el ingreso del agua por medio de impermebilización o evacuación del agua de la superficie, entre las que destacan: empleo de hormigones impermeables, empleo de sellos de impermeabilización en los muros (existen de variados tipos), empleo de geotextiles drenantes, empleo de drenes de agregados. También para evitar el ascenso por capilaridad se deben emplear sellos aislantes entre muros superiores y fundaciones.
- *Aguas corrosivas*: tanto el agua superficial como el agua subterránea, podrían tener sales u otros agentes corrosivos. Al filtrarse este tipo de agua por las paredes de una fundación de hormigón armado puede causar importantes daños a las armaduras de refuerzos y/o armaduras de anclajes. En el caso de fundaciones con pilotes el problema consistirá en escoger los pilotes más adecuados y que presenten mejores ventajas contra el determinado tipo de contaminación que presente el agua (ver sección de pilotes).
- *Emplazamientos en zonas frías*: en zonas frías el cambio de temperatura ambiente puede congelar el agua contenida en las capas superficiales, con los cambios consecuentes de volumen y propiedades del suelo. Por esta razón, las fundaciones deberán llevarse a profundidades no afectadas por los cambios térmicos: en la zona norte y central de Chile basta llegar a 60 cm., en la alta cordillera y extremo sur conviene aumentar la profundidad mínima a 1.0 ó 1.5 m. particularmente cuando se está en presencia de suelos susceptibles al congelamiento como lo son suelos finos no plásticos (las Normas Alemanas DIN recomiendan 2.0 m.).
- *Superposición de presiones y acción sobre taludes*: la presión bajo una fundación se transmite aproximadamente según un cono de inclinación 2/1. Si hay fundaciones a distinto nivel, conviene evitar que las fundaciones inferiores queden en el cono de carga o en su defecto, considerar la presión superior "P" en la determinación de las presiones de carga

sobre el suelo de fundación (Figura 9.6). Si una fundación está cerca de un corte o de una zanja, se debe suponer que el cono de presiones tiene una pendiente de 50% a 70% y evitar la condición ilustrada, ya sea bajando el nivel de la zapata o reforzando la zanja.

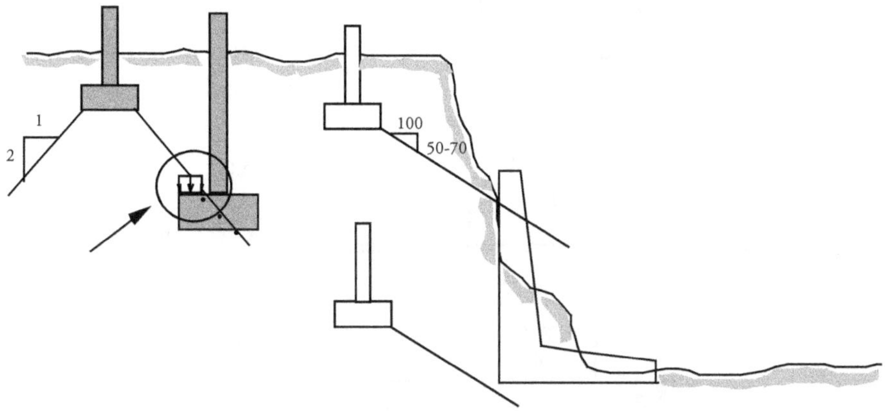

Figura 9.6
Ejemplo de superposición de presiones y acción sobre taludes.

9.1.6 CLASIFICACIÓN DE FUNDACIONES

Los diferentes tipos de soluciones de fundaciones pueden clasificarse desde el punto de vista constructivo de la siguiente forma:

a) **Fundaciones Superficiales**:
  - Zapatas Aisladas.
  - Zapatas Atirantadas.
  - Zapata y Viga de Fundación.
  - Zapatas Corridas.
  - Losas o Placas de Fundación.
  - Losas o Placas Flotantes.

b) **Fundaciones Profundas**:
  - Pilotes.
  - De cajón.
  - Otras.

c) **Fundaciones de máquinas.**

9.2 FUNDACIONES SUPERFICIALES

9.2.1. GENERALIDADES

Son aquellas que se apoyan en las capas superficiales o poco profundas del terreno por tener éste la suficiente capacidad de carga pero, también se debe cumplir que los asentamientos sean pequeños y admisibles por la supraestructura. Los componentes tradicionales de una fundación superficial típica se ven en la Figura 9.7.

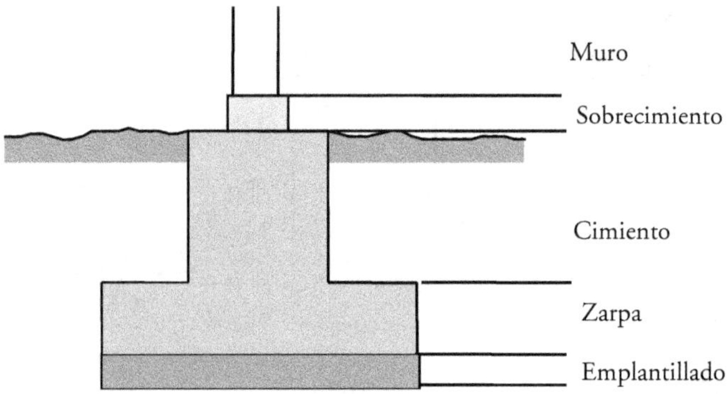

Figura 9.7
Componentes tradicionales de una fundación típica.

a) *Emplantillado*: capa de hormigón de sacrificio que se pone previa al hormigonado de la fundación, en espesores de 5 a 8 cm. Su objetivo principal es nivelar el fondo, para poder trazar la posición de las armaduras sobre una superficie plana y limpia. El espesor del emplantillado no debe ser considerado como recubrimiento de las armaduras. El recubrimiento requerido por las armaduras de fundación debe ser aquel que proporciona el hormigón estructural de la fundación.

b) *Zarpas*: se utilizan cuando la capacidad del terreno no es suficiente para soportar la presión que ejercen los cimientos directamente sobre él. Lo que se logra usando zarpas o zapatas es no tener que ensanchar todo el cimiento para lograr el mismo efecto la distribuciones de tensiones.

c) *Cimientos*: elemento estructural encargado de transmitir las cargas de la supraestructura al suelo de fundación. En algunos casos se puede considerar el uso de bolones desplazadores, los cuales son piedras de canto rodado de unos 10 cm de diámetro, que se colocan para disminuir la cantidad de hormigón en la fundación.

d) *Sobrecimientos*: elementos estructurales que actúan como nexo entre el muro (o pilar) y el cimiento; son de ancho inferior a este y superior o igual al muro. Se hormigona aparte del cimiento, fundamentalmente porque los hormigones deben ser de distinta calidad.

9.2.2. TIPOS DE FUNDACIONES SUPERFICIALES

Entre las fundaciones superficiales se cuentan las que se observan a continuación:

a) *Zapatas Aisladas*: son de carácter puntual, generalmente están constituidas por dados de hormigón de planta cuadrada. Las fundaciones de zapata, en general, constituyen los tipos más usados tanto por su economía como por su sencillez de construcción (Figura 9.8a).

b) *Zapatas Atirantadas*: son de carácter puntual y trabajan en forma independiente, pero se encuentran unidas por una cadena apoyada al terreno, la cual se diseña para evitar el movimiento horizontal relativo entre zapatas aisladas o para unir una zapata aislada a una fundación corrida (Figura 9.8b).

c) *Zapatas y Vigas de Fundación*: (Figura 9.8c) la viga de fundación es un elemento estructural que permite tomar las cargas de muro y transmitirlas a zapatas aisladas. Puede haber varias razones para querer diseñar zapatas con vigas de fundación. Por ejemplo, como una forma de ahorrar en comparación a la alternativa de zapata corrida. En algunos casos es conveniente hacer que el peso de los muros descanse sobre la zapata para aumentar la carga horizontal y equilibrar momentos descompensados en el apoyo.

d) *Zapatas Corridas*: cuando se trate de pilares alineados muy próximos a muros, o de equilibrar cargas excéntricas sobre zapatas contiguas, se considera directamente el empleo de una zapata continua o zapata corrida (Figura 9.8d).

e) *Losas o Placas de Fundación*: si el área de las zapatas es superior al 50% del área total en planta de la estructura, es constructivamente conveniente una fundación tipo placa, rigidizada con vigas invertidas. Este tipo de fundación disminuye considerablemente los efectos de asentamientos diferenciales y es apta para suelos no homogéneos (Figura 9.8e).

f) *Losas Flotantes*: cuando es necesario construir estructuras muy sensibles a asentamientos en terrenos excepcionalmente pobres puede recurrirse a fundaciones de losa flotante (Figura 9.8f). La fundación debe hacerse de dimensiones tales que el peso del volumen de tierra removida sea similar a la carga producto del peso de la estructura. En esta forma las condiciones de carga en la superficie del terreno de fundación no han sido teóricamente modificadas por la construcción, de modo que será razonable suponer que los asentamientos serán bajos o nulos.

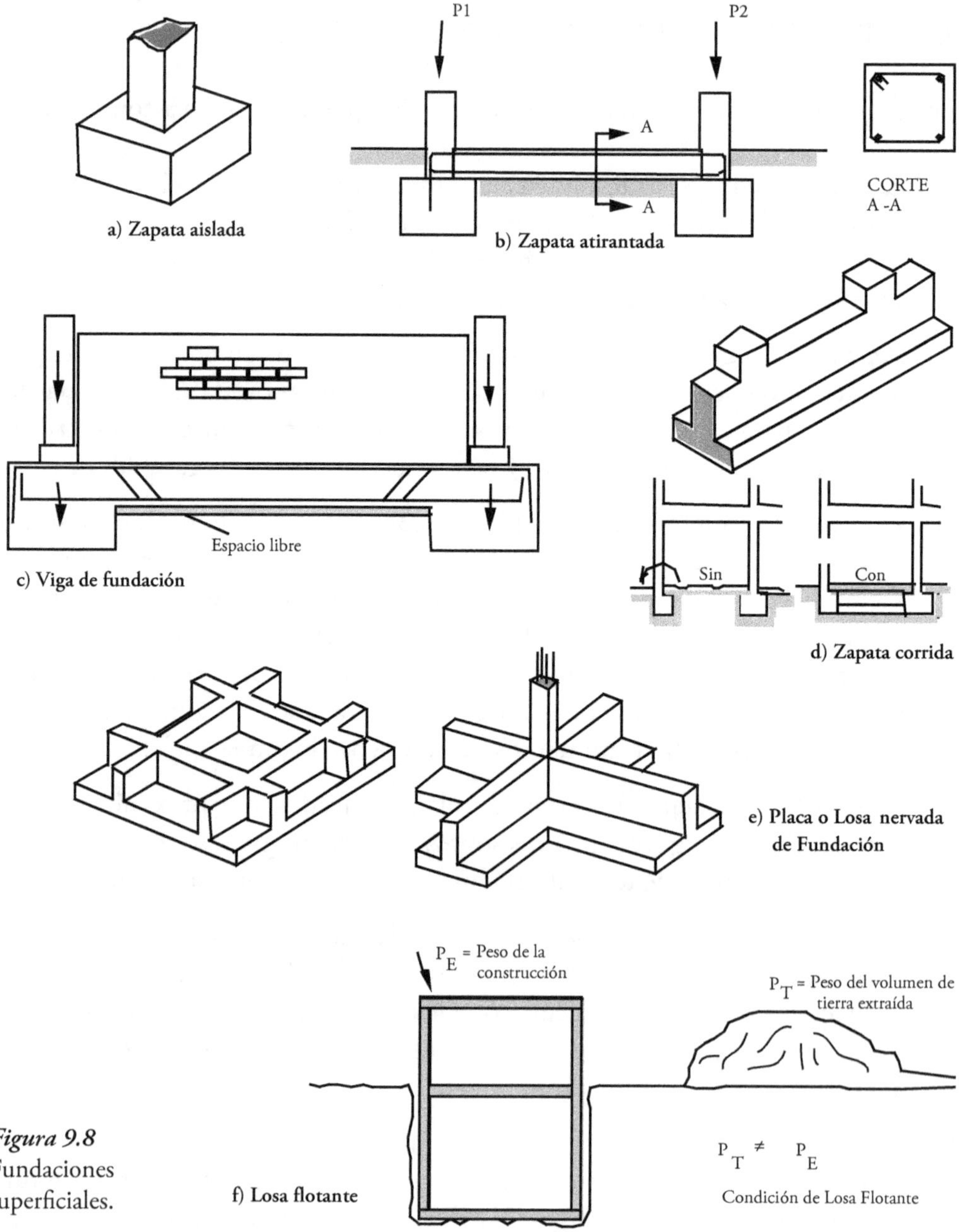

Figura 9.8
Fundaciones superficiales.

Una fundación de zapata de forma cúbica asume que el terreno de fundación excavado tendrá la misma forma y dimensión que la zapata. Sin embargo, el terreno puede ser de relativa mala calidad y obliga a sobre excavar el suelo de fundación.

En este último caso se puede asumir una pérdida de hormigón de fundación para rellenar la sobreexcavación. Ahora bien, si el volumen de sobreexcavación es muy grande, se recomienda utilizar moldajes para hacer la fundación y luego rellenar el espacio restante con un suelo de relleno.

Si el número de zapatas es muy grande, puede incluso ser conveniente utilizar el diseño de los moldajes para producir volúmenes de hormigón más pequeños pero respetando la dimensión de apoyo. En este caso si la forma se hace relativamente esbelta, se recomienda utilizar armaduras de refuerzo. Para determinar si la fundación debe llevar armadura se debe considerar la calidad del hormigón de la zapata. Un criterio general es comprobar el ángulo esquematizado en la Figura 9.9 (que en caso de ser > 60° implica que la fundación requeriría armadura).

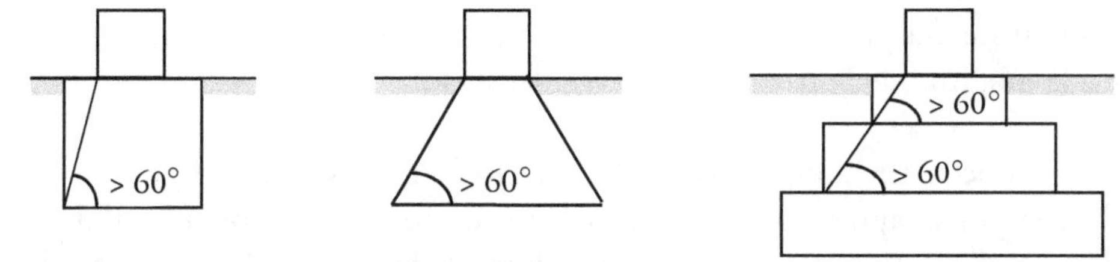

a) Fundación típica

b) Fundación típica con menor volumen de hormigón, requiere moldajes

c) Zapata escalonada

Figura 9.9
Esquema práctico para determinar la necesidad de armadura de una fundación.

El criterio empleado para determinar si una zapata aislada requiere o no armadura se aplica de la misma forma para determinar si la sección transversal de una zapata corrida requerirá o no de armaduras.

La armadura de la sección transversal de una zapata corrida, se determina con el mismo criterio señalado para zapatas aisladas. La armadura longitudinal se diseña para resistir las reacciones hacia arriba transmitidas por el terreno, que deben estar equilibradas por las cargas hacia abajo de las columnas y muros si los hay.

Toda fundación que requiera de armaduras estructurales o de anclaje no debe ser rellenada con "bolones desplazadores" por la posibilidad de que estos deformen la armadura.

9.3 FUNDACIONES PROFUNDAS

9.3.1 CARACTERÍSTICAS GENERALES DE LOS PILOTES

El pilotaje es una solución apropiada para terrenos malos en los cuales no es posible usar zapatas o losas de fundación. Los pilotes son piezas largas, cilíndricas o prismáticas, de madera, hormigón, o metal, que, hundidas en el suelo, sirven de fundaciones o de estructura para cortinas de tablaestacas.

Su hinca en el suelo se obtiene mediante diversos métodos: por percusión, para pilotes de cualquier tipo; por moldeo en el suelo, para pilotes de hormigón; por atornillado, para pilotes de hormigón o metálicos.

Se llama fuste del pilote a la longitud de la parte hundida en el suelo, y altura libre a la longitud de la parte que emerge del suelo.

Un pilote puede ser "soportante" o "de fricción". En los primeros la resistencia se obtiene por el apoyo del extremo inferior en terrenos de buena calidad, de modo que el pilote trabaja como una columna (Figura 9.10a). En los pilotes de fricción, la resistencia se debe al roce entre el pilote y el terreno circundante (Figura 9.10b). En general, un pilote tiene una acción combinada y resiste por ambos efectos.

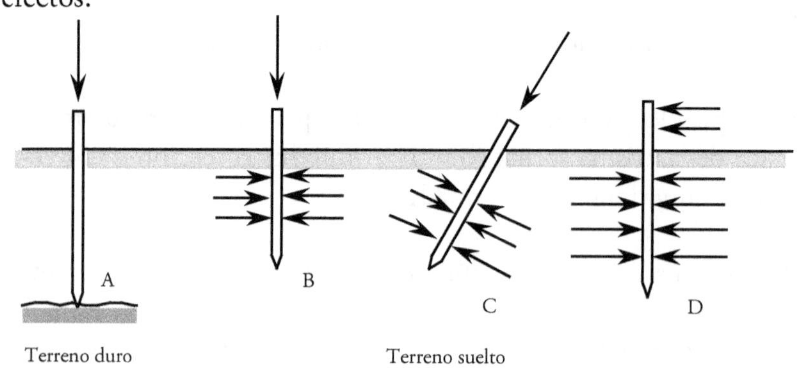

Figura 9.10
Formas de resistencia de un pilote (Galabru, 1965).

No existen procedimientos teóricos exactos para determinar la resistencia de pilotes soportantes, de modo que en la práctica su capacidad se deduce de la resistencia que ofrecen al hincamiento. Los pilotes se clavan golpeando el extremo por medio de un peso que cae guiado sobre rieles, o usando máquinas especiales denominadas martinetes o martillos polones.

9.3.2 TIPOS DE PILOTES SEGÚN SU FUNCIÓN

Además del uso ya mencionado, los pilotes pueden servir para las siguientes otras funciones:

a) Pilotes sometidos a arrancamiento: cuando están sometidos a fuerzas de arranque, es necesario proyectarlos en tal forma que el peso de la zapata y de la tierra sea por lo menos 1,5 veces superior al arranque (Figura 9.11A).

El peso de tierra se estima sobre la base de un ángulo de talud 30 grados. Si la fundación resulta de dimensiones excesivas puede anclarse a un pilote de fricción (Figura 9.11B).

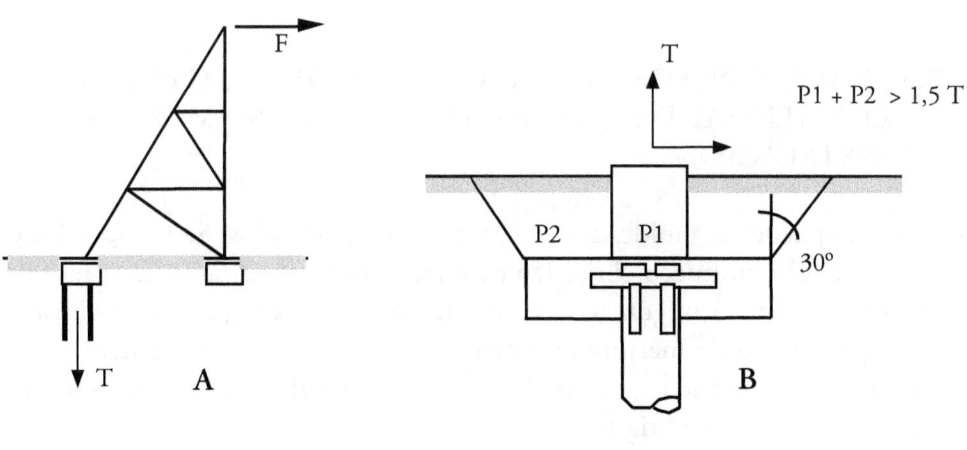

Figura 9.11
A: Pilote sometido a arrancamiento. B: Pilote de fricción (Gasc, 1971).

b) Pilotes como solución para consolidar terrenos blandos por desplazamiento (Figura 9.12).

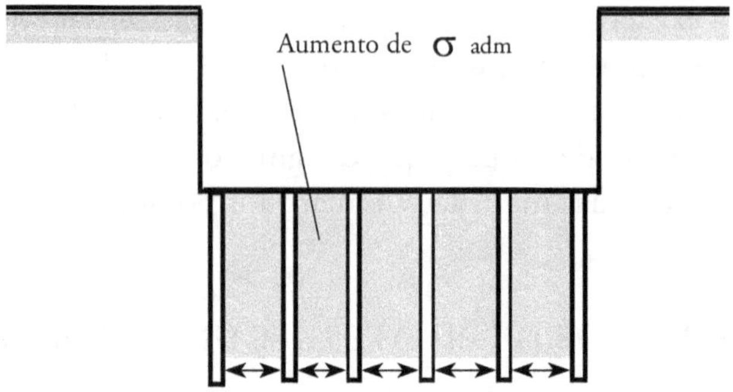

Figura 9.12
Pilotes usados para consolidar un terreno blando.

c) Pilotes que sirven de estructura para cortinas de tablaestacas: en estos casos, el macizo contenido por la cortina ejerce esfuerzos laterales de empuje que producen en los pilotes, y especialmente en su parte libre, esfuerzos de flexión y cortadura. Estos pilotes se calculan como voladizos empotrados sometidos a flexión compuesta (ver Figura 9.10D).

Los pilotes pueden sufrir daño durante su hincamiento, tanto esfuerzos axiales dinámicos como esfuerzos de flexión, para lo que además deben ser calculados para estas solicitaciones.

9.3.3 ANÁLISIS DE LOS DISTINTOS TIPOS DE PILOTES SEGÚN EL MATERIAL DE QUE ESTÁN HECHOS Y SU MODO DE INSTALACIÓN

Los pilotes puede ser moldeados en terreno o prefabricados. Se fabrican los primeros haciendo un hueco cilíndrico en terreno hasta alcanzar la capa resistente y rellenando con hormigón (con o sin armadura). Los segundos se hincan en terreno por medio de martinetes u otro método, se usan con frecuencia como pilotes flotantes en que la resistencia al hincado permite incluso mejorar las características del terreno original.

En la práctica se pueden utilizar los siguientes tipos de pilotes:

- Pilotes de madera.
- Pilotes de hormigón moldeados "in situ".
- Pilotes metálicos.

- Pilotes prefabricados de hormigón.

a) **Pilotes de madera**
Los pilotes de madera tienen la ventaja de ser baratos, especialmente en las regiones ricas en este material. Además son ligeros y, por consiguiente, de fácil manejo. Como pueden absorber flexiones, admiten ligeras desviaciones durante la hinca.

Entre los inconvenientes hay que anotar la fuerza portante, relativamente pequeña teniendo en cuenta los diámetros comunes de los troncos de materia prima. Para atravesar las capas duras es necesaria una perforación previa, y su longitud es a veces insuficiente ya que el largo está limitado a la altura del árbol.

Por último, y esto es lo más importante, no admiten ciclos alternados de sequedad y humedad y pueden ser atacados por ciertos organismos marinos. Estos últimos inconvenientes se pueden contrarrestar mediante la impregnación (tratamiento para prevenir la pudrición y ataque de organismos vivos).

b) **Pilotes metálicos**
Su colocación en obra puede realizarse inmediatamente después de la recepción, siendo su transporte muy fácil. Atraviesan fácilmente las capas resistentes y presentan una resistencia elevada a los esfuerzos de flexión y cizallamiento.

Su hinca puede realizarse por elementos de pequeña longitud que se unen por roblonado o soldadura. Sus dimensiones transversales son pequeñas. Su mayor inconveniente es su sensibilidad a la corrosión, que exige la utilización de una protección especial (por ejemplo: catódica). Además, a menos que se les provea de dispositivos especiales (por ejemplo aletas soldadas), su resistencia al arrancamiento es pequeña.

c) **Pilotes prefabricados de hormigón**
Estos pilotes son más caros que los de madera en general. Además, son más pesados y su manejo más delicado. Su fabricación y almacenaje exigen superficies importantes como consecuencia del tiempo necesario para el endurecimiento del hormigón antes de la hinca. Durante la hinca, en las capas difíciles de atravesar se corre el riesgo de roturas o al menos fisuraciones, que a la larga abren camino a la corrosión de las armaduras.

Su resistencia es muy superior a la de los pilotes de madera. Son insensibles a las alternativas de sequedad y humedad, así como al ataque de los organismos marinos. Sus dimensiones pueden fijarse en función de las necesidades, y su enlace con las estructuras situadas sobre ellos, es fácil.

d) **Pilotes de hormigón moldeados "in situ"**
Con estos pilotes se evita la necesidad de una playa de fabricación y almacenaje, economizándose además la parte de las armaduras que exigen el movimiento de los pilotes prefabricados.

La longitud de los pilotes se adapta automáticamente al terreno encontrado. Por otra parte, la rugosidad de su fuste y la base ensanchada que puede dárseles, aumentan su poder portante, así como la resistencia al arrancamiento.

En cambio presentan el grave inconveniente de un difícil control de la corrección de su ejecución y de la puesta en obra del hormigón. Como para los pilotes prefabricados e hincados, la puesta en obra de los pilotes moldeados in situ debe ser objeto especial de atención. Se trata de un procedimiento ciego de cimentación profunda, y se corre el riesgo de sufrir errores en cuanto a la calidad del hormigón, en el caso en que una capa de agua subterránea corte a los pilotes o que se haya producido un estrangulamiento de la sección al no realizar correctamente la extracción de un entubado provisional. (Figura 9.13). Independientemente de un constante control durante la ejecución, es prudente prever una auscultación de ciertos pilotes después de terminada ésta.

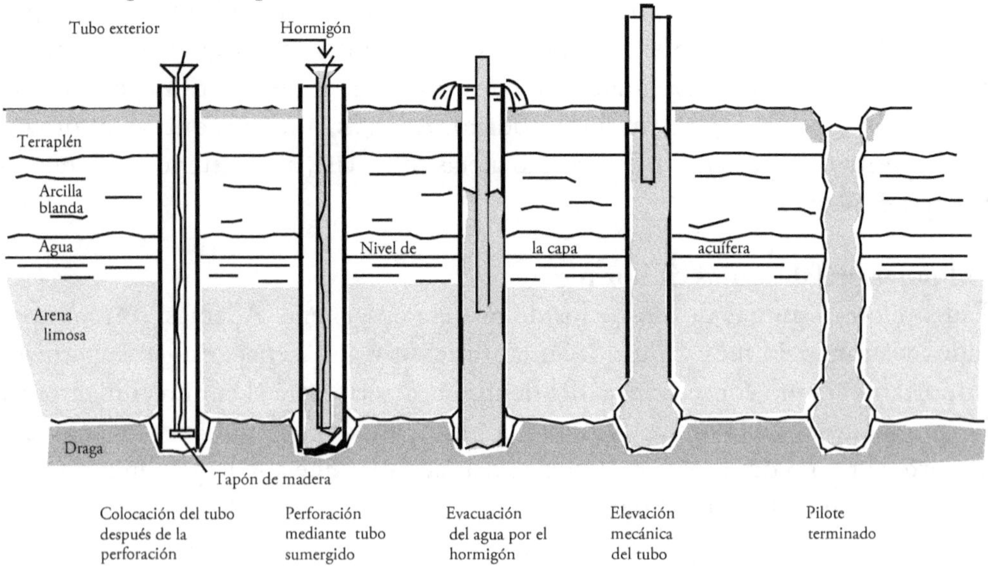

Figura 9.13
Hormigonado por tubo central de un pilote "in situ" (Gasc, 1971).

También deben preverse tomas de muestras del hormigón mediante sondas especialmente adaptadas. Recordemos que el diámetro de estas muestras debe ser al menos igual a tres veces el diámetro de los áridos de mayor tamaño para que la extracción no perjudique al hormigón.

9.4 FUNDACIONES DE MÁQUINAS

Las fundaciones de máquinas varían entre pernos simplemente colocados en el piso hasta fundaciones de grandes dimensiones para equipo pesado. Sin embargo, en toda fundación de máquina es necesario seguir ciertos principios generales.

- Debe tenerse en cuenta el hecho de que las máquinas son más sensibles a desnivelarse que los edificios. Los factores de seguridad, en consecuencia, deben aumentarse.

- Conviene aislar las fundaciones de máquinas de las estructuras o equipo vecino, con el objeto de evitar la transmisión de vibraciones.

- La fundación debe ser colocada para impedir vibraciones excesivas. En equipo normal el peso de una fundación varía entre 1.5 y 2 veces el de la máquina. En equipos que producen impactos (martinetes) o que poseen grandes masas giratorias de alta velocidad (turbogeneradores o motores de 500 HP o más, etc.) es necesario efectuar cálculos especiales para evitar el peligro de resonancia o vibración excesiva. En estos casos es frecuente encontrar fundaciones cuyo peso es 5, 10 o más veces superior al del equipo.

La Figura 9.14A muestra una fundación pequeña para equipo liviano, por ejemplo un motor de 5 HP, construido en forma integral con el suelo. La fundación de la Figura 9.14B corresponde a una máquina de mayores dimensiones, y es independiente del piso. Finalmente en la Figura 9.14C se muestra una fundación en el piso superior de un edificio de varios pisos, soportado por dos vigas independientes de la losa.

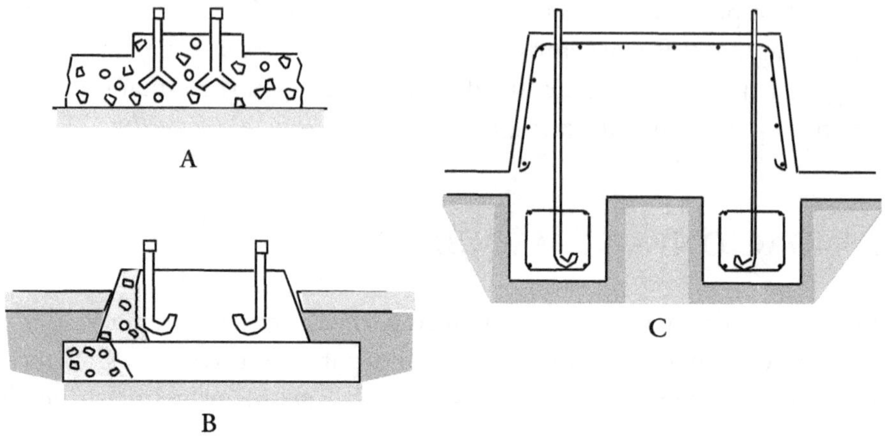

Figura 9.15
Fundaciones de máquinas.

Las fundaciones son el primer elemento de una estructura que se construye. Si el edificio es metálico o la fundación está destinada a máquinas, se dejan embebidas en el concreto pernos de anclaje, para unir el cimiento a la superestructura.

Dado que es muy difícil construir la fundación con la superficie superior plana y al nivel exacto, es corriente terminarla a una altura de 2.5 a 5 cm. bajo el nivel de la base; la estructura se coloca y nivela sobre placas de acero, para luego apretar la tuerca y rellenar el espacio con mortero de cemento y arena en proporción 1:2 ó 1:3, que tenga además dentro de su formulación aditivos de tipo expansor y fluidificante.

9.5 FUNDACIONES AISLADAS SÍSMICAMENTE

9.5.1 GENERALIDADES

Chile es un país con una alta sismicidad y por ello debe ser un país culto sísmicamente. Así, debe estar preparado para reaccionar adecuadamente en emergencias de este tipo, sus construcciones deben ser especiales, y sus normas de diseño deben ser más estrictas que en otras partes del mundo, donde la presencia de sismos no es muy común. Un ejemplo claro de las normas especiales que rigen el diseño de edificación en Chile es la Norma Técnica MINVU NTM-001, la cual aborda el diseño sísmico de componentes y sistemas no estructurales. Esta norma entró en vigencia el año 2011, tras identificar importantes efectos generados por el terremoto del 27-F del año 2010 en este tipo de elementos, especialmente en cielos falsos, tabiques, fachadas, entre otros.

La existencia de una gran sismicidad en nuestro país puede y debe ser vista como un desafío para la Ingeniería Estructural y en definitiva una oportunidad. Chile, a través de sus investigadores y profesionales siempre ha tenido una participación activa en el desarrollo de nuevas tecnologías de mitigación de desastres sísmicos en el mundo. Además, como nuestro país es un Laboratorio Natural para el estudio de problemas sísmicos, ha atraído constantemente a importantes investigadores extranjeros interesados en nuestra sismicidad y estructuras.

Entre los avances más recientes se destaca el impulso que el Departamento de Ingeniería Estructural de la Pontificia Universidad Católica de Chile ha dado a las técnicas de reducción de vibraciones con sistemas de aislamiento sísmico y disipación de energía. En palabras simples, el aislamiento sísmico busca independizar a la estructura del suelo de fundación mediante dispositivos especiales de modo que el movimiento ocasionado por las ondas sísmicas no sea transmitido a la estructura. El sistema ha sido utilizado con gran éxito en estructuras que experimentaron los devastadores terremotos de Northridge (1994), Kobe (1995), Turquía (1999), y Taiwán (1999). Complementario a este concepto se encuentra el de disipación de energía cuyo objetivo es concentrar la disipación de energía ocasionada por el movimiento de la estructura en dispositivos especiales, que incluso pueden ser removidos posteriormente a un sismo al igual que amortiguadores de un auto, evitando que ocurra un daño significativo en el sistema estructural principal (Figura 9.16).

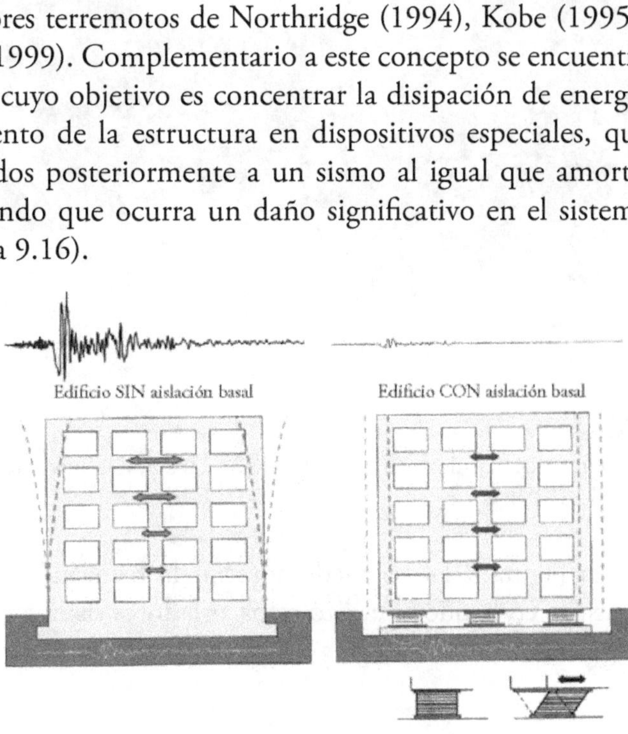

Figura 9.16
Efecto de un sismo sobre las estructuras (De la Llera, 2004).

En un edifico convencional sin aislación, la estructura vibra como consecuencia del movimiento del suelo. Si esta vibración excede un cierto nivel, se produce daño en la estructura y sus contenidos. Por el contrario, en el edificio aislado los aisladores acomodan la deformación impuesta por el sismo, reduciendo el movimiento que se traspasa hacia la estructura.

Los aisladores sísmicos consisten en un conjunto de láminas de goma natural y acero, colocadas alternadamente y adheridas entre sí, para formar un dispositivo con una gran flexibilidad horizontal y una gran rigidez vertical (Figura 9.17). A través de una deformación de corte, la flexibilidad horizontal del aislador permite acomodar la deformación del suelo de fundación durante un sismo, evitando así una transferencia del movimiento del suelo hacia la estructura; por otra parte, su gran rigidez vertical permite soportar el peso de la estructura sin sufrir deformaciones axiales importantes (De la Llera, 2004).

Figura 9.17
Fotografía de aislador sísmico utilizado en Hospital Clínico de la Universidad Católica. (Gentileza de SIRVE).

En la Figura 9.18 se puede apreciar la faena de construcción del edificio San Agustín, en la que se utilizó estos aisladores sísmicos.

Figura 9.18
Faena de construcción de edificio San Agustín, Universidad Católica.

9.5.2 DISEÑO SÍSMICO DE ESTRUCTURAS

Existen dos conceptos de gran importancia en el diseño sismorresistente: la resistencia lateral y la ductilidad.

La resistencia lateral se refiere a la capacidad resistente horizontal que es capaz de desarrollar una estructura antes de colapsar.

La ductilidad refleja la capacidad de absorción y disipación de energía que una estructura puede ofrecer antes de colapsar. Las estructuras deben, de una u otra forma disipar la energía que el movimiento del suelo le entrega durante un movimiento sísmico. La forma más eficiente de llevar a cabo esta tarea durante sismos de gran severidad es deformándose lateralmente y experimentando daño interno. Si durante este proceso, no se alcanza a desarrollar la deformación horizontal que lleva la estructura a su colapso, ella sobrevivirá el evento sísmico; en caso contrarío, colapsará. La deformación máxima que el sismo severo le demanda a una estructura se expresa a través de la ductilidad, que es el cuociente entre la deformación máxima y una deformación horizontal de referencia (deformación de fluencia).

La experiencia sísmica indica que para tener un comportamiento sísmico satisfactorio, el diseño debe velar por que la estructura disponga de una alta resistencia lateral si es que no ofrecen un comportamiento dúctil, o de una ductilidad suficiente para la resistencia lateral con que han sido diseñadas. Típicamente, en la medida que la estructura se diseña con mayor resistencia lateral, menor es el requerimiento de ductilidad, y viceversa. Ambas características que intervienen en el diseño están relacionadas, y los colapsos que se producen están generalmente asociados a una deficiente provisión de ductilidad para la resistencia lateral que se ha considerado en el diseño.

En resumen la aislación sísmica es una técnica de diseño sismorresistente que busca reducir la energía que entra a una estructura durante un sismo a través de colocar dispositivos muy flexibles horizontalmente (aisladores) entre las fundaciones del edificio (o puente) y la estructura arriba de ellos. El efecto es que el suelo se mueva y la estructura permanezca esencialmente quieta. Así los objetivos de la aislación son dos: a) mayor seguridad sísmica de las estructuras por sobre los aisladores (y por ende de las personas), y b) salvaguardar los contenidos de la estructura manteniendo el funcionamiento de ella después del sismo.

9.6 EJERCICIOS

A continuación se presentan algunos temas que pueden servir de estudio, los cuales pueden ser resueltos con el material presentado en el capítulo y a veces con lecturas adicionales:

a) ¿Cuál es la ventaja principal de una placa de fundación respecto de las zapatas aisladas y cuándo recomendaría su uso?
b) Explique en qué consisten las fundaciones flotantes y en qué caso se recomienda utilizarlas.
c) ¿Qué tipo de pilotes aconsejaría usted hincar en un suelo con napa freática variable? Indique las ventajas respecto a los otros tipos de pilotes existentes.
d) Explique las consideraciones que tendría presente al construir la fundación para una máquina chancadora.

e) Indique las principales fallas que se pueden producir en una estructura y estudie formas de repararlas.
f) ¿Cómo funciona un aislador sísmico? ¿Cuál es el principal efecto en una estructura al utilizarlos?
g) ¿Qué consideraciones especiales deben adoptarse con respecto a las conexiones de agua potables, luz, gas y alcantarillado, cuando se utilizan aisladores sísmicos?

CUARTA PARTE

TECNOLOGÍAS DE CONSTRUCCIÓN

CAPÍTULO 10

CONSTRUCCIONES DE ALBAÑILERÍA

Se llama albañilería a una estructura construida sobre la base del empleo de ladrillos de cerámica, bloques de cemento, piedras o algún otro elemento de forma semirregular, los cuales están unidos entre sí por una capa de mortero (Figura 10.1). Los diversos materiales con que se puede hacer una albañilería son:

Cerámica:

- Ladrillos artesanales.
- Ladrillos prensados: macizos, perforados o huecos.
- Mampuestos: de muros, pisos o chimeneas (refractarios).

Cemento:

- Bloques llenos.
- Bloques huecos.

Piedra:

- Sillarías: piedra labrada por todas sus caras.
- Mampuestos: piedra labrada por una sola cara.
- Piedra sin labrar.

Adobe.

Figura 10.1
Construcción de albañilería. (Gentileza de Hernán Levy).

La unión de las piezas para que formen una estructura integral se hace mediante el uso de mortero de cemento (Figura 10.2), con él se debe lograr además:

- Dar propiedades de resistencia al muro, produciendo la adherencia entre los bloques, a fin de que trabajen en forma monolítica.
- Lograr un sellado hermético entre las juntas.
- Conseguir adherencia con el acero de refuerzo en las juntas, los amarres metálicos y pernos de anclaje si los hubiera.
- Dar una buena calidad arquitectónica a las estructuras de albañilería.
- Compensar las posibles variaciones de dimensiones de los bloques de hormigón o arcilla.

Figura 10.2
Unión de piezas de albañilería con mortero. (Gentileza de Hernán Levy).

En el presente capítulo se hará una introducción a los tipos de albañilerías más usadas (cerámicas y de bloques de cemento) y del mortero que las une.

10.1 ALBAÑILERÍA DE CERÁMICOS O LADRILLOS DE ARCILLA

La materia prima de cualquier ladrillo cerámico es la arcilla, el agua, y en algunos casos aditivos especiales. El ladrillo de arcilla es uno de los materiales más antiguos usados en edificación (Figura 10.3). Entre las características que lo hace ser de gran uso están:

(a) Facilidad de uso tanto en soluciones constructivas simples como estructurales.

(b) Propiedades mecánicas y físicas favorables, tales como:
- Permanencia: no hay procesos químicos que lo afecten, excepto ciclos de hielo y deshielo.
- Resistencia a la compresión.
- Buen aislante: térmico y acústico.
- Resistencia al fuego.
- Buena adherencia con el mortero.
- Buena integración con otros materiales.

(c) Gran variedad de calidades y de formas.

(d) Capacidad de conferirles con facilidad propiedades de textura superficial sin necesidad de terminaciones ni revestimientos adicionales, lo cual presenta ventajas económicas y arquitectónicas.

Figura 10.3
Construcción de viviendas con ladrillos cerámicos. (Gentileza de Hernán Levy).

Según su proceso constructivo, se diferencian en ladrillos cerámicos hechos a máquina y ladrillos cerámicos hechos a mano. Los primeros se clasifican de acuerdo a la Norma Chilena NCh 169. Los segundos se clasifican de acuerdo a la Norma Chilena NCh 2123, Anexo B.

Las características de estos ladrillos y sus respectivos procesos de fabricación se presentan a continuación.

10.1.1 LADRILLO CERÁMICO HECHO A MÁQUINA

Es aquel ladrillo fabricado por procesos industriales que amasan, moldean y prensan la pasta de arcilla. En su fabricación se distinguen las siguientes etapas (Guzmán, 1976):

i) Extracción y transporte: durante el cual se emplean equipos especiales que desmenuzan la tierra y la mezclan hasta obtener una pasta homogénea.

ii) Preparación: consiste en agregar a la materia prima ciertos componentes debidamente dosificados para corregir su composición y moler continuamente hasta obtener partículas de 1.5 mm. como máximo. Luego se agrega agua y se mezcla.

iii) Moldeo: una vez eliminadas algunas partículas nocivas, se moldea al vacío para evitar estratificaciones y obtener una mezcla más homogénea. La mezcla sale por una boquilla con la sección del ladrillo marcada, luego se cortan los ladrillos con cables atirantados según dimensiones preestablecidas.

iv) Cocción en horno: se eliminan el agua de amasado en forma natural y luego en cámaras de aire caliente entre 100 °C y 110 °C. Luego se cuesen en un horno con forma de túnel zigzag a temperaturas sobre 700 °C para producir la eliminación del agua caolítica o agua de constitución y lograr una cocción uniforme. Es en esta etapa cuando el ladrillo adquiere resistencia.

10.1.2 LADRILLO CERÁMICO HECHO A MANO

Los ladrillos cerámicos hechos a mano son aquellos fabricados por medios manuales, sin prensar la pasta. El lugar de fabricación se ubica cercano a yacimientos de arcilla, la cual se extrae y harnea para retirar los granos más gruesos (sobre 1.19 a 2 mm.) y las partículas extrañas mayores como por ejemplo raíces, palos, etc. (Guzmán, 1976).

Se coloca el material en bateas circulares, se mezcla con agua y se amasa. Se vacía el material, previamente cortado con las dimensiones requeridas, en moldes de madera, se airea y se deja secar al sol por algunos días. Luego se disponen de canto, formando una pirámide trunca conocida como chonchón. Esta pirámide tiene en su base huecos por donde se puede introducir la leña o carbón para producir el secado, posteriormente se cubre la estructura con barro para aprovechar mejor el calor, debido a la distribución de los ladrillos durante el proceso de secado se produce un cocimiento poco uniforme, por eso es que comúnmente se desechan los de la capa interior (por estar cocida en exceso) y los de la exterior (por estar muy poco cocidos).

10.1.3 LADRILLOS DE ARCILLA: DIMENSIONES

Los ladrillos, de acuerdo a su clasificación, se pueden fabricar en diversas dimensiones normalizadas cuyas tolerancias van entre los 3 y 5 mm. Mediante un acuerdo entre fabricante y comprador se puede obtener ladrillos de dimensiones distintas a las normalizadas, conservando las tolerancias aceptadas por la NCh 169. Entre las variedades más comunes de ladrillo en Chile están los presentados en las Figuras 10.4 y 10.5 con 7 cm de espesor, aunque en el último tiempo es común también encontrar ladrillos de 11 cm.

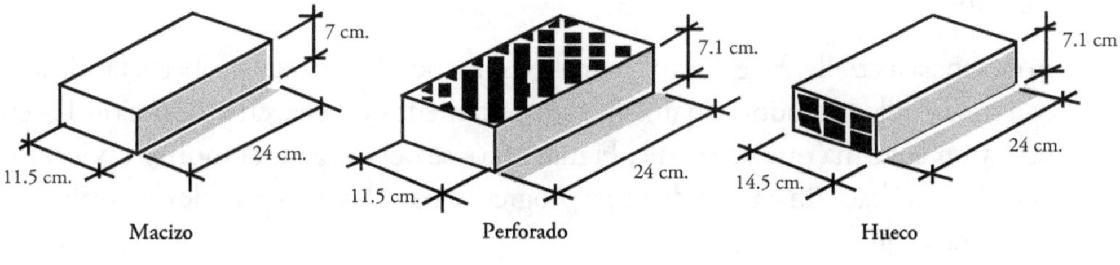

Figura 10.4
Ladrillos hechos a máquina.

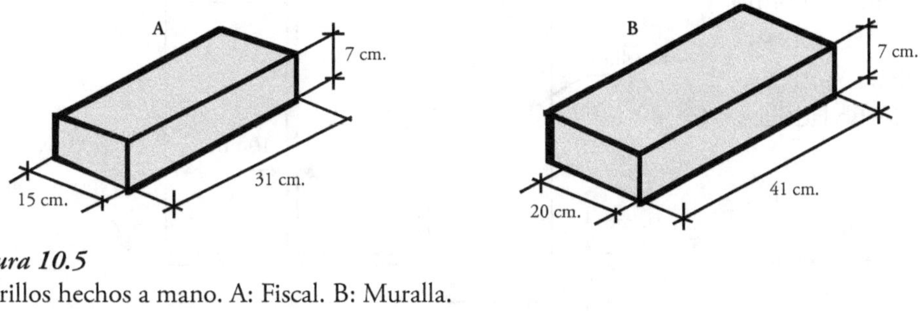

Figura 10.5
Ladrillos hechos a mano. A: Fiscal. B: Muralla.

10.1.4 DETERMINACIÓN DE CARACTERÍSTICAS Y PROPIEDADES

Debido a la gran variedad de ladrillos existentes es necesario certificar su calidad, lo que se logra mediante ensayos, que en Chile se especifican en las normas NCh 167 Of 2001 "Construcción de Ladrillos, Ensayos", y NCh 168 Of 2001 "Ladrillos cerámicos, Verificación dimensional y geométrica". Una reseña de dichos procedimientos se presenta a continuación (para mayores detalles se recomienda consultar las normas referidas).

La calidad de los ladrillos se verifica por medio de los siguientes ensayos:

a) Resistencia a la compresión: Cada probeta a ensayar corresponde a un ladrillo cerámico. Para el ensayo las probetas deben estar secas. Todos los ladrillos se ensayan sometiéndolos a esfuerzo normal en una máquina de carga y se determina su resistencia a la compresión en MPa. El tamaño mínimo de la muestra debe ser seis ladrillos.

b) Absorción de agua: El ensayo de absorción se hace por inmersión de los ladrillos en agua durante 24 horas, luego se les retira el agua superficial y se pesan, comparándose este peso con el de antes de sumergirlos y determinándose con estas dos medidas el porcentaje de absorción. Para el ensayo las probetas deben estar secas. El tamaño mínimo de la muestra debe ser seis ladrillos.

c) Adherencia a cizalle: Este ensayo se realiza sometiendo a cizalle probetas fabricadas con tres ladrillos pegados con una mezcla de cemento y arena, en proporción 1:3 en peso y en la forma que se ve en la Figura 10.6, se deja fraguar el mortero por unos siete días y se hace un ensayo de carga progresiva con el cual es posible determinar la adherencia, que se expresa en MPa. El tamaño mínimo de la muestra debe ser dieciocho ladrillos.

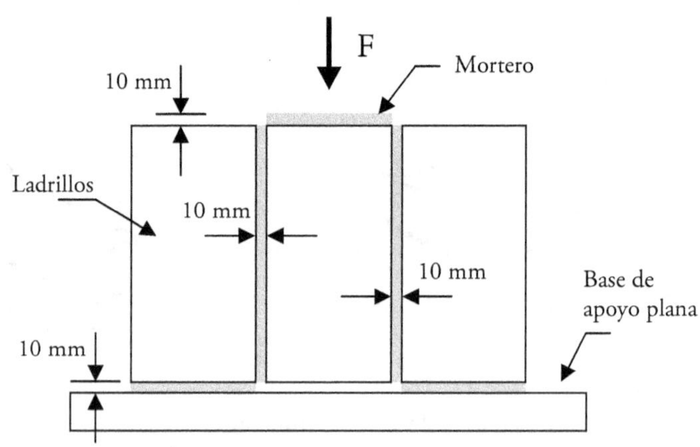

Figura 10.6
Probetas para ensayo de adherencia.

d) Determinación de la eflorescencia: Se conoce como tal a la presencia de manchas generalmente blanquecinas en la superficie de los ladrillos, producidas por la cristalización de sales solubles. Para realizar este ensayo el tamaño mínimo de la muestra debe ser siete ladrillos. Se deben sumergir seis de los ladrillos en agua destilada hasta una profundidad de 25 mm, separados unos de otros por espacios no inferiores a 50 mm, durante 7 días. Luego se sacan y junto con el séptimo ladrillo (ladrillo patrón) se introducen en la estufa de desecación durante 24 horas. Después se observan las caras vistas de los siete ladrillos, procediéndose a la calificación individual, según el siguiente criterio:
   - no eflorecido: cuando no se observa diferencia con el ladrillo patrón. En este caso la calificación del ladrillo es cero.
   - ligeramente eflorecido: cuando se observa un velo homogéneo discernible por comparación, o cuando se producen manchas diferenciadas en aristas y vértices. En este caso la clasificación del ladrillo es uno.
   - eflorecido: cuando se observan manchas claramente diferenciadas en la cara vista o cuando la eflorescencia invade su totalidad. En este caso la clasificación del ladrillo es dos.

   La clasificación de la muestra ensayada se indica a continuación y corresponde a la sumatoria de los valores individuales obtenidos.

0 a 5	no eflorecido;
6 a 8	ligeramente eflorecido;
9 a 12	eflorecido.

e) Determinación de la succión: Se deben colocar una cara de los ladrillos en contacto con agua potable durante 1 minuto y determinar el aumento de peso con respecto al ladrillo seco. El resultado corresponde al cuociente entre la diferencia de peso del ladrillo y el área de la cara del ladrillo que ha estado en contacto con el agua, descontando el áreas de las perforaciones o huecos. El tamaño mínimo de la muestra debe ser seis ladrillos.

Los ladrillos cerámicos deben cumplir además con los criterios de forma y terminación especificados en la NCh 169. Las comprobaciones que se hacen son:

a) Comprobación de dimensiones (NCh 168): de modo que su largo, ancho y espesor cumplan con las tolerancias especificadas.

b) Comprobación de forma (NCh 168): consiste en comprobar requisitos de planeidad de las caras, rectitud de las aristas y ortogonalidad de ángulos externos, determinando las desviaciones de sus diagonales y aristas respecto de la recta que les corresponde.

Por otra parte, según la NCh 169, los ladrillos deben tener una presentación y terminación tal que se les debe rechazar si presenta porcentajes de defectos superiores a los especificados en la norma en lo concerniente a:

a) Desconchamientos: desprendimiento superficial en forma de cráter, asociado a las materias primas.

b) Fisuras: se distinguen dos tipos de fisuras de común ocurrencia en ladrillos cerámicos: fisuras superficiales y fisuras pasadas:
   - fisura superficial: defecto de fabricación que afecta superficialmente el espesor de cascaras o tabiques, entendiéndose por cascara las paredes exteriores del ladrillo y por tabique las paredes interiores del mismo.
   - fisura pasada: defecto de fabricación que compromete el espesor de cascara o tabiques.

10.1.5 CLASIFICACIÓN DE LOS LADRILLOS CERÁMICOS

Según sus propiedades físicas y mecánicas, los ladrillos cerámicos hechos a maquina se clasifican en clases y grados. Adicionalmente, las características asociadas a forma y presentación del ladrillo cerámico dan origen a una clasificación según uso (NCh 169 Of 2001).

a) Clasificación por uso
De acuerdo a su uso, los ladrillos cerámicos se clasifican en ladrillos cara vista (V) y ladrillos para ser revestidos (NV). Los requerimientos que deben cumplir estos ladrillos se detallan en la Tabla 10.1.

b) Clasificación por clases
- Ladrillos macizos hechos a máquina (MqM): Unidades macizas sin perforaciones ni huecos.
- Ladrillos perforados hechos a máquina (MqP): Unidades que poseen perforaciones y huecos, regularmente distribuidos, cuyo volumen es inferior al 50% del volumen bruto o total.

- Ladrillos huecos hechos a máquina (MqH): Unidades que poseen huecos y perforaciones, regularmente distribuidos, cuyo volumen es mayor o igual al 50% del volumen total.

Tabla 10.1: Requisitos de forma y terminación

Requisitos	**Tipo de ladrillo (según uso)**	
	Cara vista (V)	**Cara para ser revestida (NV)**
Fisura superficial	La fisura superficial de limita en longitud a no más de 1/3 de la dimensión de la cara con respecto a la dirección de la fisura. En los cabezales se acepta la existencia de fisuras superficiales sin importar su longitud	Se acepta en cualquier cara sin importar su longitud
Fisura pasada	No se acepta en caras mayores. Se acepta a lo más una fisura pasada en alguno de los cabezales	Se acepta una fisura pasada en cualquiera de sus caras
Desconchamiento	Se acepta la existencia de a lo más un desconchamiento superficial y, siempre que su diámetro no supere 10 mm	Se acepta hasta un desconchamiento por cara, limitando también su diámetro a 10 mm como máximo
Eflorescencia	Se acepta presencia de eflorescencias de fácil remoción, cuya extensión se limita por acuerdo entre las partes	
Tolerancias de planeidad	± 4 mm	± 4 mm
Tolerancias dimensionales - Largo - Ancho - Alto	 ± 5 mm ± 3 mm ± 4 mm	 ± 5 mm ± 3 mm ± 3 mm

c) Clasificaciones por grados

Se clasifican en grado 1, grado 2 y grado 3, según los requisitos de resistencia a la compresión, adherencia y absorción de agua, que se indican en la Tabla 10.2.

Tabla 10.2: Requisitos de resistencia a la compresión, adherencia y absorción de agua de ladrillos cerámicos (NCh 169)

Requisitos mecánicos	Grados de ladrillos cerámicos						
	1			2		3	
	Clases de ladrillos cerámicos						
	MqM	MqP	MqH	MqP	MqH	MqP	MqH
Resistencia a la compresión, mínima (Mpa)	15	15	15	11	11	5	5
Absorción de agua, máxima (%)	14	14	14	16	16	18	18
Adherencia, mínima (Mpa) (área neta)	0,40	0,40	0,40	0,35	0,35	0,30	0,25

10.1.6 MUROS DE LADRILLO

Los muros de ladrillo deben conformar un bloque sólido y resistente que puede formar parte de la estructura de una edificación, muros de contención y otros. En edificación y de acuerdo a su forma de trabajo, existen tres tipos de albañilería de ladrillo.

Albañilería simple o de relleno: la de tipo corriente o tradicional formada exclusivamente por ladrillos cerámicos unidos con mortero de cemento, diseñada para resistir fundamentalmente esfuerzos de compresión de peso propio y cargas verticales menores. Es un muro auto soportante de relleno (Figura 10.7a).

Albañilería armada: es aquella formada por ladrillos cerámicos unidos por mortero y que incluye barras de acero de refuerzo, en dirección horizontal cada 5 y 7 hiladas de ladrillo, y en dirección vertical aprovechando los huecos verticales de los mismos. Este tipo de albañilería es considerada una albañilería estructural y está diseñada para resistir diversos esfuerzos tensionales y/o transmitir cargas a través de ella (Figura 10.7b).

El diseño la albañilería armada en Chile se realiza según NCh 1928 Of 93, en dicha norma se hacen especificaciones especiales con respecto a los materiales a usar, de modo que las unidades de ladrillo cerámico aceptadas para fabricar la albañilería son solo cerámicos hechos a maquina, y deben satisfacer las disposiciones que esta norma contiene, además de los requisitos establecidos en NCh 169.

Albañilería reforzada o confinada: es aquella conformada por paños de albañilería simple, enmarcados en sus bordes por elementos de hormigón armado, tales como cadenas y pilares, en donde el conjunto solidario de estos elementos le otorga a este tipo de albañilería propiedades estructurales de muy buena calidad. (Figura 10.7c). El cálculo y diseño de esta albañilería se regirá por la NCh 2123.

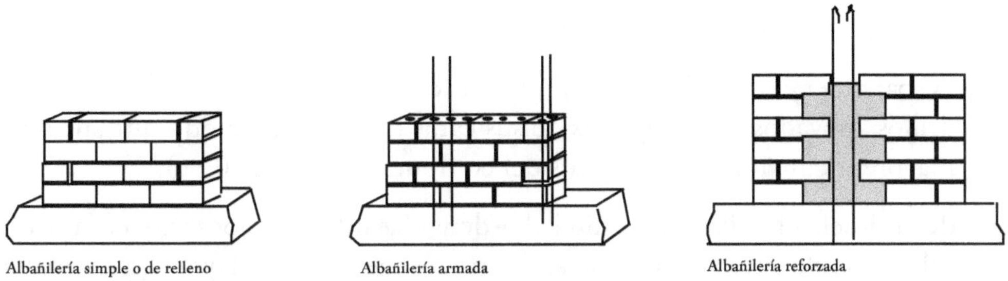

Figura 10.7
Tipos de albañilerías.

La nomenclatura empleada para designar las distintas partes de muros de albañilería, comprende numerosos términos, entre los que cabe destacar los definidos a continuación, cuya ubicación se observa en la Figura 10.8.

a) Hilada: conjunto de ladrillos colocados en un mismo plano horizontal de una albañilería, dispuestos según un aparejo determinado (según NCh 791).

b) Tendel o cantería: capa horizontal de mortero que une las hiladas.

c) Escantillón: distancia entre los planos horizontales superiores de dos hiladas de ladrillos consecutivas y que incluye la altura del ladrillo más la junta horizontal comprendida entre ambos planos (según NCh 791).

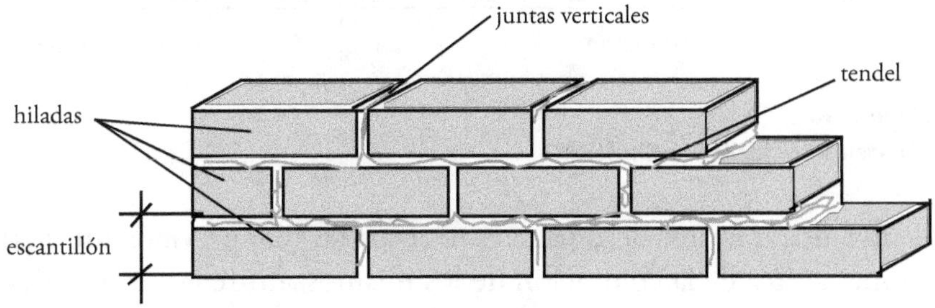

Figura 10.8
Nomenclatura de muros de albañilería.

El orden o disposición en que se colocan los ladrillos para ejecutar albañilerías se denomina aparejo; los aparejos más comunes son (definidos según NCh 791):

a) de soga: albañilería obtenida al ordenar las hiladas colocando los ladrillos apoyados sobre su cara mayor, de modo que su cara menor sea normal al paramento del compuesto (Figura 10.9a).

b) de cabeza: albañilería obtenida al ordenar las hiladas colocando los ladrillos apoyados sobre su cara mayor, de modo que su cara menor sea paralela al paramento del compuesto (Figura 10.9b).

c) de pandereta: albañilería obtenida al ordenar las hiladas colocando los ladrillos apoyados sobre algunas de sus caras menores, de modo que sus caras mayores definen los paramentos del compuesto (Figura 10.9c).

d) de sardinel: albañilería obtenida al ordenar las hiladas colocando los ladrillos sobre una de sus caras menores, de modo que su cara mayor sea normal al paramento del compuesto (Figura 10.9d).

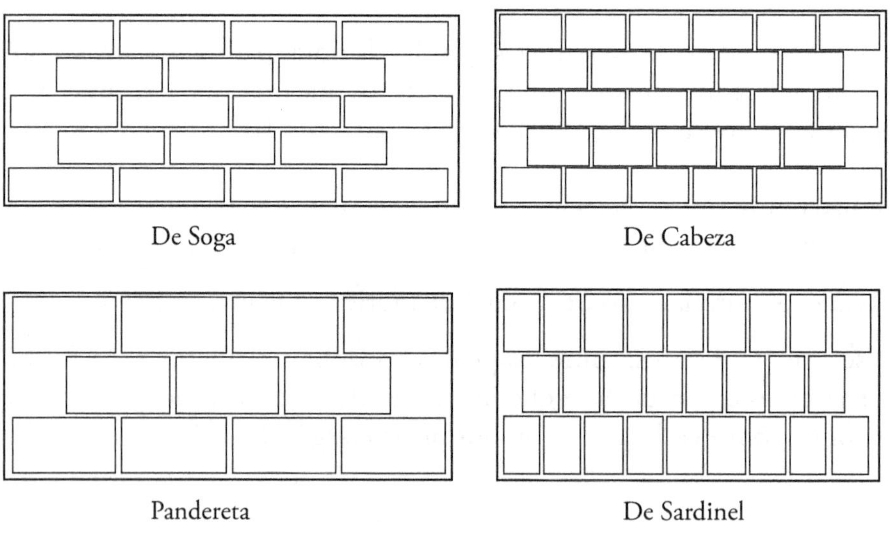

Figura 10.9
Aparejos de ladrillos cerámicos.

Para fabricar muros de ladrillo es necesario tomar previamente ciertas determinaciones acerca de la colocación de los mismos. Entre las principales están:

a) Tipo de aparejo a usar.

b) Traslapo de aparejos: esta condición es variable según el tipo de ladrillo y tipo de aparejo, en general se pretende no dejar juntas débiles continuas. Por ejemplo si se usa aparejo de soga se recomienda usar un traslapo de 1/2 si es ladrillo prensado y 1/3 si es ladrillo chonchón (hecho a mano) (Figura 10.10).

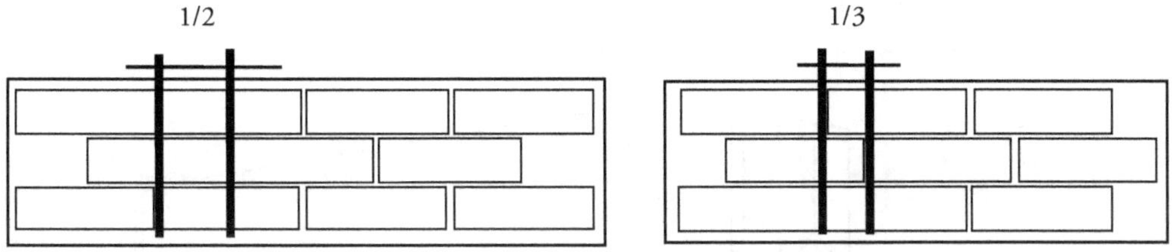

Figura 10.10
Traslapo de aparejos.

c) Tipo de terminación del tendel o cantería: se debe escoger un tipo de terminación de acuerdo a si el muro será estucado, revestido o libre, o bien si irá al interior del edificio o a la intemperie. Algunas de las alternativas de terminación de tendel se observan en la Figura 10.11.

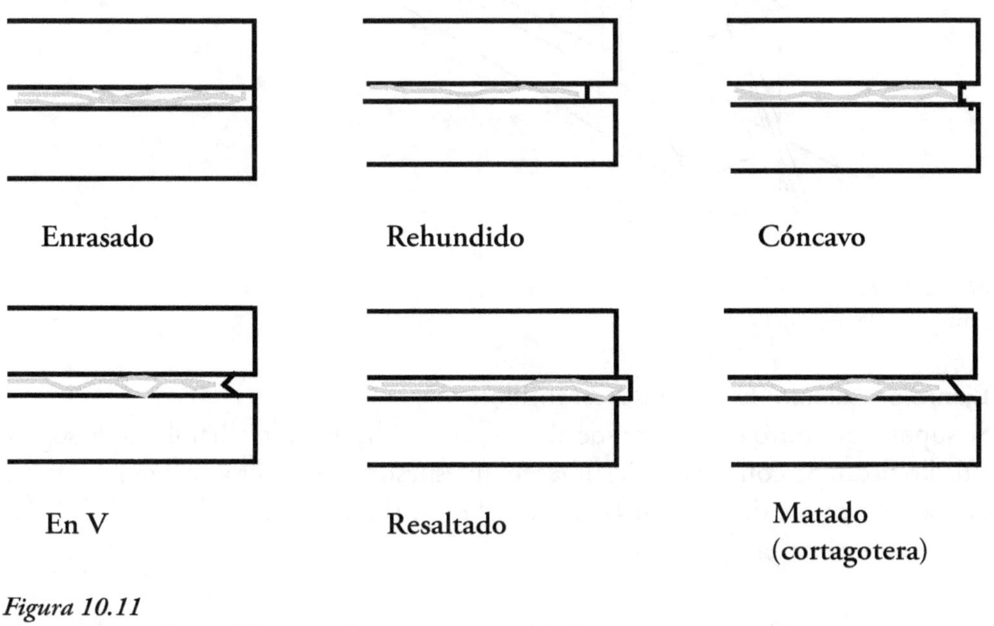

Figura 10.11
Terminaciones de tendel o cantería.

d) Altura del escantillón: de acuerdo a la altura del muro es posible determinar el número de hiladas a colocar y el espesor del tendel de modo que se logre la altura proyectada del muro (Figura 10.12). El espesor del tendel o cantería depende de factores tales como:
   - Si el ladrillo está parejo o disparejo (en este último caso el espesor deberá ser mayor).
   - Si el ladrillo va a estar a la vista o será estucado, o recubierto por algún otro elemento.

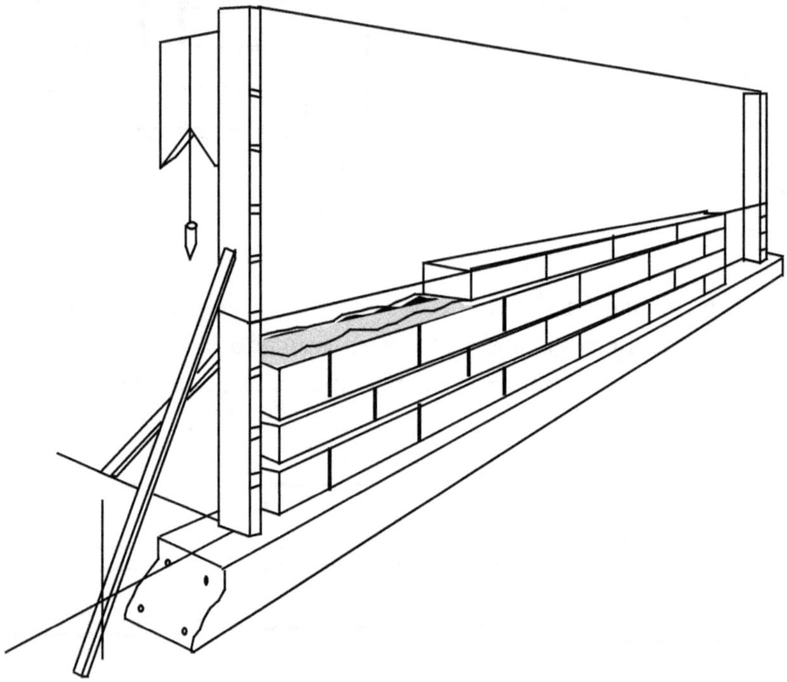

Figura 10.12
Empleo de la regla del escantillón.

Ejemplo: Cálculo de altura del escantillón.
Se supone un muro de 2.10 m. de altura que será hecho con albañilería de soga y ladrillo fiscal. Se considera inicialmente un espesor de mortero de 2 cm, con este espesor es posible determinar la altura del escantillón inicial y el total de hiladas que se deberá hacer:

Escantillón inicial = 7 + 2 = 9 cm.

Total de hiladas = 210 / 9 = 23 hiladas

Pero la altura del muro que se obtiene al poner 23 hiladas con un espesor de mortero de 2 cm es de 207 cm y el muro a fabricar es de 210 cm; entonces es necesario determinar la medida final del escantillón para que el muro tenga las dimensiones requeridas:

Altura restante a distribuir = (210 - 207) / 23 = 0.13 cm.

Escantillón final = 9 + 0.13 = 9.13 cm.

10.1.7 CONSIDERACIONES ACERCA DE LA EJECUCIÓN DE ALBAÑILERÍAS DE LADRILLO

En la ejecución de muros de albañilería de ladrillo es necesario tener en cuenta numerosas consideraciones para evitar errores y lograr un resultado óptimo. Algunas recomendaciones al respecto son:

- Antes de usarse los ladrillos deben estar empapados o, mejor aún, haber permanecido bajo agua durante 24 horas saturándose para evitar la absorción del agua del mortero, que provoca daños en las reacciones químicas durante el fraguado del mismo que pueden significar pérdidas de resistencia u otras.
- La primera hilada de ladrillos se pone de base y referencia para la construcción posterior del muro, en ella los ladrillos deben quedar centrados con respecto al eje y a una distancia uniforme entre ellos.
- Es necesario tener en cuenta la ubicación de vanos para puertas y ventanas, cuyos marcos se pueden poner junto con la fabricación del muro o con posterioridad a la misma.
- Al poner las hiladas debe conservarse la altura del escantillón calculada previamente, para tal efecto se alinean y aploman dos listones divididos según la dimensión del escantillón calculado, se señala en ellos las distancias con clavos y se numera cada hilada, finalmente se tira una lienza que indica la altura del escantillón. El ladrillo debe golpearse hasta alcanzar el nivel marcado por la lienza, con esto además se apisona el mortero (Figura 10.12).
- Una vez hecha la albañilería es necesario que tenga un tiempo de curado, el cual es variable según la temperatura ambiente y el clima de la zona. En

general este tiempo varía entre 3 y 15 días durante los cuales las albañilerías deben ser sometidas a constantes riegos (unas 4 veces al día en verano y hasta 2 veces al día en invierno). Los riegos son necesarios porque el ladrillo es como una esponja y existe el peligro de que absorba el agua de amasado del mortero de cemento dañando sus propiedades resistentes.

- En caso de una albañilería armada, el diámetro del refuerzo vertical debe ser menor o igual a un medio de la menor dimensión del hueco en que irá inserto, y el de la armadura horizontal ser menor o igual a un medio del espesor de la junta. Además, todos los huecos que llevan armadura de refuerzo deben llenarse con hormigón de relleno, así como también todos los demás huecos si así lo especifica el proyectista.
- En caso de albañilería reforzada o confinada se recomienda que entre los ladrillos del muro de relleno y los fierros de los pilares existan las distancias mínimas y máximas que se observan en la Figura 10.13.

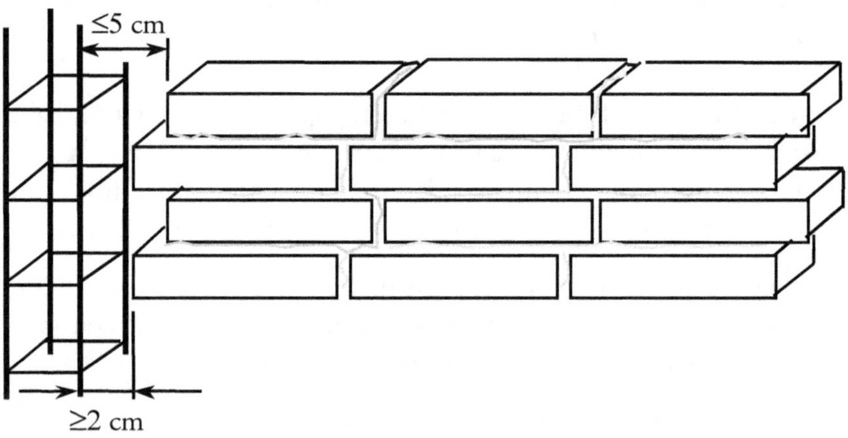

Figura 10.13
Distancias mínimas al pilar en albañilería reforzada.

Los errores más comunes al fabricar un muro de albañilería son: desaplomo del muro, escantillón inadecuado y muro con superficie irregular o cantería dispareja (Figura 10.14).

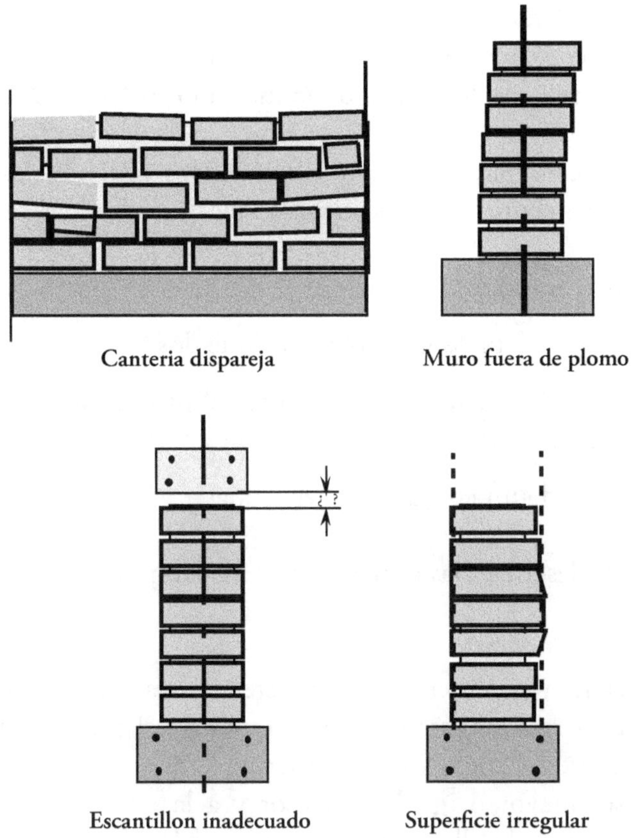

Figura 10.14
Errores en la geometría de muros de albañilería.

10.1.8 INSPECCIÓN Y CONTROL DE OBRAS DE ALBAÑILERÍA

La inspección y control a obras de albañilería puede separarse en control de características estructurales y control de características funcionales. Los ensayos desarrollados para la inspección de albañilería cerámica son los mismos que se utilizan para la albañilería de bloques de cemento.

a) **Inspección y control de características estructurales**
Para el control e inspección estructural de construcciones de albañilería deben tomarse como mínimo tres muestras cada 5.000 m^2 de muros construidos. En el caso de albañilería reforzada cada muestra debe contemplar un ensayo de prisma.

En el caso de albañilería confinada cada muestra debe contemplar un ensayo de prisma y un ensayo de compresión diagonal: Ambos ensayos, descritos a continuación, deben realizarse a los 28 días según lo indicado en NCh 1928 y NCh 2123.

Se eximen de los controles anteriores las viviendas individuales que cumplan simultáneamente las siguientes condiciones:

- tener superficie inferior a $100m^2$
- tener un número de pisos igual o menor que dos
- ser construida bajo la supervisión directa del proyectista, quien calificará la calidad de la ejecución
- no formar parte de un conjunto de viviendas.

A continuación se describen las características más importantes de estos ensayos.

Ensayo de prismas

Este ensayo se realiza para determinar la resistencia a la compresión de un prisma de albañilería. Para realizar este ensayo, el espesor del prisma debe ser igual al espesor de los muros y vigas de la estructura. La longitud debe ser mayor o igual al espesor y a la longitud de la unidad de albañilería. La altura del prisma debe cumplir con las siguientes condiciones (Figura 10.15):

- Incluir un mínimo de tres hiladas.
- El cuociente entre la altura y el espesor debe ser mayor o igual a 3.

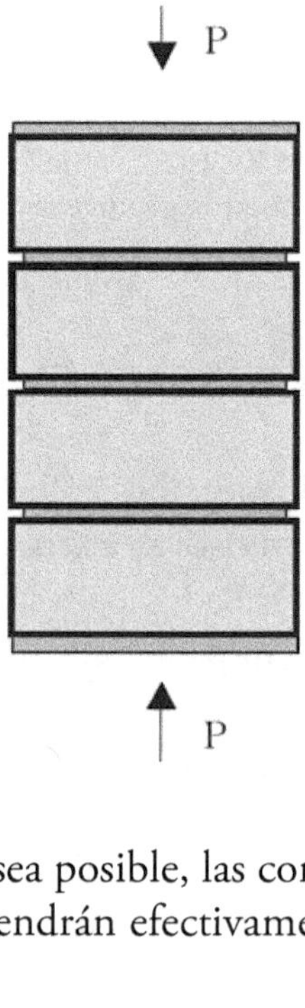

Figura 10.15
Probeta para ensayo de prisma.

Los prismas deben ser construidos reflejando, tanto como sea posible, las condiciones y calidad de los materiales y mano de obra que se tendrán efectivamente en la construcción. La carga en este ensayo debe aplicarse en forma continua, sin choques, a una velocidad uniforme, de modo que el ensayo demore entre 3 y 4 minutos en alcanzar la carga máxima. La resistencia del prisma se calcula como el cuociente entre la carga máxima y el área bruta de la sección transversal. Un ejemplo de este ensayo puede apreciarse en la Figura 10.16.

Figura 10.16
Realización de ensayo de prisma (Gentileza Departamento de Ingeniería Estructural, Pontificia Universidad Católica de Chile).

Ensayo de compresión diagonal o ensayo de murete
El ensayo de compresión diagonal de muretes de albañilería se efectúa aplicando una carga de compresión según la diagonal del murete, hasta llegar a la rotura.

El espesor del murete debe ser igual al espesor de los muros de la estructura. La longitud de la arista del murete debe ser mayor o igual a 60 cm, debiendo tener el murete por lo menos cuatro hiladas, como se muestra en la Figura 10.17.

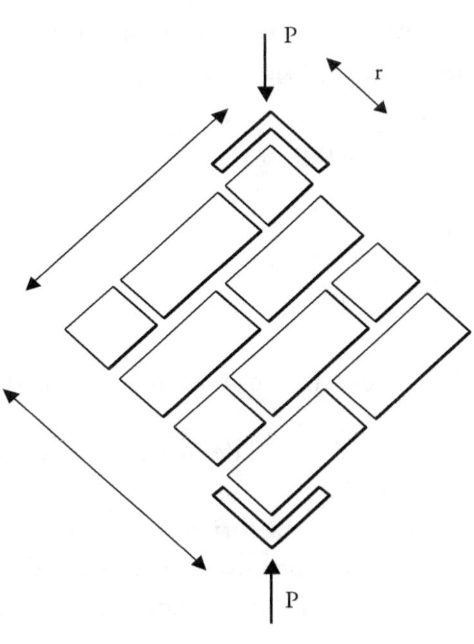

Figura 10.17
Probeta para ensayo de compresión diagonal.

Al igual que en el ensayo anterior, los muretes deben construirse reflejando las condiciones y calidad de los materiales y mano de obra que se tendrán efectivamente en la construcción.

La resistencia básica de corte debe calcularse como el cuociente entre la carga de agrietamiento diagonal y el área bruta de la sección diagonal del murete.

Un ejemplo de la aplicación de este ensayo puede apreciarse en la Figura 10.18.

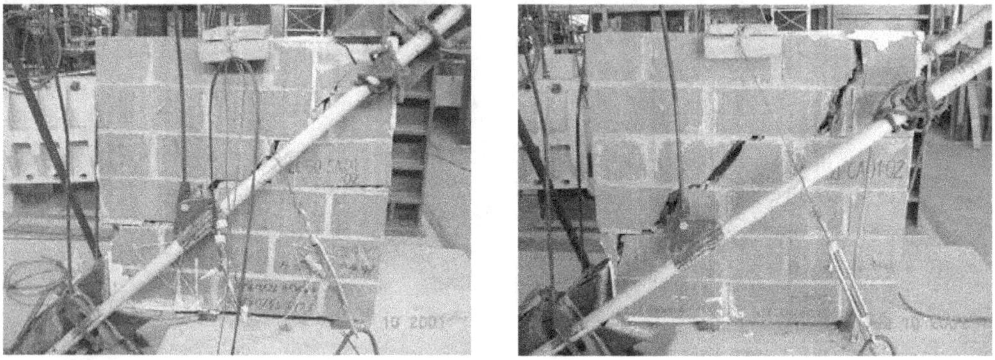

Figura 10.18
Realización de ensayo de compresión diagonal (Gentileza Departamento de Ingeniería Estructural, Pontificia Universidad Católica de Chile).

Para ambos ensayos el criterio de aceptabilidad considera el resultado de tres muestras, y es el siguiente:

$$\frac{\bar{x}-f}{S_e} \geq 0{,}958$$

en donde

$\bar{x}$ = valor promedio de los resultados de las tres muestras

S_e = desviación normal estimada de los resultados de las 3 muestras

f = resistencia de proyecto especificada en los planos de cálculo

Si el lote estuviera formado por otro número menor de muestras, se aplica la expresión anterior salvo el factor estadístico, el que se debe elegir en NCh 1208 para el nivel de calidad aceptable de 4%.

b) **Inspección y control de características funcionales**
Una de las características funcionales más importantes que deben ser analizadas en muros de albañilería es la impermeabilidad de los muros a la acción del agua una vez que han sido construidos.

Para analizar este comportamiento se han desarrollado a nivel internacional varios ensayos, tales como el ensayo de la Pipeta Rilem, el de Túnel de Viento, el método del aspersor, entre otros.

En nuestro país actualmente DICTUC S.A. ha desarrollado un método adaptándolo del ensayo de penetración ASTM 514-90 "Método de prueba para penetración de agua y escurrimiento a través de muros de albañilería".

Este ensayo, que simula lluvia con viento, consta de una cámara de 1 m^2 que se fija contra el muro y a la que se le aplica durante 4 horas un caudal de aproximadamente 140 lts/hr a una presión de 500 Pa, lo que simula un viento de 100 km/hr aproximadamente. Esta prueba considera tres mediciones: tiempo de aparición de humedad y agua libre en la cara no expuesta del muro, cantidad de agua recolectada por filtración en el muro y evolución del área humedecida.

Este ensayo además de aplicarse sobre el muro de hormigón, puede servir para controlar la unión de la albañilería con la cadena (punto generalmente crítico), colocando la cámara de manera tal que tome parte del muro del piso inferior, la cadena y parte del muro superior (Figura 10.19).

Figura 10.19
Realización de ensayo de impermeabilidad a muros de albañilería.
(DICTUC, Área Resmat, 2004).

10.2 ALBAÑILERIA DE BLOQUES DE CEMENTO

10.2.1 GENERALIDADES

El uso de bloques de cemento en albañilería desde su aparición a fines del siglo pasado, ha tenido un progresivo aumento en diversas aplicaciones. El amplio uso que este material tiene se debe a las ventajas que presenta con respecto a otros, tales ventajas son las mismas mencionadas en la sección ladrillos de arcilla. Además, se agrega el que la albañilería de bloques de cemento presenta un costo menor que el de las albañilerías de ladrillo, por sus condiciones de peso y dimensiones, que permiten un menor uso de mano de obra para su manipulación y de mortero para las uniones por unidad de superficie del muro (Zabaleta, 1986).

10.2.2 CLASIFICACIÓN DE BLOQUES DE CEMENTO

Los bloques con que se fabrican las albañilerías de hormigón están normalizados por la NCh 181. Son por lo general huecos y solo se clasifican de acuerdo a su utilidad en:

CLASE A: bloques para muros soportantes.
CLASE B: bloques para tabiques o muros no soportantes.

Las dimensiones normalizadas en que estos bloques se fabrican se ven en la Tabla 10.3, estas dimensiones pueden variar a otras especiales, previo acuerdo entre el productor y el fabricante y manteniendo las tolerancias de la norma.

Tabla 10.3: Medidas normalizadas de bloques huecos de cemento (Zabaleta, 1986)

Medidas	Dimensiones (mm.)	Tolerancias (+,- mm.)
Largo	390	3
Alto	190	3
Ancho	240 190 140 90	3
Espesor cáscara	38 32 25	
Espesor tabiques	29 25	
Dimensión huecos	mínimo 50	

Según la NCh 181, no se podrán emplear como elementos soportantes bloques de ancho efectivo inferior a 190 mm, salvo que se adopten disposiciones especiales para su uso justificados por el cálculo. Sin embargo, los bloques de 140 mm de ancho efectivo podrán emplearse, como soportantes, en el óptimo piso de una edificación tanto en muros interiores como en muros medianeros de grupos de dos a más viviendas.

10.2.3 CARACTERÍSTICAS DE LOS BLOQUES DE CEMENTO

Las características que deben presentar los bloques de hormigón para ser empleados en albañilerías se encuentran establecidas en diversas normas nacionales. Algunas de estas características se indican a continuación.

a) Resistencia a la compresión: se determina mediante el ensayo a la compresión de bloques según NCh 1172. Los valores mínimos aceptados según la NCh 181 se pueden apreciar en la Tabla 10.4.

Tabla 10.4: Requisitos de resistencia de bloques de cemento

Clase	Promedio de 5 bloques (kg/cm^2)	Individual, mínimo (kg/cm^2)
A	45,0	35,0
B	22,5	17,5

b) Absorción y humedad: en las normas NCh 181 y NCh 1928 se establece la absorción máxima que pueden presentar los bloques de hormigón dependiendo de su densidad. Por ejemplo si la densidad del bloque está entre 1700 y 2000 kg/m^3 la absorción debería tener un máximo de 240 kg/m^3 de hormigón. Además la humedad de los bloques de cemento debe ser menor o igual al 40% de la absorción máxima promedio al momento de su entrega en obra (medida en un mínimo de tres bloques).
Ambos límites de absorción y humedad son relevantes para controlar la contracción (debido a variaciones de humedad) de los bloques una vez colocados en la albañilería. Además, es deseable que los bloques presenten otras características, que no están normalizadas en Chile, tales como (Zabaleta, 1986):

- Aislación térmica: esta condición es variable según la densidad del hormigón de los bloques, de la existencia de huecos y de si estos están o no rellenos de mortero u hormigón liviano.
- Aislación acústica: relacionado con su capacidad de absorción de energía y de pérdida de intensidad acústica. Los muros de bloques de hormigón aíslan mejor la transmisión de sonidos a través de su espesor (pérdida de intensidad acústica) y son menos efectivos para absorber los sonidos que se producen al interior de una habitación. Tal nivel de absorción puede ser mejorado mediante el uso de recubrimientos (pinturas, enlucidos u otros) o de otros elementos de decoración (alfombras, cortinas, etc.).
- Resistencia al fuego: condición que varía de acuerdo a si el bloque es lleno o hueco. Una elevada seguridad se consigue en muros hechos con bloques totalmente rellenos; a modo de ejemplo podemos decir que un muro simple de albañilería de bloques resiste tiempos cercanos a una hora antes de colapsar.

La forma típica de un bloque de cemento se muestra en la Figura 10.20. Existen también formas especiales: bloques con forma de canal para cadenas, bloques esquineros para encuentros de muros, bloques con una de sus caras con terminaciones (figuras geométricas o indentaciones, etc.).

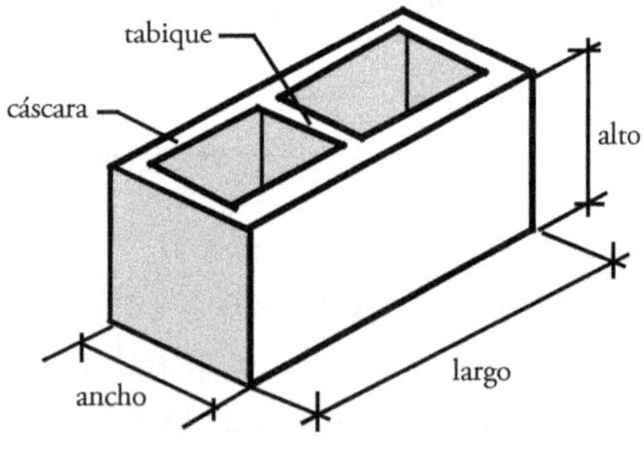

Figura 10.20
Forma típica de un bloque de cemento.

La fabricación de bloques en cualquier forma se hace mecanizadamente, buscando lograr una buena resistencia sobre la base de:

- El uso de cemento y áridos de granulometría adecuada.
- Compactación a base de vibrado del hormigón.
- Un sistema de curado controlado durante el proceso de fraguado o endurecimiento del hormigón.

10.2.4 MUROS DE BLOQUES DE CEMENTO

Los muros de albañilería de bloques de hormigón son útiles para la construcción de viviendas, muros divisorios y de contención, chimeneas, piscinas, estanques, silos, etc. Pudiendo fabricarse en las modalidades de:

- **Albañilería simple**: la formada por bloques de hormigón adheridos entre sí mediante un mortero de junta. De acuerdo a su espesor estos muros pueden ser resistentes o no.
- **Albañilería armada**: formada básicamente por una albañilería simple, que lleva insertas armaduras en algunos de los huecos de sus bloques, embebidas en mortero u hormigón de relleno de dichos huecos. El cálculo y diseño de esta albañilería se rige por la NCh 1928.
- **Albañilería reforzada o confinada**: es la albañilería simple confinada por elementos de hormigón armado. El cálculo y diseño de esta albañilería se regirá por la NCh 2123.

El uso de bloques de hormigón permite dar terminaciones arquitectónicas de buen aspecto mediante la disposición de los bloques formando aparejos o usando aquellos con terminación superficial. Algunos de los aparejos que se pueden fabricar con bloques de hormigón se ven en la Figura 10.21, una de las limitaciones para las diversas formas de aparejo es la colocación de las armaduras.

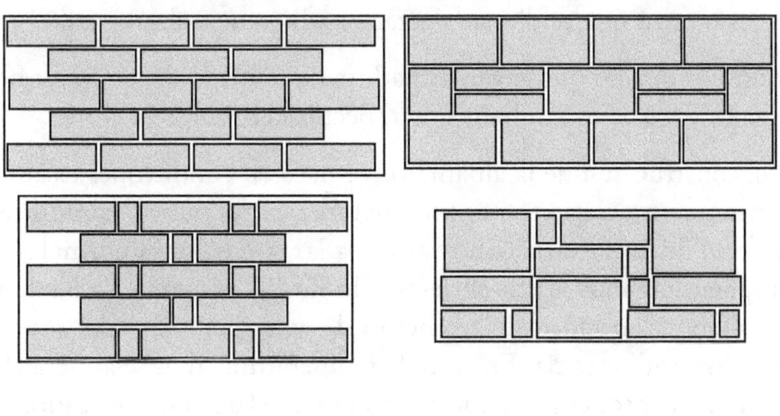

Figura 10.21
Ejemplos de aparejos de bloques de hormigón.

10.2.5 CONSIDERACIONES ACERCA DE LA EJECUCIÓN DE ALBAÑILERÍA DE BLOQUES DE CEMENTO

Para la confección de muros de albañilería de hormigón es importante tener en cuenta:

- Mantener la verticalidad de los muros, dentro de las tolerancias aceptadas por la NCh 1928, para ello es conveniente mantener un control permanente del alineamiento durante la ejecución del muro.
- El mortero de junta debe estar fresco durante todo el tiempo de colocación.
- La colocación del mortero de junta debe hacerse de modo tal que se evite el rebalse hacia el interior de los huecos a rellenar, lo que puede producir obstrucciones en el escurrimiento del material de relleno.
- La velocidad de elevación de una albañilería no debe exceder a 1.2 m. por día, excepto en el caso que se adopten precauciones para su arriostramiento lateral por medio de puntales diagonales.
- En caso de tratarse de albañilería armada solo se acepta el uso de bloques huecos de clase A para su fabricación.
- En caso de tratarse de una albañilería armada, es de gran importancia verificar que las armaduras correspondan a las dimensiones especificadas y que no presenten óxido en escamas, ni que se hayan contaminado con tierra, grasas u otros que pudiesen afectar su adherencia al mortero.
- Todos los huecos que llevan armadura de refuerzo deben llevar hormigón de relleno, y los otros también si lo especifica el proyecto.
- Si la construcción de la albañilería se hace en condiciones extremas de temperatura es necesario tomar precauciones extras pues el comportamiento del mortero de junta varía con respecto a las condiciones normales. En caso de temperaturas muy bajas el desarrollo de la resistencia se hace más lento y hay menor capacidad de retención de agua por parte del mortero, lo que disminuye adherencia. En caso de temperaturas altas se acelera el fraguado y endurecimiento, evaporándose más rápido el agua de amasado.
- El almacenamiento de dichos bloques (Figura 10.22) se debe hacer teniendo en cuenta la protección contra la absorción de humedad. Para ello es conve-

niente que se los apile sin mantener contacto con el terreno y bajo cubierta impermeable especialmente en períodos de abundancia de humedad (época de lluvias, etc.).

- Para controlar problemas de humedad, es necesario considerar en el diseño del muro aspectos tales como las condiciones a las que estará expuesta la estructura, el clima, el nivel de la napa freática, etc. Se debe tener en cuenta un correcto diseño de mezclas y una buena ejecución en obra, para evitar problemas de absorción capilar, condensación y contacto superficial, entre otros (BIT, Mayo 1997).

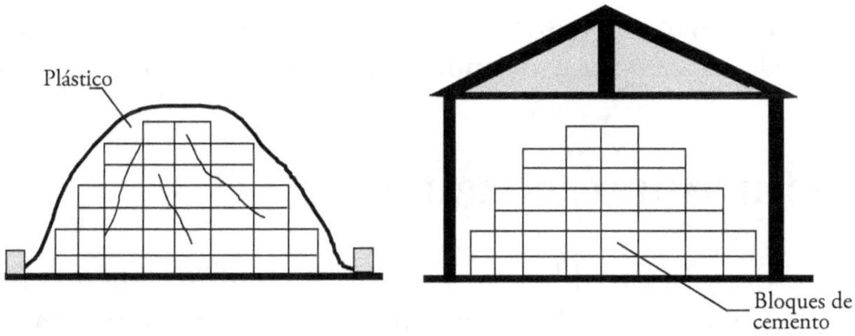

Figura 10.22
Métodos de almacenamiento de bloques de cemento en zonas húmedas.

10.3 ALBAÑILERIA DE BLOQUES DE HORMIGÓN CELULAR

10.3.1 GENERALIDADES

El uso de bloques de hormigón celular nace en el año 1914 en Suecia, pero se comenzó a utilizar en Europa en forma masiva después de la Segunda Guerra Mundial, expandiéndose luego a otras partes del mundo. En Chile se construye con hormigón celular desde 1997, estando normado su proceso de fabricación en la norma NCh 2432.

El hormigón celular ofrece una solución constructiva integral, con un gran potencial de masificación en Chile, por su capacidad sísmica y porque ofrece un sistema de construcción rápido y versátil basado en el pegado de bloques con adhesivo sin uso de morteros. A lo anterior se suma el que los bloques de hormigón celular pueden presentar un costo menor que el de las albañilerías tradicionales, por sus condiciones de peso y dimensiones, que permiten un menor uso de mano de obra para su manipulación (Bascuñán, 2001).

10.3.2 PROCESO DE FABRICACIÓN

El proceso de producción se inicia con la molienda de la arena de sílice, que es transformada en una pulpa con granulometría y densidades estrictamente controladas. A esta pulpa se agregan cemento, cal, agua y pasta de aluminio. Todos estos componentes, finamente molidos, se vierten en moldes, donde el polvo de aluminio reacciona químicamente con la cal formando hidrógeno, dando lugar a millones de micro burbujas que expanden la mezcla. Cuando el gas del hidrógeno escapa, se une con el oxígeno del aire produciendo agua. Los bloques semi-sólidos y crudos son cortados con precisión mediante alambres de acero. Finalmente, se ponen en autoclaves donde se curan con vapor, evaporando el agua que queda en los poros y dejando bolsillos de aire (Bascuñán, 2001).

10.3.3 PROPIEDADES PRINCIPALES

Las características físicas del hormigón celular le confieren algunas propiedades de desempeño importantes. Entre ellas destaca su buen comportamiento como aislante térmico y acústico y su resistencia a la humedad debido a que su estructura de burbujas impide la transferencia de humedad por capilaridad.

En lo referente al proceso constructivo, este material es tres veces más liviano que el ladrillo o bloque de cemento. Se puede cortar con serrucho o sierra eléctrica, condición que lo hace comprable con la utilización de madera. Debido al poco peso y a las dimensiones de los bloques tienen generalmente un mayor rendimiento que la albañilería tradicional.

Pueden ser utilizados en muros estructurales armados y reforzados, o en combinación con pilares y cadenas de albañilería tradicional, también en tabiquería interior, molduras, cornisas exteriores, o losas.

Las dimensiones de estos bloques varían según su uso. En general tienen un largo de 75 cm y un alto que puede fluctuar entre 20 y 40 cm, con espesores que van desde los 5 hasta los 30 cm.

Una faena de construcción utilizando esta tecnología se puede apreciar en la Figura 10.23.

Figura 10.23
Construcción de viviendas con bloques de hormigón celular. (Gentileza de Roberto Bascuñán).

10.4 MORTEROS PARA ALBAÑILERÍA

Los morteros son fundamentales para unir los bloques cerámicos o de cemento y dar forma integral. En un principio los morteros usados eran en base a cal y arena, tardaban mucho tiempo en fraguar y alcanzar su resistencia, por este motivo se necesitaba hacer juntas muy delgadas y muchas veces los bloques de piedra o ladrillo quedaban simplemente apoyados uno sobre otro, sin ninguna adherencia entre ellos. El desarrollo de morteros que fraguan y alcanzan su resistencia en menor tiempo posibilitó asentar más rápido y con mayor seguridad las piezas de los muros. Primero se obtuvo morteros más fuertes mezclando cal y pequeñas cantidades de cemento; más adelante se fue invirtiendo la combinación hasta llegar al uso actual en que se mezcla cemento con una pequeña cantidad de aditivos, más áridos y agua (Guzmán, 1980).

Algunas de las aplicaciones de los morteros para albañilerías son:

- Como mortero de junta, para la adherencia de unidades de albañilería.
- Como mortero de relleno en unidades de albañilería armada de cerámicos o bloques de hormigón.

- Como mortero de estuco, para recubrimiento de superficies de albañilería u hormigón.

10.4.1 COMPONENTES DE UN MORTERO

El mortero debe tener una resistencia semejante a los ladrillos cerámicos o a los bloques de hormigón que unirá, para ello se fabrica usando (Zabaleta, 1986):

a) **Cemento**: para confeccionar un mortero se puede utilizar cualquiera de los tipos de cemento que existen en el mercado nacional, los que deben cumplir con lo establecido en NCh 148. De preferencia conviene usar los de tipo corriente, por sus condiciones de fraguado más lento que permiten más tiempo de uso de la pasta sin que pierda su trabajabilidad.

b) **Áridos**: los morteros están compuestos normalmente por un solo árido fino o arena, de tamaño máximo no superior a 5 mm. en el caso de ser morteros de junta, y por arena más gravilla de tamaño no superior a 12.5 mm. en el caso de morteros de relleno. Deben cumplir con los requisitos establecidos en NCh 163:
   - Condición de estabilidad química: el árido no debe hacer aporte de productos nocivos que puedan afectar la durabilidad y resistencia del mortero. Por este motivo el contenido de impurezas orgánicas debe ser menor a las correspondientes al color amarillo claro del patrón de NCh 167.
   - Condición de estabilidad física: la pérdida en peso por desintegración mediante sulfato de sodio (magnesio) debe ser un máximo de 10%.

c) **Agua**: el agua desempeña dos roles como componente del mortero:
   - Participa en el proceso de hidratación del cemento.
   - Da la trabajabilidad necesaria al mortero, otorgándole las condiciones de fluidez necesarias para un buen funcionamiento.

   El agua debe cumplir con las características especificadas en NCh 1498, las que se resumen en:
   - Se permite usar agua potable sin verificar su calidad.
   - No se puede usar agua con contenido de azúcares (en forma de sacarosa o glucosa), porque se producen reacciones químicas entre los azúcares y el cemento que dañan al mortero.
   - El agua de mar se puede usar para morteros de resistencia inferior a 150 kg/cm^2, siempre que no contenga algas. En ningún caso se puede

aceptar su uso si el mortero lleva refuerzos de fierro, pues las sales del agua producen reacciones químicas que dañan al fierro (lo oxidan).

- Las aguas de origen desconocido deben someterse a análisis químico antes de ser usadas.

d) **Aditivos y adiciones**: se consideran como aditivos aquellos productos que agregados en pequeña proporción modifican algunas características del mortero, tal como la impermeabilización necesaria.
Las adiciones son productos (sólidos, generalmente) que utilizados en proporciones similares a las de los componentes normales del mortero están destinados a modificar algunas de sus propiedades, principalmente su cohesión, retentividad y color. Una de las adiciones más utilizada es la cal hidratada. Solo se acepta el uso de cales aéreas hidratadas e hidráulicas hidratadas que cumplan con los requisitos de composición química y propiedades físicas establecidas en la NCh 1928.

10.4.2 DOSIFICACIONES DE UN MORTERO

La dosificación de un mortero es variable según su uso, pero en todos ellos se pretende lograr una calidad adecuada para asegurar la adherencia con ladrillos y bloques, así como también la resistencia del conjunto. En general se recomienda el uso de morteros en proporción 1:3, con una cantidad de agua que debe ajustarse para obtener una consistencia plástica. Además, en lo referente a resistencia a la compresión, la NCh 1928 especifica un valor mínimo de 100 kg/cm^2 medido en probetas de 4 x 4 x 16 cm. Por ello es que se puede estimar una dosificación para *mortero de junta* que tenga una resistencia a los 28 días de 150 kg/cm^2 y una fluidez dada por un asentamiento de cono de 5 cm.

Para morteros de relleno se puede estimar una dosificación distinta a la de los de junta, dado que para rellenar huecos es necesario que el material tenga una fluidez apropiada, con unos 13 a 18 cm. de asentamiento de cono si se compacta por vibración y de 15 a 20 cm. si se compacta por varilla. Además debe tener una resistencia de al menos 175 kg/cm^2 a los 28 días medida en cubos de arista 20 cm.

10.4.3 PROPIEDADES DE UN MORTERO

La pasta de cemento es el componente activo y transmite sus características al mortero, inicialmente en estado fresco es plástico y es deseable que, en este estado, presente las características de:

a) Trabajabilidad: debe ser tal que el mortero se extienda con facilidad, sin segregarse ni caer una vez colocado y que cubra las superficies en que se lo aplica sin escurrir excesivamente (sobre todo al ser presionado). Lo anterior implica la necesidad de una consistencia y fluidez apropiadas, las que se pueden obtener mediante una cantidad conveniente de agua y una granulometría apropiada de los materiales sólidos (arena, cemento y, eventualmente aditivos).

b) Retentividad: el mortero debe poseer una buena retentividad del agua de amasado, para evitar que una excesiva exudación de ella pueda no ser absorbida por las unidades de albañilería, produciéndose posiblemente una separación debido a la sedimentación del mortero y con ello una junta débil además de una rigidización del mortero por excesiva pérdida de agua. Por este motivo se acepta que la retentividad debe ser un 70% (evaluada según lo establecido en NCh 1928).

Por otra parte, en estado endurecido, el mortero debe asegurar condiciones de:

a) Adherencia: destinada a producir la ligazón mecánica entre los bloques componentes de la albañilería, está relacionada con la resistencia mecánica del mortero el cual debe cumplir con las condiciones mínimas de resistencia que se indican más adelante.

b) Resistencia: es necesaria, tanto desde el punto de vista de la adherencia, como para asegurar que la albañilería tenga la resistencia prevista para soportar las cargas que sobre ella actúen. Las normas chilenas no establecen hasta la fecha resistencias que deba presentar el mortero, pero sobre la base de lo expresado en NCh 1928 se sugiere los valores siguientes:
   - Para albañilería simple: R_{28} debe ser mayor o igual al 90% de la correspondiente a las unidades de albañilería a usar.
   - Para albañilería armada: R_{28} debe ser mayor o igual a 100 kg/cm^2.

Algunas características del mortero condicionan de manera importante su resistencia a la compresión, las de mayor importancia son: tipo de cemento, razón agua-cemento y edad del mortero.

Un nuevo paso hacia la modernización de los sistemas constructivos de albañilería ha estado tomando fuerza en el último tiempo en nuestro país. Este desarrollo tecnológico se basa en el sistema constructivo americano, que incorpora la utilización de nuevos morteros de pega y técnicas de aplicación en base al uso de herramientas y equipos especialmente adaptados para la ejecución de la albañilería. Con este sistema se logran diferencias en la calidad de la ejecución, la terminación y la velocidad de construcción, con niveles superiores a los actuales estándares nacionales, lo que podría generar múltiples beneficios al sector. Para mayor información se recomienda consultar el artículo de la Revista Bit "Nuevos morteros de pega y técnicas de aplicación: Revolución en Albañilería" (Friedmann, 2004).

10.5 EJERCICIOS

A continuación se presentan algunos temas que pueden servir de estudio, los cuales pueden ser resueltos con el material presentado en el capítulo y, a veces, con lecturas adicionales:

a) Describa los tipos tradicionales de albañilería cerámica e indique claramente sus diferencias.
b) ¿Qué entiende por "altura de escantillón"? Y ¿cómo se calcula (dé un ejemplo)?
c) ¿Cuáles son los principales errores que se pueden producir en relación a la geometría de una albañilería? Y ¿cómo se pueden evitar? Ahora, una vez producidos ¿cómo se pueden corregir?
d) Indique las principales diferencias entre una albañilería de ladrillos de arcilla y una de bloques de cemento.
e) ¿Cuál es la importancia del mortero de pega y cuáles son sus principales características?
f) Describa la metodología constructiva de una casa de albañilería armada.
g) Analice la construcción de una albañilería reforzada y proponga mejoras de modo que le permitan aumentar la productividad y mejorar la calidad.
h) ¿Cuándo utilizaría usted hormigón celular?
i) Analice las diferencias entre el sistema constructivo de albañilería que actualmente se utiliza en Chile y el sistema constructivo americano, y estudie los beneficios que su aplicación podría traer a este sector.

CAPÍTULO 11

CONSTRUCCIÓN EN HORMIGÓN

En el presente capítulo se presenta una introducción al tema de los hormigones en edificación, de acuerdo al siguiente esquema:

- Presentación de las principales características del hormigón.
- Análisis de las principales características de las armaduras.
- Presentación de los moldajes.

En el caso particular del primer punto, dada la vasta literatura existente respecto del tema de los hormigones, solo se hará una presentación resumida de los aspectos más importantes de la operación de hormigonado.

11.1 PRINCIPALES CARACTERÍSTICAS DEL HORMIGÓN

11.1.1 ETAPAS DE UNA OPERACIÓN CON HORMIGÓN

Las principales etapas de una operación constructiva con hormigón son:

- Características de las materias primas para fabricación del hormigón.
- Dosificación y preparación del hormigón.
- Transporte y colocación.
- Compactación.

- Curado y protección.
- Control.

Por lo tanto para tener un hormigón colocado de las características deseadas, se debe tener un cuidado especial en cada una de las etapas, ya que si en una de ellas se falla, el resultado final puede cambiar (Figura 11.1). En las sesiones siguientes se discuten cada una de estas etapas.

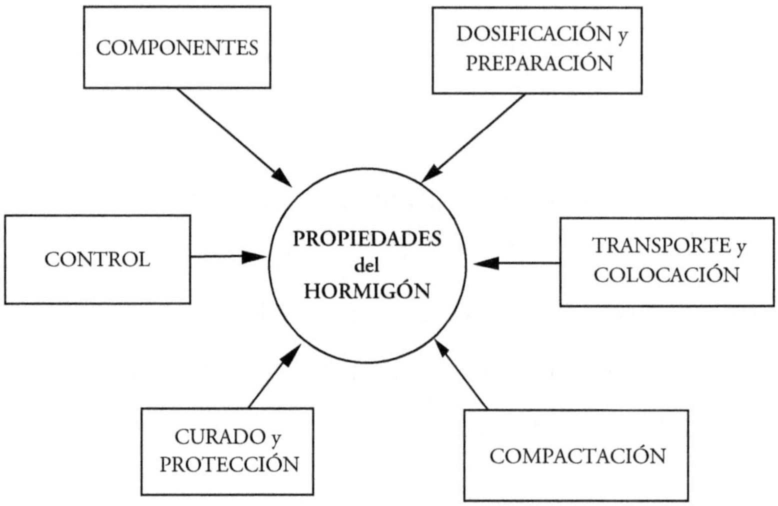

Figura 11.1
Factores que influyen en las propiedades del hormigón.

11.1.2 MATERIALES COMPONENTES DEL HORMIGÓN

Los principales materiales componentes del hormigón son (Zabaleta, 1986):

a) **Cemento**: existen de variados tipos, fundamentalmente se emplean aquellos denominados cementos especiales y cementos de alta resistencia, que cumplan con la norma NCh 148.

b) **Agua**: El agua para el uso de hormigones debe cumplir con la Norma NCh. 1498. El agua potable cumple con estas exigencias. Cuando se utiliza agua de origen desconocido se debe analizar:
- pH (entre 6 y 9,2)
- sólidos en suspensión, máximo 2.000 mg/lt
- sólidos disueltos, máximo 15.000 mg/lt

- materia orgánica, como oxigeno consumido, máximo 50 mg/lt

c) **Áridos**: pueden ser naturales o artificiales (arcilla expandida, perlita, etc.). En este capítulo solo nos referiremos a hormigones que emplean áridos naturales, los cuales se clasifican en áridos finos (< 5 mm.) y áridos gruesos (5 a 40 mm.). Los áridos naturales pueden ser de canto rodado o de canto chancado. Los áridos artificiales se pueden utilizar para lograr algunas propiedades especiales del hormigón, como por ejemplo hormigón liviano.

d) **Aditivos**: elementos que reaccionan químicamente con la mezcla de hormigón. Se agregan al hormigón fresco en proporciones menores (1 a 2% en peso) para modificar alguna de sus propiedades físicas o mecánicas tanto en estado fresco como endurecido.

Su uso y dosificación se hace estrictamente de acuerdo con las indicaciones del proveedor y es muy recomendable hacer hormigones de prueba con los mismos materiales que se usarán luego en obra.

Algunos tipos de aditivos son: aceleradores o retardadores de fraguado, plastificantes, aceleradores de endurecimiento, expansores, impermeabilizantes, superplastificantes.

e) **Adiciones**: son aquellos materiales que se agregan al hormigón fresco en proporciones importantes para modificar algunas propiedades físicas o mecánicas del hormigón una vez endurecido.

Ejemplos:
- Poliestireno expandido ⇒ obtener densidades menores.
- Escorias metálicas ⇒ obtener densidades mayores.
- Fibras ⇒ mejorar comportamiento a la flexotracción.
- Colorantes y otros.

La dosificación de estos materiales debe realizarse sobre la base de sucesivos hormigones de prueba con los materiales que habrán de usarse luego en obra.

La forma de almacenamiento varía de acuerdo al componente del hormigón de que se trate (Egaña, 1985):

a) **Cemento**: el cemento normalmente se provee en sacos de 42,5 kg. los cuales deben ser almacenados bajo techo, en ambiente seco, sobre un radier o palet y en altura no superior a 1,5 m. La organización del almacenamiento del cemento en sacos debe ser tal que los primeros sacos que lleguen a la obra sean los primeros en utilizarse, pues la duración del cemento en saco es relativa pero pasados 3 meses conviene revisar sus propiedades en un laboratorio de control.

El cemento puede ser también entregado en bolsas más grandes o "big bags" de una tonelada, pero se requiere contar con espacio y equipos de levante y transporte adecuado. Puede también ser almacenado en silos en donde es posible manejar mayores volúmenes.

b) **Agua**: no debe almacenarse agua por períodos muy largos para evitar aparición de microorganismos.

c) **Áridos**: para el almacenamiento de los áridos deberán adoptarse las siguientes consideraciones:

- Efectuar cuidadosamente las operaciones de descarga y transporte de modo de evitar: segregaciones, trituraciones, contaminación excesiva, variaciones de humedad.
- Disponer de canchas de acopio que: separen fracciones entre sí, permitan la evacuación de agua (drenaje), aíslen al árido del terreno, o en su defecto se emplean los 10 cm inferiores como una capa de sacrificio.
- Proporcionar abrigo al árido, ya sea bajo techo o cubierto con lonas impermeables para protegerlos de: contaminaciones excesivas, variaciones de humedad, formación de hielo.

Los ensayos de aptitud de una fuente de áridos deben efectuarse sobre la totalidad de las características que prescribe la norma NCh 163. Aprobada la fuente de abastecimiento debe mantenerse un control periódico de los siguientes requisitos: material fino menor que 0.080 mm, impurezas orgánicas, granulometría, absorción; densidad aparente.

La periodicidad de los ensayos mencionados, será función de la renovación de los acopios de materiales y se hará de acuerdo a lo especificado en NCh 164. El empleo de una nueva fuente de abastecimiento deberá ser acompañado de los estudios necesarios y aprobaciones correspondientes.

d) **Aditivos**: para el almacenamiento de los aditivos deberán tomarse todas las precauciones que exija el fabricante, a fin de asegurar su garantía.

e) **Adiciones**: los cuidados de almacenamiento de las adiciones dependen, en gran medida, del tipo de adición de que se trate, pero se deben cumplir, al menos, las recomendaciones dadas para los áridos.

11.1.3 DOSIFICACIÓN Y PREPARACIÓN

Se presenta a continuación un resumen de los aspectos más importantes a tener en consideración en estas dos actividades, debido a que esta temática es tratada en extenso en diversas publicaciones (Zabaleta, 1986; Charo, 1985; American Society of Concrete Contractors, 2014; Mehta, 2013; Wight, 2015).

La dosificación se realiza preferentemente en peso, pero también puede expresarse en volumen. Se entregan los datos para preparar 1 m^3 considerando el árido saturado de superficie seca (SSS). La dosificación debe ser ajustada para el volumen del equipo mezclador que se utilice. Además, es necesario corregir de acuerdo a la cantidad de agua real que trae el árido y, si se está dosificando en volumen, se debe corregir también por esponjamiento de los áridos.

La preparación del hormigón se debe hacer en equipos especialmente diseñados para esta función, tales como betoneras o mezcladores, muy eventualmente y para hormigones de bajo requerimiento, puede ser mezclado a mano.

El orden en que se debe agregar los materiales dentro de la betonera es por lo general el siguiente: 80-90% de agua + 50% árido grueso + 100% de arena + 100% cemento + 50% árido grueso restante y, finalmente, la diferencia de agua según consistencia alcanzada.

Con el desarrollo de la industria de la construcción, la preparación del hormigón ha sufrido un gran cambio; así es que en muchas obras se utiliza hormigón premezclado entregado al pie de la obra, preparado por una empresa especializada.

11.1.4 TRANSPORTE Y COLOCACIÓN

El hormigón puede ser manipulado y transportado por muchos métodos, tales como canales, carretillas, cucharones manipulados por grúas, pequeñas vagonetas de carril, camiones, cintas transportadoras y también mediante bombeo a través de tuberías.

Cada paso en la manipulación, transporte y vaciado del hormigón deberá ser cuidadosamente vigilado para mantener uniformidad dentro de la mezcla. El método de manipular, transportar el hormigón y el equipo empleado no deberá imponer restricciones sobre la consistencia del material, esto será regulado por las condiciones de vaciado, si se permite el uso de una mezcla seca, por ejemplo, el equipo deberá diseñarse y acondicionarse para facilitar la manipulación y el acarreo de tal mezcla.

Los cuidados especiales a tener de acuerdo al método usado son:

- **Tubos y Canales**: es esencial evitar que se separe el agregado grueso del mortero o el agua de los otros ingredientes. La segregación en el lugar de descarga desde la mezcladora puede corregirse proveyendo un tubo de bajada al final del vertedero, de modo que el hormigón caiga verticalmente en el centro del cucharón o cubeta receptora, tolva o carro.
  Todas las tolvas deberán proveerse con caída vertical en la compuerta de descarga. Cuando la descarga es en ángulo, el agregado mayor es arrojado hacia el lado extremo del recipiente que se carga y el mortero sobre el lado más cercano, resultando una segregación que no podrá corregirse. Las canales deberán ser de metal o revestidas de metal, con fondos redondeados y de tamaño adecuado para evitar el derrame. La canal tendrá un diseño tal que el hormigón se deslice rápidamente, sin adherirse a las paredes, pero no tan rápido como para ocasionar la segregación del material.
- **Carretillas**: las carretillas se fabrican normalmente con capacidad de 90 lts. Se recomienda el empleo de aquellas que poseen cuerpo pivoteado de modo que, si se basculan ligeramente, el cuerpo voltea para facilitar la descarga. Deberán proveerse pistas suaves, rígidas y seguras para reducir al mínimo la tendencia a la segregación del material y mejorar la seguridad del operador. En la Figura 11.2 se muestran dos situaciones de colocación de hormigón con carretilla, comparando la correcta con la incorrecta para cada caso.

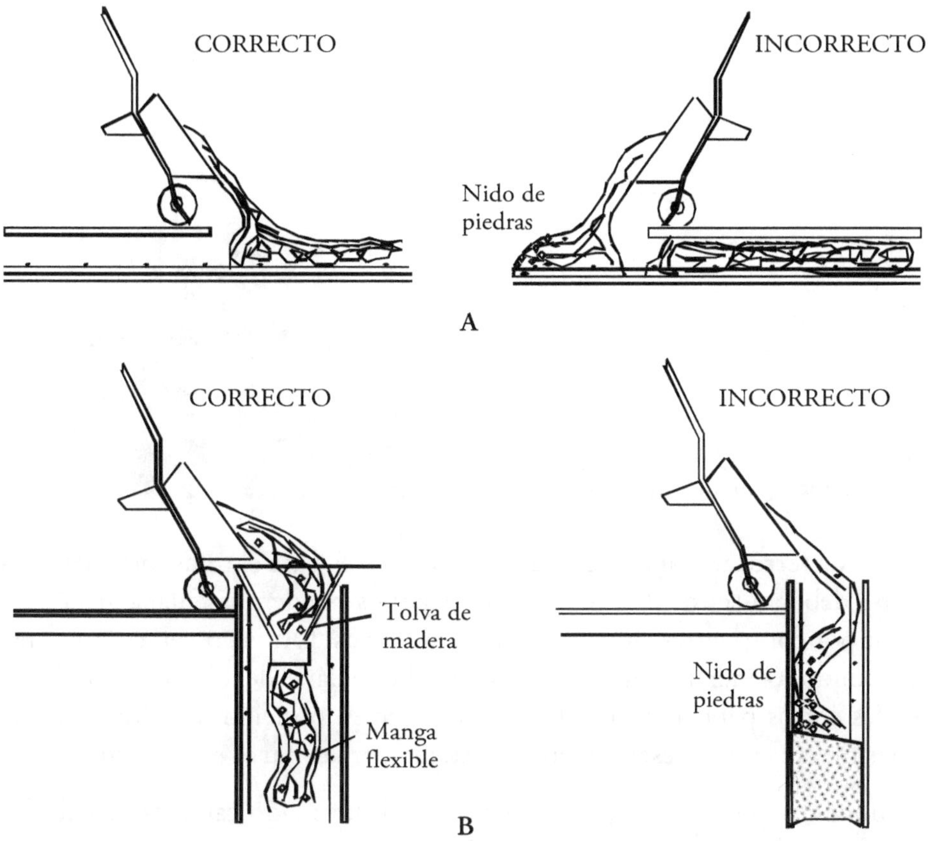

Figura 11.2
Ejemplos de hormigonado usando carretilla.
A. Elementos horizontales (losa) B. Elemento vertical (muro o pilar).

- **Capachos manipulados por grúas**: los capachos son de distintos diseños y en tamaño varían de 3/4 a 1 m^3. Algunas cubetas o capachos mayores tienen sección rectangular pero casi todas son circulares. La carga se suelta abriendo una compuerta que hace de fondo del capacho. Sea cual fuese el método empleado, deberán evitarse los golpes y la vibración que pueden causar la segregación, particularmente si el hormigón es de consistencia plástica (Figura 11.3).

Figura 11.3
Colocación de hormigón utilizando capacho.

- **Carros de ferrocarril o de neumáticos:** Los carros para el transporte del hormigón deberán ser de diseño especial. Algunos pueden bascularse para descargar por compuertas laterales o en los extremos. Otros poseen compuertas en el fondo. Generalmente el hormigón debe vaciarse de los carros mediante canales cortos para colocarlo directamente en su posición definitiva. La supervisión eficiente es esencial en ese sistema para evitar la segregación.

- **Camiones:** Se puede usar para el traslado del hormigón camiones especiales de tipo mezclador o agitador, o bien, simples camiones de carga. También un camión mezclador se puede usar como camión agitador, en tal caso puede cargarse a la capacidad indicada por el fabricante, llegando a dar cabida a un 50% más de material que cuando opera como camión mezclador (Figura 11.4).

Figura 11.4
Camión mixer para traslado de hormigón. (Gentileza de Carlos Videla).

En cuanto a los camiones de carga: el camión de caja con fondo plano y amplia puerta trasera no es apropiado para el transporte del hormigón, excepto en cortas distancias bajo las mejores condiciones, tales como pistas uniformes y una mezcla de hormigón que pueda soportar bastante las vibraciones sin producir segregación. Los camiones de forma especial, con grandes radios entre laterales y el fondo, frente redondeado e inclinado y extremo trasero inclinado hacia la compuerta de descarga, son los que dan mejor resultado. Las distancias en que son utilizados tales camiones dependen de las características del hormigón fresco y la situación del camino sobre el que han de operar. Su uso se limita según sea necesario entregar mezclas de hormigón libre de segregación.

- **Correas o cintas transportadoras**: estas cintas permiten transportar el hormigón a distancias relativamente cortas y sin mucha pendiente. Incluso algunos camiones betoneras tienen incluida una cinta para descargar el hormigón fresco en el lugar deseado (Figura 11.5).

Figura 11.5
Cinta transportadora para traslado de hormigón. (Gentileza Revista RIC).

- **Bombas**: A veces el hormigón se bombea a través de tuberías, método de ventaja particular en túneles y otros espacios limitados. El equipo incluye una bomba horizontal tipo pistón o en su defecto una bomba neumática. La tubería tiene diámetro exterior de 15 cm, 18 cm ó 20 cm, con espesores de 5 mm. El hormigón puede bombearse a lo largo de 180 a 300 m. de tubería horizontal, según el tamaño de la bomba y la tubería. Las distancias verticales se computan a base de que 30 cm. verticales equivalen a 2,5 m horizontales. (Zabaleta, 1986).
La capacidad varía desde 15 m^3 a 50 m^3 por hora y el tamaño de agregado máximo que puede emplearse es de 40 mm. Se ha tomado o medido asenta-

mientos de cono de 1,27 cm., de hormigones que han sido bombeados sin problemas, sin embargo, se obtienen mejores resultados cuando el asentamiento es entre 8 y 12 cm.
Una de las ventajas del bombeo, es que por sus exigencias particulares sobre el hormigón, entrega mezclas manejables y que no segregan, pero se requiere un abastecimiento constante y uniforme de hormigón para la eficiente y ventajosa operación de la bomba. A fin de ayudar a mantener la uniformidad, la tolva que alimenta la bomba se equipa con un agitador, para remezclar el hormigón según entre en ella.

11.1.5 COMPACTACIÓN (VIBRADO)

a) **Generalidades**
El vibrado del hormigón es de capital importancia para un hormigonado efectivo y su aplicación correcta es factor esencial en toda obra. El procedimiento para el eficaz vibrado del hormigón varía con el tipo de trabajo, el vibrador empleado y la mezcla de hormigón. Por lo general el vibrado del hormigón puede ser en capas de alrededor de 45 a 60 cm de espesor.

Se ha observado, en cierto número de obras, que existe una tendencia a continuar el vaciado del hormigón en determinado lugar y emplear vibradores para empujar la masa de hormigón lateralmente en los encofrados. No es el propósito de los vibradores emplear la energía para mover el hormigón horizontalmente en lugar de consolidarlo verticalmente. Es probable que la segregación tenga lugar con esta práctica.

En máquinas de eje flexible, el elemento vibrador puede colocarse sobre el hormigón y pronto se sumergirá en la masa. Puede introducirse a través del hormigón lentamente y con cortos movimientos laterales y verticales hasta que la capa quede plástica y totalmente compactada.

Los vibradores deben de insertarse y retirarse lentamente y deben operarse continuamente mientras se extraen. Es preciso tener el cuidado de colocar los vibradores a suficiente profundidad para vibrar efectivamente el fondo de cada capa. Los vibradores para moldajes se colocan horizontalmente a distancias no mayores que el radio a través del cual la vibración es efectiva visiblemente.

La vibración se distribuirá uniformemente de modo que el hormigón quede en estado plástico uniformemente. Algunos ingenieros recomiendan por lo menos 15 o 20 segundos de vibrado por cada 10 cm^2 de la superficie superior en cada capa, pero el tiempo requerido puede variar considerablemente según el carácter de la mezcla y la potencia del vibrador. La vibración no debe proseguir en ningún lugar al extremo de que la lechada se separe de la mezcla. Debe continuar solamente lo suficiente para compactación total. El síntoma de haberse logrado la vibración, es una línea de pasta de cemento en los encofrados o en superficies del refuerzo de acero y una superficie superior nivelada con solo suficiente mortero para el acabado. Hormigones muy fluidos de cono mayor a 15 cm deben vibrarse con cuidado, puesto que es posible tenga lugar la segregación de los materiales.

b) **Posibles defectos de compactación y su corrección**
Como en el hormigón vaciado a mano, pueden tener lugar ciertos defectos cuando los métodos de vibrado no son apropiados según las características de la mezcla. La vibración permite expulsar los vacíos de aire del hormigón, pero a su vez provoca que el agua aflore a la superficie, modificando la homogeneidad y consistencia del hormigón. Cuando se tienen áreas con nidos es una señal de que la mezcla contiene muy poco mortero o la vibración es insuficiente, deficientemente distribuida.

La separación del agua libre de la mezcla se debe, por lo general, a una mezcla demasiado fluida o a poco material fino para retener el agua. Por lo común se puede emplear menos mortero en hormigón que ha de trabajarse a mano, pero es importante que este contenga finos suficientes para retener el agua. La separación del agua se puede evitar reduciendo la cantidad de agua empleada o aumentado la cantidad de arena.

c) **Tipos de vibradores**
Existe en el mercado una amplia variedad de diseños, los cuales desde el punto de vista del trabajo específico que deben hacer se pueden clasificar en (Peurifoy, 1976): varillas (elementos manuales para la vibración), vibradores de inmersión (Figura 11.6), vibradores de moldaje y vibradores de superficie para pavimentos (Figura 11.7).

Los vibradores deben ser capaces de transmitir al hormigón no menos de 3600 impulsos por minutos. La vibración debe ser tal que el hormigón fluya o se asiente rápidamente en su lugar y afecte visiblemente al hormigón de 2 1/2 cm de asentamiento de cono.

Figura 11.6
Vibrador de inmersión.

Figura 11.7
Cercha vibradora para pavimentos.

11.1.6 CURADO Y PROTECCIÓN

La resistencia e impermeabilidad del hormigón mejoran con buen curado, siempre que las condiciones sean favorables para la hidratación del cemento. Otras cualidades, tales como la resistencia a las heladas y deshielos, se ven similarmente influenciadas.

El proceso de fraguado y endurecimiento inicial solo requieren humedad y temperatura favorable. El hormigón fresco contiene más agua que la mínima, para una hidratación completa del cemento pero mucha, se pierde, en la mayoría de los casos, por evaporación, a menos que se tomen ciertas precauciones. La hidratación prosigue a ritmo mucho más lento cuando las temperaturas están por debajo de lo normal. Como se ve, el hormigón deberá protegerse de modo que la humedad no se pierda durante el comienzo del endurecimiento y mantenerse a temperatura que contribuya a la hidratación. Las precauciones relativas al proceso de curado son (Baud, 1994):

a) **Humedad**

El hormigón puede mantenerse húmedo mediante cierto número de procedimientos, tales como dejar los encofrados en su lugar, rociándolos o inundándolos, poniendo cubiertas que retengan la humedad o revestimiento sellante líquido que al endurecer forma una película delgada impermeable.

Los encofrados de madera, y otros en menor proporción, son una gran ayuda para retener la humedad. En clima templado y seco los encofrados de madera se secan y han de mantenerse rociados constantemente para que no intercambien humedad con el hormigón. En todos los casos, las superficies expuestas deben protegerse contra pérdida de humedad.

Cuando el hormigón se mantiene húmedo mediante rociado, procúrese que no seque la superficie entre las distintas aplicaciones de agua. Los ciclos alternos de humidificación y secado del hormigón fresco originan cuarteaduras y agrietamientos irregulares. Un fino rociado de agua, aplicado continuamente, provee un abastecimiento constante de humedad y es mejor que copiosas aplicaciones de agua con período de secado entre ellas.

b) **Áreas lisas planas horizontales**

En superficies lisas, planas y horizontales, tales como pavimentos, aceras y pisos, el método de anegar o inundar se ha empleado en el pasado. Rodeando el perímetro de la superficie con pequeños camellones de tierra u otro material que retenga el agua se anega el área inundada. La inundación brinda una condición más constante que el rociado. Además tiene un efecto de disminuir las variaciones térmicas en la superficie.

Se emplean cubiertas retenedoras de humedad, como tela de yute o mantas de algodón. Téngase cuidado de cubrir toda la superficie del hormigón, incluyendo los lados expuestos, tales como los costados de pavimentos y aceras donde los encofrados o formas han sido removidos. Manténgase las cubiertas lo suficientemente húmedas para proveer una película de humedad sobre la superficie de hormigón.

c) **Compuestos sellantes**
Se obtienen revestimientos de compuestos sellantes para curado en color normalmente blanco pigmentado o incoloro.

d) **Temperaturas adecuadas**
La temperatura afecta el ritmo de las reacciones químicas entre el cemento y el agua y, por consiguiente, el ritmo a que endurece el hormigón, aumenta la resistencia e influye en otros aspectos.

En tiempo caluroso (mayor a 30 °C) han de tomarse ciertas precauciones para evitar temperaturas altas en el hormigón fresco y al curado se debe prestar todavía más atención que en condiciones normales, para evitar un secado rápido. Las altas temperaturas en el hormigón fresco ocasionan rigidez rápida. También aumentan el peligro del agrietamiento del hormigón endurecido, por las contracciones térmicas al enfriar. Esto es particularmente cierto en hormigones en masa (represas, grandes estribos de puentes, etc.).

En la construcción durante tiempo frío es, a menudo, necesario calentar los materiales y cubrir el hormigón fresco o prever un recinto cerrado. La hidratación del cemento origina la generación de algún calor; si este calor se retiene, aumenta la temperatura del hormigón. El efecto de este calor depende mucho de la forma y tamaño de la estructura. En grandes miembros el calor será retenido más tiempo que en estructuras más pequeñas.

e) **Calor artificial**
En tiempo benigno, proteger el hormigón por cualquier sistema convencional es suficiente. En otros casos se usan radiadores, calentadores o estufas de coque o petróleo.

Los elementos para brindar calor se colocan del modo que los generadores fuerzan la circulación de aire dentro de los recintos cerrados. Pero es importante tomar precauciones para evitar el secado rápido del hormigón, especialmente el próximo a los elementos generadores de calor.

No deberá vaciarse el hormigón en una superficie congelada. Cuando se deshiela puede tener lugar un asentamiento desigual y producirse el agrietamiento del miembro de hormigón que soporta. Por lo mismo, los interiores de los encofrados, el acero de refuerzo y los aditamentos introducidos han de estar libres de hielo al momento de vaciado.

No se debe poner una capa de hormigón caliente delgada sobre hormigón frío endurecido, por que la capa delgada superior se encogerá a medida que enfría, y la capa inferior se expansionará al calentarse; de allí se deriva una falla de adherencia. Esto deberá evitarse al vaciar hormigón para acabado de pisos durante tiempo frío.

Es importante evitar un enfriamiento demasiado rápido del hormigón al finalizar el período de protección. Tal enfriamiento súbito de la superficie mientras que el interior está caliente puede causar esfuerzos lo suficientemente fuertes como para agrietar el hormigón. El gradiente térmico máximo normalmente recomendado es de 20 ºC entre el núcleo y la superficie.

11.1.7 CONTROL

Se distinguen tres fases de control. Estas son: previo al hormigonado, durante el hormigonado, y posterior al hormigonado. Las operaciones que se controlan en cada fase se presentan en la Tabla 11.1.

Tabla 11.1: Operaciones a controlar en cada fase del hormigonado

Fase de control de ejecución	Operaciones que se controlan
Previo al hormigonado de obra	- Revisión de planos de proyectos y planos de obra. - Comprobación de hormigoneras, vibradores, maquinaria transporte, etc. - Replanteo. - Andamiajes y cimbres. - Encofrados. - Doblado de armaduras. - Colocación de armaduras. - Transporte del hormigón. - Previsión de juntas. - Previsión de hormigonado en tiempo frío. - Previsión de hormigonado en tiempo caluroso. - Previsión de hormigonado bajo lluvia.
Durante el hormigonado	- Colocación del hormigón. - Compactación del hormigón. - Juntas. - Hormigonado en tiempo frío. - Hormigonado en tiempo caluroso. - Hormigonado bajo lluvia.
Posterior al hormigonado	- Curado. - Desencofrado y descimbramiento. - Previsión de acciones mecánicas durante la ejecución. - Reparación de defectos superficiales.

11.2 ARMADURAS EN EL HORMIGÓN ARMADO

11.2.1 DEFINICIÓN Y CONSIDERACIONES FUNDAMENTALES ACERCA DEL HORMIGÓN ARMADO

Se define como hormigón armado al producto formado por el hormigón y las armaduras de fierro. Una estructura de hormigón correctamente diseñada y construida, conforma un sólido muy resistente capaz de soportar grandes esfuerzos. Ambos materiales se complementan de modo que su trabajo conjunto les permite absorber y disipar esfuerzos mecánicos de diversos tipos de forma más efectiva que individualmente (Limbrunner, 2013; Oberlender, 2013). En general se dice que:

- el **hormigón** resiste a la **compresión**.
- el **acero** resiste la **tracción**.

En realidad el trabajo conjunto de ambos materiales va más allá de un intercambio de esfuerzos. Las armaduras o las barras de acero que se colocan como refuerzo del hormigón tienen, entre otros fines: otorgar mayor resistencia a la tracción, corte y torsión; absorber esfuerzos secundarios no considerados en el diseño; conferirle ductilidad al hormigón; controlar el agrietamiento por retracción térmica; confinar el hormigón y hacerlo trabajar en forma monolítica; mejorar la constructabilidad de los elementos de hormigón armado.

La unión y trabajo común de los dos materiales es posible por las siguientes razones básicas: las deformaciones del hormigón y acero son iguales (aproximadamente) en la superficie de contacto entre ambos; la dilatación térmica del hormigón es similar a la del acero; hormigón y acero tienen una buena adherencia, por lo que se logra una efectiva unión entre ellos. El hormigón protege al acero de la corrosión, siempre y cuando le provea de un pH alto, asegurado por la dosis de cemento mínima establecida en norma, adecuado recubrimiento y esté exento de grietas. En la Figura 11.8 se puede apreciar una obra de hormigón armado en proceso de construcción.

Figura 11.8
Obra de edificación de hormigón armado. (Gentileza de Eduardo Effa).

11.2.2 TIPOS DE ARMADURAS O ENFIERRADURAS

Existen dos tipos de barras de acero que se usan para enfierraduras:

i) **Barras lisas:** estas barras se fabrican exclusivamente de 6 mm de diámetro nominal en acero de calidad A44-28H y su entrega se efectúa en rollos.

ii) **Barras con resaltes:** es aquella barra de sección circular con nervios perpendiculares o inclinados con respecto a su eje. Estas barras se fabrican en dos calidades de acero (A44-28H y A63-42H) y en una amplia variedad de diámetros y largos, entregándose tanto en rollos (e = 8, 10 y 12 mm.) cómo en barras rectas (e = 16 a 36 mm.).

La identificación de la calidad y tipo de acero en una barra se realiza mediante marcas sobre relieve en su superficie, lo que permite un fácil manejo y control de estas. Tales marcas se repiten a lo largo de las barras a una distancia no mayor de 2 m., empleándose la siguiente nomenclatura en relieve (Figura 11.9):

• • para acero A44-28H • • • • para acero A63-42H

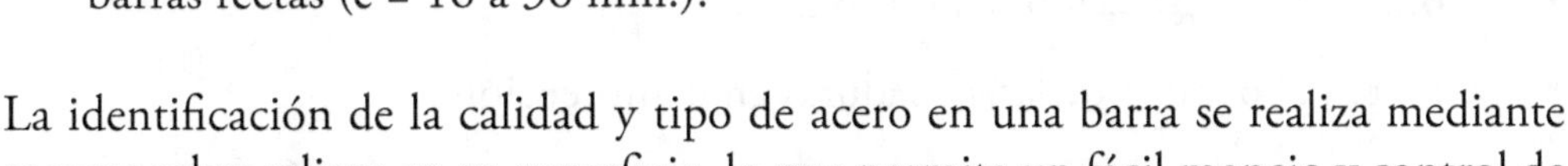

Figura 11.9
Nomenclatura acero.

En general, en una obra de construcción es recomendable utilizar la menor cantidad de calidades de acero, para evitar confusiones al momento de la ejecución. Las barras de acero importadas utilizan diferentes nomenclaturas para indicar la calidad de estas.

Las armaduras según el tipo de trabajo que estén realizando dentro del hormigón se pueden clasificar como:

a) **Armaduras Principales**: son aquellas que colaboran con la sección de hormigón y cuyas fatigas de trabajo han sido determinadas por el diseño para absorber esfuerzos:

- Longitudinales: resistentes a tracciones y compresiones.
- Transversales: resistentes al corte principalmente.
- Torsionales.

b) **Armaduras Secundarias**: son aquellas que no han sido consideradas en el diseño de una pieza estructural, sin embargo la experiencia y la investigación ha demostrado que son útiles para un mejor comportamiento del hormigón armado como conjunto. Poseen, entre otras, las siguientes ventajas de uso:

- Absorben tensiones que no han sido consideradas, confinando y protegiendo al hormigón.
- Distribuyen las tensiones.
- Controlan la retracción del hormigón.
- Coartan el pandeo de las armaduras en comprensión.

c) **Armaduras Auxiliares** *(de posición o constructivas)*: son aquellas que prestan servicio principalmente en la etapa constructiva facilitando el montaje y la permanencia de las armaduras en su posición correcta durante el hormigonado o prestando servicio durante el montaje (trabas, ganchos, puentes, caballetes, diagonales).

También las armaduras se pueden catalogar según su posición como sigue:

- Armaduras longitudinales
  - Principales
    - De tracción
    - De compresión
  - De montaje
  - De reparto
- Armaduras transversales
  - Barras dobladas
  - Cercos
  - Estribos
  - Horquillas
  - Zunchos
  - Redes ortogonales
- Armaduras de atado
  - De nudo
  - De cosido

En la Figura 11.10 se presenta una fotografía de una intersección de elementos estructurales (losas, vigas y pilar), donde aparecen las armaduras antes mencionadas.

Figura 11.10
Armaduras en el hormigón armado. (Gentileza de Eduardo Effa).

11.2.3 PROCESO CONSTRUCTIVO

En el proceso constructivo se distinguen varias etapas referidas a las armaduras, a las cuales se debe prestar especial atención. Estas son:

a) **Limpieza en el momento de hormigonar**: basta que las barras de acero liberen el óxido para perjudicar la adherencia al hormigón. Una película delgada pero firme de óxido, color amarillo café, no es dañina para el acero, gracias a la acción antioxidante del cemento, incluso puede ser ligeramente beneficiosa para la adherencia pero, en caso de que la capa sea mayor, se recomienda eliminarla. Las barras no deben tener otras substancias que perjudiquen su adherencia como pintura, grasa o aceite.

b) **Estirado**: las barras que se reciben en rollos, necesitan ser estiradas previo al corte y doblado.

c) **Corte**: la barras se cortan más largas a las medidas especificadas, según sea el número de dobleces que deban hacerse. Para el corte de las barras se emplean elementos de acuerdo a su grosor:

- Para las barras entre 5 y 15 mm. aproximadamente: se cortan con un cortabarras especial, consistente en una especie de tenazas grandes que accionan un juego de palancas, conocido con el nombre de "Napoleón". A falta de esta herramienta pueden cortarse, hasta unos 12 mm, con un cincel.
- Para barras de diámetros de hasta 32 mm. se usan cizallas o guillotinas, accionadas a mano o con motor. Cuando es necesario cortar muchas barras de longitudes iguales, se instala a cierta distancia de la guillotina una mesa con un tope movible, que se ajusta cada vez al largo deseado de las barras. Pueden así cortarse varios fierros a la vez, si la guillotina lo permite, sin necesidad de medir uno por uno.

d) **Doblado**: el acero se debe doblar según las formas y dimensiones especificadas por los proyectistas. Según sea el diámetro de la barra se deberá escoger el diámetro del pivote de doblado para asegurar un radio de giro mínimo. A pesar de ser el acero un material de gran resistencia, no es conveniente doblarlo, enderezarlo, torcerlo de nuevo y calentarlo, sin seguir algunas recomendaciones especiales, particularmente a medida que aumenta su diámetro. En general, en todos los trabajos de doblado, es necesario observar la parte exterior traccionada de la barra, donde no deben aparecer grietas, por pequeñas que sean.

e) **Ensamblado**: el ensamblado de la enfierradura consiste en colocar cada barra en su posición correcta, fijando y atando los nudos, con alambre, para evitar el cambio de posición de las mismas. Si las armaduras son de acero soldable, pueden soldarse en vez de atarse, con lo que se mejora la rigidez del conjunto. Cuando el conjunto de barras atadas no tiene rigidez suficiente se deben emplear armaduras secundarias auxiliares.

f) **Amarras de Alambre**: las amarras entre las barras de acero tienen por objeto mantener su posición correcta hasta el momento de hormigonar, sin que influyan en la resistencia misma del conjunto. Normalmente se emplea alambre negro número 18.

Las amarras mismas pueden realizar de variadas formas, entre estas se cuentan:

- Amarra simple o rápida: se emplea en losas, el alambre se pasa en dirección diagonal alrededor de las dos barras cruzadas, con las puntas hacia arriba, las que se tuercen con el alicate hasta que el alambre se note tenso, sin exponerlo a la ruptura. Luego se cortan las puntas sobrantes o, si son pequeñas, se doblan en dirección a las barras.
- Amarras para muros: son más efectivas que la anterior y se prestan para muros de doble malla, de barras no muy gruesas. Se hacen rodeando primero la barra vertical y luego en dirección diagonal, para terminar como la anterior.
- Amarra montada: da media vuelta a cada lado de las barras, de manera alternada.
- Amarra montada doble: con doble vuelta inicial, se emplea a veces en mallas pesadas que han de ser levantadas con grúas.
- Amarra simple con alambre doble: se asemeja a la primera, con la hebra del alambre doblada en dos, para barras más pesadas.
- Amarra cruzada en forma de ocho: es muy fuerte y no causa torsión en las barras.

En general no es necesario amarrar todos los cruces de barras.

g) **Empalmes**: los extremos de las barras de acero necesitan estar empalmadas correctamente para anclarse debidamente y asegurar un buen comportamiento a la tracción. Este anclaje se obtiene y refuerza de tres maneras principales:

- Por medio de ganchos semicirculares para barras lisas.
- Por medio de dobleces a 90 grados.
- Por simple aumento de la longitud de traslapo de la barra. La longitud del anclaje de las armaduras, sin considerar los ganchos, se debe calcular o usar lo recomendado por las normas. Una regla general es considerar 40 veces el diámetro de la barra, pero experimenta variaciones según la calidad y resistencia del hormigón.

h) **Estribos**: los estribos tienen por finalidad fundamental resistir los esfuerzos de corte del elemento, además de fijar las armaduras en su posición definitiva, los hay en modalidad individual y continua. En la Figura 11.11 se puede apreciar un ejemplo del primer caso. En caso de pilares es bastante recomendable el estribo continuo, que va avanzando por el pilar en forma de hélice, sin cortarse y se usa con más frecuencia en pilares cilíndricos y en los casos en que el cálculo aconseja ponerlos muy próximos (se le da el nombre de zuncho, reconociéndose como pilar zunchado, al pilar armado de esa manera).

Figura 11.11
Estribos individuales de viga y pilar. (Gentileza de Eduardo Effa).

i) **Separadores**: es imprescindible mantener la distancia prevista entre las armaduras y las paredes del encofrado con el fin de proveer de una protección mínima de hormigón para las armaduras y por sobre todo asegurar el correcto posicionamiento de la armadura en la sección del elemento. Se utilizan desde calugas de cemento con alambres para atarlas a las armaduras, hasta formas metálicas y plásticas especiales.

11.2.4 PLANOS DE ARMADURAS

a) **Armaduras de vigas**: para mostrar la armadura de una viga debe dibujarse un corte de ella en el sentido de su largo y, a veces, otro mostrándola en sección transversal. En estos cortes se señala con una línea delgada el contorno del hormigón, mostrando el comienzo de sus apoyos, y con una línea más gruesa, las barras mismas. Sin embargo, en los cortes aparecen muchas barras superpuestas unas a otras, sin que podamos todavía identificarlas, lo que se aclara con un "despiece" (o separación por partes), barra por barra, que aparece dibujado posteriormente (Figura 11.12).

En cada trazado de barra se indica la cantidad y el diámetro de ellas, las "longitudes parciales" de cada tramo, entre los dobleces, y también la "longitud total" (L) de la barra.

b) **Armaduras de losas**: en las losas sencillas, o simples, es suficiente con dibujar un corte en el sentido de uso las barras principales; en el corte del contorno de hormigón (tal como en el caso de las vigas) se dibuja la trayectoria de las barras principales. Se indica también en este dibujo un resumen de las barras principales, que van más cerca de la cara inferior de la losa y de las barras de repartición que van inmediatamente sobre ella. En las losas cruzadas, por tener barras dobladas en dos direcciones, es necesario hacer dos cortes, uno para cada dirección, con el fin de detallar ambos grupos. Hay otra forma de dibujar el detalle de la armadura de las losas, como se ve en la Figura 11.13. En este sistema se omiten los cortes y despieces descritos, dibujando en cambio las formas de las barras, abatidas o giradas en 90 grados sobre el plano de planta de cada piso, este es un sistema bastante claro y más fácil de leer que el anterior.

c) **Armaduras de muros**: en general los planos de muros resultan relativamente más sencillos respecto de otros elementos estructurales, excepto que se trate de formas especiales, o muros con excesiva cantidad de vanos. Normalmente se especifica una Doble Malla (DM) indicando el diámetro de la enfierradura y su distancia relativa horizontal y vertical.

d) **Empleo de mallas de acero**
Un sistema de mucho uso, en losas y muros, son las mallas de acero, soldadas eléctricamente en cada uno de sus cruces. Las mallas están constituidas por acero de alta resistencia estirado en frío, con las características: AT 56-50 H, en donde "T" significa acero trefilado. Sus diámetros fluctúan entre 4 y 12 mm y pueden ser lisos o con entalladuras. Estas últimas consisten en pequeñas depresiones en la superficie del alambre, formadas en laminación posterior al trefilado.

Las mallas se fabrican de 2,6 m. de ancho por 5,0 m. de largo, con las barras principales en posición longitudinal. El largo puede variar, existiendo solo la limitación de los medios de transporte. Las barras forman cuadrados de 10 x 10 ó 15 x 15 cm, o rectángulos de 10 ó 15 cm de ancho por 10, 15 ó 20 cm de largo.

Se fabrican mallas con economía de borde, o sea, que tienen más delgados 2 ó 4 alambres longitudinales en sus bordes, pues al unir por traslapo las mallas, estos alambres quedan contiguos.

Las mallas pesan entre 1,17 y 6 kg por metro cuadrado; al transportarlas deben tomarse precauciones para que no sufran dobladuras bruscas. Se las puede enrollar solo cuando los alambres curvados no tengan más de 5 mm de diámetro, y la parte inferior del rollo sea a lo menos de 50 cm de diámetro.

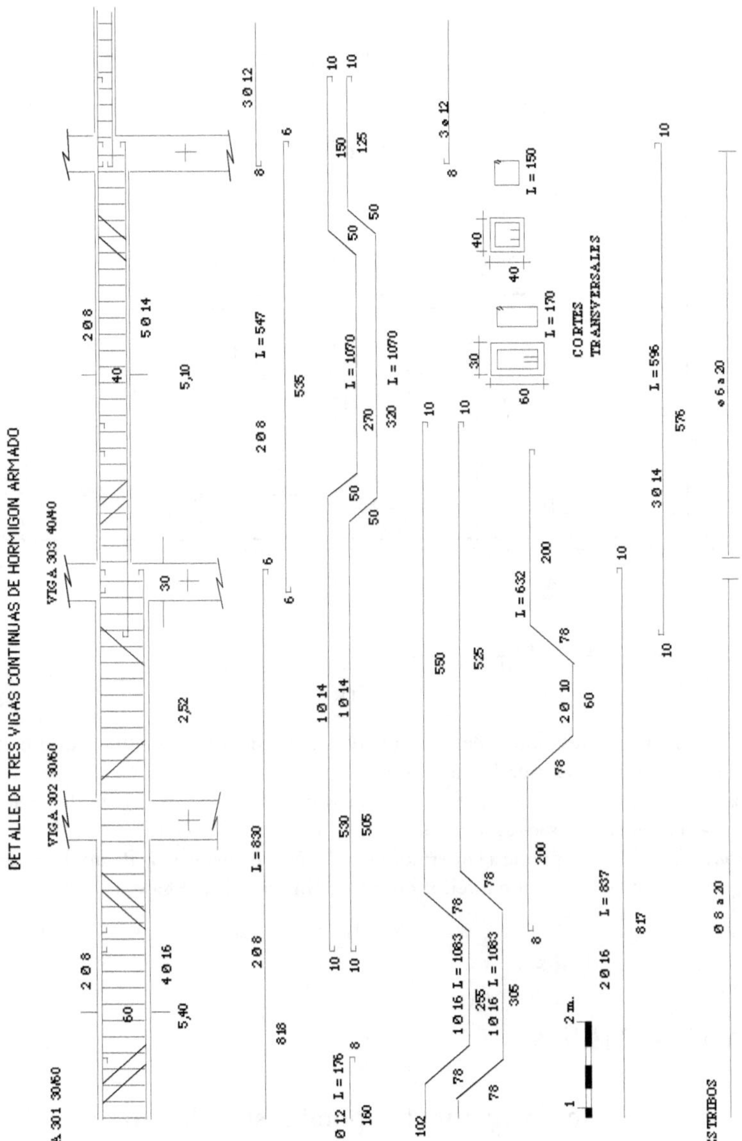

Figura 11.12
Armadura de viga en corte, detalle de tres vigas de hormigón armado (Guzmán, 1980).

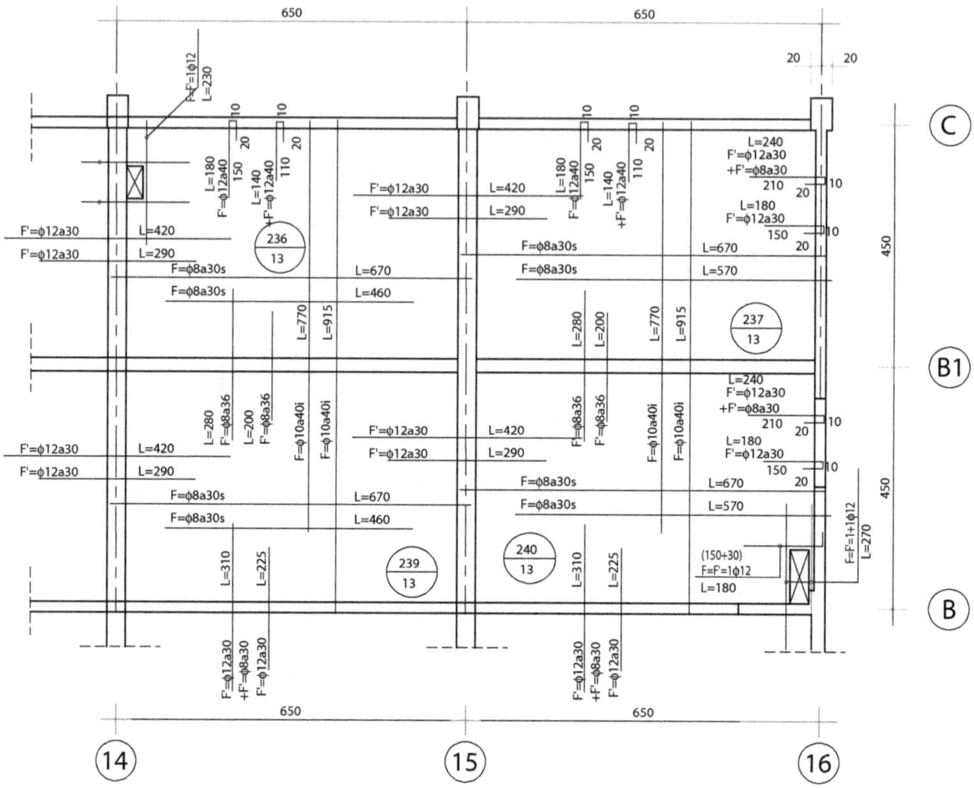

- F'=∅12a30; L=420 corresponde a enfierradura de 12 mm de diámetro, 30 cm de espaciamiento y 420 cm de largo, ubicada en la parte superior de la losa.
- F=∅8a30s; L=460 corresponde a enfierradura de 8 mm de diámetro, 30 cm de espaciamiento y 460 cm de largo, ubicada en la disposición superior de la parte inferior de la losa.
- F=∅10a40i; L=770 corresponde a enfierradura de 10 mm de diámetro, 40 cm de espaciamiento y 770 cm de largo, ubicada en la disposición inferior de la parte inferior de la losa.

Figura 11.13
Detalle de armadura de losas.

11.3 MOLDAJES

Los moldajes son una estructura temporal destinada a sostener a la estructura definitiva y a ser retirada una vez que tal estructura haya alcanzado una resistencia adecuada. Son construcciones de muy variadas formas y materiales, destinados a servir de moldes y a contener el hormigón durante su proceso de fraguado, contribuyendo a retener el agua para la hidratación del concreto. En la Figura 11.14 se muestran ejemplos de moldajes para los elementos mas comunes en una construcción (muros, pilares y losas). Un ejemplo de moldaje puesto en obra se presenta en la Figura 11.15.

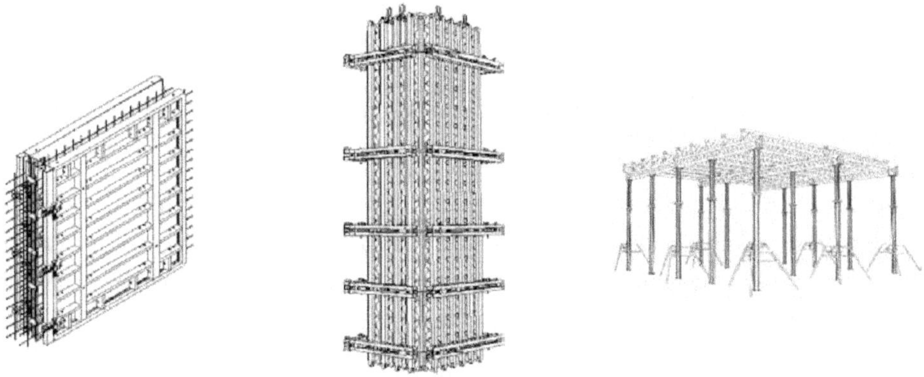

(a) Moldaje muro | (b) Moldaje pilar | (c) Moldaje losa

Figura 11.14
Moldajes de elementos comunes en construcción.

Figura 11.15
Moldajes puestos en obra. (Gentileza de PERI).

Todos los moldajes deben cumplir con las siguientes condiciones generales:

1. *Forma*: deben reproducir fielmente las formas y dimensiones del elemento constructivo que se va a hormigonar en él, según especificaciones de arquitectura y/o ingeniería.

2. *Resistencia*: deben resistir el peso y los empujes del hormigón hasta que éste adquiera la resistencia necesaria para soportar por sí solo.

3. *Estanqueidad*: deben ser impermeables, evitando en lo posible las pérdidas de lechada.
4. *Impermeabilidad*: no deben absorber el agua de amasado pues afectarían a los procesos químicos que se producen durante el fraguado del hormigón.
5. *Inmovilidad*: deben ser fijos y permanentes, sin sufrir ningún tipo de movimiento bajo las acciones del vertido y compactación del hormigón. Las tolerancias generalmente admitidas son de 5 mm para los movimientos locales y una milésima de la longitud de la pieza para los del conjunto.
6. *Rigidez*: deben ser indeformables bajo las acciones de cargas, de cambios de temperatura o de humedad. Las tolerancias de deformaciones son, generalmente, de un 1/300 de la luz en piezas flexionadas, y de 8 mm de flecha máxima de planeidad en paramentos, medida sobre regla de 2 m. de longitud.
7. *Adherencia*: no deben ser adherentes al hormigón, a no ser que se trate de moldajes perdidos.
8. *Sencillez*: deben permitir el rápido y fácil montaje y desmoldado, con la mayor economía posible de tiempo y dinero. En este aspecto es necesario destacar la decisiva influencia que tiene el número de piezas iguales a hormigonar en la solución constructiva a adoptar.

Los moldajes se pueden clasificar de acuerdo a los siguientes criterios:

a) **Según la calidad de la superficie de hormigón**:
   - moldajes para hormigones a la vista.
   - moldajes de hormigones para revestir.

b) **Según el número de usos**:
   - moldajes recuperables.
   - moldajes perdidos.
   - moldajes mixtos.

c) **Según su forma de uso**:
   - moldajes desmontables.
   - moldajes deslizantes.

d) **Según sus materiales**:
   - moldajes de madera.

- moldajes metálicos.
- moldajes de hormigón.
- moldajes de fibra.
- moldajes cerámicos.
- moldajes plásticos.
- otros.

e) **Según su forma**:
- moldajes de superficies planas.
- moldajes de superficies curvas.

11.3.1 PRINCIPIOS DE CÁLCULO DE MOLDAJES

Dado el carácter provisional de los moldajes y la dificultad que tiene el hacer un cálculo estricto de los mismos, por las acciones dinámicas a que pueden estar sometidos, se recurre normalmente al empleo de fórmulas simples, que conducen a valores suficientemente aproximados y que están siempre del lado de la seguridad. Entre las condiciones que se debe tener en cuenta para efectuar los cálculos están las que siguen.

• **Presiones de carga**: la presión del hormigón contra las paredes depende de la velocidad de vaciado y la altura del hormigón fresco. El tiempo en que la presión efectiva del hormigón esté activa sobre los moldes depende, entre otros factores, del tiempo de fraguado, el cual depende, a su vez, de la temperatura ambiente, humedad relativa, tipo de cemento y el empleo de aditivos para acelerar o retardar su proceso de fraguado. Como una regla general nunca se debe subestimar las presiones que ejerce el hormigón en las caras laterales de pilares o muros. Además de las presiones del hormigón se debe considerar las cargas relacionadas a la operación de la faena de hormigonado. En una losa, por ejemplo, se debe de considerar la altura de caída del hormigón, el peso de la enfierradura, el peso de los operarios, el peso de las herramientas y equipos que se están empleando.

• **Elementos de Sujeción**: Se debe tener muy claro la forma en que han de trabajar los distintos elementos estructurales y de rigidización de los moldajes. De este modo se pueden usar piezas estándares en los diseños pero reforzadas o distanciadas según sea la forma en que esté trabajando cada una. De todos modos es recomendable realizar el cálculo estructural de los distintos elementos de sujeción que se empleen para poder fijar una referencia respecto de los niveles de riesgos presentes.

11.3.2 VARIEDADES DE MOLDAJES

Existe una amplia gama de materiales en los que se confeccionan moldajes hoy en día, de entre los cuales es necesario seleccionar alguno específico para cada obra. Al seleccionar el tipo de moldaje a usar se debe tener en cuenta una serie de factores; el principal es la naturaleza del trabajo y las condiciones en que será realizado. También se deben considerar en la selección las posibilidades de reutilización del molde, la secuencia constructiva, la capacidad y experiencia de los encargados de manejar el molde, las facilidades de uso, los costos, etc.

Por su disponibilidad, economía y facilidad de trabajo en terreno, tradicionalmente se ha hecho uso de moldajes de madera; pero para proyectos modernos, de larga duración, se han desarrollado materiales más durables, resistentes y manejables (Ratay, 1984). Entre las variedades de moldaje usados en la actualidad se destacan:

Moldaje tradicional con tablas de madera: se confeccionan con tablas de álamo o pino insigne de 3.2 m de largo, las que se unen convenientemente para dar forma al molde. Estos fueron de los primeros moldajes que se fabricaron en construcción, su uso tiende a desaparecer pues emplean demasiada mano de obra y ocupan mucho tiempo en su fabricación, instalación y desmolde. Además no permiten un alto grado de reutilización sin destruirse, se acepta en este sistema corriente que la duración de la madera alcance para unos tres usos, que pueden aumentar a cinco, si se procede con cuidado. Las soleras, costales y pies derechos que sirven de cimbra, apoyando al moldaje duran más, (entre seis a diez veces).

Este tipo de moldaje significa una baja inversión por lo que se privilegia su uso en pequeñas empresas constructoras de bajo presupuesto. Un ejemplo de moldaje de muro de madera se muestra en la Figura 11.16.

Moldajes prefabricados de madera terciada: Son moldajes fabricados con tableros de madera terciada, son del tipo modular, que ocupan menos mano de obra; son más reutilizables, incluso es posible que en muchos casos resulten más económicos que los tradicionales, dado su mayor número de usos, son fáciles de manejar, instalar y desmoldar. Pueden distinguirse dos formas principales de empleo: una que se basa en láminas de terciada de 8 a 12 mm de espesor, unidas a un bastidor, metálico o de madera, que les da suficiente resistencia a la flexión; y otra forma, frecuente en otros países, que contempla el uso de terciado de 25 mm de espesor, sin bastidores adheridos. En ambos casos es imprescindible utilizar madera terciada impermeable, fabricada con adhesivos que no sean afectados por el agua.

Este tipo de moldaje produce superficies lisas que en muchos casos no requieren más que unas capas de pintura para quedar terminadas; pero es necesario puntearlas en caso de requerir estuco posteriormente, pues se sabe que es mejor y más fácil conseguir la adherencia del mortero hacia hormigones superficies rugosas, que con superficies excesivamente lisas. En las superficies dejadas por estos moldajes resultan más notorias que en los moldajes tradicionales las imperfecciones de alineamiento y de uniones de moldes, defectos que en los segundos quedan en gran medida disimulados por las huellas y líneas paralelas de las tablas.

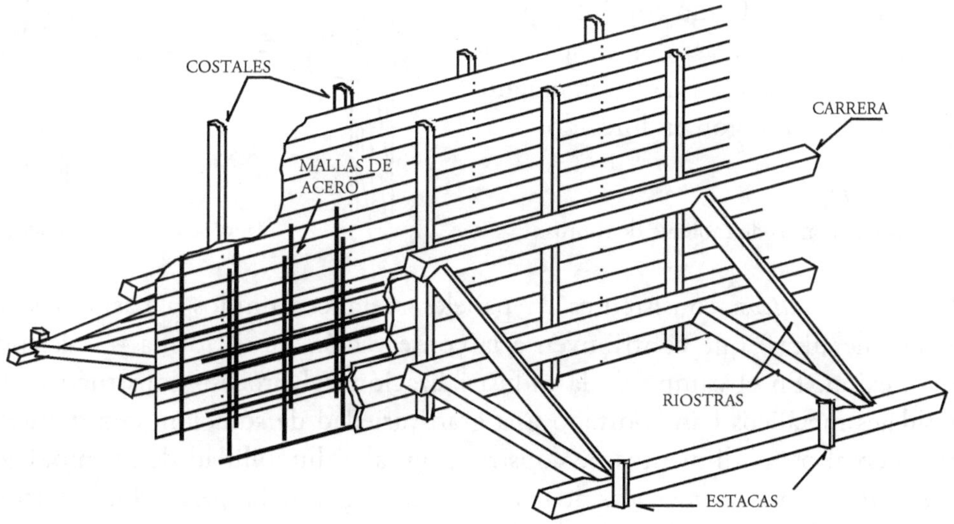

Figura 11.16
Ejemplo de moldaje de muro hecho de tablas de madera corriente (Guzmán, 1980).

Las amarras: para los moldajes de madera tradicional y los de madera terciada existen básicamente las siguientes formas de amarras:

- Con alambres.
- Con elementos Especiales - Pernos.
  - Tensores.

La amarra de alambre no ofrece, en general, mucha garantía en cuanto a su resistencia y a su exactitud. Puede no quedar bien tensada y admitir un pequeño desplazamiento del molde, o bien, debido a un exceso de torsión o de concentración de la torsión en un punto de ella, puede quedar dañada, a punto de romperse, lo que suele ocurrir incluso en el momento mismo de tensarla.

En moldajes de muros se tiende a preferir el empleo de pernos, que además de tener mayor resistencia a la tracción, permiten un ajuste mucho más preciso. Es posible además combinar el perno con un codal prefabricado de hormigón que mantenga la distancia entre las caras de moldaje. El codal de hormigón queda naturalmente en el interior del muro, con el inconveniente de su agujero central, que debe ser sellado con posterioridad.

Un sistema más elaborado es el que muestra la Figura 11.17. Consiste en una barra de acero redondo con hilo en sus extremos, dos tuercas, dos conos plásticos y tubo plástico que normalmente queda en el hormigón endurecido.

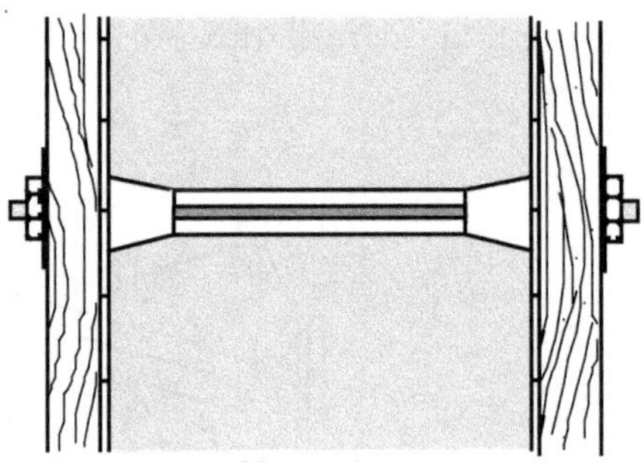

Figura 11.17
Sistema de amarras de moldaje de muros.

Moldajes metálicos: consistentes en paneles metálicos unidos a bastidores (de barras metálicas) que contribuyen a la conservación de su forma y resistencia a la flexión. En el campo de la industrialización del proceso constructivo, los moldajes metálicos han aportado una gran variedad de soluciones en donde se obtienen altos rendimientos de construcción, alta durabilidad de los moldajes, y reproducciones geométricas de la arquitectura de mucha perfección. Normalmente son de tipo modular, son fáciles de manejar y garantizan una superficie pareja. Su principal inconveniente es la dificultad de aplomo en pilares de altura superior a los 4 m.

Algunas variedades de moldajes de acero son fácilmente manejables manualmente (por ejemplo los paneles básicos de moldajes EFCO), sin necesidad de apoyo de grúas u otros, pero otros llevan asociado a su utilización el uso de grúas y otros elementos auxiliares de montaje, debido a su peso y en general grandes dimensiones (por ejemplo los moldajes Outinord).

Los moldajes metálicos han de limpiarse concienzudamente cada vez que se desmolda, con el objeto de que vuelvan a ajustar bien, y así no escape fácilmente la lechada. Tales elementos se ajustan y amarran entre sí con pasadores; la unión entre las dos caras que forman un muro se hace con tensores, también metálicos, que se insertan en aberturas especialmente diseñadas para tal efecto en las caras.

Entre las variedades de moldajes metálicos se encuentran:

- **EFCO**: son moldajes modulares formados por piezas relativamente pequeñas que se unen dando forma al elemento que se desea hormigonar. Son fáciles de armar y desarmar y cuentan con sistemas de conectores y de alineamiento especiales. Ejemplos de moldaje EFCO se observan en Figuras 11.18 a 11.20.

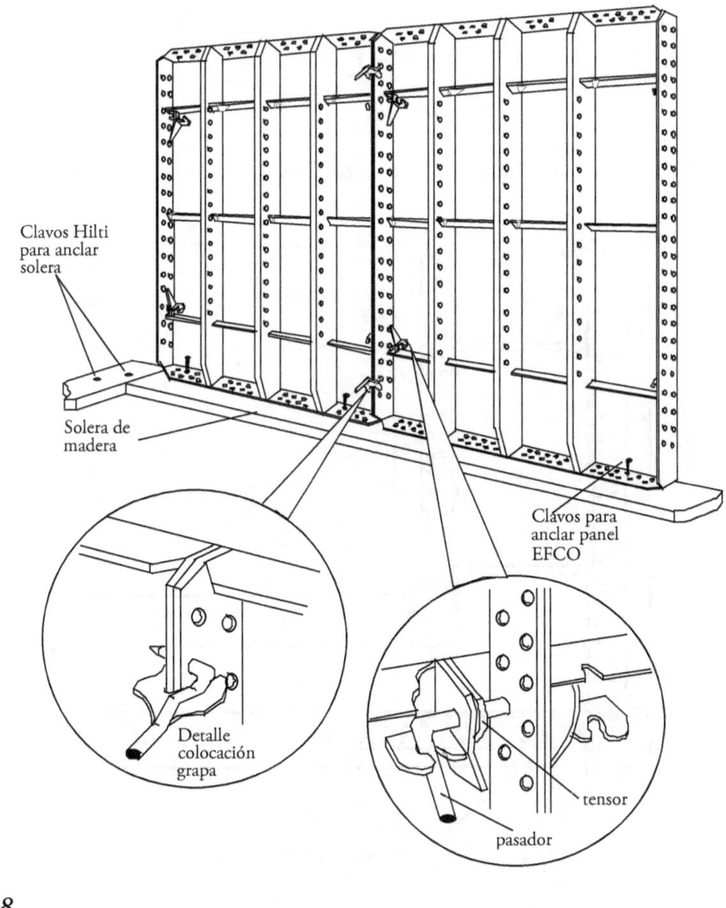

Figura 11.18
Moldaje EFCO para muros, montaje de su primera cara y detalles de uniones.

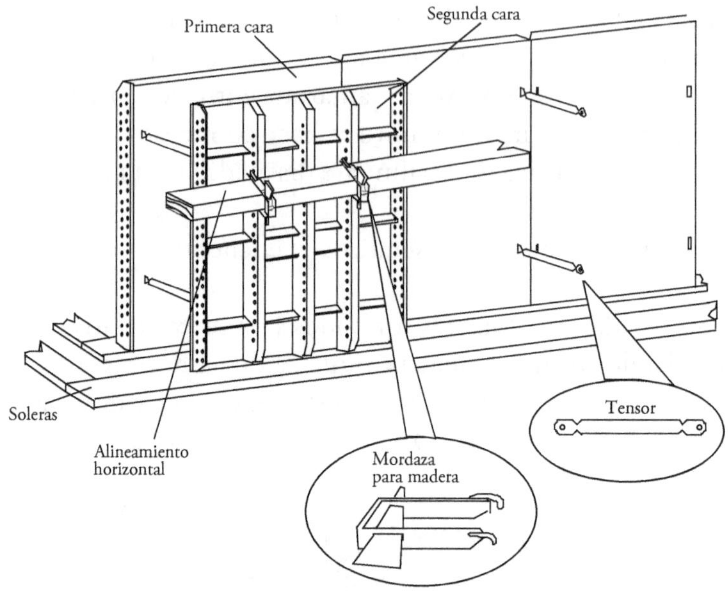

Figura 11.19
Moldaje EFCO para muros, montaje de segunda cara y esquemas de uniones entre caras.

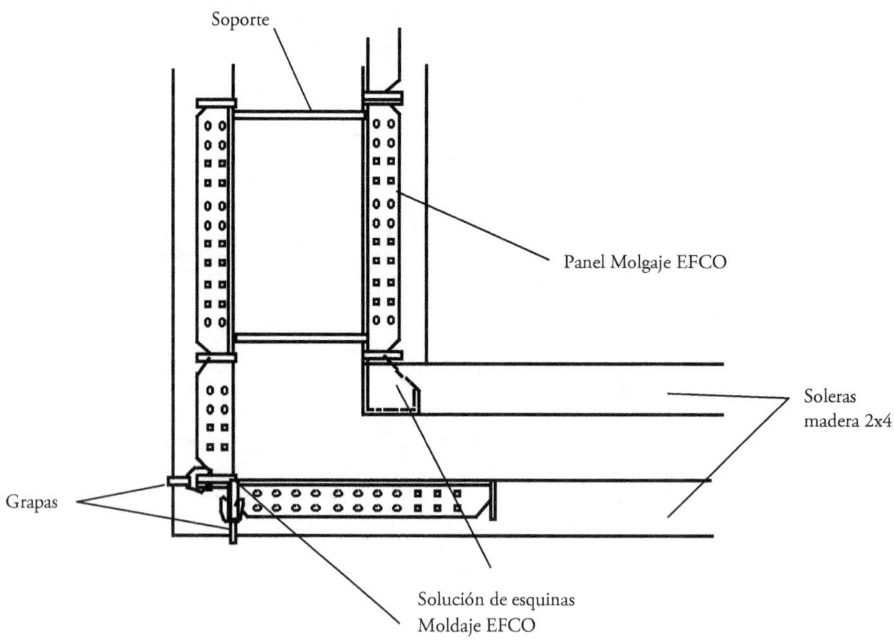

Figura 11.20
Vista de planta de muro con moldaje EFCO.

- **OUTINORD**: moldajes compuestos por piezas monolíticas de grandes dimensiones que dan forma al hormigón en dos etapas: vertical (para muros y columnas) y horizontal (para losas). Permiten un trabajo rápido y con poco personal, además son versátiles y dan buenas terminaciones.

Moldajes deslizantes: son aquellos moldajes que se desplazan en dirección vertical u horizontal a medida que se el hormigón fragua. El desplazamiento se hace mediante el uso de elementos impulsores (tales como gatos hidráulicos) y su velocidad depende del fraguado únicamente. Una condición básica para que este tipo de moldaje sea realmente eficiente es que la alimentación de hormigón debe ser permanente, de lo contrario se producirán juntas frías (Figura 11.21 y 11.22). Su uso principal está en la construcción de silos y estanques, pero se ha usado también en edificios.

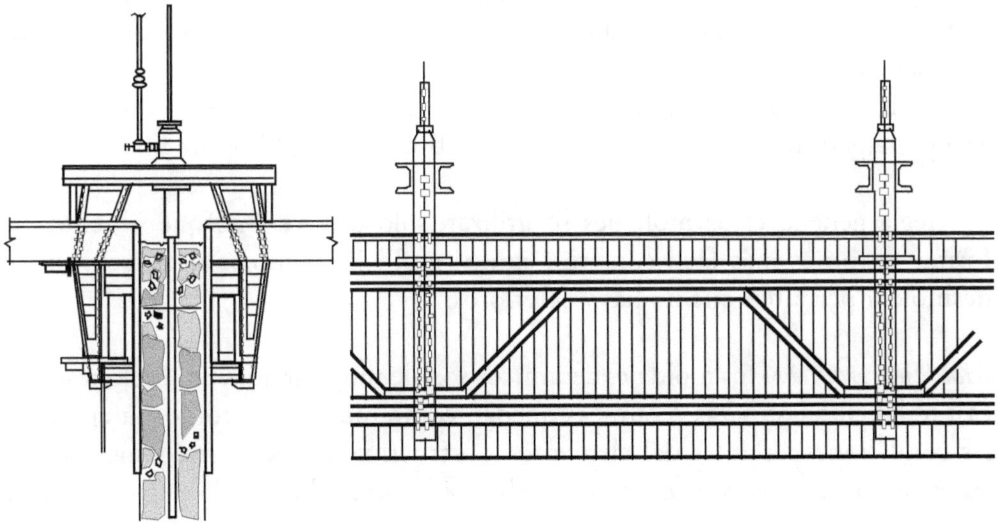

Figura 11.21
Detalles del moldaje deslizante.

Figura 11.22
Fotografía moldaje deslizante. (Gentileza de Juan José Quezada).

Moldajes de fibra: se usan generalmente para dar formas variadas a las piezas a construir, aprovechando la facilidad de obtener moldes de fibra de formas complicadas mediante el uso de la técnica del vaciado. Para tal efecto se procede a construir la forma constructiva a hormigonar, moldeándola, y una vez obtenida esta pieza patrón, se utiliza de molde para fabricar los moldajes de fibra.

Por regla general estos moldajes se utilizan solo una vez, porque obtenida la forma patrón es más fácil construir tantos moldajes como se necesiten que al desmoldar permiten que no haya deterioros.

Moldajes cerámicos: los moldajes cerámicos son de muy variadas aplicaciones, y en casi todas ellas las piezas cerámicas quedan como moldajes perdidos, mejorando las condiciones aislantes del elemento constructivo que se hormigona. Existen sistemas constructivos patentados que han sido utilizados en Chile con bastante éxito.

Moldajes de hormigón: los moldajes de hormigón se emplean preferentemente en industria de prefabricados de grandes dimensiones, como lo son el caso de vigas pre o post tensadas de puentes y otros. Estos se emplean fijos, enclavados en el terreno, siendo las piezas hormigonadas las que se retiran.

Moldajes de plástico: la utilización, cada vez más fuerte en el mercado de la construcción, de los materiales de plástico ha alcanzado también el mercado de los moldajes, gracias a las siguientes propiedades:

1. Facilidad de obtención de piezas de formas muy variadas, gracias a su fabricación por estampado o multicapas.
2. Rigidez de formas, que garantiza la indeformabilidad del moldaje, y al mismo tiempo poseen una cierta deformabilidad que permite un fácil desmoldaje.
3. La perfección de las superficies del hormigón que se obtienen.
4. Son moldajes rígidos pero estancos.
5. Bajo consumo de desmoldantes.

Todo esto ha hecho que el plástico rígido se aplique fundamentalmente como moldaje de forjados encasetonados y de elementos de doble curvatura.

Moldajes perdidos: corresponden a elementos que sirven de molde para ser recubiertos con mortero u hormigón por ambas caras posteriormente y así dar origen a estructuras resistentes. Los moldajes de este tipo pueden ser de poliestireno expandido con malla de refuerzo de acero (tipo paneles Covintec, por ejemplo) o de otros materiales similares.

11.3.4 DESMOLDE Y DESCIMBRADO

Tanto los distintos elementos que constituyen el moldaje (costeros, fondos, etc.) como las cimbras se retiran de forma meticulosa y ordenada, sin producir sacudidas ni puestas en carga brusca, recomendándose el empleo de cuñas, cajones de arena, gatos y otros dispositivos análogos para lograr un desmolde uniforme. El retiro de cimbras o alzaprimas en losas y vigas, debe ser realizado de modo tal de no invertir la distribución de esfuerzos consideradas en el diseño estructural de estos elementos.

Las operaciones de desmolde y descimbre no se realizarán hasta que el hormigón haya alcanzado la resistencia necesaria para autosoportarse, con suficiente seguridad y sin deformaciones excesivas, los esfuerzos a los que va a estar sometido durante o después del desmolde. Se recomienda que la seguridad no resulte en ningún momento inferior a la prevista para la obra en servicio.

Cuando se trate de obras de importancia y no se posea experiencia de casos análogos, o cuando los peligros de una fisuración prematura fuesen grandes, se realizarán ensayos de información para conocer la resistencia real del hormigón y poder fijar correctamente el momento del desmolde.

Se pondrá especial atención en retirar oportunamente todo elemento de moldaje que pueda impedir el libre juego de las juntas de retracción o dilatación, así como las articulaciones, si las hay.

En cuanto a los plazos de desmolde, conviene destacar que el tipo, clase y categoría del cemento empleado, y las condiciones de temperatura y humedad son los factores más importantes a tener en cuenta. Se debe calcular la madurez de resistencia del hormigón en base a estos parámetros para determinar con seguridad el momento oportuno del retiro de moldaje. Es así que muchas veces se puede acelerar el retiro de moldajes para obtener una mayor rotación, acelerando la madurez del hormigón en base a modificar el tipo de cemento, emplear calor o utilizar aditivos aceleradores.

11.3.5 DESMOLDANTES

Cualquiera que sea la naturaleza del moldaje, salvo en los casos en que éste vaya a quedar perdido, es preciso cuidar que no se pegue al hormigón y su vez no deje manchas en la superficie. Para ello existen en el mercado diversos productos desmoldantes, que suelen ser diferentes según la naturaleza del moldaje.

Como norma general, cualquier tipo de desmoldante debe emplearse sobre moldajes bien limpios y en capas muy finas. Por su naturaleza, los diferentes tipos de desmoldantes se pueden clasificar en los siguientes grupos: agua; aceites minerales ligeros; acidos grasos; arasas de silicona; ceras; parafina o vaselina; emulsiones diversas. Según que se trate de líquidos o pastas y el tipo de material de moldaje, sus formas de aplicación varían desde por riego o aspersión hasta dados con muñequillas o con brocha.

Debido a que existen numerosos productos comerciales, de distintas propiedades y costos una recomendación respecto de la forma de seleccionar el desmoldante es: adquirir al inicio de la construcción alguna variedad de las marcas que se ofrecen (en pequeñas cantidades) y asegurarse de que el desmoldante cumpla efectivamente con los requerimientos impuestos.

11.4 ELEMENTOS PREFABRICADOS

La industria del cemento y del hormigón ha evolucionado significativamente, desde el uso de aditivos especiales, pasando por el hormigón premezclado, hasta llegar a los elementos prefabricados. Los elementos prefabricados más comunes son: pilares, losas, vigas.

Dentro de los elementos prefabricados de hormigón se destaca el aumento significativo del uso de hormigón pretensado, especialmente para la construcción de obras de infraestructura de transporte, como lo son puentes y viaductos. Esta tecnología consiste en someter a vigas, losas y costaneras de hormigón a esfuerzos de compresión previos a su operación, contrarrestando así parte de las solicitaciones de tracción que producirán las cargas de servicio sobre el elemento. Esto se traduce en un aumento de la resistencia a tracción del hormigón.

Para la precompresión de los elementos de hormigón se utilizan cables o barras de acero, los que son tensados previo al hormigonado y desanclados posterior al fraguado del hormigón. La adherencia entre los cables o barras y el hormigón transmite la tensión, comprimiendo el elemento estructural. Al finalizar este proceso, el elemento pretensado es transportado desde la planta de fabricación a la obra.

11.5 EJERCICIOS

A continuación se presentan algunos temas que pueden servir de estudio, los cuales pueden ser resueltos con el material presentado en el capítulo y a veces con lecturas adicionales:

a) ¿Qué condiciones mínimas debe poseer un moldaje y cómo se pueden lograr en un moldaje tradicional?
b) Compare, desde un punto de vista técnico y económico, los siguientes tipos de moldajes: tradicional, Donath, Efco y Outinor.
c) ¿Qué tipo de moldajes usaría en la construcción de los siguientes casos? Justifique claramente sus respuestas (i) su casa, (ii) tres edificios de 15 pisos c/u y (iii) una población de 100 casas de un piso cada una.

d) Indique la forma en que se clasifican los hormigones.
e) Indique los objetivos del curado del hormigón y mencione tres formas o métodos para materializarlo.
f) Analice las precauciones constructivas que tomaría en los siguientes casos: Una obra de pavimentación en hormigón en el camino Puerto Aysén y Coyhaique, y un edificio de ocho pisos en Calama.
g) ¿Cómo se debe calcular estructuralmente un moldaje de una losa y de un muro?
h) ¿Cuáles son las presiones en un moldaje de losa y de muro?
i) Cubicar la losa 110 adjunta en el plano. Considere reparticiones de F'∅8@20, que se encuentren dentro de la losa (no cubique reparticiones fuera de esta). Peso nominal ∅8=0.395 y ∅12=0.888 kg/m.

La resolución del ejercicio i) se presenta en la sección Anexo B.

CAPÍTULO 12

CONSTRUCCIONES EN ACERO

En este capítulo se presenta una introducción general a las estructuras metálicas, cuya materia prima es el acero. Dichas estructuras son ampliamente utilizadas para ciertas aplicaciones, porque con ellas se puede alcanzar grandes magnitudes, son más livianas que las de hormigón armado y pueden construirse en terreno más rápidamente que las tradicionales. Además, el amplio conocimiento de las propiedades mecánicas y comportamiento de la materia prima con que se fabrican (el acero) las hace contar con una seguridad extra.

En el caso de que el lector desee ampliar la información entregada en el presente capítulo, se recomienda revisar el texto Steel Construction Manual de American Institute of Steel Construction (2011).

12.1 EL ACERO COMO MATERIAL ESTRUCTURAL

12.1.1 EL ACERO

El acero es un producto siderúrgico de propiedades mecánicas definidas, lo que permite que su comportamiento real responda a las teorías, desarrolladas aún doscientos años antes de su empleo estructural. Bajo el nombre de acero se incluye a todos aquellos que por economía, resistencia, ductilidad y otras propiedades son adecuados para la fabricación de piezas que soportan cargas, formando parte de elementos estructurales en la construcción.

Los aceros se clasifican según el porcentaje de carbono, que es el gran regulador de sus propiedades, siendo más duros cuanto más carbono tengan y más resistentes a los golpes y más soldables mientras menos carbono posean (Verbal, 1983).

a) **Aceros muy duros**: con un alto contenido de carbono, entre 0,7% y 0,95%. Se usa en pieza de gran resistencia y grandes dimensiones, tales como en ejes muy cargados, cigüeñales, bielas, etc., y en piezas de desgaste como arados, rastrillos; no son soldable con técnicas tradicionales.

b) **Aceros duros**: con un contenido de carbono entre 0,5% y 0,7%. Se usa en elementos tales como: ejes, transmisores y piezas regularmente cargadas. Se templan en agua y aceite en espesores no muy considerables y son poco soldables.

c) **Aceros semiduros**: con un contenido de carbono medio, entre 0,3% y 0,5%. Se templan en pequeños espesores, son maquinables y de resistencia suficiente, sufren poco alargamiento, se usan especialmente en la industria automotriz.

d) **Aceros suaves o estructurales**: con un contenido de carbono entre el 0,2% y 0,3%. Son fáciles de soldar y tenaces, tienen una zona elástica notable. Son útiles en la fabricación de estructuras metálicas, cuya resistencia varía entre 38 a 33 kg/mm^2.

e) **Aceros extrasuaves**: con un bajo contenido de carbono, entre 0,06% y 0.15%. De baja resistencia, muy deformables (muy tenaces) y fáciles de soldar. Se utilizan en la fabricación de alambre, clavos, tornillos, hojalata, tubos soldados, entre otros.

La designación por resistencia mecánica de los aceros estructurales es:

A XX-YY *

En que:

A : acero al carbono
XX: resistencia a la ruptura en tracción (igual a XX kg/mm^2)
YY : límite de fluencia mínima por tracción (igual a YY kg/mm^2)
* : sufijo que denota variedad del acero:
-E : apropiado para estructuras (estructural)
-S : soldable o de soldabilidad garantizada

En Chile la norma NCh 203 define los aceros según las siguientes calidades: A 37 - 24, A 42 - 27 y A 52 - 34. En sus variedades E (estructural) y ES (estructural soldable o de soldadura garantizada).

12.1.2 EL ACERO ESTRUCTURAL, VENTAJAS Y DESVENTAJAS

El acero posee propiedades que lo hacen ser un muy buen material, entre estas están:

1. Los aceros son dúctiles y maleables (capacidad de formar hilos y planchas), lo que permite formar perfiles con facilidad.
2. Poseen propiedades mecánicas uniformes y definidas, por ello es posible aplicar las teorías de comportamiento de materiales tales como la ley de Hooke, las Teorías de Pandeo de Euler y de Flexión de Navier.
3. Las propiedades mecánicas permanecen casi inalterables después de someterlo a fuertes solicitaciones durante su transformación en estructura útil.
4. Las técnicas industriales de producción en serie encuentran en el acero el mejor material para la construcción posterior.

Las principales ventajas del acero como material de construcción son las siguientes:

a) Relación resistencia-peso:
   - La capacidad del acero de formar perfiles de baja sección manteniendo su alta capacidad resistente lo hacen el material de construcción de mejor relación resistencia-peso.
   - El menor peso de la estructura permite fundaciones de menores dimensiones que en hormigón armado.

b) Velocidad de construcción: el tiempo de construcción del esqueleto de un edificio de acero es bastante rápida, ya que:
   - La estructura se fabrica en maestranza mientras que paralelamente se pueden realizar obras de terreno, como fundaciones u otras.
   - Se puede trabajar en varios pisos a la vez, durante la obra gruesa y en terminaciones.

c) Versatilidad y adaptabilidad: se presta para estructurar cualquier concepción arquitectónica. Además, una vez construido el esqueleto metálico puede reforzarse o modificarse con facilidad.

d) Seguridad en las conexiones: basada en el notable conocimiento logrado por los investigadores en los últimos años que ha permitido desarrollar conexiones cada vez más seguras, respaldadas por ensayos de laboratorio que certifican su calidad.

e) Valor residual: es posible desarmar alguna construcción en forma sencilla y financiarla con el mismo valor residual del esqueleto, en que perfiles y planchas se comercializan de nuevo. Ciertos galpones, puentes y correas transportadoras, se pueden volver a usar en más de una obra.

Las principales desventajas del acero como material de construcción son las siguientes:

a) Resistencia al fuego: al llegar a los 300 °C la resistencia empieza a disminuir hasta casi desaparecer a los 800 °C por esta razón es necesario proteger la estructura.

b) Resistencia al frío: a bajas temperaturas el acero pierde la ductilidad y la capacidad de absorber energía por impacto, transformándose en frágil.

c) Resistencia al medio ambiente: el acero es un material muy susceptible a sufrir corrosión (proceso electroquímico por oxidación en presencia de humedad o por ataques químicos en ambientes industriales). Por lo tanto es necesario tener en cuenta la protección de los elementos como se verá más adelante.

12.2 ESTRUCTURAS DE ACERO

12.2.1 ETAPAS EN LA PRODUCCIÓN DE ESTRUCTURAS METÁLICAS

En el proceso de producción de estructuras, se destacan cuatro grandes industrias básicas que abarcan desde la transformación de los minerales de hierro hasta la materialización en estructuras metálicas (Verbal, 1983).

1. *La minería del hierro*: con minas de hierro a tajo abierto o subterráneas, se extrae el mineral mediante explosivos, se muele, se harnea y clasifica, se transporta y embarca. El mineral, además, se enriquece mediante concentración y se aglomera mediante procesos de peletización o sinterización.

2. *Las plantas de acero*: allí se realiza la fabricación del mismo, en ellas se distinguen tres secciones básicas que son altos hornos, acería y laminación:
   - *Altos hornos*: que produce el arrabio o fundición líquida.

- *Acería*: que produce lingotes de acero a partir del arrabio.
- *Laminación*: que transforma los lingotes en productos terminados. De una laminación primaria surgen productos semiterminados: planchones y palanquillas, los que dan origen a productos terminados, luego de una laminación secundaria; a la fecha la producción normal de productos terminados en Chile es: planchas gruesas; planchas delgadas; barras y perfiles estructurales.

3. *Las plantas de estructuras o talleres de fabricación*: previo a la fabricación de una estructura metálica se realiza un diseño arquitectónico y estructural en el cual se toma en cuenta las necesidades a cubrir por la estructura, se realizan los cálculos de resistencia de cada elemento a ocupar y se confeccionan los planos de diseño y construcción respectivos.
   Luego, en los talleres de fabricación, se usa como materia prima planchas y perfiles, para transformarlos en elementos terminados, que se envían a terreno (vigas, columnas, cerchas, etc.). La primera etapa corresponde a la preparación y prefabricación, donde se marca en cada pieza los cortes, dobleces y perforaciones. Le sigue el armado de piezas según los planos; primero en forma provisional con pernos y puntas de soldadura, posteriormente se inspecciona y se procede a soldar o remachar las uniones. Por último, en la etapa de terminaciones las piezas destinadas a terreno se limpian, pintan, pesan, embarcan (sobre camión generalmente) y se trasladan a obra para ser montadas. En el traslado es importante cuidar la ubicación de las piezas en el camión que las llevará para evitar daños a la estructura de acero y distribuir el peso adecuadamente de modo tal que no se sobrecargue alguno de los ejes del camión con respecto a los otros, además de facilitar la descarga de las estructuras en la obra.

4. *El montaje de estructuras* (Allen, 1985): en que se utiliza equipos de apoyo de diversos tipos según las características de la obra (grúas u otros). Las bases de las columnas se colocan sobre las fundaciones a una altura de 25 mm por sobre la del hormigón terminado, apoyadas sobre planchas de acero, y sujetas con pernos de anclaje.
   En una primera etapa de armado se hacen uniones provisionales con pernos de montaje o puntos de soldadura, se nivela, se aploma y se alinean los diversos elementos estructurales, según los planos y tolerancias exigidas.
   Con la estructura ya nivelada a plomo y escuadra, se procede a la operación del rematado, en que se completan las uniones de terreno, por medio de soldadura o pernos. Cabe hacer mención que en estructuras principales se usa

pernos de alta resistencia, en las secundarias se usan pernos corrientes, mientras que los remaches se usan cada vez menos. Respecto a las soldaduras de terreno existe dificultad en su uso pues usualmente se debe operar en altura y en posiciones incómodas. Así, la tendencia es hacia el uso de soldaduras en taller y de pernos de alta resistencia en terreno.

Por último, después del remate, se rellena el espacio bajo las placas bases con mortero de nivelación para asegurar un buen contacto entre las superficies metálicas y el hormigón.

Un típico ejemplo de estructura de acero lo constituyen los galpones; al respecto, se observa en la Figura 12.1 un esquema de galpón fabricado en estructura de acero.

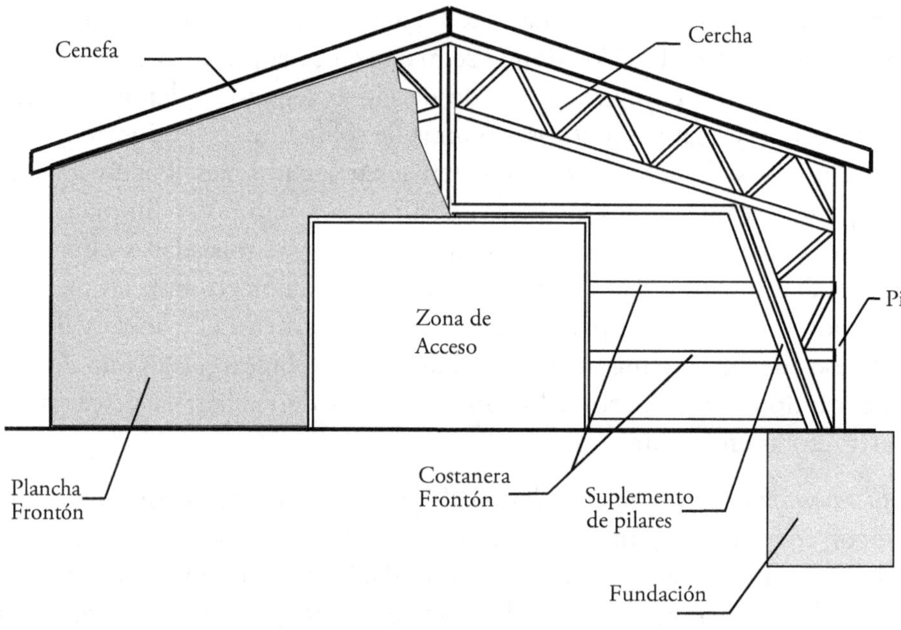

Figura 12.1
Esquema de un galpón con estructura de acero.

También es posible construir en acero edificios de altura, a modo de ejemplo, se puede observar en la Figura 12.2 los pasos que se siguen en montar una estructura alta haciendo uso de una grúa estática automontante (Allen, 1985):

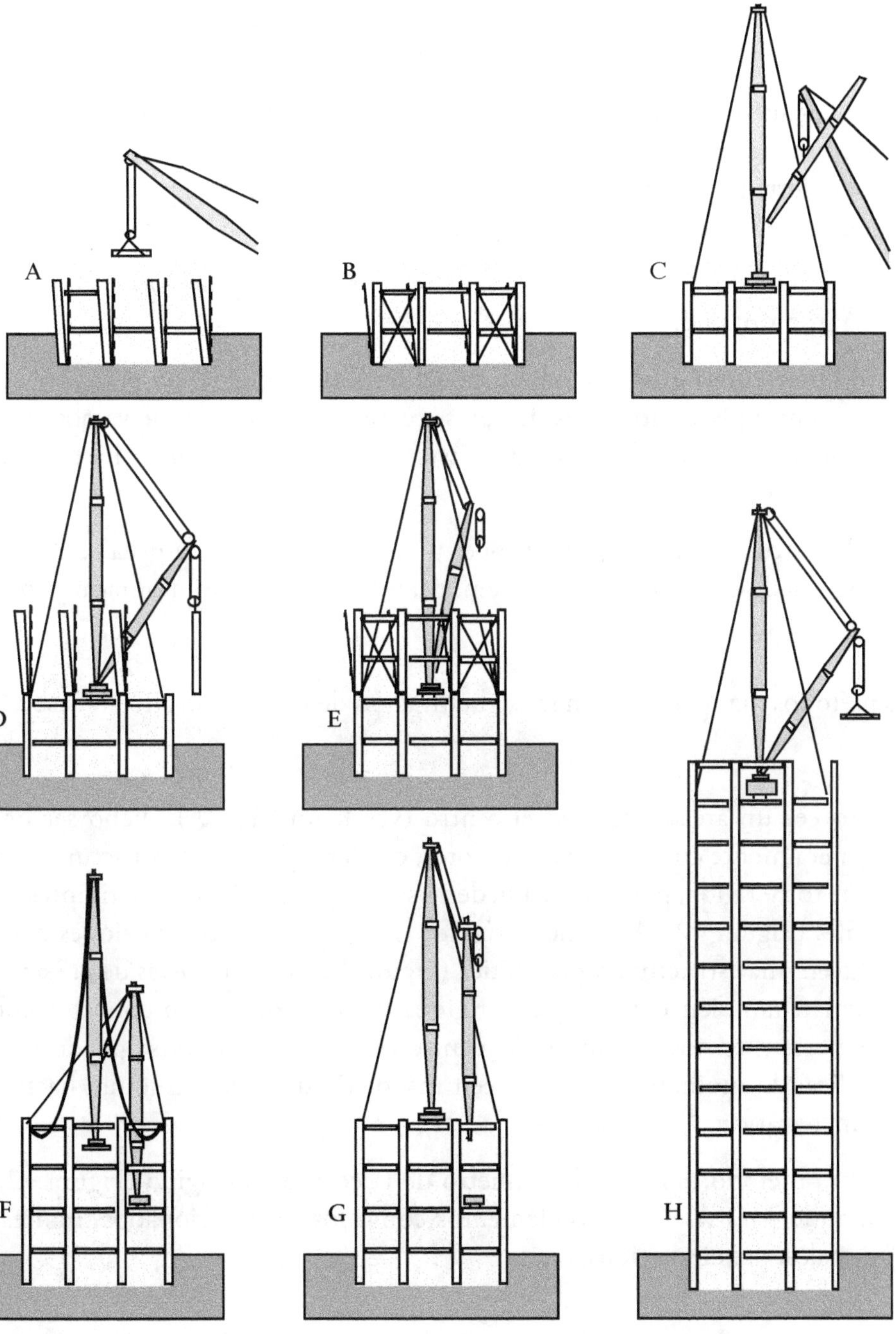

Figura 12.2
Esquema de montaje de una estructura de acero en altura (Allen, 1985).

A-B. Los primeros pisos de la estructura se montan con una grúa apoyada en tierra. Se alinean, aploman y se les instala un piso temporal.

C. La grúa apoyada en tierra monta sobre la estructura a la grúa automontante. Esto se hace usualmente en el nivel más alto a que la grúa apoyada en tierra puede alcanzar, pero en la Figura se muestra el procedimiento solo en el segundo piso para mantener a la misma en un tamaño razonable.

D-E. Un piso superior de la estructura es levantado y aplomado usando la grúa automontante.

F-G. El brazo de la grúa se desconecta del resto de la estructura para montar a la misma a pisos superiores. Luego se rearma la grúa en la nueva posición y se sigue levantando la estructura. Estas actividades se repiten hasta terminar el edificio.

H. La estructura ha llegado al tope, una vez terminada, la grúa se desarma y se puede bajar en piezas de menor tamaño usando un montacarga o algún otro sistema similar.

Los métodos más comunes en la estructuración de un edificio alto en base a acero son:

- Proveer un área estable en el centro (ver Figura 12.3A), dicho sector, que generalmente contiene los ascensores, escaleras y otros es estructurado como una torre rígida, para ello se pueden usar métodos tales como: tirantes diagonales (Figura 12.4A), paneles rígidos (Figura 12.4B) o conexiones que producen una estructura hiperestática (Figura 12.4C). Los pisos de la estructura actúan también como paneles rígidos y hacen de medio conector con los sectores externos. La unión del centro rígido y el exterior se puede asegurar aplicando momentos que proveen mayor rigidez a la estructura haciéndola hiperestática.
- Otro método es hacer el perímetro de la edificación rígido (Figura 12.3B), usando para tales efectos elementos como los ya mencionados tirantes diagonales, paneles rígidos, etc.

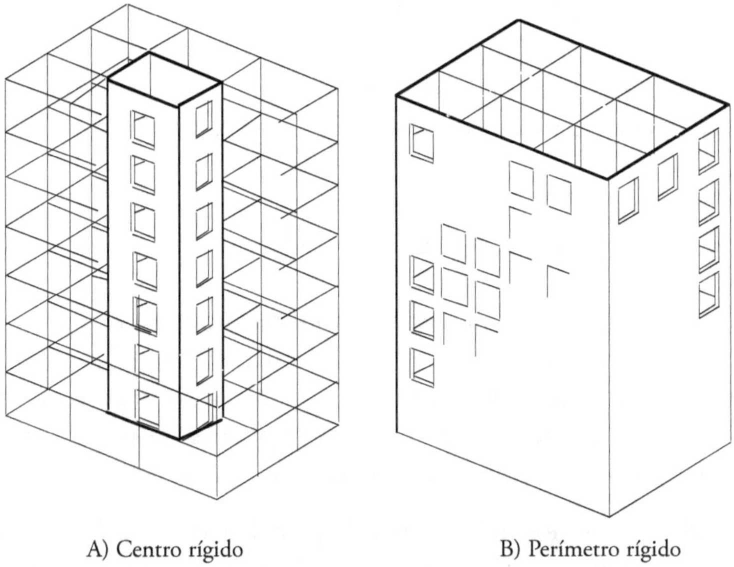

Figura 12.3
Edificio de altura con centro o perímetro rígido (Allen, 1985).

En la Figura 12.4 se puede apreciar las elevaciones de los mecanismos básicos para impartir estabilidad a una estructura de acero.

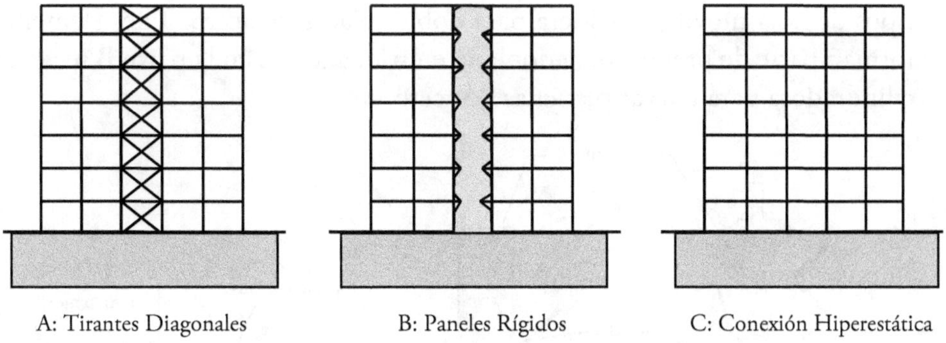

Figura 12.4
Vista en elevación de los mecanismos básicos para impartir estabilidad a una estructura de acero (Allen, 1985).

12.2.2 ELEMENTOS ESTRUCTURALES

Perfiles: se denominan como tales las barras rectas con una sección de forma especial, que se pueden clasificar de acuerdo a diversos parámetros, como se ve a continuación:

a) Según su forma de fabricación (Guzmán, 1980):

- perfiles laminados: son los que se fabrican directamente en acería o industria anexa, procesando el material a alta temperatura (950 ºC - 1150 ºC) hasta conseguir su forma final. Se reconocen en que su forma puede ser variada y sus esquinas exteriores son con aristas vivas, sus esquinas interiores son redondeadas y sus caras principales no son 100% paralelas.
- perfiles soldados: son los que a partir de planchas terminadas se soldan para formar perfiles, como el T y doble T (I). El principal problema es la generación de tensiones residuales o internas y/o deformaciones en la etapa de fabricación. Se usa de preferencia un equipo soldador automático, que disminuye estos defectos y los costos en producciones de gran envergadura.
- perfiles plegados o doblados en frío: son los que a partir de planchas terminadas se doblan en 90° ó en curvaturas diversas, usando prensas o trenes, en frío, produciendo la fluencia del material. También el proceso induce tensiones residuales al material. Al respecto, se observa en la Figura 12.5 A dos tipos de hoja móvil y sufridera para doblar placas de acero. Tales elementos forman parte de prensas para doblado en frío, además en la parte B se ve una cilindradora para curvar planchas de acero.

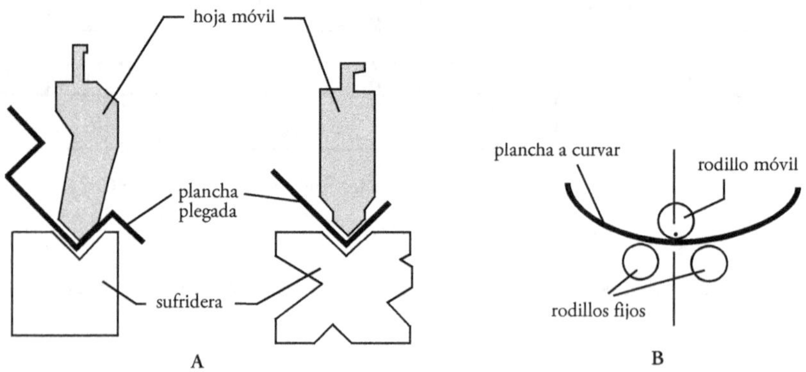

Figura 12.5
Elementos para doblar placas de acero (Guzmán, 1980).

b) Según su peso:

- perfiles livianos: si su peso es de menos de 50 kg/m lineal.
- perfiles pesados: si su peso es de más de 50 kg/m lineal.

c) Según su forma:

- perfiles normales: I, T, C, Z, L, los que se caracterizan por tener un ancho de alas mucho menor que su altura. (Figura 12.6).
- perfiles huecos: entre los que se cuentan tubos redondos, cuadrados o rectangulares, entre otros.

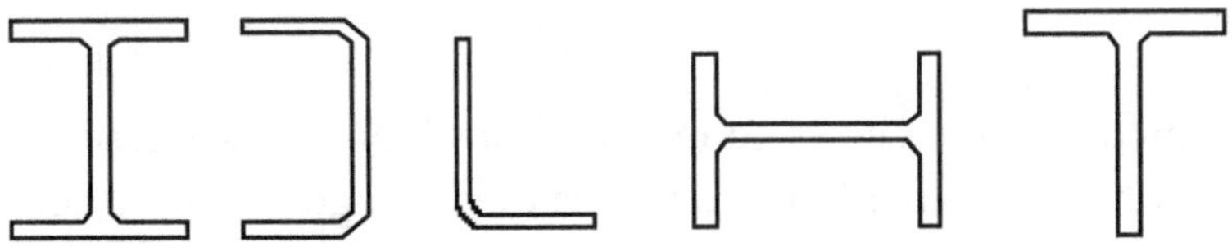

Figura 12.6
Perfiles abiertos: I, C, L, H, T.

Elementos verticales y horizontales: Los **pilares o columnas de acero** pueden tener diversos perfiles, en todos ellos se debe cuidar que sus secciones sean simétricas y con más material cerca de sus caras para evitar el pandeo. La unión de los pilares a la fundación se hace por medio de una placa base de acero soldada al pilar, ésta reparte la carga en una superficie de hormigón, la placa se une a la fundación mediante pernos de anclaje.

Las **vigas de acero** forman entramados horizontales en que las vigas principales se apoyan generalmente en los pilares y las secundarias descansan, a su vez en las principales (en los costados de ellas y al mismo nivel). Se puede hacer diversas formas de vigas de acero usando perfiles, algunas de ellas se ven en la Figura 12.7.

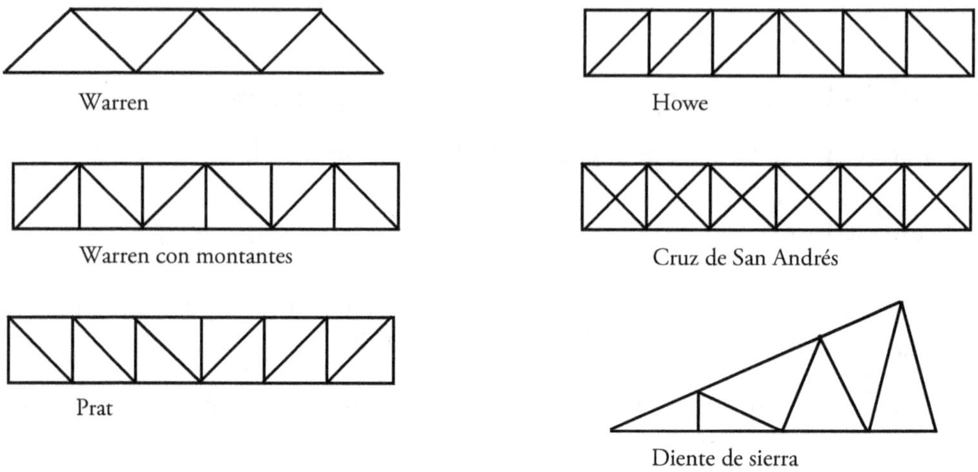

Figura 12.7
Esquemas de vigas.

Otro uso común del acero es en conjunto con hormigón, tal es el caso de las **losas colaborantes**: conjunto formado por una losa de hormigón armado con vigas de acero como sustento (ver Figura 12.8), de este modo las placas horizontales se pueden hacer de mayor magnitud y con menos peso.

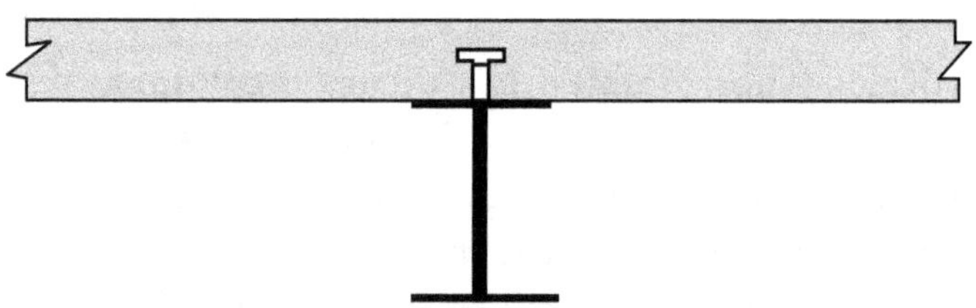

Figura 12.8
Losa colaborante.

12.3 UNIONES

La unión de perfiles y planchas de acero entre sí se puede hacer con un sinnúmero de elementos, cuya selección depende de la solicitación a que será sometido, los elementos se pueden clasificar en dos grupos principales:

a) Conectores mecánicos:
   - remaches,

- pernos: corrientes y de alta resistencia,
- pasadores.

b) Soldaduras:
- Oxiacetilénica,
- por arco voltaico.

El detalle de cada uno de ellos es:

• remaches: son una especie de clavos cortos y gruesos consistentes en un cuerpo cilíndrico con cabeza de asiento en un extremo y cuya punta se ensancha después de la colocación (Figura 12.9). Para su colocación se calienta hasta unos 1200 °C y una vez puesto se forma la otra cabeza mediante golpes. Son generalmente de acero y su uso actualmente está restringido a equipos sometidos a fuerte vibración. Trabajan por roce y por aplastamiento de las planchas.

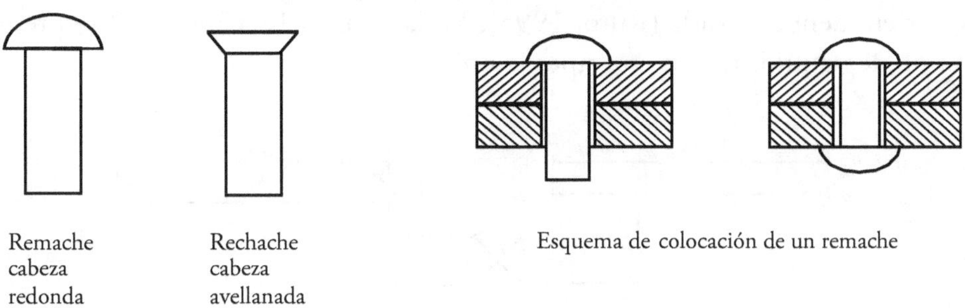

Figura 12.9
Remaches.

• pernos corrientes: consiste en un cuerpo cilíndrico formado en parte por un hilo, más una cabeza hexagonal o cuadrada y una tuerca de apriete. Por norma, el hilo no se debe introducir en la plancha a unir, entonces se coloca una golilla plana bajo la tuerca. Se usan de preferencia para algunos elementos secundarios. (Figura 12.10).

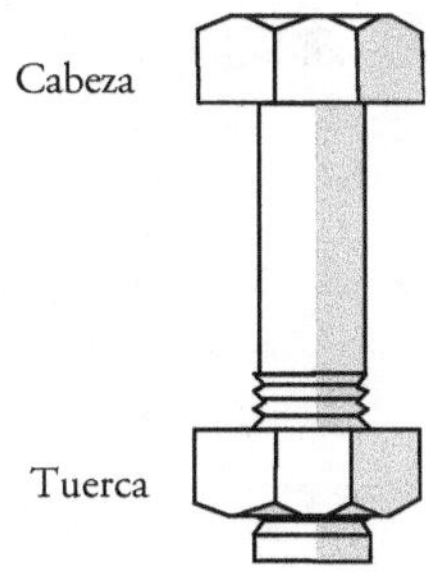

Figura 12.10
Perno de cabeza y tuerca hexagonal.

• pernos de alta resistencia (PAR): son fabricados en aceros de alta tensión de rotura y sometidos a una pre-tensión de tracción que les induce mayor fuerza de compresión en las planchas a unir. Esta compresión permite que la transmisión de esfuerzos entre planchas se realice mediante el roce de ellas.

Su uso se ve limitado por la posibilidad de vibraciones en la estructura, ya que si se suelta la tuerca, se pierde la tensión de apriete, básica en su acción. En resumen, los PAR presentan una mayor resistencia frente a solicitaciones estáticas y dinámicas.

• soldadura: mediante diversas fuentes de calor (eléctrica, química, mecánica, óptica) se unen piezas calentándolas hasta un estado plástico o fluido (Figura 12.11). Generalmente en estructuras de acero se usa soldaduras por fusión, de tipo eléctrica (de arco eléctrico, con electrodos revestidos o por arco bajo gas - MIG/MAG, TIG o por plasma-), de tipo por gas, por haz electrónico o láser, usadas en menor medida (Riffo, 1995). En la Figuras 12.12 y 12.13 se presenta la simbología utilizada en este tipo de uniones.

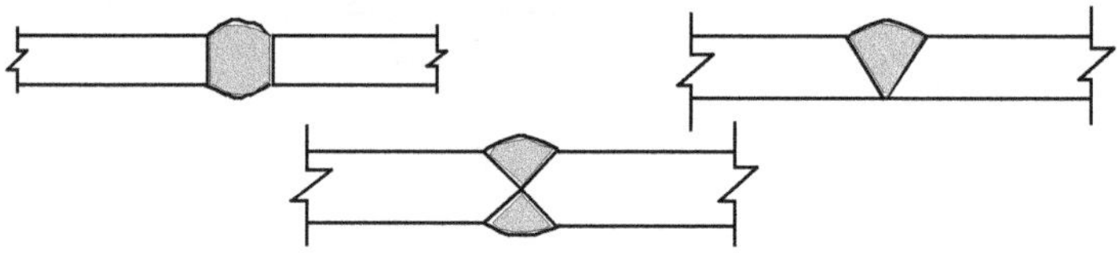

a) uniones en ranura

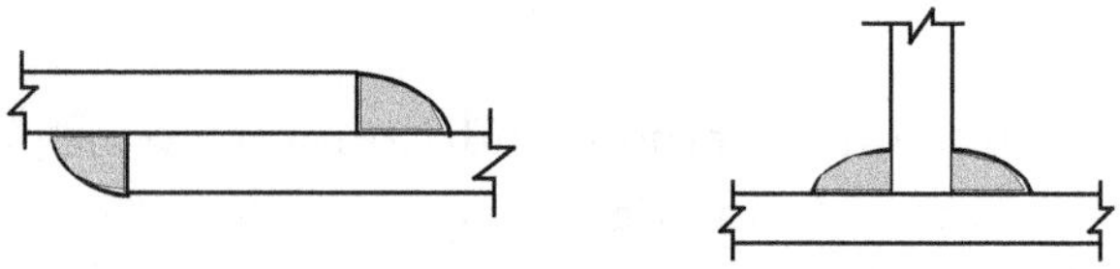

b) uniones en filete

Figura 12.11
Tipos de uniones en soldaduras.

Símbolos básicos de soldaduras

Tipo de soldadura										
			Preparación de las piezas							
Canto	Filete	Tapón o ranura	rectan-gular	V	Bisel	U	J	Bocel doble	Bocel simple

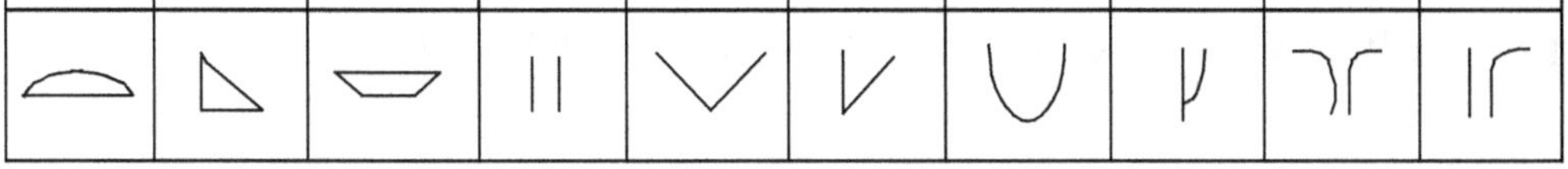

Símbolos suplementarios

Soldar todo alrededor	Soldadura de campo	Contorno	
		Al ras	Convexo

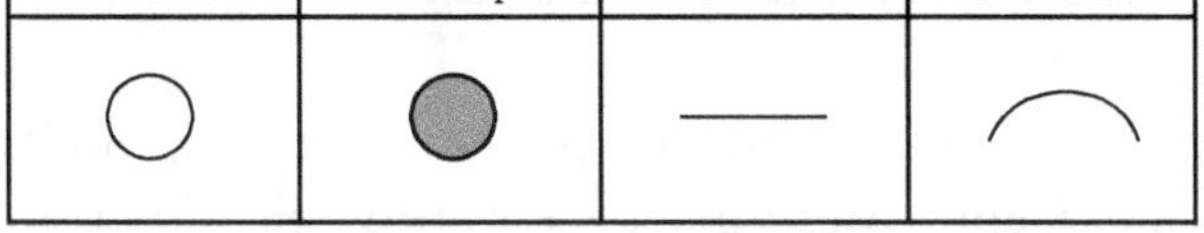

Figura 12.12
Símbolos de soldadura (Adaptado de Nunnally, 2001).

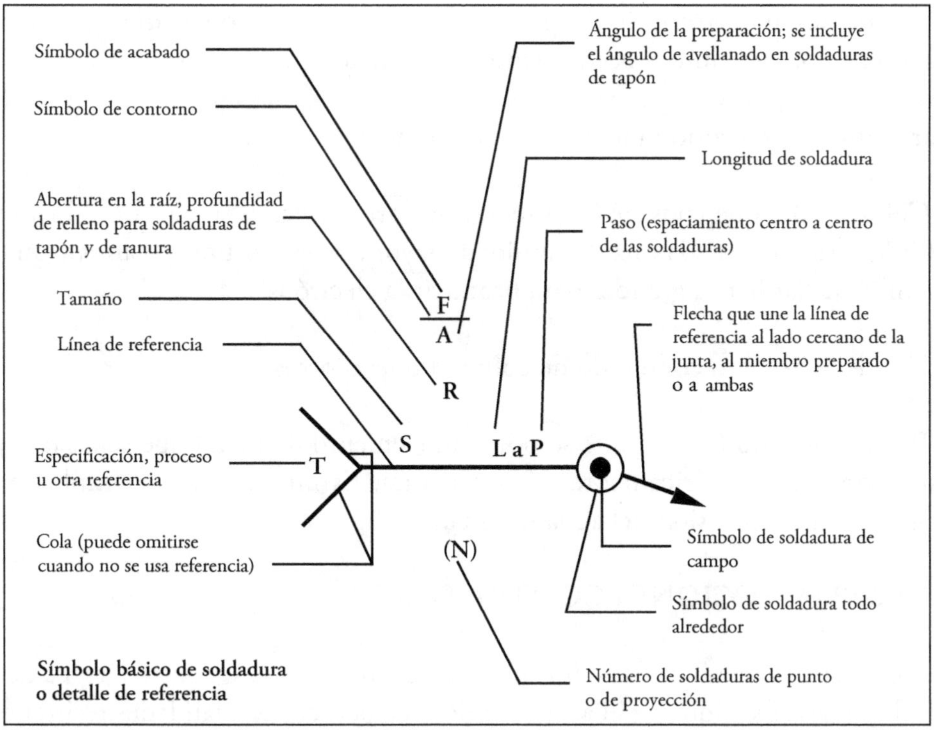

Figura 12.13
Localización estándar de los elementos de un símbolo de soldadura (Adaptado de Nunnally, 2001).

12.4 PROTECCIONES

Las estructuras metálicas deben protegerse contra diversos riesgos que pueden afectar su funcionamiento, entre las protecciones se tiene:

12.4.1 PROTECCIONES CONTRA LA CORROSIÓN

• **Pinturas**: La pintura tiene el objetivo principal de preservar la superficie, impidiendo el contacto del metal con la humedad y el oxígeno. Las pinturas están compuestas por pigmentos que se fijan a la superficie más vehículos o sustancias orgánicas que se endurecen formando una pátina resistente.

En el caso de pinturas antióxidos, los pigmentos son químicamente activos y reaccionan con el oxígeno antes que el acero, protegiendo la superficie metálica. Por su baja resistencia mecánica, esta capa de pintura antióxido debe ser protegida por otra de terminación.

Antes de pintar es necesario limpiar la superficie metálica de óxidos, grasas, pintura o polvo, mediante procedimientos mecánicos, químicos o abrasivos.

Para inhibir la corrosión también son comunes:

• **Galvanizado**: que consiste en sumergir la barra de acero en Zn fundido a unos 500 °C, este proceso da una durabilidad mayor que la pintura (20 años), aunque es difícil hallar baños grandes para producir la electrólisis.

• Uso de aceros con contenido de cobre, níquel u otros.

• **Protección catódica**: en que se pone un elemento de metal que se gastará por estar conectado eléctricamente a la estructura. Es muy útil por ejemplo en los muelles por la corrosión del agua marina.

12.4.2 PROTECCIONES CONTRA FUEGO

Las estructuras metálicas de edificaciones deben protegerse contra riesgos de incendio, pues es sabido que el acero comienza a perder sus cualidades resistentes a unos 500 °C y en un incendio se puede sobrepasar dicha temperatura con creces. Los objetivos de la protección contra fuego son:

- permitir la evacuación rápida y segura de los ocupantes durante el incendio.
- contribuir a la seguridad de los bomberos que combaten el incendio.
- evitar daños a propiedades adyacentes y evitar la propagación del fuego, etc.

La resistencia al fuego puede aumentarse aplicando revestimientos protectores como: hormigón, planchas de yeso, planchas de asbesto-cemento o pinturas retardadoras (Figura 12.14).

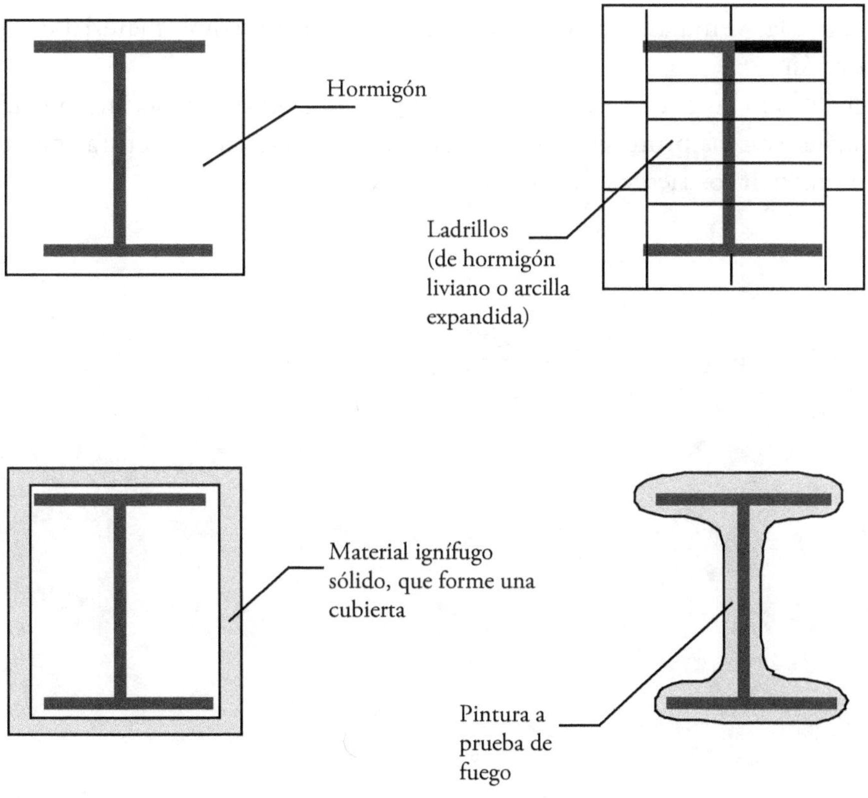

Figura 12.14
Ejemplos de protecciones contra fuego para aceros (Allen, 1985).

12.5 EJERCICIOS

A continuación se presentan algunos temas que pueden servir de estudio, los cuales pueden ser resueltos con el material presentado en el capítulo y, a veces, con lecturas adicionales:

a) Describa los tipos de perfiles de acero de acuerdo a su proceso de fabricación. Analice las ventajas comparativas en sus usos.
b) Compare técnica y económicamente los sistemas de unión de elementos de acero.
c) Analice las ventajas y desventajas que tiene el acero como material de construcción.
d) ¿Cuáles son las etapas principales en la producción de estructuras metálicas?
e) ¿Cuáles son las protecciones que pueden utilizarse en estructuras metálicas para reducir los riesgos de corrosión e incendio?

CAPÍTULO 13

CONSTRUCCIONES EN MADERA

La madera es uno de los materiales de construcción más antiguos usados por el hombre, hasta el siglo pasado era el único capaz de trabajar a tracción y flexión (Figura 13.1). Esta propiedad, en conjunto con otras como la facilidad con que se la puede trabajar, la amplitud de usos que tiene (para construcción residencial, comercial, industrial o para otras estructuras como muros de contención, puentes, etc.) la hacen ser un material muy usado hasta la actualidad. Por otra parte posee la propiedad de ser un material reciclable, puede ser usada más de una vez, por ejemplo, luego de ser retirada de edificios en demolición. Es además, un recurso renovable; pues en la medida que se reforesten los bosques talados seguirá existiendo.

Una pieza de este material es difícil que sea perfectamente recta o de superficie pareja (sin nudos u otras fallas), su tamaño y formas pueden cambiar en el tiempo debido a los cambios de temperatura, variaciones de humedad u otros factores, sin embargo lo anterior se puede minimizar mediante tratamientos adecuados.

La construcción en madera ha tenido un desarrollo importante en el último tiempo en el país, ya que se está pasando de la construcción artesanal a la construcción industrializada, logrando edificaciones de excelente características, en las cuales se puede tener una buena calidad de vida, a un costo normalmente inferior a las viviendas tradicionales y construidas en plazos muy cortos.

En este capítulo se hace una reseña acerca de la madera como material de construcción y de los accesorios que se utilizan para completar las estructuras fabricadas en este material.

Figura 13.1
Iglesia de Chiloé, Décima Región, Chile.

13.1 MADERA: MATERIA PRIMA

13.1.1 MADERA: DEFINICIÓN Y ESTRUCTURA

Se define como madera a la porción leñosa dura y rígida situada dentro de la corteza de los árboles. La madera es un material orgánico, no homogéneo compuesto fundamentalmente por celulosa y lignina. Las células de la madera son huecas, de longitud variable y van distribuidas vertical y horizontalmente. Tal estructura celular es, en gran medida, la responsable de la anisotropía de sus respuestas estructurales (Pérez, 1978). Al analizar una sección transversal del tronco de un árbol se pueden distinguir sectores claramente definidos como se ve en la Figura 13.2.

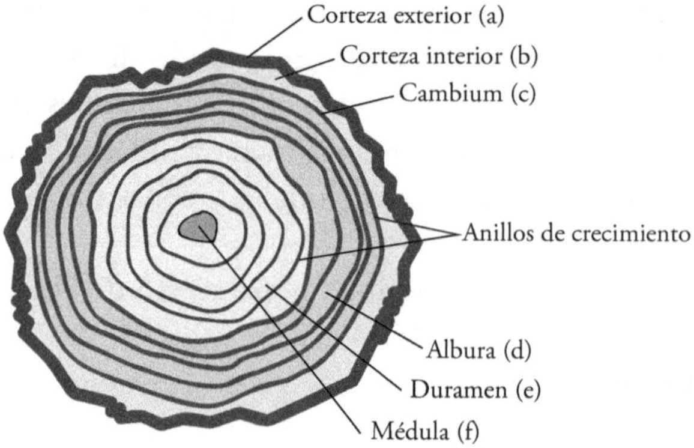

Figura 13.2
Árbol en corte.

a) *Corteza exterior*: es la capa periférica del leño, su consistencia es semielástica y poco densa, cumple con la función de proteger al interior de los agentes agresores externos atmosféricos y/o animales.

b) *Corteza interior*: allí se almacena y escurre la savia producida en el follaje y es conducida hasta las raíces.

c) *Cambium*: zona donde se generan las nuevas células provocándose el crecimiento del árbol.

d) *Albura*: zona en que se produce el transporte de la savia hacia las hojas y se almacenan las sales minerales útiles.

e) *Duramen o pellín*: corresponde a la parte que otorga la resistencia al tronco del árbol. Además resulta más resistente al ataque de hongos que la albura.

f) *Médula*: zona central, está formada por tejido muerto, no cumple ninguna función en árboles adultos.

En épocas de inicio del período vegetativo, el árbol se desarrolla mucho más que en el término de dicho período, formándose células de pared más delgada y color más claro, que originan la denominada madera de primavera. Las otras células son de menor diámetro, paredes más gruesas y color más denso y se conocen como madera de verano. Con ellas se configura un conjunto de anillos concéntricos de crecimiento anual que permitirán determinar fácilmente la edad del árbol.

Al crecer el tronco, la madera comienza a envolver las bases de las ramas formándose los conocidos nudos, al morir la rama por falta de radiación solar y envolverse el cambium en una discontinuidad. Lo anterior constituye un factor nocivo desde el punto de vista estructural, por lo que conviene eliminar tempranamente las ramas inferiores.

La procedencia de la madera está diferenciada en dos especies notables:

i) **latifoliadas:** las que se caracterizan por poseer una hoja ancha y caduca.

ii) **coníferas:** se caracterizan por tener hojas en forma de aguja, color verde intenso y madera resinosa.

13.1.2 VARIEDADES DE MADERA EN CHILE

De la superficie continental de Chile que presenta aptitud forestal, se subdivide el terreno (decreciendo en superficie) en (Pérez, 1978):

1. Bosques naturales, ya sean nativos comerciales y no productivos.
2. Estepas y montes.
3. Matorrales boscosos.
4. Bosques artificiales: distribuidos en pino insigne, eucalipto, álamo y aromos.

De nuestros bosques nativos comerciales se explotan especialmente: coigüe, bosque valdiviano con tepa, ulmo, olivillo, tineo, lenga, bosque chilote con canelo, coigüe, mañío, ciprés, roble y raulí, ulmo.

Se cumple en general que el 42% del consumo de madera de bosques artificiales y naturales, va dirigido a la construcción.

13.1.3 PROPIEDADES MECÁNICAS Y FÍSICAS DE LA MADERA

Las principales **propiedades físicas** de la madera son (Thenoux, 1979):

i) El contenido de humedad.
ii) La densidad.
iii) La propiedad de expandirse y contraerse.

La *humedad* se mide como un porcentaje mediante la fórmula:

$$\textit{humedad}: \text{w} = \frac{\text{peso del agua contenida en la madera}}{\text{peso de la madera anhidra}} \text{ x } 100\%$$

El contenido de humedad que corresponde a la saturación de las paredes celulares se designa como Punto de Saturación de la Fibra (PSF) que varía entre el 25% al 35% en las especies forestales (se usa 30% ó 28% como índice general). Al rango de humedades desde 0 al PSF se le denomina rango higroscópico, dentro de él se podría subdividir la madera en:

a) **Madera seca:** con un 0 a 20% de humedad.

b) **Madera semiseca:** con un 20% a PSF.

c) **Madera en estado verde:** la que tiene una humedad por sobre el PSF.

La influencia de la humedad reside principalmente en que para humedad por sobre el PSF la resistencia es constante y muy baja, comparada con la resistencia de madera seca que es mucho mayor, eso porque ésta aumenta notablemente a medida que la humedad disminuye (bajo el PSF). De manera similar sucede con la *contracción*, sin apreciarse contracciones por sobre el PSF y aumentando bajo éste.

Cada ambiente tiene una humedad de equilibrio para los diversos tipos de madera, en que ya no cede más agua de sus paredes en forma natural. Se concluye entonces que lo más conveniente para trozos estructurales en la construcción, es que se use madera cuya humedad de equilibrio coincida con la humedad de equilibrio del lugar. Además, en caso de secado en hornos el proceso debe ser controlado y graduado para que no se agrieten o deformen los trozos del material.

Se puede agregar que la propiedad de *expansión y contracción* depende de la especie forestal, existiendo contracciones radiales y tangenciales, que sumadas generan la contracción volumétrica. Es fácil demostrar que la madera sufre contracciones menores de tipo radial que tangencial.

Por último, otras propiedades físicas típicas de la madera son su baja conductividad eléctrica y calórica y su alta conductividad del sonido.

Las **propiedades mecánicas** de la madera varían de acuerdo a varios factores tales como:

- Especie del árbol de origen.
- Edad del árbol.
- Ubicación geográfica del lugar de crecimiento del árbol.
- Defectos que presente la madera extraída del árbol, tales como: nudos, rajaduras, grietas, alabeos, desviación de fibra, colapsos del secado, agujeros,

aristas faltantes, pudrición y perforación producida por alguna especie orgánica como termitas, etc.

El conocimiento de las propiedades mecánicas de la madera se obtiene mediante la experimentación; se hacen ensayos que miden su capacidad o aptitud para resistir las fuerzas externas, entre los ensayos más comunes están: flexión, compresión paralela y normal a la fibra, cizalle, tracción paralela y normal a la fibra, dureza, clivaje, extracción de clavo y tenacidad.

13.1.4 CLASIFICACIÓN DE PIEZAS MADERERAS

Una identificación estricta de la madera indica su *género*, *especie*, *familia* y por último su *nombre común*. En especificaciones técnicas de ingeniería se debe indicar como mínimo el género, la especie y su nombre común, lo que hace más específico su buen aprovechamiento y respuesta deseada. Por ejemplo, al indicar el nombre de Pino Insigne, se debería agregar su género: Pinus, y especie: Radiata.

Por otra parte, las piezas de madera tal como salen del aserradero presentan una gran variación en aplicaciones, resistencia y durabilidad debido a las irregularidades físicas y químicas que le son propias y que generalmente determinan una limitación en su uso o aplicación.

Para usar una misma calidad para un mismo propósito se establecen grados o grupos. La madera aserrada se clasifica de acuerdo a características específicas:

a) **Clasificación por aspecto**: la que se hace de acuerdo a la apariencia de la madera, es una clasificación que se basa en la inspección visual de las características físicas y da especial importancia a la estética o presentación, sin considerar la resistencia.

b) **Clasificación por resistencia**: se hace de acuerdo a la resistencia que presenta la madera frente a los esfuerzos mecánicos, limitando los defectos que puedan afectar tal resistencia. Se forman así grados que aseguran una resistencia.

13.2 MADERA: MATERIAL PARA CONSTRUIR

13.2.1 VENTAJAS Y DESVENTAJAS DE LA MADERA COMO MATERIAL DE CONSTRUCCIÓN

Las principales ventajas del uso de la madera como material de construcción son:

- es muy resistente en relación a su bajo peso. Las construcciones en madera resultan menos afectadas a los sismos que los demás materiales típicos competitivos para obras de similares dimensiones que salvar.
- es un material económico, natural renovable. Además nuestro país tiene ventajas comparativas en la producción de madera, con extensos terrenos aptos y variadas especies útiles en distintas obras específicas. El hecho que no resulten de óptima calidad los elementos depende de factores propios del poco interés mostrado por su desarrollo como elemento constructivo, que va muy enlazado con el desarrollo del país. Como indicador en el consumo de madera, se aprecia que los países desarrollados consumen ocho veces más madera que los países subdesarrollados. Actualmente en Chile se ha notado un aumento en el uso de madera en las viviendas.
- mantiene su resistencia durante largo tiempo en un incendio. Inclusive se puede recuperar elementos estructurales del incendio, al eliminar la superficie quemada, quedando intacta la madera interior. Se ve favorecido por los factores de seguridad altos, que implica el uso de grandes dimensiones transversales, aprovechables aún después de limpiarlas.
- las uniones son sencillas, fáciles de materializar.
- es buen aislante térmico, eléctrico. Existe gran diversidad de diseños, que incluso la hacen un buen aislante del sonido, dejando aire entre dos tableros de una pared.
- la flexibilidad y resistencia es aceptable, con un diseño apropiado.
- es de fácil transporte.
- no se ve afectada notablemente por ácidos o vapores de algunas industrias.

Entre las **desventajas**, se cuenta que:

- es susceptible a ataques de insectos, por lo que se la debe proteger y cuidar con impregnaciones de sustancias realmente efectivas.
- es un material combustible, en el que se propaga fácilmente el fuego.
- es un material cuya resistencia depende, entre otros factores del tiempo que dure la carga que recibe. A menor duración de la carga, mayor resistencia.
- frente a cambios en la humedad del ambiente se producen variaciones notables en su resistencia y volumen.

13.2.2 MADERAS USADAS EN CONSTRUCCIÓN

La madera a partir del rollizo o trozo de tronco de árbol puede tener diversos niveles de elaboración, cada uno con distintos usos:

i) **Madera labrada**: aquella cuyas formas son producto de cortes con hacha, se usan en la construcción como cuartones para puntales y alzaprimas, actualmente en deshuso.

ii) **Madera aserrada**: es la que tiene sus cuatro caras planas gracias al corte de sierra.

iii) **Madera cepillada**: es aquella alisada con una cepilladora en alguna o todas sus caras. Se puede usar para recubrir superficies que quedarán a la vista.

iv) **Madera elaborada**: es la que ha recibido una forma especial, entre ellas se cuentan: machihembrada, moldurada o tinglada.
También se usan otros tratamientos especiales que originan productos tales como las maderas laminadas, los paneles de contrachapado, etc.

v) **Maderas laminadas**: la madera laminada es el producto de la unión mediante adhesivos de tablas similares a través de sus caras, cantos y extremos, con sus fibras en la misma dirección, conformándose así un elemento que no tiene límite en su escuadría ni en su largo y que funciona como una sola unidad estructural (Figura 13.3).
Las láminas que conforman el elemento, están compuestas por una o más tablas unidas de canto, con la fibra paralela a lo largo de la pieza.

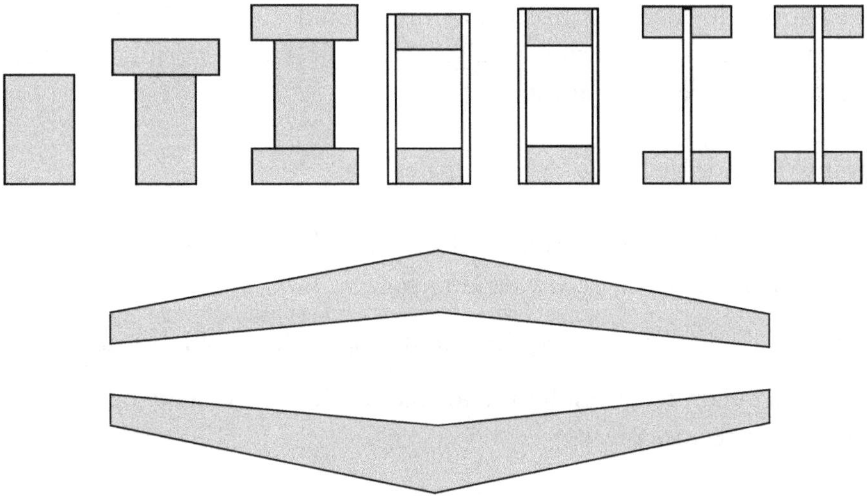

Figura 13.3
Perfiles de elementos de madera laminada.

Algunas ventajas del uso de madera laminada son:

- El uso de adhesivo permite aprovechar tablas cortas y angostas, formándose piezas estructurales de cualquier espesor, ancho y largo.
- El método de fabricación permite usar madera de buena calidad solo en zonas más solicitadas. Se comprobó que la respuesta estructural de elementos de madera de buena calidad en su totalidad es la misma que los que tienen la madera de buena calidad solo en zonas traccionadas.
- Mantiene su resistencia por un largo período cuando queda expuesta al fuego. Esto debido a su baja conductibilidad térmica y a las grandes secciones transversales.
- El método de fabricación permite diseñar elementos prácticos y estéticos, variando la sección transversal en función de la variación de los esfuerzos de la estructura.
- Se conserva una baja relación entre el peso y la resistencia, siendo autosoportante y de instalación sencilla y económica, ensamblando los elementos en la obra.
- El encolado correcto otorga uniones más efectivas que los clavos, pernos, etc.

- Se elimina los defectos típicos, como los nudos, al elegirse las láminas con anterioridad. Los defectos de algunas no afectan mayormente, pues su espesor es bajo respecto al total.

En cuanto a las desventajas, las principales son:

- El costo podría ser importante, al sumar el del adhesivo, de las láminas cortadas, de la mano de obra y de la técnica.
- Se requiere de técnicas y equipamiento especiales para fabricarlas.
- La madera laminada resulta menos económica que la madera sin laminar en elementos rectos cortos.

13.2.3 FORMAS DE MEDICIÓN E INDIVIDUALIZACIÓN DE MADERAS

De acuerdo a la norma NCh 174 Of 85 las unidades empleadas en madera son las siguientes: Las dimensiones nominales del espesor y del ancho de una pieza de madera se expresa en milímetros enteros; la longitud nominal de una pieza de madera se expresa en metros con dos decimales (son desde 1,20 m hasta 6,00 m con incrementos de 0,30 m); y el volumen de una pieza de madera se expresa en metros cúbicos con cinco decimales.

Para especificar una pieza de madera se deben indicar las siguientes características: especie; grado; dimensiones nominales; tipo de elaboración (aserrada o cepillada); contenido de humedad y preservación (penetración y retención).

Según los tamaños de las piezas, estas pueden recibir nombres particulares, entre los más conocidos en EE.UU. están (Figura 13.4):

a) Listón: pieza de hasta 38 mm de espesor y 100 mm de ancho.

b) Tabla: pieza de hasta 38 mm de espesor y de más de 100 mm de ancho.

c) Tablón: pieza de 38 mm a 50 mm de espesor y de más de 150 mm de ancho.

d) Cuartón: pieza de ancho entre 50 mm y 150 mm, de sección cuadrada y 3.20 m de largo.

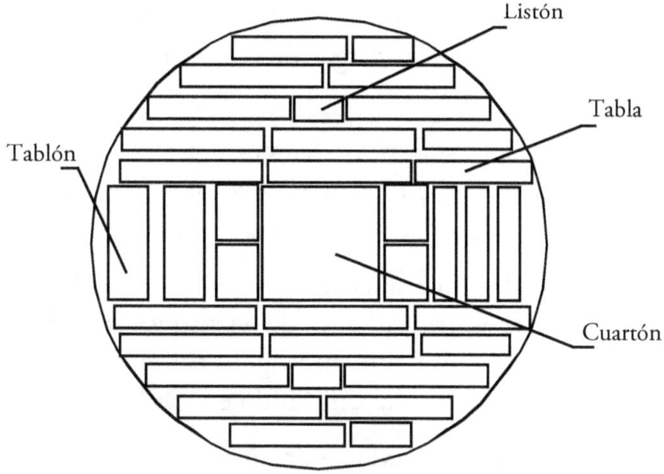

Figura 13.4
Esquema de posibles cortes en un tronco grueso.

13.3 ESTRUCTURAS RESISTENTES DE MADERA

13.3.1 ELEMENTOS COMPONENTES DE UN TABIQUE

Las construcciones en madera pueden poseer fundaciones bastante simples y económicas con respecto a las de otros materiales, pues su peso es muy bajo en comparación a los otros. El primer piso se puede construir sobre las fundaciones y en contacto con el suelo o sobre poyos a una cierta distancia sobre el suelo para proteger al material de la humedad (los apoyos se fabrican por lo general de hormigón).

Para conformar la estructura resistente de la madera se debe hacer un armazón o entramado, el que puede ser horizontal y originar pisos y cielos o bien ser vertical y conformar los muros y tabiques de la estructura. En la Figura 13.5 se observa una armazón o entramado vertical tradicional, cuyos elementos pueden definirse como sigue:

a) **Pies derechos**: elemento vertical que transmite las cargas proveniente de la techumbre, entrepiso, etc. Sirve además, de soporte para los cierros del tabique.

b) **Solera base**: elemento horizontal sobre el cimiento o clavada al entramado horizontal. Debe aislarse del hormigón mediante una membrana impermeable.

c) **Solera inferior**: elemento de unión inferior del conjunto estructural vertical y distribuidor de las cargas concentradas verticales o en ángulo.

d) **Solera superior**: pieza de unión superior del conjunto de piezas verticales y distribuidor de las cargas de la techumbre, entrepiso y cielo a los pies derechos.

e) **Sobre solera superior**: elemento de unión superior de la misma dimensión de la solera superior que va colocada directamente encima de ella y sirve de elemento de amarra de todo el sistema de tabiques.

f) **Diagonal o riostra**: elemento de refuerzo inclinado que transmite las cargas horizontales provenientes del viento y sismo. Este elemento no se incluye si se utiliza un revestimiento rígido como arriostramiento. Este ultimo sistema es el que más se está utilizando en Chile en la actualidad.

g) **Transversal o cortafuego**: elemento constructivo que evita el pandeo lateral de los pies derechos, retarda la propagación del fuego por el interior del entramado al formar comportamientos estancos y permite clavar revestimientos verticales.

h) **Dintel**: conjunto de uno o varios elementos que permiten salvar la luz correspondiente a un vano de puerta, ventana, etc.

i) **Alféizar**: madera horizontal que limita las ventanas y sirve de apoyo al marco, ubicado entre los pies derecho por sobre unos maderos verticales mas cortos.

j) **Jamba**: pieza soportante vertical que refuerza el vano.

k) **Puntal**: pieza de menor longitud que los pies derechos colocada entre solera superior y dintel.

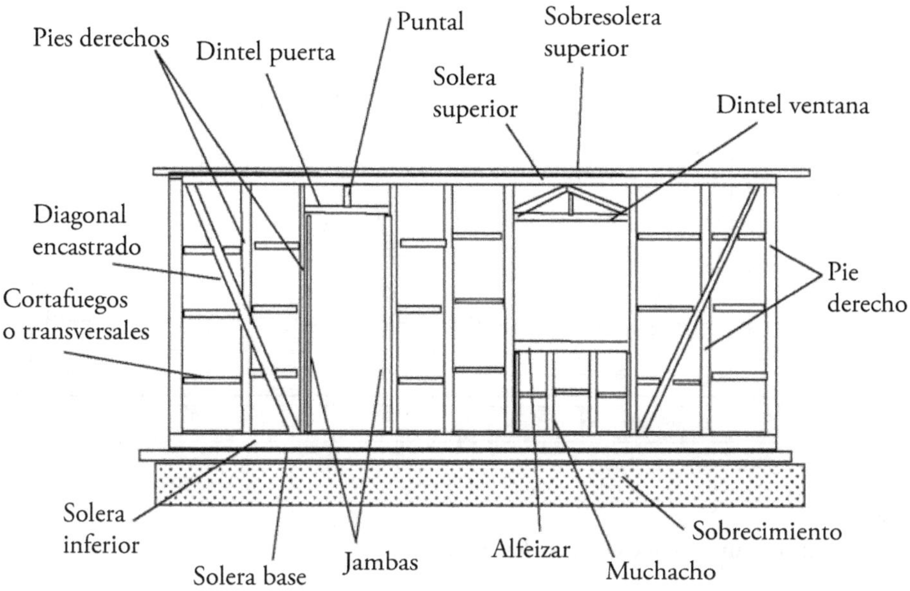

Figura 13.5
Elementos componentes de un tabique. (Hempel, 1987).

Desde un punto de vista estructural, un tabique tiene la función de recibir y transmitir a las fundaciones las cargas a que está sometida la edificación. El arriostramiento se puede lograr por medio de diagonales de madera (Figura 13.6) o mediante un revestimiento rígido que cubra la totalidad de la superficie exterior de la edificación, exceptuando los vanos (Figura 13.7). Este revestimiento puede consistir en una placa estructural de madera, cuyo espesor se determinará según las solicitaciones.

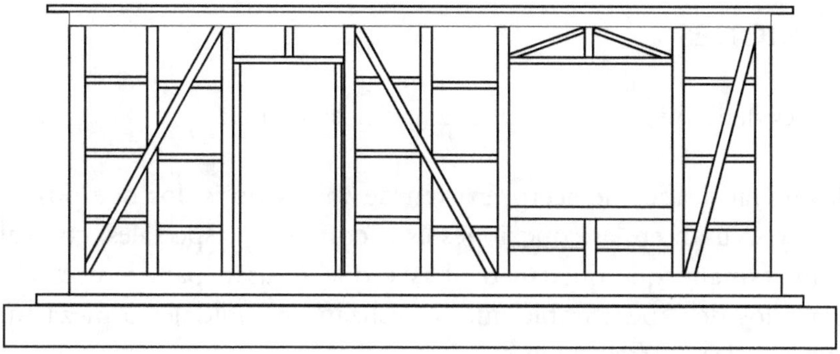

Figura 13.6
Arriostramiento de un tabique con diagonales.

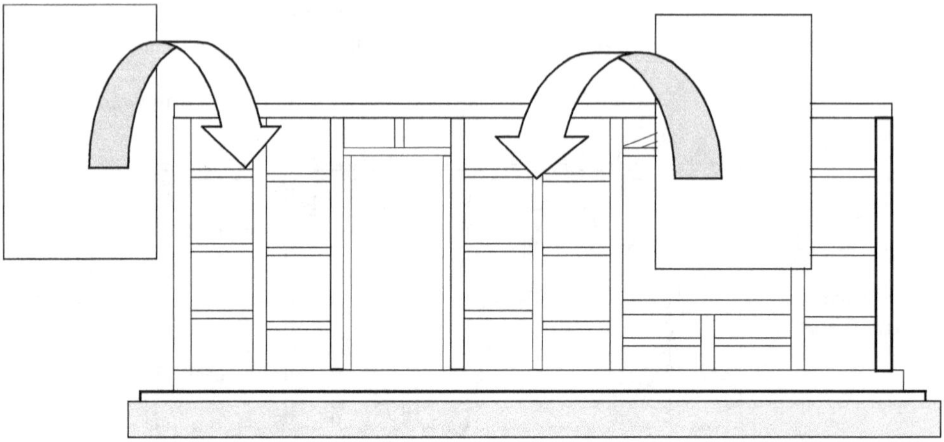

Figura 13.7
Arriostramiento de un tabique con paneles rígidos.

Los sistemas de entramados se diferencian por la secuencia en el armado de los pisos y la forma de apoyo de los tabiques entre ellos. El sistema americano se arma todo el entramado vertical y horizontal, se cubre y después se colocan los pavimentos y revestimientos. En el sistema de plataforma se ejecutan los envigados horizontales con el pavimento o base de éste y sobre él se ubican los tabiques. Finalmente, el sistema baloon se usa para construcciones de dos o tres niveles. Permite levantar los tabiques en toda la altura, enseguida techar y posteriormente colocar los envigados y terminaciones. Para mayor información se recomienda estudiar el libro "La construcción de viviendas en madera" de Alexander Fritz, editado por la Corporación Chilena de la Madera (CORMA).

13.3.2 UNIONES

Las uniones de las piezas madereras se hacen mediante:

i) **Clavos**: fabricados de acero, existen de varios tipos: los que poseen cabeza plana y se usan en las conexiones estructurales, y especiales, con cabezas de menor tamaño que quedan ocultas y que se usan para terminaciones a la vista y los de cabeza doble que se utilizan en moldajes o piezas que serán desmontadas posteriormente.

ii) **Tornillos y pernos**: fabricados en acero sirven para hacer uniones de tipo estructural también.

iii) **Conectores**: con formas de anillo o planos, son metálicos y poseen superficies provistas de pestañas o dientes que se incrustan en los elementos al momento de hacer pasar al conjunto por prensas y forman las uniones.

iv) **Pletinas**: fabricadas también en metal, se usan en conjunto con clavos y pernos para formar las uniones, existen en diversas formas y tamaños que se escogen de acuerdo a las necesidades específicas.

13.3.3 PROTECCIONES DE LA MADERA

Los agentes destructores de la madera son variados, entre ellos se cuentan los de carácter biológico, el fuego, los agentes climáticos y desgaste mecánico. Toda la madera en uso está expuesta al ataque de hongos reflejados en pudrición y manchas, también está expuesta a insectos, moluscos y crustáceos que se alimentan de sus componentes. Además, al permanecer a la intemperie sin protección adecuada se propicia el deterioro de los elementos en uso de madera por la humedad, la exposición a la radiación solar, al viento y las partículas que arrastra además de condiciones de movimientos, vibraciones, roces, etc. Frente a todo esto, la madera presenta una durabilidad natural de resistencia al ataque de organismos destructores debido a sustancias extractivas del árbol. Los grados de durabilidad son variados, desde maderas durables por muchísimos años a otras de una vida útil apenas superior al año. Para mejorar la resistencia se usan preservantes químicos, los que junto a un control periódico, hacen de la madera inaccesible al ataque de agentes biológicos. Existe gran variedad de preservantes adecuados para cada caso: para zonas húmedas, bajo el suelo y lugares mal ventilados, postes y cercos, torres, pilotes, puentes, etc. (Pérez, 1978).

En cuanto a la preservación frente a agentes climáticos se puede acudir a pinturas que recubren los elementos, cuidándose un programa anexo eficiente de mantención del recubrimiento. Las secuencias de aplicación no deben distanciarse más allá que dos semanas para evitar descascaramientos por mala adhesión de las manos aplicadas, y no se debe pintar sobre superficies frías que se verán afectadas por aumentos notables de temperatura. En zonas muy húmedas se usa comúnmente barreras de humedad y repelentes al agua con preservante. En zonas de clima seco se utiliza en cambio recubrimientos estables y elásticos.

Por otra parte, con respecto al fuego: la madera es de baja conductividad térmica, pero de innegable inflamabilidad, permitiendo que, por una combinación de ciertos factores y descuidos, defectos de construcción o falta de medios para extinguir el fuego, se inflame, se esparza la llama y penetre la estructura. La madera presenta una resistencia al fuego que se debe considerar al diseñar: presenta una baja conductividad térmica, un alto valor de calor específico y la formación de una capa da carbón en la superficie, que impiden una rápida penetración del fuego. Además se puede usar sustancias retardadoras del fuego, que demoran el encendido y esparcido de la llama.

13.4 CUBICACIÓN

La cubicación se realiza de diferentes formas, en función del tipo de elemento:

- los tabiques se miden por su longitud, indicando su altura, sin descontarse los vanos de cualquier superficie. El precio unitario comprende el suministro más el entramado resistente constituido por pies derechos, soleras, diagonales, elementos de unión y de anclaje.
- los pies derechos aislados se miden por unidad, incluyendo los elementos adicionales que no estén incluidos en otras partidas (elementos de fijación, etc.). Debe indicarse la escuadría y longitud de ellos.
- los envigados se miden por la superficie del suelo o cielo que forman parte, incluyendo empotramientos y voladizos, sin tomar en cuenta los cruzamientos ni los empalmes de las vigas. Se debe formar partidas separadas que abarquen los suelos y los cielos de igual precio unitario.
- las vigas maestras se miden por unidad o pieza de longitud efectiva, incluyendo en la especificación los refuerzos que tengan.

13.5 EJERCICIOS

A continuación se presentan algunos temas que pueden servir de estudio, los cuales pueden ser resueltos con el material presentado en el capítulo y a veces con lecturas adicionales:

a) Explique de qué factores dependen las propiedades mecánicas de la madera.
b) Explique cómo afecta la humedad de la madera en su resistencia.
c) Analice las ventajas y desventajas de la madera como material de construcción.
d) Indique cómo se puede construir un edificio de cuatro pisos en madera.
e) Analice la forma de industrializar la construcción de viviendas, utilizando la madera.
f) Explique las etapas constructivas de una vivienda industrializada en madera y compare sus ventajas con respecto a una tradicional.

QUINTA PARTE

OTROS COMPONENTES DE UNA EDIFICACIÓN

CAPÍTULO 14

TECHUMBRES

La techumbre es todo aquello que va desde el cielo del último piso hacia arriba. Su principal finalidad es aislar el espacio interior del edificio de la lluvia, el frío, el calor, el viento, etc., es decir, del medio exterior en general. La techumbre se compone fundamentalmente de dos partes: estructura resistente y cubierta. Ambas se detallarán a continuación.

Existen diferentes formas de techos, según su número de aguas o pendientes, las más comunes para una vivienda se pueden apreciar en las Figuras 14.1 y 14.2 (que muestra cada techo en perspectiva y en planta). Se define como agua o vertiente a la parte plana e inclinada por donde escurre la lluvia, su grado de inclinación es la pendiente (ambos se observan esquemáticamente en la Figura 14.1). La inclinación de la pendiente se puede medir de dos formas distintas:

- en grados: según el ángulo que forma la vertiente con el plano horizontal.
- en porcentaje: según la cantidad de centímetros que sube la pendiente por cada metro horizontal (ambas mediciones se ven en Figura 14.1B).

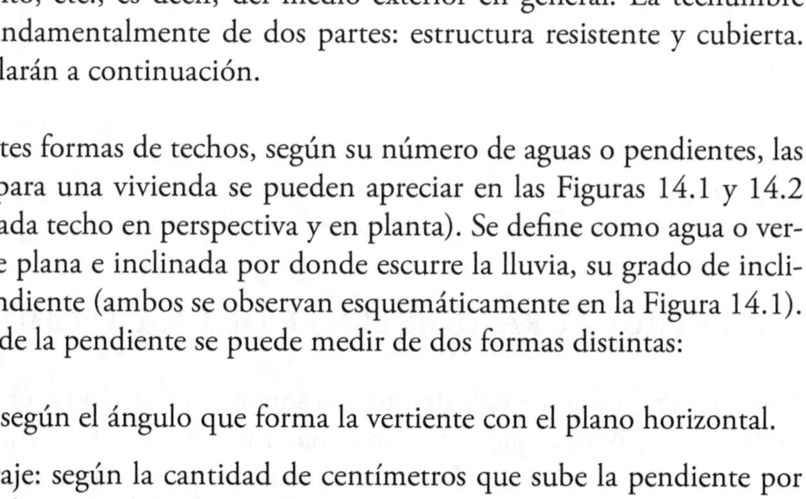

Figura 14.1
A: Ubicación del agua o vertiente de una techumbre. B: Pendiente de una techumbre.

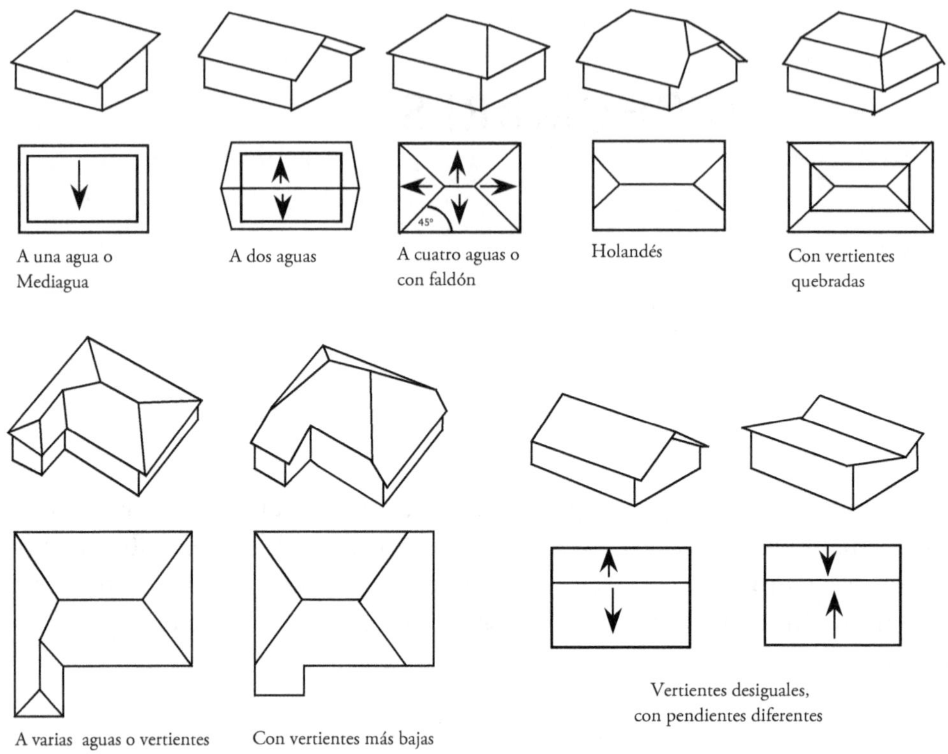

Figura 14.2
Formas de techo más comunes para edificaciones (cada uno se ve en planta y en perspectiva).

14.1 ESTRUCTURA RESISTENTE DE UNA TECHUMBRE

La estructura resistente es la destinada a soportar sobre sí a la cubierta y todas las otras solicitaciones a que se ve sometida la techumbre. La estructura resistente de viviendas se fabrica comúnmente en madera; para edificaciones de mayor luz tales como galpones, locales industriales, gimnasios u otros se usa acero, material de cualidades conocidas y constantes en el que es posible calcular con mayor precisión las secciones, perfiles y uniones de la barras a usar. En otros casos se ha usado también hormigón armado.

La forma con que se construye una estructura para resistir los esfuerzos es variable. Entre las principales están: las cerchas, los tijerales, los reticulados, los arcos, las vigas, etc. La elección de usar alguna de ellas depende de la forma del techo, del tipo de edificio, del material con que este está construido, de la luz que deberá cubrir y de si será o no posible apoyar la estructura en muros intermedios o solo en lo muros exteriores (caso en el que se requerirá de estructuras más complejas).

Los dos elementos más representativos en la construcción de la estructura resistente de la techumbre son:

Cercha: es una estructura reticulada que presenta dos puntos de apoyo (isostático). Sus elementos solo resisten solicitaciones de tracción y compresión. Además, las cargas deben estar aplicadas en los nudos. Se recomienda usar estas estructuras para luces de hasta unos 8 a 10 metros en caso de estar fabricadas en madera y de unos 30 a 50 m en caso de ser metálicas. Las uniones entre las diversas piezas se puede hacer de la forma tradicional con cepos de unión de madera y clavos, o con placas conectoras metálicas, tal como se muestra en el esquema de la Figura 14.3. En la Figura 14.4 se muestran distintas formas de cerchas

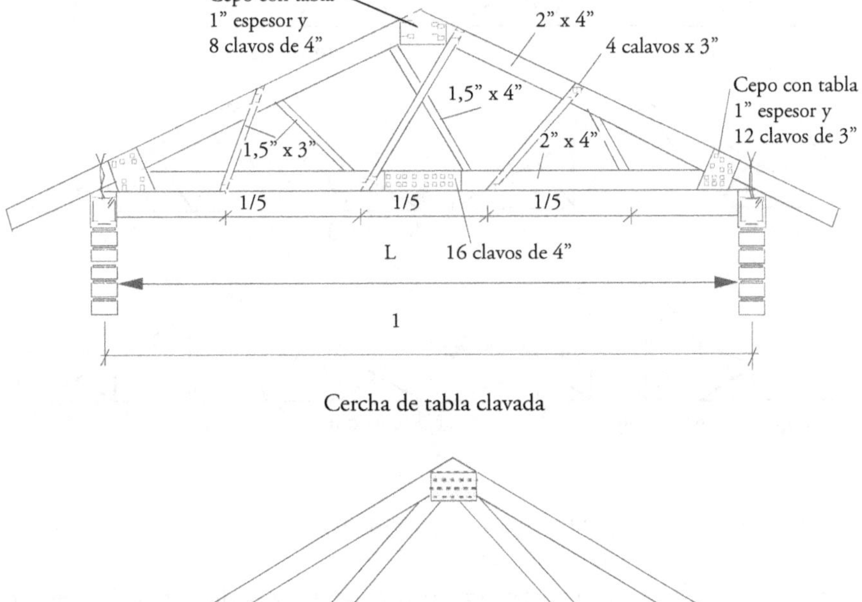

Cercha de tabla clavada

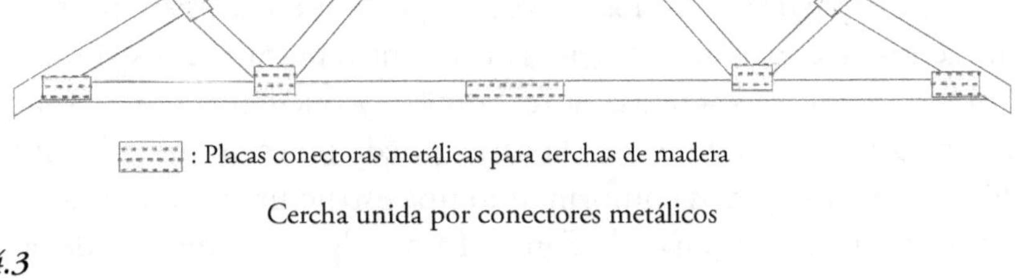

Cercha unida por conectores metálicos

Figura 14.3
Esquema de una cercha y sus conexiones.

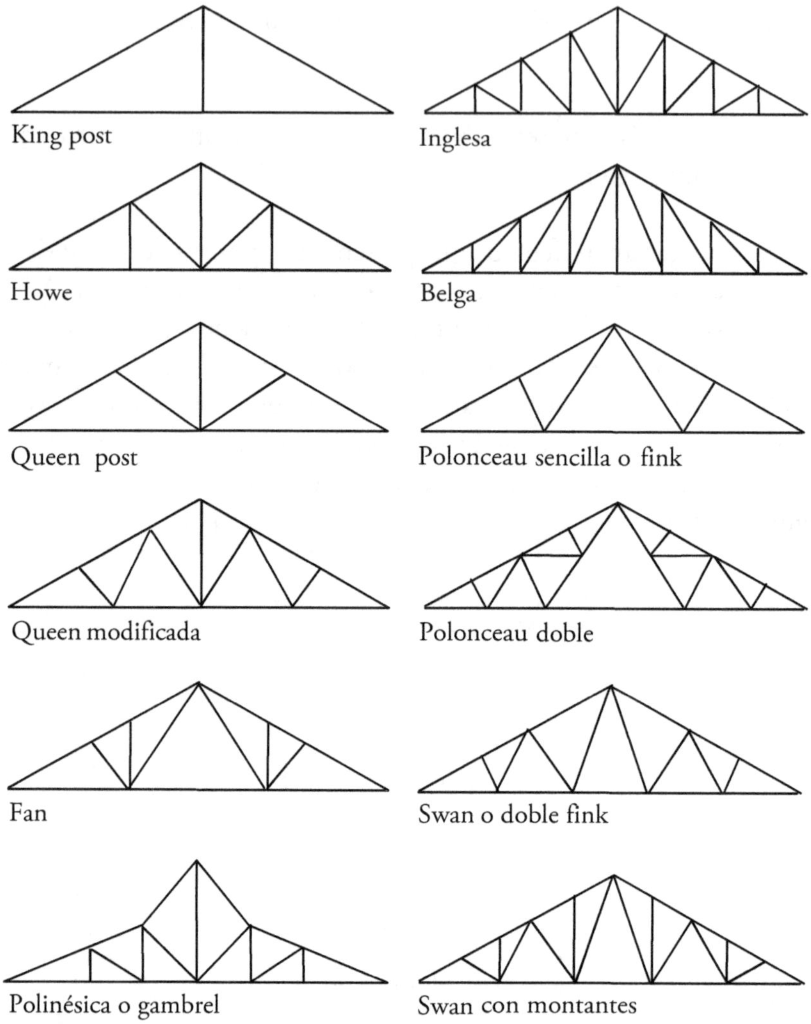

Figura 14.4
Formas de cerchas para estructura resistente de techumbre.

Tijeral: estructura formada por un conjunto de piezas de madera o acero que, colocado verticalmente sobre los muros y apoyado en sus extremos, sostiene la cubierta de una techumbre. Las piezas resistentes permiten distribuir las cargas solicitantes a que se ve sometida la techumbre y pueden soportar solicitaciones de tracción, compresión y flexión, la carga puede no estar aplicada en los nudos y puede tener varios apoyos conformando una estructura hiperestática. Los componentes de un tijeral se ven en la Figura 14.5 y algunos ejemplos de las infinitas formas que pueden tener se presentan en Figura 14.6.

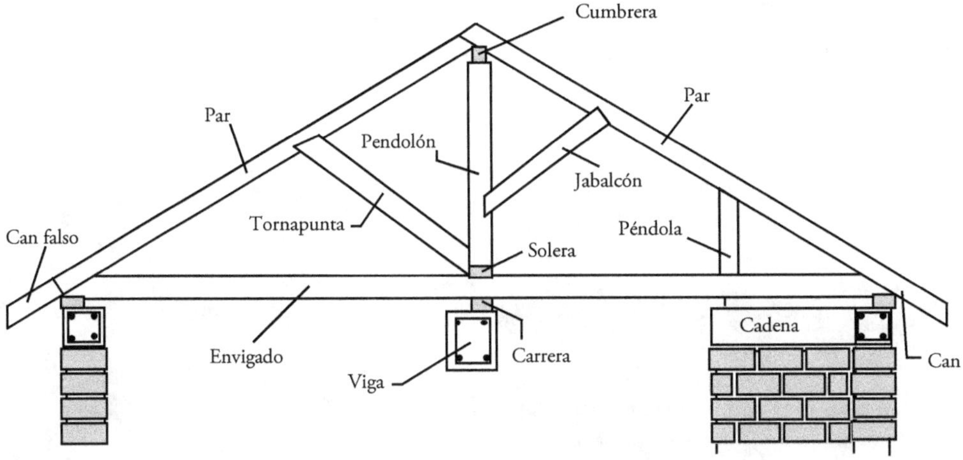

Figura 14.5
Esquema de un tijeral (Azocar, 1983).

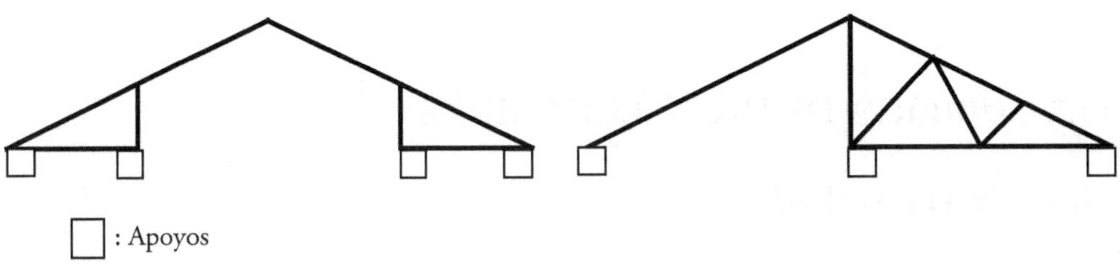

Figura 14.6
Ejemplos de tijerales.

Si bajo la solera de una cercha o tijeral no existe un muro, entonces la cumbrera, la solera y los pendolones constituyen una viga, tal como se aprecia en la Figura 14.7.

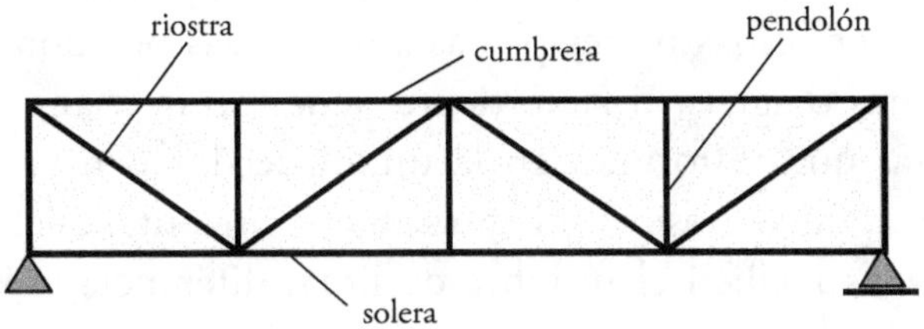

Figura 14.7
Ejemplo de viga.

En la Figura 14.8 se puede observar la colocación de una cercha metálica sobre una edificación de hormigón armado.

Figura 14.8
Cerchas instaladas. (Gentileza de Eduardo Effa).

14.2 CUBIERTA DE UNA TECHUMBRE

14.2.1 GENERALIDADES

La cubierta es aquella parte exterior de la techumbre de un edificio, que lo aísla y evita el paso de lluvia, nieve, viento, sol, etc. Por lo anterior, una buena cubierta debe satisfacer ciertas condiciones básicas tales como: ser impermeable al agua, resistente a la acción de la intemperie, y en lo posible, ser también un obstáculo a la propagación del fuego; además, debe tener poco peso y una vida útil lo más larga posible. También es importante su forma y aspecto exterior.

La nomenclatura usual de cubiertas de techos comprende diversos términos, entre los que se cuentan las partes planas e inclinadas por donde corre la lluvia se llaman vertientes o aguas, si la vertiente tiene forma triangular se denomina faldón. Las aristas que se forman en la unión de dos o más vertientes tienen distinto nombre según su posición: la más alta y horizontal es el caballete o cumbrera, las inclinadas reciben el nombre de lima, diferenciándose las de ángulo saliente (limatesa), con las de ángulo entrante (limahoyas); el punto superior dónde se encuentran es el vértice (Figura 14.9).

La parte de la techumbre que sale fuera de los muros de la casa se denomina alero y las cabezas de viga o los pares que también sobresalen sosteniendo al alero son los canes. Redondeando el borde inferior de la techumbre va la canal, que es el conducto abierto que recibe las aguas de las vertientes y las conduce hacia las bajadas o bajantes; también se coloca una canal en cada limahoya. Las bajadas o tubos verticales tienen en su parte superior una especie de caja o embudo que recibe el agua de las canales, este toma el nombre de cubeta o cabeza de bajada.

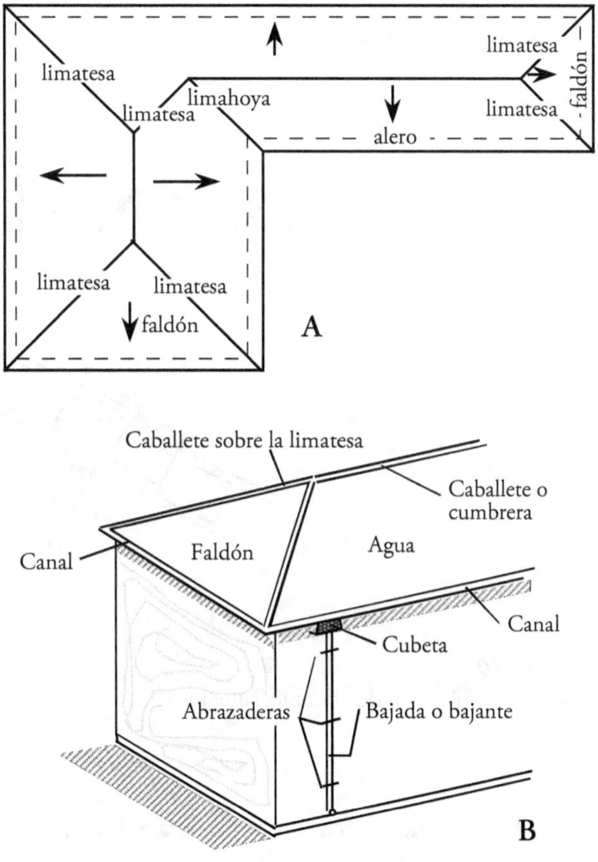

Figura 14.9
Cubierta de techumbre.
A: Vista en planta.
B: Vista en elevación de los componentes de cubierta.
(Guzmán, 1980).

14.2.2 MATERIALES PARA CUBIERTAS

Dentro de una amplia gama de materiales utilizados en las techumbres y dada la gran cantidad y rapidez con la que están apareciendo periódicamente en el mercado, es imposible hacer un listado completo en esta sección, por lo tanto, solo se presenta a continuación los materiales más comunes:

a) **Cubiertas provisorias de cartón o "fonolitas"**: son planchas onduladas de cartón, impregnadas con sustancias bituminosas (brea, alquitrán o asfalto), muy empleadas en instalaciones de faenas. Se fabrican en largos de 1,08 a 1,15 m. y anchos de 0,58 a 0,70 m.

b) **Cubiertas de fibras plásticas reforzadas con fibra de vidrio**: los formatos de venta son planchas rectas de largo estándar en variados diseños y rollos traslucidos ondulados y rectos. La instalación de las planchas debe ser siempre en sentido contrario a los vientos predominantes para mejorar estanqueidad y evitar levantamiento de los paneles.

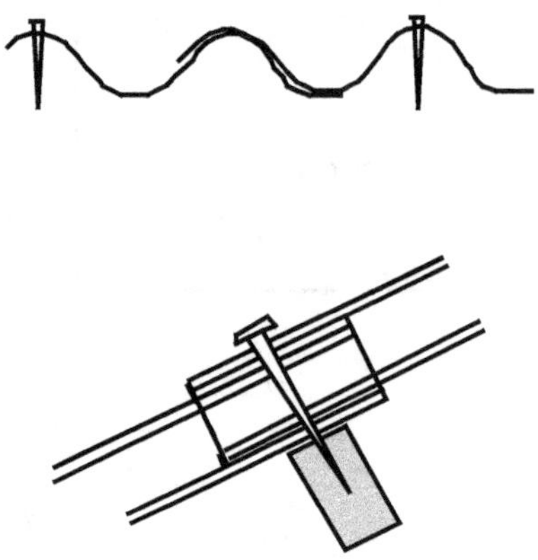

Figura 14.10
Fijaciones para planchas de fibra mediante tornillo.

c) **Cubiertas de acero cincado acanalado**: estas planchas, lisas o acanaladas, están revestidas por ambas caras de una capa de zinc (para protegerlas de la intemperie) ya sea por inmersión en zinc fundido o por proceso electrolítico. Se les conoce también como planchas de acero galvanizado. Las tres variedades principales de planchas se ven en la Figura 14.11.

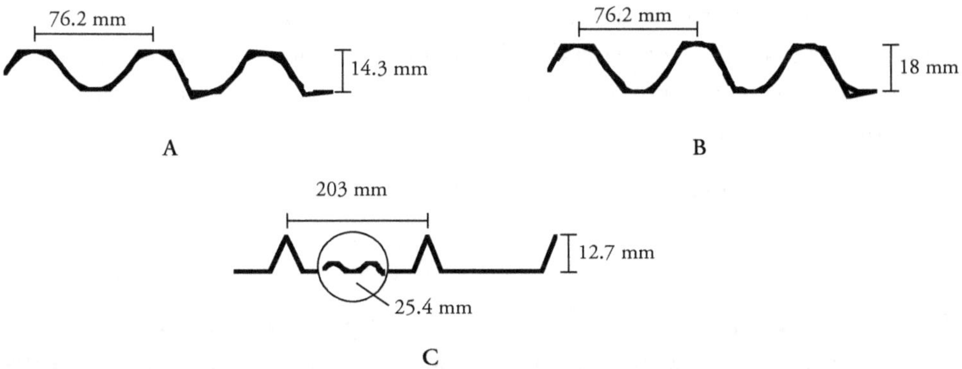

Figura 14.11
Planchas de acero cincado acanalado.
A: Plancha estándar. B: Plancha toledana. C: Plancha acanalada.

La **colocación de planchas** se resume en los siguientes puntos:

- Colocación de lienzas: una horizontal, que marcará el borde inferior de las planchas y otra perpendicular a ella, que servirá de guía para el comienzo de la cubierta. Para este comienzo se elige el extremo del techo que permita avanzar en sentido contrario a la dirección dominante del viento (Figura 14.12).

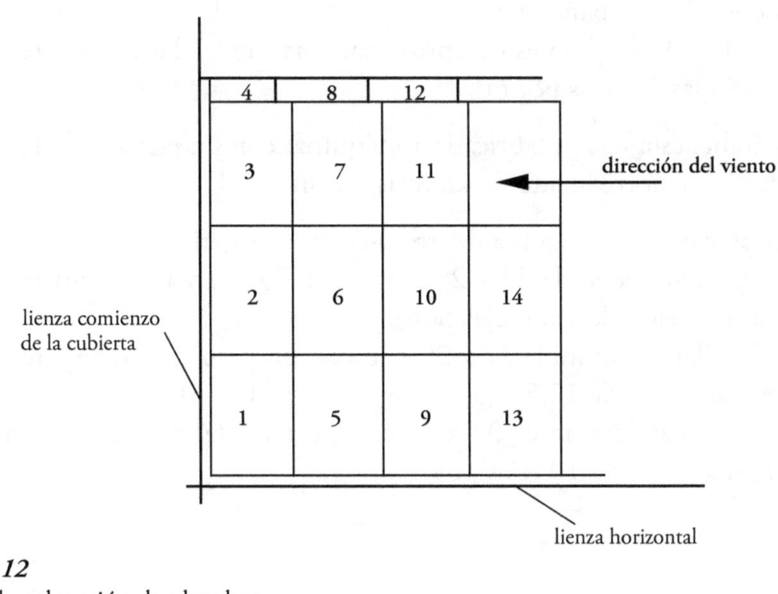

Figura 14.12
Esquema de colocación de planchas.

- Colocación de las planchas, tomando como precaución que la posición de las planchas no permita la entrada de agua ni viento. Para la colocación en obra de las planchas, en general, cabe mencionar como precaución también el que las correas y costaneras deben estar separadas por una distancia tal que la plancha resista a la flexión.
- Fijación de las planchas mediante ganchos, tornillos o ambos.
- Colocación de los accesorios (caballetes, canales).

d) **Tejas de arcilla:** estas tejas se fabrican mediante procesos semejantes a los del ladrillo, pero debido a su menor espesor, deben ser sometidas a tratamientos más cuidadosos que estos. Deben ser de homogénea, sin manchas ni eflorescencias, de cantos vivos y superficie lisa, sin deformaciones notorias, que les impida ajustar perfectamente unas sobre otras. Deben dar un sonido claro a la percusión. Es importante, además, verificar la impermeabilidad de las tejas, lo que se hace manteniendo sobre la teja una carga permanente de agua de 10 mm durante 24 horas, al cabo de las cuales solo se aceptarán aquellas tejas que presenten a lo más manchas de humedad en la cara inferior, sin formaciones de gotas, en este último caso se rechazan o bien se someten a un tratamiento de impermeabilización.

Las tejas más conocidas son:

i) Teja colonial o española: esta es de tipo artesanal, su forma se aprecia en la Figura 14.13. Su peso es de aproximadamente 2,3 kg con un rendimiento cercano a las 24 tejas por m^2.

ii) Teja árabe: esta teja es fabricada a máquina; con un espesor de 12 mm y un rendimiento aproximado de 28 tejas por m^2.

iii) Tejas planas o combinadas: dentro de este tipo se tienen:
   - Teja marsellesa: de 43 x 25 cm, pesan 2,6 kg y tienen un rendimiento aproximado de 13,5 tejas por m^2.
   - Teja flamenca: mide 37 x 29 cm, con un peso de 2,8 kg y rendimiento aproximado de 12,5 tejas por m^2 (Figura 14.13).
   - Teja holandesa: mide 33 x 22 cm, pesa 1,7 kg y posee un rendimiento aproximado de 19 tejas por m^2.

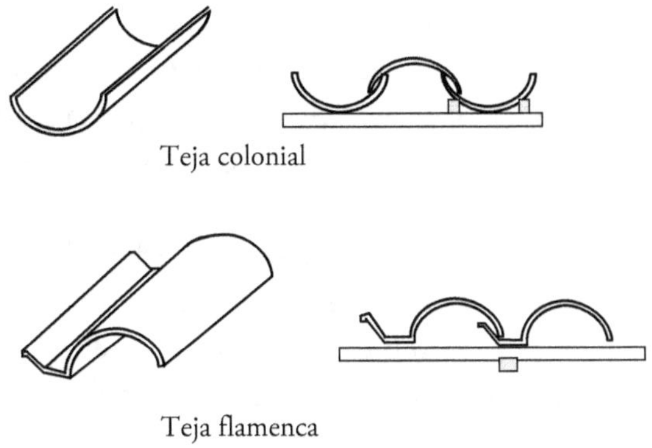

Figura 14.13
Esquemas de tejas de arcilla y su colocación (Guzmán, 1980).

e) **Tejas planas de cemento**: son fabricadas de hormigón simple y pueden tener el aspecto gris del cemento o contener pigmentos de color, que no alteren las propiedades del hormigón.
En la Figura 14.14 se pueden apreciar las variedades más usuales de tejas de cemento con sus respectivas medidas. La parte más delgada de estas tejas no puede ser menor a 6 mm. Además, las tejas llevan un alambre incorporado, de longitud mínima exterior de 12 cm, para atarlas a las costillas.

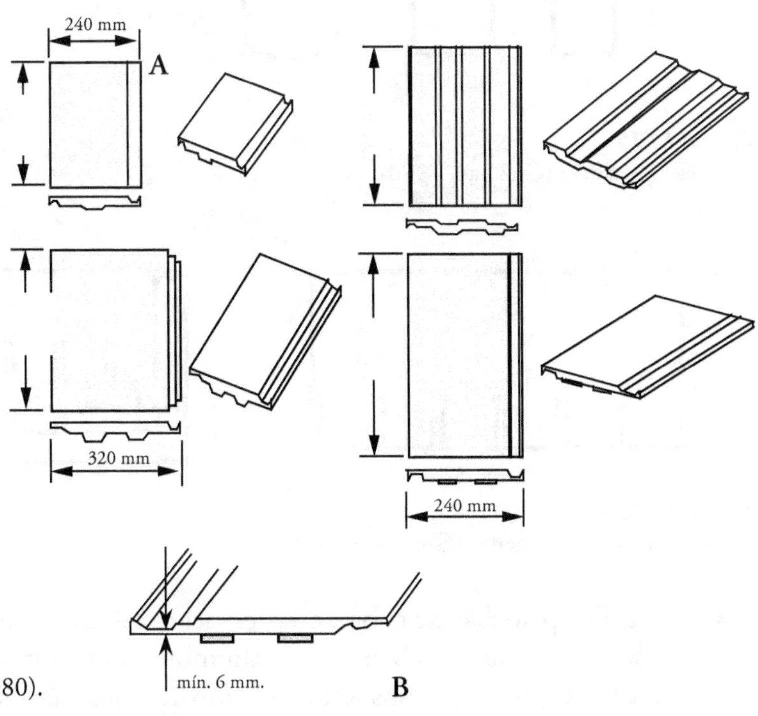

Figura 14.14
Esquemas de tejas de cemento (Guzmán, 1980).

f) **Tejuelas**: se acostumbra llamar tejuela a un tipo de teja que no tiene traslapo lateral, pero que por lo común es de mayor longitud, de manera que gran parte de cada unidad queda cubierta por la hilada superior. Existen dos tipos de tejuelas: de madera y de asbesto cemento, ambas en diferentes medidas.
En el caso de tejuelas de madera (Figura 14.15), el traslapado entre hiladas debe ser tal que no más de un tercio de ellas quede a la vista. La mejor madera para tejuelas, por su resistencia a la intemperie, es la de alerce. En la Figura 14.16 se observan planchas de asbesto cemento, las que pueden ir divididas en 4 ó 6 tejuelas; se ve también su forma de colocación.

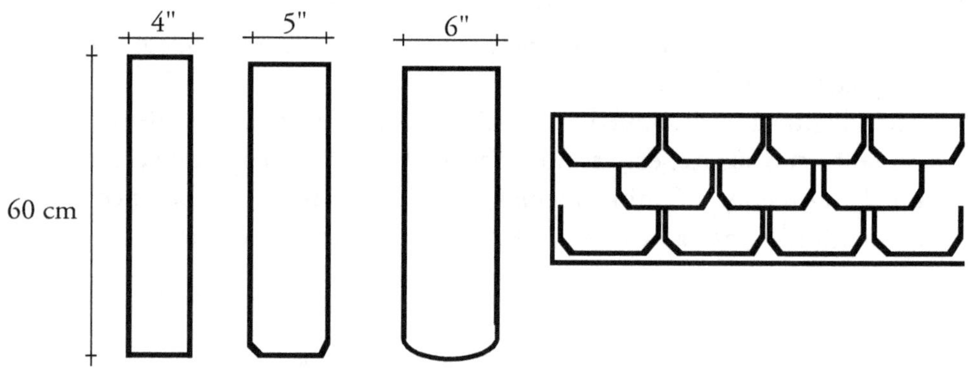

Figura 14.15
Tejuelas de madera (Guzmán, 1980).

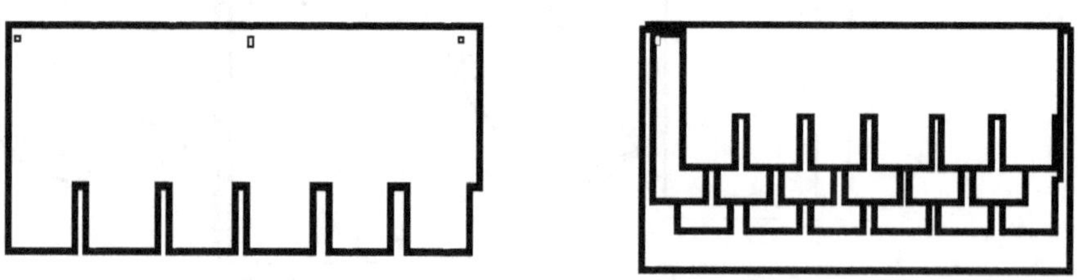

Figura 14.16
Tejuelas de asbesto cemento (Guzmán, 1980).

g) **Cubiertas de planchas de cobre**: estas planchas poseen las mejores propiedades para ser empleadas en cubiertas de techumbre, como asimismo en canales, bajadas de agua, forros, y caballetes. Sin embargo, son también las más costosas.

Las dimensiones de estas planchas son de 60 x 150 cm, 60 x 220 cm, 61 x 200 cm, con espesores de 0,4 y 0,5 mm y en rollos de 61 cm de ancho. También existen en espesores de 0,6 mm con dimensiones de 90 x 100 cm y 150 x 220 cm.

Las uniones de estas planchas se realizan mediante una serie sucesiva de dobleces de sus bordes, que se llama engatillado (aunque también se conoce como embayetado). Este proceso se muestra en la Figura 14.17.

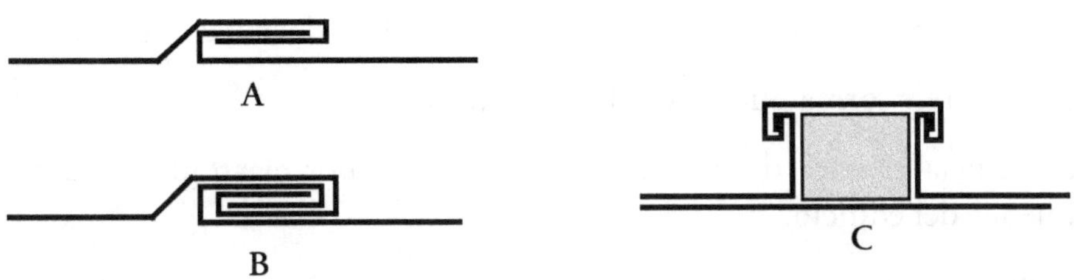

Figura 14.17
Uniones de planchas de cobre. A: Engatillado simple. B: Engatillado doble.
C: Engatillado con interposición de listón de madera. (Hunting, 1981).

h) **Otras cubiertas metálicas**: estas tienen un tratamiento similar al de las de cobre y entre las más comunes se encuentran:
   - acero cincado liso, y
   - aluminio.

i) **Cubiertas de otros materiales**: estas pueden ser de:
   - fieltros Bituminosos,
   - cubiertas traslúcidas (plásticas),
   - resina de poliester reforzado,
   - planchas acrílicas,
   - planchas de PVC,
   - otros.

14.2.3 SELECCIÓN DEL MATERIAL PARA CUBIERTA

La selección del material de cubierta está influido por factores relativos a diversos aspectos tales como:

- condiciones climáticas de la zona donde se la instalará. Entre éstas es importante tener en cuenta la existencia de vientos fuertes, variaciones amplias de temperatura, exceso de lluvias, etc.
- durabilidad, la quese ve afectada principalmente por la calidad del material a usar, el clima, el mantenimiento que se da a la estructura, etc.
- mantenimiento necesario. Muchos materiales requieren de una mantención permanente, tal puede ser pintura, recambio de piezas que se dañan más fácilmente u otros.
- peso que puede resistir la estructura del edificio y de la techumbre.
- pendiente y forma que tendrá la techumbre.
- apariencia estética de la techumbre, decidida por el arquitecto o por los dueños del edificio.
- costo.

14.3 CUBICACION DE UNA TECHUMBRE

La cubicación de la techumbre se hace de acuerdo a la NCh 353, su medición se efectúa por la superficie proyectada sobre el plano horizontal incluyendo los canes, si estos forman una sola pieza con los pares o tirantes de las cerchas o con los envigados de cielo. En el ejemplo de la Figura 14.18 ambos techos cuentan con el mismo número de metros cuadrados proyectados a pesar de verse tan distintos. La estructura de techumbres prefabricadas se puede considerar por unidad.

Figura 14.18
Ejemplo de cubicación de techumbre.

Los aleros que estén en el plano de las vertientes se incluirán en la enmarcación de techumbre, y los que estén en el plano de los envigados se conceptuarán como formando parte de estos. Los aleros independientes se medirán por su superficie saliente proyectada sobre el plano horizontal. Los forros forman partida separada. Así como también los canes a la vista.

Respecto a la cubicación de cubiertas, ésta se hace en base a la NCh 353, en esta partida incluye los elementos intermedios entre la cubierta y la estructura de techumbre (o sea, incluye el material de cubierta, entablado, enmaderaciones y costaneras). La cubierta sé cúbica por la superficie (m^2) de las vertientes (aguas) que cubra, sin considerar los traslapos.

14.4 EJERCICIOS

A continuación se presentan algunos temas que pueden servir de estudio, los cuales pueden ser resueltos con el material presentado en el capítulo y a veces con lecturas adicionales:

a) ¿Cuáles son las formas más comunes de techumbres para edificación?
b) Indique las diferencias entre un tijeral y una cercha.
c) ¿Cuáles son los materiales de cubiertas más utilizados en las viviendas? ¿Cuáles de ellos usaría en Arica y en Puerto Montt respectivamente?
d) ¿Qué precauciones tomaría usted al colocar la cubierta de una casa?
e) Comente la forma de cubicación de las techumbres.

CAPÍTULO 15

INSTALACIONES

Se denomina instalaciones al conjunto de tuberías, redes, cables y otras canalizaciones que, con sus respectivos accesorios, prestan servicios básicos para el funcionamiento de edificios, vía pública, etc.

Las instalaciones básicas mínimas que se requieren en una zona urbanizada son:

- Instalación de agua potable.
- Instalación de alcantarillado.
- Aguas lluvia.
- Instalación eléctrica.
- Instalación de gas.

De todas ellas se hará una reseña en el presente capítulo. También existen otras instalaciones adicionales para edificaciones, tales como: calefacción, aire acondicionado, ventilación, teléfono, ascensor, etc. las cuales no serán tratadas en este texto.

15.1 INSTALACIÓN DE AGUA POTABLE

Agua potable es aquella que, por carecer de elementos nocivos para la salud y no tener mal olor ni mal sabor, puede servir como bebida y utilizarse en la elaboración de alimentos.

15.1.1 OBTENCIÓN DEL AGUA POTABLE

La obtención de agua potable se logra luego de varias etapas de tratamiento de las aguas naturales, entre ellas están:

a) **Captación**: se obtiene el agua de las fuentes naturales que la puedan proporcionar (ríos, pozos, vertientes, etc.). Para la captación se usan obras especiales, fabricadas con ese objetivo, estas obras pueden ser para:
   - *Captación superficial*: se toma agua de ríos y esteros mediante bocatomas o canales de captación.
   - *Captación subterránea*: se capta el agua bajo la cota del terreno, de napas que pueden ser subterráneas superficiales o subterráneas profundas. Es necesario realizar un análisis químico de estas aguas, para asegurar su potabilidad.

b) **Tratamiento**: las aguas captadas en la primera etapa se tratan en plantas especiales, para luego poder distribuirlas como agua potable, dentro del tratamiento se contemplan:
   - *Decantación*: eliminación de partículas mediante gravedad.
   - *Floculación*: se agregan floculadores al agua para que se formen grumos con las partículas en suspensión y sea más fácil eliminarlos.
   - *Filtración*: es el paso del agua por diferentes filtros para eliminar impurezas residuales.
   - *Desinfección*: se agregan desinfectantes al agua para eliminar los microbios (por ejemplo, cloro).

c) **Acumulación**: se hace en estanques, los cuales, además de almacenar el agua, sirven como reguladores del gasto, permitiendo diseñar matrices más delgadas. Los acumuladores pueden ser estanques elevados o subterráneos, tranques, etc.

d) **Traslado**: el agua se lleva a su lugar de destino por tuberías, entre las cuales están:
   - *Aducción*: es la cañería que va desde los acumuladores a los centros de consumo, llevando el agua potable.
   - *Matriz*: es la cañería principal dentro de los centros de consumo, sirve para la distribución del agua potable en dichos centros.

15.1.2 DISTRIBUCIÓN DOMICILIARIA DEL AGUA POTABLE

El agua por la matriz se traslada hasta la instalación domiciliaria, que es el conjunto de instalaciones diseñadas y construidas para abastecer a las distintas propiedades, y comprende (Figura 15.1):

- Arranque domiciliario.
- Instalación interior: agua fría, caliente y red de incendio.

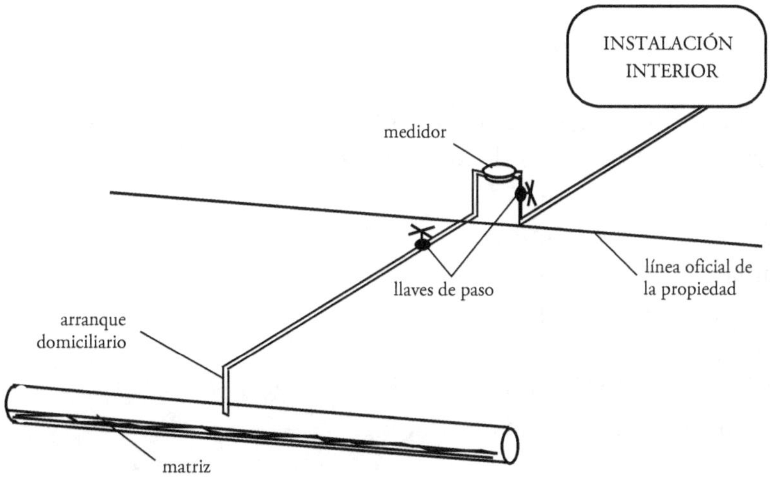

Figura 15.1
Esquema de instalación domiciliaria de agua potable (Guzmán, 1980).

Los tamaños de las tuberías que conforman la red de agua potable (que comprende también matriz, válvulas reguladoras y grifos) están reglamentados de acuerdo al reglamento de instalaciones domiciliarias de agua potable y alcantarillado (RIDAA) y manual de normas técnicas y deben ser calculados para que cada artefacto tenga la presión requerida (mínimo 4 mca en el último artefacto) de acuerdo a las necesidades estimadas, considerando que la empresa prestadora debe garantizar una presión de 14 mca en el arranque domiciliario.

Algunos datos de referencia con respecto a este punto son:

- Los medidores deben ser calculados bajo dos condiciones: satisfacer los consumos promedio por habitante por día (dotación); y satisfacer el gasto máximo probable, que es función del tipo y cantidad de artefactos instalados (gasto instalado).

- Para estimar la dotación, se debe multiplicar el número de habitantes considerados en el proyecto (generalmente el número de camas consideradas en el proyecto arquitectónico) por el consumo promedio de cada habitante, va entre 150 a 450 lt/día por persona dependiendo del lugar geográfico. Estos valores son entregados en forma referencial por la autoridad correspondiente.
- El gasto máximo probable (QMP) en lt/min., se calculará a partir del gasto instalado (QI) de artefactos de agua fría, mediante la siguiente fórmula:

$$Q.M.P. = 1{,}7391 * QI^{0.6891} \qquad (15.1)$$

Para determinar el gasto instalado es necesario conocer el gasto promedio de los artefactos. Los gastos de los artefactos más utilizados son:

W.C.	= 10 lt/min
Lavamano	= 8 lt/min
Baño tina	= 15 lt/min
Lavaplatos	= 12 lt/min
Lavadero	= 15 lt/min
Llave jardín	= 20 lt/min

Por otras parte, los materiales más usados en las cañerías de la red de agua potable son:

- Polietileno Reticulado (PEX).
- PVC rígido (para agua fría).
- Polipropileno (para agua caliente).
- Cobre.

Dentro de la instalación domiciliaria es obligación incluir las redes de incendio, las hay de dos tipos:

i) **Red seca**: es aquella red por la que no circula agua normalmente. Solo en caso de incendio se conecta a la red pública de agua potable.

ii) **Red húmeda**: es aquella que está conectada permanentemente a la red pública de agua potable.

La cubicación de toda la instalación domiciliaria se hace por despiece: llaves, cañerías, codos, etc.

15.1.3 SIMBOLOGÍA DE INSTALACIONES DE AGUA POTABLE

En los proyectos de edificación, urbanización, etc. se usan símbolos especiales para distinguir las instalaciones de agua potable, entre ellos están los de la Tabla 15.1.

Tabla 15.1: Símbolos y abreviaturas de instalaciones de agua potable (RIDAA, 2002)

Agua potable: abreviaturas y símbolos					
Medidor Agua Pot.	M.A.P.	-Ø-	Guarda Llave	G.Ll.	⊙
Llave de Paso	Ll. P.	•——|	Reducción	re.	—▸—
Llave de Salida		•——||	Calefont	cal.	©
Llave Jardín	Ll. j.	——×	Sentido Escurrimiento		⇒
Cañería Agua Fría Proyectada por Radier o Tierra por Entretecho		 ———— – · – · –	Cañería Agua Caliente Proyectada por Radier o Tierra por Entretecho		 – – – – – – ·· – ·· –

15.2 INSTALACIÓN DE ALCANTARILLADO

El alcantarillado es un sistema de evacuación de aguas. Existe en dos variedades:

i) *Alcantarillado de aguas lluvias*: recolecta las aguas provenientes de lluvias evitando inundaciones.

ii) *Alcantarillado de aguas servidas*: como su nombre lo indica recolecta las aguas servidas. Este tipo de alcantarillado puede subdividirse, además, en: sistema público y sistema particular (privado).

Tanto en el sistema público como en el privado la instalación para aguas servidas debe sastisfacer los siguientes requisitos:

- Debe permitir una rápida evacuación de dichas aguas.

- No debe permitir que se formen depósitos de materias putrefactas.
- Debe ser hermético al agua y a los gases.
- Debe resistir los ataques de ácidos y de gases.

15.2.1 SISTEMAS DE ALCANTARILLADO

i) **Sistema público de alcantarillado**: este sistema comprende los siguientes componentes (Figura 15.2):

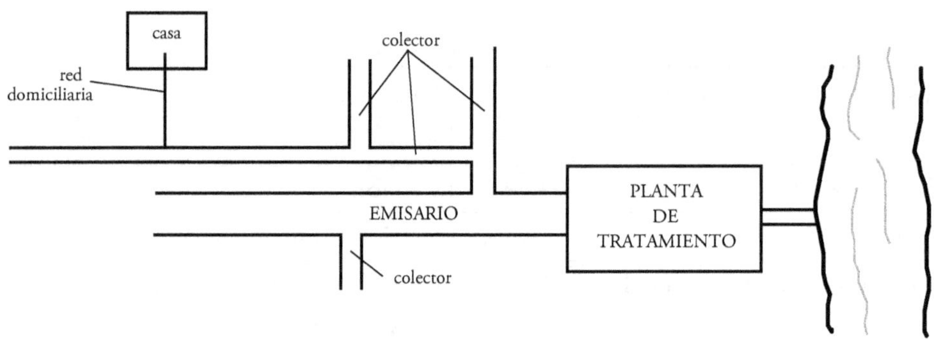

Figura 15.2
Esquema de un sistema público de alcantarillado.

Este sistema debe calcularse para ser capaz de atender una cantidad superior de la población que habita la zona en que será instalado; además debe dotarse de suficientes cámaras y de ventilaciones adecuadas.

a) Red domiciliaria: La instalación domiciliaria es el conjunto de canalizaciones y accesorios diseñados y construidos para recibir y dar salida a las aguas servidas de un edificio (Figura 15.3).

   Entre sus componentes se cuentan:
   - *Empalme*: es el punto de conexión entre la unión domiciliaria y el colector.
   - *Unión Domiciliaria*: es el ramal de conexión entre el desagüe de la vivienda y la matriz de alcantarillado. El factor que más importa en ella es su profundidad, ya que indica si es posible dar a la red interior la pendiente necesaria para el escurrimiento natural de las aguas servidas hacia

la red pública. Su diámetro es función de la descarga y puede conectarse con un pendiente de entre 3% y 33%.

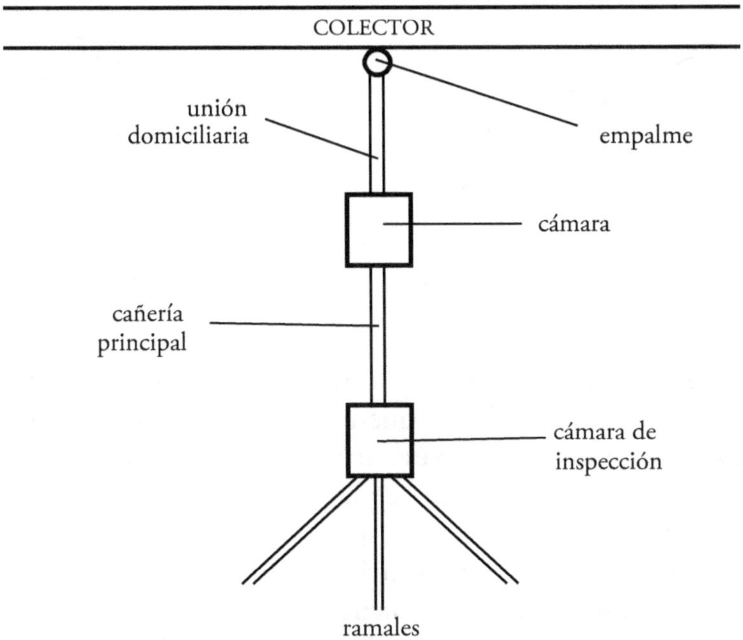

Figura 15.3
Esquema de red domiciliaria.

- *Cámaras de inspección*: (Figura 15.4) se deben colocar cuando se produce cualquiera de las siguientes situaciones:
  - Cambio de dirección.
  - Cambio de pendiente.
  - Concurrencia de los ramales a la cañería principal.
  - Cambio del diámetro de la tubería.
  - Cambio de material.

Distancias máximas permitidas entre las cuales, en caso de no existir ninguna singularidad, hay que instalar una cámara en la red domiciliaria:
  - Con cañería de 100 mm de diámetro : 30 metros.
  - Con cañería de 150 mm de diámetro : 50 metros.

Las paredes de estas cámaras se construyen de albañilería de soga, con espesores y dimensiones de acuerdo a la profundidad en que se ubican, y deben ser revestidas interiormente. El fondo de la cámara es llamado banqueta, debe tener una pendiente hacia el desagüe de un 33%.

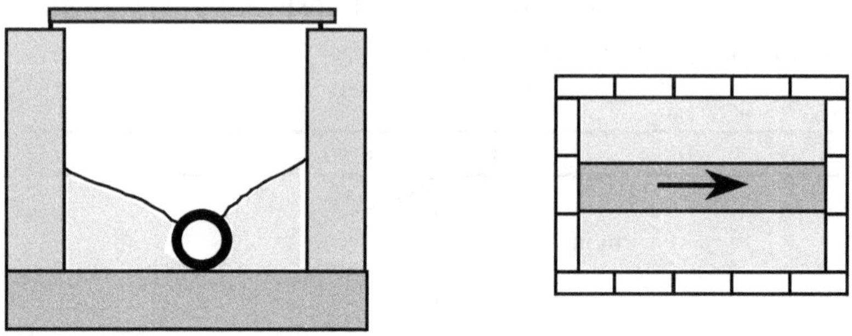

Figura 15.4
Cámara de inspección.

- *Ramales y cañería principal*: son tubos que trasladan las aguas servidas, deben tener una pendiente que puede variar entre un 3% y un 15%, para permitir un adecuado escurrimiento. Sin embargo, se podrá considerar una pendiente mínima de hasta un 1%, en aquellas tuberías ubicadas en losas o en otros casos especiales, debidamente justificados. Para su construcción los tubos que más se utilizan son los de hormigón, fierro fundido, plástico y asbesto cemento. En los dos primeros casos los tubos van asentados directamente sobre el fondo del terreno, instalándose desde el punto más bajo hasta el más alto. En cambio, si se trata de los dos últimos materiales nombrados, se debe colocar una capa de arena en el fondo, sobre la que se asientan los tubos, La instalación se debe hacer en la misma secuencia que los anteriormente nombrados (Figura 15.5).

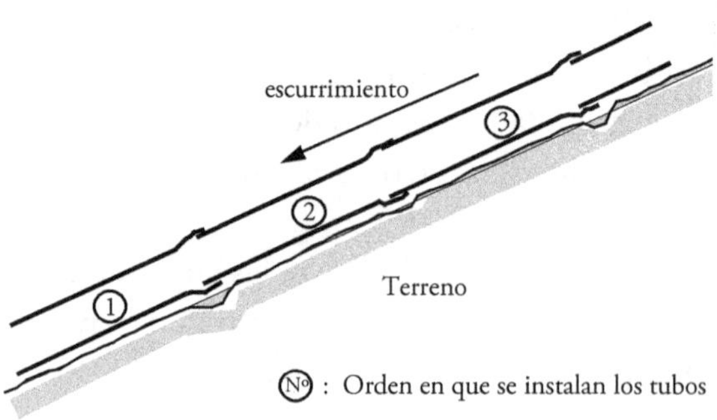

Figura 15.5
Colocación de tubos de alcantarillado.

- *Ventilaciones y descompresión*: el diámetro mínimo para los tubos de ventilación es de 75 mm., la instalación de dichos tubos debe hacerse en el punto más alto de cada ramal. Al respecto, se agrega además que todas las bocas de admisión de las tuberías de alcantarillado deben estar provistas de un sifón o cierre hidráulico, que impida la salida de gases viciados. La altura del agua en ellos no debe ser inferior a 50 mm.

- *Artefactos*: son los artefactos sanitarios que reciben las aguas servidas y que se conectan a los ramales para evacuarlas.

b) Colector: tuberías de mayor diámetro que las domiciliarias, que reciben las aguas servidas provenientes de dicha red.

c) Emisario: tubería que recibe las descargas de los colectores.

d) Planta de tratamiento: planta a la que llegan las aguas servidas, donde son tratadas para degradar las materias orgánicas antes de ser liberadas a cauces naturales (ríos, lagos o mares). Este tema ha evolucionado y muchos proyectos instalan sus propias plantas de tratamientos antes de liberar sus aguas servidas.

ii) **Sistema particular de alcantarillado**: éste se compone de tres partes principales que se presentan en la Figura 15.6:

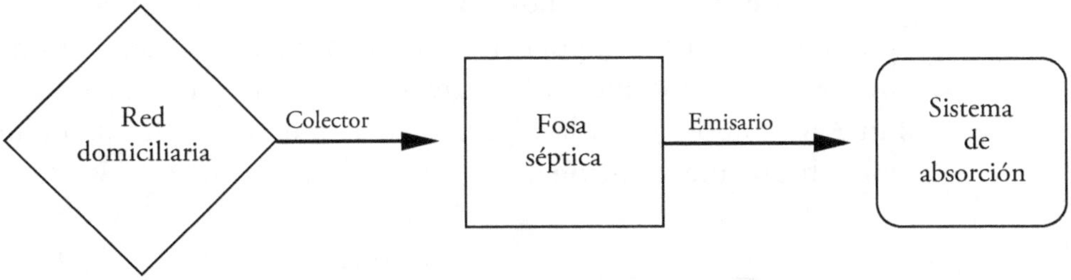

Figura 15.6
Esquema de sistema particular de alcantarillado.

a) Red domiciliaria: similar al descrito en el sistema público.

b) Fosa Séptica: esta tiene como objetivo degradar las materias orgánicas, como son las grasas y materias fecales, por medio de microorganismos anaeróbicos, por tal motivo este pozo no debe poseer ventilación. En la Figura 15.7 se puede apreciar el detalle de una fosa séptica.

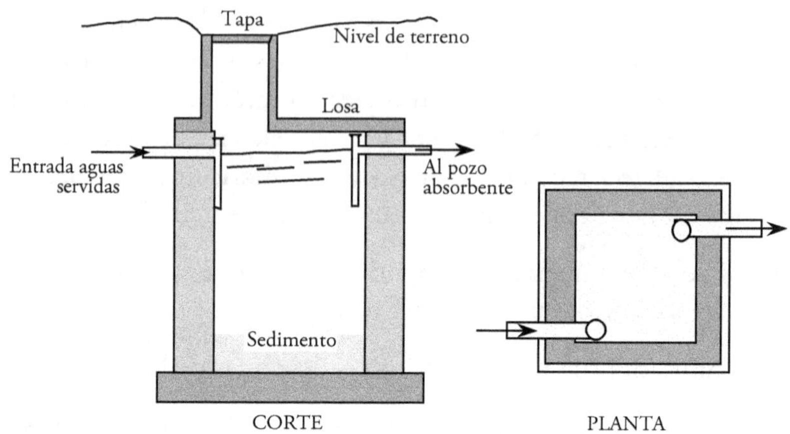

Figura 15.7
Fosa séptica
(Guzmán, 1980).

c) Sistema de Absorción: éste es el sistema que permite devolver el agua al ecosistema, y puede ser de dos formas:
   - Por corriente de agua.
   - Por permeabilidad del terreno; y puede ser mediante:
     - *Pozo absorbente*: su diámetro y profundidad depende del gasto requerido y de la permeabilidad del terreno. Los grandes enemigos de estos pozos son los detergentes no biodegradables, las grasas emulsionadas y el papel (la celulosa forma una pasta con el agua), puesto que después de un tiempo, debido a la continua filtración, se forma una capa impermeable en las paredes, lo que impide que el pozo funcione como tal. En la Figura 15.8 se muestra el detalle de un pozo absorbente tradicional.

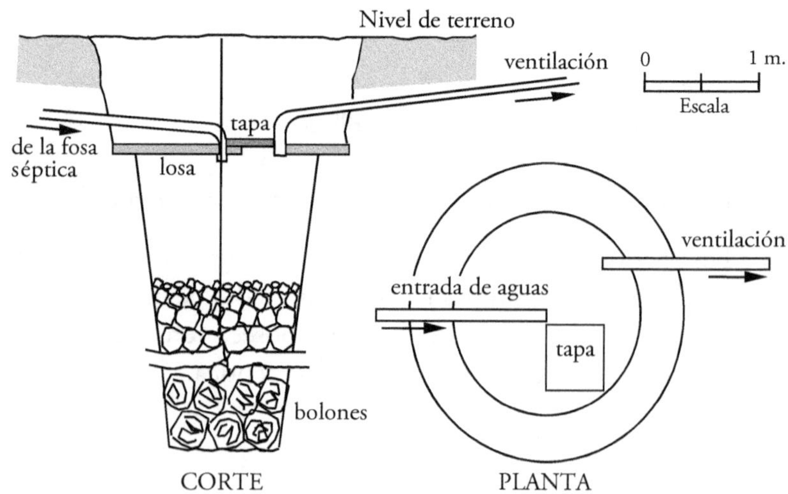

Figura 15.8
Pozo absorbente
(Guzmán, 1980).

- *Sistema de drenaje*: consiste en una cámara a la que llega el emisario. Esta cámara, que es la cámara repartidora, posee una ventilación y varios tubos de forma de abanico, que cubren normalmente una superficie por donde se distribuyen las aguas (Figura 15.9).

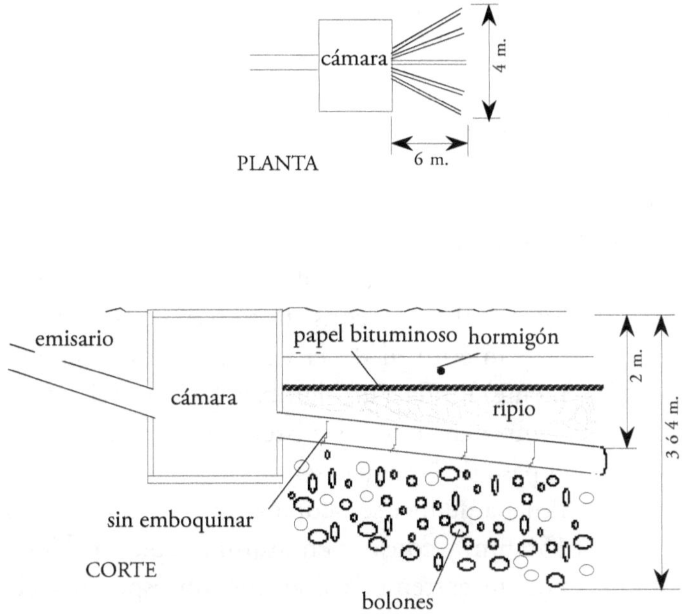

Figura 15.9
Sistema de drenaje.

15.2.2 PRUEBAS AL SISTEMA DE ALCANTARILLADO

Para asegurar el correcto funcionamiento del sistema de alcantarillado se recomienda realizar ciertas pruebas, tales como:

1) *Primera prueba hidráulica*: ésta se realiza antes de cubrir las tuberías y consiste en colocar un tapón en la tubería y llenarla de agua, con una presión mínima de 1.6 m de altura (Figura 15.10).
   Una vez colocado el tapón y llenado de agua la tubería, se mantiene en estas condiciones durante 10 horas más o menos, midiéndose la pérdida en lt/min. Las pérdidas no deben ser superiores a las permitidas por el reglamento y dependen del material que conforma la tubería (si es de plástico no se admite pérdida). Además, es necesario realizar una inspección visual de las uniones.

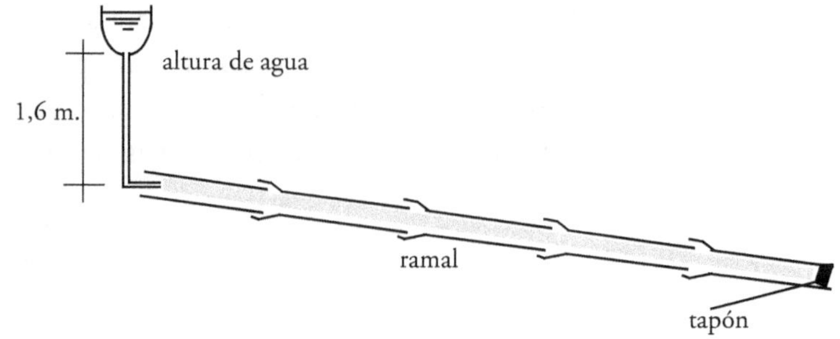

Figura 15.10
Prueba hidráulica.

2) *Revisión interior*: ésta también se efectúa antes de rellenar las zanjas y puede realizarse de dos formas:
   - Prueba de bola: ésta se lleva a cabo si el diámetro de la tubería tiene hasta unos 100 mm y consiste en hacer pasar una bola de madera de diámetro algo inferior al de la tubería (3 mm menos que el diámetro generalmente) unida a un alambre. La bola debe pasar libremente, con lo que se comprueba que no existen obstrucciones que impedirán posteriormente el paso de las aguas servidas.
   - Prueba de luz: se ocupa para tuberías de diámetros mayores o iguales a 150 mm y consiste en iluminar con una lámpara el interior de la cañería por un extremo, colocando un espejo en el otro, debiendo verificarse que no existan sombras en el reflejo.

3) *Prueba de asentamiento y pendiente*: con ésta se comprueba que las uniones están alineadas y con la pendiente correcta (se usa para ello un nivel y lienza). Esta prueba debe realizarse para cada tubo y a lo largo de toda la tubería.
   Una vez realizadas las pruebas anteriores y aprobada la tubería, se rellena con capas de 15 a 20 cm, sin material grueso (para evitar fracturas) y se compacta el terreno. Luego se procede al segundo set de pruebas.

4) *Segunda prueba hidráulica y de bola*: vuelven a realizar estas pruebas, para asegurar el adecuado funcionamiento posterior al relleno.
   Pasadas estas pruebas se procede a la instalación de los artefactos, cuidando que ajusten correctamente.

5) *Prueba de humo*: con esta prueba se verifica que el sistema no ventile hacia el interior, o sea, que los olores escapen por las cañerías de desagüe. Antes de realizar esta prueba es necesario colocar los sellos de agua; luego, se introduce humo a presión en el punto más alto del ramal (ventilación), hasta que los sellos de agua suban 3 cm manteniéndose así durante 5 min.

15.2.3 SIMBOLOGÍA DE INSTALACIONES DE ALCANTARILLADO

En los proyectos de edificación, urbanización, entre otros, se usan símbolos especiales para distinguir las instalaciones de alcantarillado. Entre ellos están los de la Tabla 15.2.

Tabla 15.2: Símbolos y abreviaturas de instalaciónes de alcantarillado (RIDAA, 2002)

Alcantarillado: abreviaturas y símbolos					
Cañería Hormigón Simple	HS		Lavaplatos	LP.	
Cañería Fundición de Hierro	FF		Lavacopas	LC.	
Cañería de Cobre	Cu		Bidet	Bd.	
Cañería de Asbesto Cemento	A-CEM		Baño Tina	B°	
Cañería Cloruro de Polivinilo	PVC		Baño Lluvia	B° LL.	⊠
Descarga	D		Lavatorio	L°	
Ventilación	V		Urinario	Ur.	
Registro	TR		Inodoro Corrte.	WC. C.	
Cámara de Inspección	CI	□	Inodoro Silencioso	WC. S	
Pileta Piso	PP	○	Fosa Séptica	F.S.	
Pileta Botagua	PBA		Pozo Absorbente	P.A.	
Unión Domiciliaria	UD		Trazado Inst. Proyectada		———
Lavadero	LV		Trazado Inst. Existente		- - -

15.3 INSTALACIÓN DE AGUAS LLUVIAS

En general, las urbanizaciones producen una alteración importante en el uso del suelo, un cambio significativo en las condiciones naturales, y en particular en el ciclo del agua y en las características hidrológicas y ambientales. Estos cambios se traducen en la disminución de la capacidad de infiltración y retención y en la aparición de innumerables cauces artificiales como calles y cunetas.

En Chile, la Ley 19.525 oficial desde el año 1997, establece que el Estado velará por que en las ciudades y en los centros poblados existan sistemas de evacuación y drenaje de aguas lluvias que permitan su fácil escurrimiento y disposición e impidan el daño que ellas puedan causar a las personas, a las viviendas y, en general, a la infraestructura urbana. Para lograrlo, el Ministerio de Obras Públicas debe desarrollar Planes Maestros, en los cuales se definirá lo que constituye la red primaria de sistemas de evacuación y drenaje de aguas lluvias, conformada por ductos, generalmente de dimensiones importantes, que deben recolectar las aguas lluvias proveniente de las redes menores y disponer de ellas hasta depositarlas en forma segura en cauces naturales. El Ministerio de Obras Públicas debe encargarse además de la planificación, estudio, proyección, construcción, reparación, mantenimiento y mejoramiento de esta red primaria. El resto de las redes, no contempladas dentro de la definición de red primaria, constituyen la red secundaria de aguas lluvias que estará, según la Ley vigente en Chile, a cargo del Ministerio de Vivienda y Urbanismo. Esta red está formada por un conjunto de elementos que captan, retienen y conducen las aguas lluvias en la parte inicial de las redes de drenaje urbano, hasta entregarlas a un sistema de recepción adecuado hacia aguas abajo. La misma Ley señala que las redes de evacuación y drenaje de aguas lluvias que se construyan serán independientes de las redes de alcantarillado de aguas servidas y no podrán tener interconexión entre ellas, salvo cuando la autoridad competente así lo disponga, fundada en un estudio de ingeniería que lo justifique desde un punto de vista técnico.

En los lugares que exista red primaria, el sistema de colectores secundarios debería conectarse a ésta. Si en cambio, no existe red primaria, la red secundaria deberá entregar a lo más el caudal máximo que escurría en forma natural y en el mismo lugar geográfico. De este modo se pueden enfrentar dos de los principales problemas asociados a las aguas lluvias: el primero, si se construyen colectores primarios, estos no vean sobrepasada su capacidad debido al aumento del escurrimiento causado por las nuevas urbanizaciones, y el segundo, que si no existe red de colectores primarios, las nuevas urbanizaciones no empeoren la situación actual, en espera que la construcción de colectores principales puedan solucionar definitivamente los problemas de inundaciones.

Con lo anterior, lo que se busca es generar urbanizaciones de bajo impacto desde el punto de vista de las aguas lluvias. Este tipo de urbanizaciones permite mantener las condiciones de escurrimiento previas al desarrollo de la urbanización, para lo cual utilizan lo que se conoce como Técnicas Alternativas para Soluciones de Aguas Lluvias en Sectores Urbanos. Entre estas técnicas se encuentran la desconexión de áreas impermeables, el almacenamiento temporal y la infiltración de aguas lluvias en las cercanías de los lugares en que se producen. Herramientas importantes para lograr estos objetivos son la utilización de pavimentos permeables y pozos de infiltración para viviendas. Mayor información puede encontrarse en el Centro de Aguas Urbanas de la Pontificia Universidad Católica de Chile (www.centroaguasurbanas.cl).

15.3.1 CRITERIOS GENERALES PARA EL DISEÑO DE COLECTORES DE AGUAS LLUVIAS

Por lo descrito en la sección anterior, los proyectos de urbanización deberán en el corto plazo, considerar la solución de los problemas que pueden producir las aguas lluvias en la zona a urbanizar. El proyectista debería considerar algunos criterios básicos que orientan las soluciones de drenaje de aguas lluvias de la zona a urbanizar, satisfaciendo al menos los siguientes aspectos (Fernández, 2004):

- Respetar las indicaciones del Plan Maestro para la zona si las hay.
- Evitar la inundación de calles y bienes para períodos de retorno preestablecidos en las condiciones de diseño.
- Evitar que para condiciones de lluvias importantes se genere riesgo para las personas o se produzcan daños graves a terceros, a la propiedad pública o privada, o pérdidas de bienes.
- Si se trata de una urbanización nueva de terrenos que no estaban urbanizados, la urbanización no debe generar mayores caudales máximos que los que se producían antes de urbanizar para las lluvias de diseño.
- El criterio anterior también podrá aplicarse a proyectos de remodelación de zonas urbanas extensas, o grandes proyectos industriales, comerciales o institucionales en terrenos ya urbanos.
- En lo posible respetar el sistema de drenaje natural de la zona.

15.3.2 COLECTORES EN VÍAS PÚBLICAS

Cuando llueve en un centro urbano, el agua debe ser captada a través de los sumideros ubicados en distintos puntos de las calles y pasajes y en el futuro inmediato también de las conexiones habitacionales y condominios, conduciéndolas a la red secundaria y por este medio ser llevadas a la red de tuberías primarias, las cuales irán ampliando su sección a medida que aumenta el área de drenaje. Posteriormente estos colectores primarios se hacen demasiado grandes, motivo por el cual se hace conveniente, dentro de lo posible, descargar su caudal a los canales que van encontrando a su paso, los cuales a su vez finalmente entregan su caudal a un río.

El diseño de los colectores de los elementos de la red primaria se realizará de acuerdo al Plan Maestro y serían de responsabilidad de la Dirección de Obras Hidráulicas del MOP.

El diseño y ejecución de los colectores de la red secundaria en nuevas urbanizaciones sería, una vez que entre en funcionamiento los planes maestros, responsabilidad del urbanizador. Esta red secundaria debe evitar que las calles conduzcan cantidades mayores a las descritas más adelante. El exceso de agua debe necesariamente ser conducido por los colectores. Para ello el proyecto debe contar además con suficientes sumideros, adecuadamente espaciados, que eviten que el agua escurra, se concentre y acumule en las calles.

Considerando recomendaciones de la American Society of Civil Engineers (ASCE, 1994), y adaptándose a las condiciones presentes en nuestras urbanizaciones, para cualquier tipo de calle los límites de inundación máxima en condiciones de diseño de la red de colectores, ya sea con aguas detenidas o escurriendo, no debería superar cualquiera de los siguientes puntos (Fernández, 2004):

- El nivel del agua no debe sobrepasar la solera, considerando alturas reales que estas puedan adoptar durante la vida útil del proyecto, desde un máximo de 15 cm habituales, hasta 10 cm o incluso 5 cm en calles con diseños antiguos o sometidas a recarpeteos.
- El ancho total de la zona inundada adyacente a cada cuneta no puede sobrepasar de 1,0 metros, ni ser superior a 2,0 metros en todo el ancho de la vía.
- Además, dependiendo del tipo de vía, según su clasificación como vía urbana, debe satisfacer las condiciones que se indican en la Tabla 15.3.

Además, para evitar riesgo a las personas, o daños a la propiedad pública o privada, se debe verificar que para tormentas mayores, con período de retorno de 50 años, las inundaciones provocadas por las aguas lluvias en las calles, no sobrepasen ninguna de las condiciones que se indican a continuación (Fernández, 2004):

- El nivel del agua no debe alcanzar el límite de la propiedad adyacente.

- La velocidad máxima del flujo en la calle no debe sobrepasar los 2,0 m/s.
- La profundidad máxima de la inundación no debe sobrepasar 0,3 m si la velocidad media del flujo es menor de 1,0 m/s, ni de 0,2 m si es mayor a 1,0 m/s.
- Además, dependiendo del tipo de calle, según su clasificación como vía urbana, debe satisfacer las condiciones que se indican a continuación en la Tabla 15.4.

Tabla 15.3: Condiciones máximas de inundación permitida para tormentas de diseño

Tipo de Vía	**Condición Permitida**
Expresas	No se permite la inundación de la calzada de circulación. Las aguas lluvias que caen sobre la calzada deben drenarse lateralmente y extraerse de ella, de manera que la calzada no conduzca aguas lluvias en sentido longitudinal.
Troncal	Deben dejarse libres dos carriles completos en cada sentido si es de doble sentido, o tres carriles si es de sentido único.
Colectoras	Debe dejarse libre al menos un carril en cada sentido si es de doble sentido, o dos carriles si es de sentido único.
Servicio y locales	Debe quedar libre al menos un carril.
Pasajes	Dejar libre, al menos, todo el espacio entre el pasaje y el cierre de la propiedad adyacente, con un mínimo de 1,0 metros.

Tabla 15.4: Condiciones máximas de inundación permitida para tormentas mayores

Tipo de Vía	**Condición Permitida**
Expresas	Deben quedar libres, sin inundación, al menos dos carriles en cada sentido, si es de doble sentido, o tres carriles si es de sentido único.
Troncal	Dejar libre al menos un carril en cada sentido si es de doble sentido o dos carriles si es de sentido único.
Colectoras	Dejar libre al menos un carril.
Servicio y locales	Dejar libre al menos un carril.
Pasajes	Dejar libre, al menos, la mitad del espacio entre el pasaje y el cierre de la propiedad adyacente, con un mínimo de 1,0 metros.

La capacidad teórica de agua que puede conducir una calle se puede estimar con las características geométricas de la cuneta y la pendiente longitudinal de la calzada, aplicando la ecuación de Manning para estimar la velocidad media del flujo, con un coeficiente de rugosidad de n=0,020 para pavimentos de hormigón y asfalto.

Desde el punto de vista del diseño la capacidad de conducción de aguas lluvias de las calles se considerará como el valor mínimo de las siguientes dos capacidades alternativas: considerando el ancho máximo permitido de la sección inundada, o la cuneta llena. Debe considerarse además que la capacidad se ve afectada por al existencia de singularidades como badenes, lomos de toro, accesos vehiculares, encuentros de calles, reparaciones, etc.

15.3.3 SUMIDEROS

El proyecto de aguas lluvias debe considerar sumideros para captar y conducir el escurrimiento superficial, preferentemente de las calles, hacia la red de colectores.

La capacidad hidráulica de captación de los sumideros depende de su tipo pero también de su ubicación, la pendiente de la calle, las características del flujo y los sedimentos que lleve el agua.

a) **Tipos de sumidero**
Se deben emplear sumideros según los tipos aprobados por el SERVIU, considerando para su selección los aspectos del tránsito, seguridad de peatones y vehículos, operación en condiciones extremas, mantención y costos. Los sumideros son en general de tres tipos:

- Horizontales, con rejilla, ubicados en la cuneta. Funcionan efectivamente dentro de un rango amplio de pendientes de la calle, pero las rejillas se obstruyen con facilidad y pueden generar inconvenientes para ciclistas y peatones. Tipos S3 y S4 del SERVIU.
- Sumideros laterales de abertura en la solera. Funcionan admitiendo objetos arrastrados por la corriente, pero su capacidad decrece con la pendiente, de manera que no se recomiendan para calles con pendientes longitudinales superiores al 3%. Pueden confeccionarse a partir del tipo S2 del SERVIU si se elimina la abertura horizontal en la cuneta.

- Sumideros mixtos. Combinan aberturas horizontales en la cuneta y laterales en la solera. Se recomiendan para un amplio rango de condiciones. Tipos S1 y S2 del SERVIU.

b) **Capacidad de sumideros**
La capacidad de los sumideros depende del tipo, tamaño y diseño de la rejilla, características de la cuneta y la calle donde se ubica y condiciones de operación. Su capacidad hidráulica se puede estimar suponiendo que funcionan como vertederos para pequeñas alturas de agua y como orificios para alturas de agua mayores. Colocados en una calle con pendiente no siempre logran captar toda el agua que viene por ellas aunque teóricamente dispongan de capacidad para ello.

Otro aspecto que debe considerarse en los sumideros es que ellos no son capaces de capturar todo el caudal que va por la calle. El caudal no capturado sigue hacia aguas abajo y debe agregarse al gasto que recibe la calle quedando por lo tanto para el siguiente sumidero. Los sumideros tipo del SERVIU son capaces de captar el 75% del flujo de la calle cuando escurre con un ancho de 1,0 m, y solo el 30% del flujo que escurre por la calle cuando es a cuneta llena. Esto es válido para todos los tipos de cunetas simples (Fernández, 2004).

c) **Ubicación de los sumideros**
Los sumideros se colocan ya sea solos o formando baterías de sumideros en serie, preferentemente en la cuneta de las calles, en los lugares que resulten más efectivos, para lo cual se puede considerar las siguientes recomendaciones de ubicación (Fernández, 2004):

- En las intersecciones entre calles para captar el 100% del flujo que llega por las calles, de manera de evitar que el flujo cruce las calles en las intersecciones. Se ubicarán aguas arriba del cruce de peatones.
- En las partes bajas de las intersecciones de calles, formadas por las cunetas que llegan desde aguas arriba. En lo posible se tratará de evitar que existan zonas bajas en las que se pueda acumular el agua, favoreciendo siempre el flujo hacia aguas abajo.
- Inmediatamente aguas abajo de secciones en las que se espera recibir una cantidad importante de aguas lluvias, como salidas de estacionamientos, descargas de techos, conexiones de pasajes.

- Siempre que la cantidad acumulada de agua en las cunetas sobrepase la cantidad máxima permitida para condiciones de diseño.
- Se evitará la colocación de sumideros atravesados transversalmente en las calzadas.
- Para conectar los sumideros a la red se preferirá hacerlo en las cámaras. En estos casos el tubo de conexión llegará a la cámara con su fondo sobre la clave del colector que sale de la cámara.
- Cuando sea necesario conectar un sumidero directamente al colector la conexión debe hacerse por la parte superior de este último. El tubo de conexión debe ser recto, sin cambio de diámetro, pendiente ni orientación. El ángulo de conexión entre el tubo y el colector debe ser tal que entregue con una componente hacia aguas abajo del flujo en el colector. Para este empalme podrá emplearse piezas especiales.

15.3.4 COLECTORES

Los tubos de los colectores son generalmente circulares prefabricados de materiales como mortero de cemento comprimido, cemento asbesto y PVC. Sin embargo, pueden considerarse otros tipos de sección y construidos en terreno de acuerdo a las condiciones de proyecto y los costos involucrados.

Para las condiciones de diseño los colectores secundarios deberían funcionar con escurrimiento libre. Para ello el diámetro de los colectores se selecciona de manera que para el caudal máximo de diseño la altura de agua sea igual o menor que 0,8 veces el diámetro D. El diámetro mínimo de los colectores debe ser 300 mm. La velocidad máxima del escurrimiento no debe sobrepasar 3 m/s y la velocidad mínima del escurrimiento no debe ser inferior a 0,9 m/s.

La red de colectores se debe completar con cámaras de inspección, las que se colocarán con iguales criterios que los establecidos para una red de alcantarillado de aguas servidas.

Se podrán diseñar obras especiales y tramos en presión, como sifones invertidos, si el proyecto lo requiere. En este caso se deben tomar las medidas para evitar embanques, y lograr una adecuada operación y mantención.

15.3.5 DESTINO DE LAS AGUAS

En el proyecto de un sistema de recolección de aguas lluvias urbanas debe quedar claramente establecido en el proyecto el destino final de las aguas recolectadas por la red. Se consideran aceptables las siguientes opciones (Fernández, 2004):

- Para una red de colectores secundarios debe ser la red de colectores primarios definida en el Plan Maestro de aguas lluvias de la zona.
- Para descargar a cauces naturales o artificiales diferentes a la red primaria del sistema de aguas lluvias debe contarse con la autorización de la Dirección General de Aguas del MOP.
- Para un sistema de Técnicas Alternativas de acuerdo a lo indicado en la publicación del MINVU "Técnicas Alternativas para Soluciones de Aguas Lluvias en Sectores Urbanos. Guía de Diseño" (MINVU y PUC, 1996).

No se permitirá el empleo de canales de riego como receptores de aguas lluvias de la red secundaria, a menos que expresamente estén considerados de esta forma en el Plan Maestro de aguas lluvias. Para conectarse a una red de alcantarillado unitaria deberá contarse con la autorización expresa de la Empresa Sanitaria respectiva.

15.3.6 TÉCNICAS ALTERNATIVAS

El modo tradicional de enfrentar el problema de las aguas lluvias consiste en evacuarlas lo más rápido posible del lugar donde se han producido, enfocándose en los efectos y no en las causas. Se utilizan colectores de aguas lluvias y canales de drenajes, los que tarde o temprano quedarán obsoletos si las ciudades siguen creciendo. En zonas donde no se han construido colectores, las aguas lluvias son conducidas a través de las cunetas, que generalmente no tienen la sección suficiente, con lo que el agua ocupa parte considerable de la calzada, convirtiéndose las calles en el sistema de colectores, situación que se observa todos los años en nuestras ciudades.

Un modo distinto de abordar este problema consiste en utilizar las llamadas Técnicas Alternativas (MINVU y PUC, 1996), que a diferencia de las técnicas tradicionales, enfoca la solución en disminuir el efecto de la urbanización en el resto de la ciudad, tratando las aguas lluvias en el lugar donde se generan, ya sea almacenándolas temporalmente para disminuir los caudales máximos o infiltrándolas para disminuir los volúmenes de escorrentía, desarrollando así urbanizaciones de bajo impacto.

Las herramientas utilizadas comúnmente para lograr el desarrollo de urbanizaciones de bajo impacto en lo referente a aguas lluvias, se pueden clasificar de acuerdo a la forma en que actúan sobre el escurrimiento en (MINVU, 1996): almacenamiento de aguas lluvias, infiltración de aguas lluvias y desconexión de áreas impermeables.

a) **Almacenamiento de aguas lluvias**
El almacenamiento de aguas lluvias tiene por objetivo diferir en el tiempo la alimentación de estas hacia las redes de drenaje o a los cauces receptores. Su principal efecto consiste en disminuir el valor de los gastos máximos a evacuar sin que necesariamente afecten el volumen total escurrido. En esta categoría se incluyen almacenamientos difusos tales como tejados, terrazas, estacionamientos, veredas, paseos y parques, y almacenamientos localizados tales como lagunas y estanques de retención y canales de flujo controlados.

b) **Infiltración de aguas lluvias**
La infiltración permite una disminución de los gatos máximos y de los volúmenes a evacuar. También se considera que disminuyen la carga de contaminantes que llega a los cauces superficiales al quedar retenidos en el suelo o atrapados al infiltrarse parte importante de ellos. En esta categoría se incluyen dispositivos difusos tales como jardines y parques, veredas, calles y estacionamientos permeables, zanjas de infiltración, y dispositivos localizados tales como pozos de infiltración y pozos de inyección.

c) **Desconexión de áreas impermeables**
La desconexión de áreas impermeables puede convertirse en un elemento importante en la reducción del impacto de las aguas lluvias, la que puede lograrse sin obras especiales, bastando una preocupación en las etapas de diseño de las urbanizaciones. Como resultado de ello, el agua lluvia debe recorrer caminos más prolongados antes de llegar a los sumideros o a la red de drenaje. Aunque esta práctica tiene mayores efectos sobre las pequeñas tormentas es muy efectiva en la reducción de los efectos globales de las aguas lluvias durante un año. Puede aplicarse fácilmente no solo a nuevas urbanizaciones sino también en zonas consolidadas. Un ejemplo típico de este tipo de acciones es no conectar los desagües de los techos directamente a la red de drenaje, sino por ejemplo a los jardines.

Dentro de las soluciones generales propuestas para desarrollar urbanizaciones de bajo impacto, la utilización de pavimentos permeables es una de las de mayor impacto pues disminuyen el caudal máximo y el volumen escurrido, permiten otros usos alternativos como estacionamientos, veredas y pasajes, recargan la napa de agua subterránea y mejoran la calidad del afluente.

En este sentido, se ha desarrollado en Chile una de investigación para estudiar el diseño de mezclas y pavimentos porosos de hormigón para ser utilizado en pavimentos de bajas solicitaciones de tránsito como estacionamientos y pasajes (Castro, 2004). Dentro de este proyecto se construyó la primera instalación de pavimentos porosos de hormigón en Chile, que consiste en un estacionamiento de 65 m^2 se superficie, ubicado en el Campus San Joaquín de la Universidad Católica de Chile. Este instalación se encuentra monitoreada hidráulicamente y en ella se han podido observar, mediante equipo especializado, reducciones considerables de los caudales escurridos así como también una gran capacidad de almacenamiento de aguas lluvias. En la Figura 15.11 se pueden apreciar fotografías de esta instalación.

Figura 15.11
Estacionamientos de hormigón porosos, Universidad Católica, Campus San Joaquín.

15.4 INSTALACIÓN DE GAS

El gas es uno de los combustibles más usados en una vivienda, principalmente para calefacción y preparación de alimentos. Este combustible puede llegar a una edificación de dos maneras: desde la red pública, en cañerías, o bien, como gas líquido o licuado, envasado en cilindros de acero. En los últimos años, se ha instalando una red de gas natural en Chile, con la cual ha aumentado el uso de este tipo de energía.

15.4.1 CARACTERÍSTICAS DE LOS TIPOS DE GAS Y SUS INSTALACIONES

a) **Gas natural**: Es una mezcla de gases hidrocarburos y no hidrocarburos, que se generan naturalmente y que se encuentran en formaciones geológicas porosas bajo la superficie de la tierra, a menudo asociada con petróleo. Su constituyente principal es el metano.

b) **Gas licuado**: es una combinación de hidrocarburos más pesados que el aire (especialmente propano y butano), que se obtiene de la refinación del petróleo crudo o del gas natural, entre otros procesos. Esta mezcla de gases tiene la propiedad de pasar, a presiones relativamente moderadas (por ejemplo, menos de 12 kg/cm^2), al estado líquido, lo que se aprovecha para distribuirlo en esta forma en cilindros de acero (balones). Sus especificaciones se encuentran establecidas en la norma chilena NCh 72. Este gas es bastante más pesado que el aire, con densidad relativa al aire entre 1,5 y 2,0, importante desde el punto de vista de la seguridad, pues en las zonas eventualmente expuestas a filtraciones se recomienda instalar ventilaciones a bajo nivel (cerca del piso en lo posible) para evacuar el compuesto tóxico con mayor facilidad, por ejemplo: poner un rebaje mayor en la puerta de la cocina para que el gas salga. Para su consumo la instalación domiciliaria es tal que desde los cilindros el gas pasa hacia los reguladores y de ahí a la instalación interior.

c) **Gas ciudad**: Es cualquier gas o mezcla de gases adecuados para ser utilizados como combustible de uso residencial, comercial o industrial, con densidad relativa al aire menor o igual a 0,8, con un poder calorífico superior (P.C.S) igual o menor que 30 MJ/m^3 normal (7.2 $Mcal/m^3$ normal), que se conduce y distribuye por tuberías a los usuarios desde el lugar o lugares de producción y/o almacenamiento.

Para abastecer de gas a una propiedad, es necesario realizar un empalme domiciliario a la red pública, que lo lleva hasta el medidor (aparato que registra el consumo) y de ahí a la instalación interior.

15.4.2 SIMBOLOGÍA DE INSTALACIONES DE GAS

La simbología más comúnmente utilizada en proyectos de edificación y urbanización para las instalaciones de gas se ven en la Tabla 15.5.

Tabla 15.5: Símbolos y abreviaturas de instalaciones de gas (DS 222, 1996)

Instalación de gas: principales símbolos			
Cañería a la Vista	————	Cocina	[::‖]
C. Proteg. Bajo Tierra	■■■■■■■■	Estufa	■
Cañ. por Entretecho	— — —	Calefont	©
C. Embutida en Muros	.—.—.—.-	Regulador de Presión	♀
Cañería sobre Losas	..—..—..	Sifones	♂
Sube	↑	Equipo de Cilindros	⊓
Baja	↓	Calderas de Calefacción	Ⓚ

15.5 INSTALACIÓN ELÉCTRICA

Se llama instalación eléctrica al conjunto de aparatos, canalizaciones y accesorios destinados a la producción, distribución y utilización de la energía eléctrica.

Se distinguen instalaciones de obtención y generación de energía e instalaciones interiores: estas últimas son las construidas dentro de una propiedad particular y para uso exclusivo de sus ocupantes, puede estar ubicada tanto en el interior de los edificios como a la intemperie.

15.5.1 GENERACIÓN Y DISTRIBUCIÓN DE ENERGÍA A LOS CENTROS DE CONSUMO

Las etapas que se siguen para abastecer de energía eléctrica a los diferentes centros de consumo son:

a) **Generación**: etapa en que se genera la energía eléctrica, puede hacerse por medios hidráulicos, geotérmicos, nuclear, etc.

b) **Distribución en alta tensión**: se hace por medio de:

- *Subestación de alta*: en ésta se eleva el voltaje disminuyendo el amperaje, para así transmitir la corriente a grandes distancias con pérdidas mínimas.
- *Líneas de transmisión*: son las que llevan la energía, normalmente transportan de 144.000 a 500.000 volts. en Chile.

c) **Distribución en baja tensión**: la que se hace por medio de:
- *Subestación de baja*: en ésta se baja el voltaje para permitir el consumo de la corriente.
- *Líneas de distribución*: son las que reparten la energía, son en general de 66.000 y 13.200 volts.

15.5.2 DISTRIBUCIÓN DOMICILIARIA DE ENERGÍA ELÉCTRICA

La distribución domiciliaria se hace a partir de:

- *Subestaciones aéreas o subterráneas*: son las que reciben la energía de las líneas de baja tensión y la transforman, quedando apta para el consumo domiciliario. Materialmente estas subestaciones son los transformadores que hay en los postes.
- *Red domiciliaria*: es aquella red final que transporta la energía a los centros de consumo, lugares donde se ocupa finalmente la energía, como son viviendas, alumbrado, lugares públicos (plazas, parques), etc.
  La instalación domiciliaria interior comprende normalmente: empalme, medidor, protecciones, canalización, conductores y centro de consumo (luces, enchufes, etc.).

En caso de edificaciones de gran envergadura se recomienda tener tres tipos de circuitos independientes, para evitar un colapso general en caso de fallas. Los circuitos deben ser: alumbrado, fuerza y calefacción.

Por otra parte, para evitar problemas en caso de fallas se usan protecciones eléctricas: son elementos que tienen por función interrumpir el paso de la corriente, cuando el consumo del circuito es mayor que un cierto límite. Las protecciones más usuales son:

- *Fusibles*: elementos que interrumpen la corriente por la fusión de un elemento más delgado que el resto de la línea.
- *Protector térmico*: es un elemento que interrumpe la corriente al actuar un disyuntor que funciona cuando aumenta la temperatura en la línea.

15.5.3 SIMBOLOGÍA DE INSTALACIONES ELÉCTRICAS

La simbología más comúnmente utilizada en proyectos de edificación y urbanización para las instalaciones eléctricas se ve en la Tabla 15.6.

Tabla 15.6: Símbolos y abreviaturas de instalaciones eléctricas

Instalación eléctrica: símbolos y abreviaturas			
Corriente Alterna	∿	Portalámparas simple	×
Corriente Continua	—	Portalám. con Caja de Derivación	×
Medidor	M	Portalám. con Interruptor	×
Empalme	E	Portalám. de n Luces	⊗ n
Tablero de Alumbrado		Portalam. Mural (Aplique)	⊢×
Tablero de Calefacción		Enchufe Hembra Alumbrado	
Tablero de Fuerza Motriz		Ench. Hem. Fuerza Monofásico	f3
Toma Tierra Protección	tp	Bandeja o Escalerilla Portacable	═
Toma Tierra de Servicio	ts	Artefacto de Calefacción	
Línea de n Conductores	n	Art. Fluorescente de n Tubos	n
Símbolo General de Canalización	—	Campanilla	
Arranque o Derivación		Cocina Eléctrica	
Interruptor de un Efecto (9/12)	c	Tubería Plástica Flexible de PVC	t.p.t.
Interruptor de dos Efectos (9/15)	ab	Tubería Plástica Rígida de PVC	t.p.r.
Interruptor de Combinación		Canalización Subterránea	s.
Interruptor de Doble Combinación		Tablero General	T.G.
Interruptor de Botón (Pulsador)	⊙	Tablero de Distribución	T.D.
Interruptor Enchufe	c	Tubería de Cobre	t.c.

15.6 EJERCICIOS

A continuación se presentan algunos temas que pueden servir de estudio, los cuales pueden ser resueltos con el material presentado en el capítulo y, a veces, con lecturas adicionales:

a) ¿Qué se entiende por instalaciones? ¿Cuáles son las instalaciones básicas con que debe contar una zona urbanizada?
b) Describa la forma que usted utilizaría para detectar posibles errores en las instalaciones de alcantarillado y de gas.
c) Describa el sistema particular de alcantarillado. ¿Cuándo lo utilizaría?
d) Ud. tiene la posibilidad de hacer las instalaciones de un determinado edificio con recursos de su empresa o contratar a un especialista. Analice esta situación y recomiende una solución.
e) ¿Quiénes pueden dimensionar y construir las instalaciones de gas, eléctricas, agua y alcantarillado?

CAPÍTULO 16

TERMINACIONES

Se conoce como terminaciones de una construcción a todas aquellas obras definitivas que, a diferencia de la obra gruesa, no poseen un carácter estructural pero son necesarias para el buen funcionamiento de ella, así como también para darle a la misma un aspecto agradable ante los ojos de los usuarios.

Las terminaciones contribuyen a aislar los diversos espacios dentro de un edificio por medio de tabiques divisores, puertas o ventanas y también a proteger a la obra gruesa de los ataques del medio, usando para tal efecto revestimientos u otros. Con el aumento de la actividad del sector, han aparecido en el mercado nacional diferentes productos de terminaciones. Este capítulo presenta solo los materiales tradicionales y no pretende ser un resumen completo de las alternativas disponibles en el mercado.

16.1 TABIQUES DIVISORIOS

Los tabiques divisorios son paredes delgadas que separan o dividen espacios arquitectónicos distintos, no poseen resistencia estructural, es suficiente con que sean capaces de resistirse a sí mismos y de resistir algunos pequeños esfuerzos laterales tales como roce, pequeños golpes, el peso de cuadros colgados, de repisas o de muebles adosados, etc. sin curvarse. Al no formar parte de la estructura resistente del edificio pueden retirarse sin problema y no generar problemas estructurales al edificio.

Es necesario, además, que impidan la visión de un lado al otro (salvo en el caso que sean específicamente transparentes) y que posean cualidades que permitan aislar, en alguna medida, el ruido, el calor, frío y humedad. Tabiques divisorios se pueden fabricar de diversos materiales, entre los que están:

a) **Tabiques de albañilería simple**: fabricados con ladrillos cerámicos llenos o huecos o con bloques de hormigón dispuestos en aparejos de soga, de canto o de pandereta y unidos con mortero (como se explicó en el capítulo de albañilería).

b) **Tabiques de madera**: esqueletos recubiertos por entablados o por planchas de madera terciada, contrachapada o prensada, los que pueden ir también rellenos de materiales aislantes para mejorar sus propiedades (Figura 16.1).

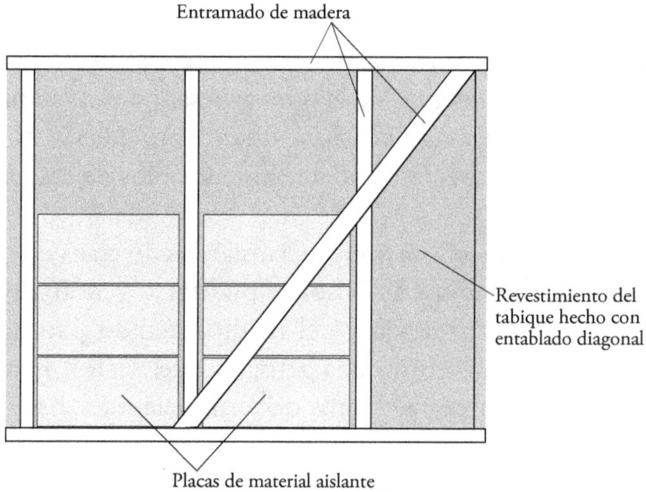

Figura 16.1
Esquema de un tabique de madera (vista en corte).

c) **Tabiques de volcanita**, existentes en variedades fabricadas en base a planchas de volcanita (nombre comercial), es decir, láminas de yeso mezclado con fibras, de núcleo incombustible y forrados con papel. La volcanita es un material que se puede cortar, clavar, revestir con vinílicos, con papeles murales o pintar sin problemas. Entre los tabiques a base de volcanita están (Figura 16.2) (Guzmán, 1980):

- Tabique "Duplex" Laminado: con un alma formada por dos planchas de yeso de 15 mm de espesor, pegadas entre sí en fábrica, revestidas por ambas caras con láminas de yeso de 15 mm de espesor y 120 cm de ancho, lo que da para el tabique un espesor total de 62 mm.
- Tabique "Real": es del mismo espesor que el anterior, pero con espacios vacíos entre las caras. Está formado por dos láminas de yeso de 15 mm de espesor y 120 cm de ancho, separadas por medio de una faja formada

por dos cintas de la misma plancha, pegadas entre sí y colocadas en el centro de la lámina, en la posición en que quedan las junturas.

- Tabique "Triplex": con un espesor de 46 mm, está formado por tres planchas de yeso de 12 ó 15 mm, unidas con adhesivos. Estas planchas se encuentran ligeramente desplazadas para lograr un especie de machihembrado.

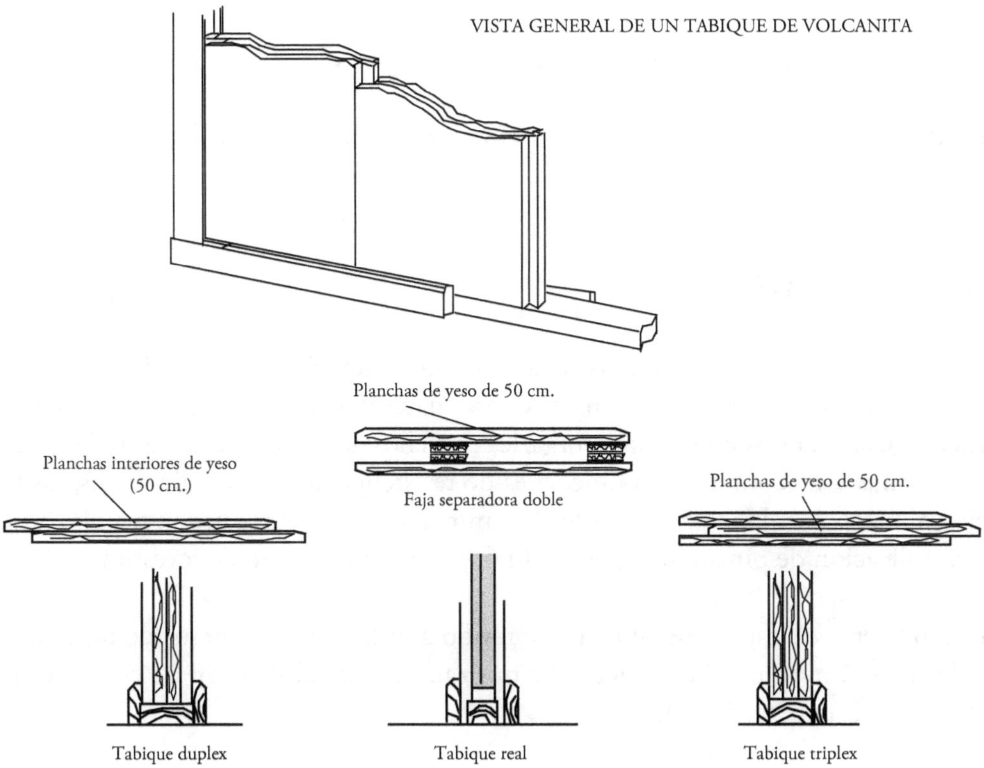

Figura 16.2
Tabiques de volcanita (Guzmán, 1980).

d) **Tabiques de vidrio**: variedad de tabiques transparentes fabricados con bloques de vidrio de espesores que usualmente van entre los 4 y 10 cm, unidos por mortero de cemento.

Cubicación de los tabiques divisorios

Los tabiques divisorios se cubican por área ocupada en una cara, m^2 medidos por una cara.

16.2 REVESTIMIENTOS

Los objetivos de los revestimientos son:

- Proteger a la obra gruesa y otros elementos de la edificación, previniendo el deterioro debido a la exposición continuada a la intemperie, a la acción de los rayos solares, a variaciones de humedad y de temperatura, a heladas, a productos químicos y gases agresivos, a corrosión, etc.
- Proporcionar un aspecto agradable a los muros, cielos y pisos del edificio.

Existe una gran variedad de revestimientos. Los más usados se reseñan a continuación.

16.2.1 ESTUCOS

Los estucos están destinados a dar a las superficies de hormigón, ladrillos, piedras o tabiques que conforman los muros, vigas, pilares y otros una mejor terminación; además existe la posibilidad de otorgarles con ellos acabados en una amplia gama de texturas y de conferirles propiedades de resistencia a agentes climáticos, aislación al fuego, etc. Una vez estucados los muros, losas o cielos pueden recibir sobre sí la aplicación de pinturas, papeles murales o algún otro tipo de revestimiento.

Los morteros de estuco se fabrican de modo similar a los morteros de junta tratados en el capítulo de albañilería. Se utilizan para la fabricación de este tipo de morteros (Zabaleta, 1986):

- Cemento corriente.
- Aridos de tamaño máximo de 3 a 5 mm para la primera capa y de 2 a 2.5 mm, con menos del 3% de material menor que 0.075 mm, para la capa final.
- Agua.
- Aditivos: se usan ocasionalmente aditivos impermeabilizantes (hidrófugos), para mejorar las propiedades del mortero en ese sentido, y otros para mejorar adherencia.

Para estucar el procedimiento tradicional comprende una preparación previa del muro en la que es necesario:

i) Limpiar la superficie a estucar, sin dejar sobre ella material suelto.

ii) La superficie debe presentar una textura rugosa para mejorar la adherencia. En caso de tratarse de una superficie de hormigón, para lograr dicha textura, se lo puede picar con unas 100 "puntereadas" por m^2 de 3 a 5 mm de profundidad cada una.

iii) Es conveniente humedecer la superficie al menos 12 horas antes de aplicar la primera capa para evitar que esta consuma el agua del mortero y afecte a las reacciones químicas que se producen durante el fraguado del mortero. En ningún caso debe haber agua libre (en la superficie) al momento de poner el mortero.

iv) Es necesario usar elementos auxiliares o de referencia, tales como tacos y maestras para conseguir que las superficies sean planas y verticales (Figura 16.3). Los tacos son trozos de madera lisa que se adhieren al muro con pasta de cemento o yeso y se ubican por medio de lienzas y plomadas; estos marcan la carga que debe tener el estuco. Entre ellos se ejecutan las "maestras" con mortero de 1/3, que son franjas verticales entre dos tacos, las cuales una vez que fraguan permiten el retiro de los tacos y sirven de referencia para rellenar los vanos y completar el estucado.

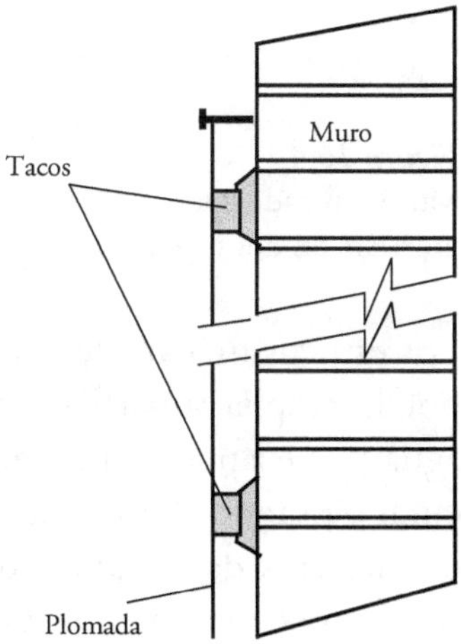

Figura 16.3
Tacos instalados en un muro para estucar.

Los estucos se ponen en dos capas (Figura 16.4):

- **Revoque**: corresponde a la primera capa de estuco que se pone, debe ser impermeable y resistente, con un espesor de 1.5 a 2 cm. Si las superficies están muy disparejas la capa debe hacerse en dos o más operaciones. Se aplica mediante "chicoteo" en forma ordenada y con un espesor parejo.

- **Capa de terminación**: es la segunda capa de estuco, debe tener no más de 1 cm de espesor, está destinada a recibir el revestimiento (pintura, papel, etc.). Se aplica el día después de puesta la primera capa, también mediante "chicoteo". Se rectifica la superficie con regla, hasta lograr que quede plana y uniforme, luego se alisa con platacho. Según el tipo de revestimiento que vaya a llevar el muro se "afina" la superficie con una llana metálica (para pintar o poner papel mural después) o bien se "peina" con una llana dentada (para pegar azulejos o cerámicos).

La segunda capa puede ser hecha también con estucos ornamentales, consistentes en mezclas de cemento corriente y cemento blanco con arenas especiales, granito, tierra de color, etc.

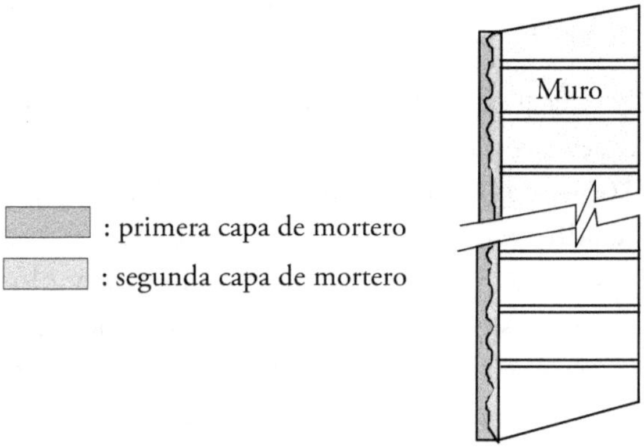

Figura 16.4
Muro estucado con mortero, en dos capas.

Los estucos una vez terminados deben someterse a un proceso de curado pues, por la amplia superficie que cubren, están expuestos a una rápida pérdida de agua por evaporación. Apenas alcanzan una dureza superficial debe iniciarse el curado usando algún sistema tal como los de riego continuo, de riego periódico, compuestos de sellado o de láminas impermeables. Al respecto, es importante tener en cuenta que los estucos exteriores orientados al norte se deben proteger de manera especial del viento y el sol.

El procedimiento a seguir para estucar otros elementos tales como vigas, radier y losas, es igual al ya descrito, variando tan solo la posición de trabajo. Es conveniente señalar también que por ser el estuco un material poroso, la pintura no se adhiere bien a él, lo que hace necesario empastar aquellos elementos estucados que deban pintarse.

Los estucos pueden también ser instalados por máquinas estucadoras, tecnología que aún no está ampliamente masificada en construcción. El proceso consiste en bombear el hormigón por una tubería, en cuyo final se inyecta aire a la mezcla para que sea disparada a alta velocidad e impacte y adhiera convenientemente en la superficie. Las máquinas estucadoras permiten un amplio aumento en los rendimientos de colocación de estucos y ahorro en las necesidades de personal, permiten incluso en ciertos casos eliminar la faena del puntereo previa al estucado, además entregan una mayor calidad y homogeneidad en los resultados.

Cubicación de los estucos

Los estucos y revoques se miden por superficie proyectada sobre el paramento principal de que se trate, los de molduras o cornisas se miden por longitud, en pilares y columnas aislados se determina la superficie desarrollada efectiva (NCh 353 Of 2000).

16.2.2 ENLUCIDOS

Son revestimientos más finos y delgados que los anteriores, se utilizan para terminaciones de interiores y existen en las variedades que se mencionan a continuación (Guzmán, 1980):

a) **Enlucido a arena y polvillo**: es la variedad más antigua, se aplicaba sobre revoque de barro con paja en muros de adobe o ladrillo, en la actualidad prácticamente no se usa.

b) **Enlucido a yeso**: se hace con yeso blanco mezclado con agua formando una pasta suave al tacto y que se adhiera a los dedos. Se aplica para cubrir la superficie con espesores de hasta 3 mm, dejando una terminación lisa, sin granos ni fisuras y aislada de la alcalinidad del cemento, apta para recibir la pintura.

c) **Enlucido a pasta**: se hace con pasta o masilla en base a látex o aceite de linaza o barniz mezclado con tiza, creta, caolín u otro polvo inerte. Se aplica con platacho, llana de acero o espátula; una vez seco se lija hasta dejar una superficie plana y lisa que podrá ser pintada o decorada.

Cubicación de los enlucidos

Los enlucidos, al igual que los estucos y revoques se miden por superficie proyectada sobre el paramento principal de que se trate (NCh 353 Of 2000).

16.2.3 ELEMENTOS ADOSADOS: CERÁMICOS O PÉTREOS

En otras oportunidades se pone a los muros o pisos elementos cerámicos o pétreos adosados a modo de revestimiento. Existe en una amplia gama de formas y tamaños, que permiten, además de proteger, decorar las superficies de muros o pisos. Entre los elementos usados con este fin se destacan:

a) **Cerámicos** (azulejos o similares): piezas de cerámica plana, poligonales, recubiertas con una superficie vidriada, presentan un colorido variado y una amplia gama de diseños y tamaños, con un espesor de entre 4 y 5 mm. Se utilizan con fines decorativos, así como también para revestir zonas que puedan verse afectadas por la humedad tales como pisos y muros de baños o cocinas.
Para su instalación se recomienda (Figura 16.5):
- Preparar las superficies de muros o pisos, las cuales deben estar limpias, secas, sin grietas o alguna otra falla y libres de materiales extraños como aceite u otros.
- Revocar la superficie del muro dejando una textura rugosa, favorable a la adherencia, para que los adhesivos a usar (binda, mortero u otro similar) peguen correctamente.
- Distribuir la ubicación de los azulejos en los muros, antes de comenzar a pegarlos. Para tal efecto se puede ocupar un listón o plantilla previamente marcado y dejar entre los azulejos una separación de 2 a 3 mm.

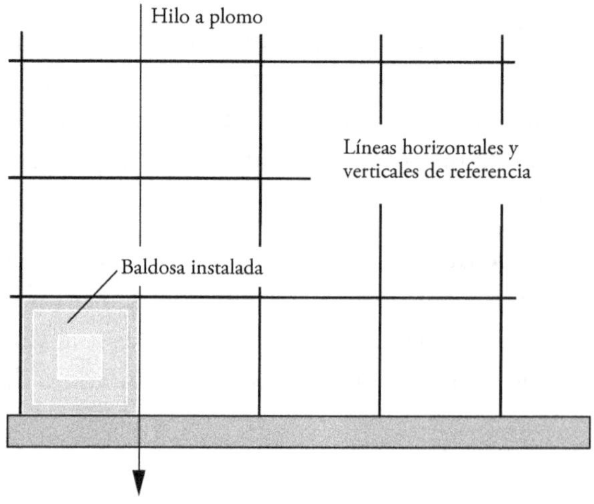

Figura 16.5
Ejemplo de instalación de azulejos u otros (Guzmán, 1980).

b) **Gres cerámico**: son pastas cerámicas que vienen en hojas de mosaicos o en baldosines; poseen gran dureza, resistencia a los ácidos y no son porosos. Se colocan sobre una base rugosa utilizando como adhesivo mortero. Para pegar las hojas de mosaicos o los baldosines ordenadamente sobre la superficie deben estar indicadas las líneas horizontales de las diversas hiladas, además conviene apoyarse con una regla horizontal y un plomo que controle la verticalidad de las líneas.

c) **Arcilla cocida**: en este material se fabrican dos tipos de elementos: las plaquetas, que son tablillas delgadas de arcilla que proporcionan al muro la apariencia de un ladrillo a la vista y los *ladrillos refractarios* que, a pesar de su finalidad específica de resistir altas temperaturas (1.500 a 1.700 °C) se emplean también como revestimiento decorativo, por su aspecto y textura diferente.

d) **Piedra y mármol**: elementos tales como losetas de mármol (las cuales son elaboradas y pulidas a máquina), piedra laja u otra piedra natural (las que pueden ir pulidas, o bien, poseer un acabado rústico), losetas de gravillado, etc. se pueden usar como revestimiento, adosados a los muros o pisos. Por ser elementos de mayor peso no basta la adherencia al mortero para fijarlos en una posición, es necesario usar anclajes metálicos para asegurar. Posiblemente éste sea el revestimiento en que más importancia tiene la perfecta alineación de las superficies, de las molduras y de las aristas, por lo que su instalación debe ser muy cuidadosa.

Los elementos adosados, cerámicos o pétreos se miden por superficie revestida a la vista, en m^2 (NCh 353 Of2000).

16.2.4 REVESTIMIENTOS DE MADERA

Es posible revestir con madera superficies verticales (muros) y horizontales (cielos o pisos), en zonas interiores y exteriores de las edificaciones; es más, la madera es uno de los materiales más usados para tales efectos.

La madera posee cualidades que la hacen ser un buen revestimiento: proporciona aislación térmica y acústica, tiene, además, una importante resistencia al deterioro y al fuego. Por otra parte, con ella se pueden lograr variadas alternativas de presentación en lo relativo a perfiles, colorido y veteado, lo que constituye un aspecto favorable desde el punto de vista decorativo.

Entre las variedades de revestimiento de madera que existen están (Figura 17.6):

- Listones de madera: los que puestos ordenadamente y combinando elementos de diversos tamaños (tablas angostas y anchas), coloridos y formas (que dependen de las distintas especies, del tipo de corte hecho, etc.) permiten variar la presentación de las superficies. Algunos de los perfiles que se pueden lograr se ven en la Figura 16.6.

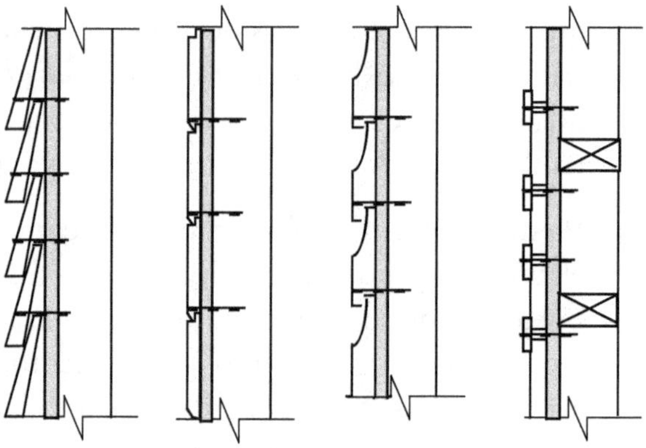

Figura 16.6
Perfiles con revestimiento de madera (Allen, 1980).

- Chapas de madera: se conoce con este nombre a las láminas delgadas con que se forman las placas terciadas, presentan superficies de buen aspecto y es posible cubrir amplias superficies con ellas.
- Planchas a base de madera: las hay de madera prensada, aglomerada o terciada, cholguán, duralac, etc., todas ellas sirven para revestir muros, cielos o pisos a los que se unen usando clavos, tornillos o adhesivos.

Los revestimientos de madera se miden por superficie revestida a la vista, en m^2, sin desarrollo de cornisas ni entrantes de menos de 5 cm (NCh 353 Of 2000).

16.2.5 PINTURAS

Corresponden a uno de los revestimientos protectores y decorativos más usados en las diversas partes de un edificio. Las pinturas deben ser resistentes, tener cierta dureza, flexibilidad, adherencia, durabilidad, poder cubridor, e inclusive, ser impermeables, anticorrosivas o tener alguna otra propiedad específica.

Las pinturas están formadas por dos elementos principales: un *vehículo fluido* con sólidos finamente molidos más *colorantes o pigmentos*. Se deben aplicar sobre superficies limpias, sin polvo, grasa ni defectos evidentes. Para hacerlo se utilizan brochas, pinceles, rodillos o pistolas de aire a presión (aerógrafos). Por lo general, la aplicación se hace en dos o más capas, de modo que cubran la superficie por completo. La mayoría de las pinturas actuales pueden aplicarse con cualquier ritmo, interrumpir la faena o completar trozos no cubiertos sin mayores problemas. Además, secan con gran rapidez. En la Tabla 16.1 se mencionan los tipos de pintura existentes y sus principales características.

Tabla 16.1: Variedades de pinturas y sus respectivas características

Tipo de pintura	Características
Al aceite o al óleo	- Resistentes a la intemperie y apropiadas para ambientes húmedos.
Al temple o al agua	- Solubles en agua. - Son solo para ser usadas en interiores.
Sintéticas	- Existe gran variedad de ellas. Por ejemplo: óleo sintético, útil para exteriores y ambiente húmedo.
Al látex (caucho) Bituminosas	- Resistente al agua. - Sirven de protección y como revestimientos. impermeables contra la humedad.
Barnices	- Variedad transparente.
Esmaltes	- Barniz coloreado brillante.
Lacas	- Al igual que los esmaltes proporciona un barniz coloreado brillante, pero más resistente y duro, aunque menos flexible.

Las pinturas se miden, en general, por la superficie que recubren en m^2 (NCh 353 Of 2000).

16.2.6 OTROS REVESTIMIENTOS

También se usan para revestir:

- **Planchas de asbesto cemento**: estas ya fueron en el capítulo techumbre. Pueden emplearse como revestimientos, especialmente en su variedad plana en exteriores, atornilladas sobre bastidores de madera.

- **Planchas metálicas**: aluminio, acero inoxidable, bronce, latón, acero cincado, etc.
- **Revestimientos plásticos**: son particularmente decorativos, pues admiten colores brillantes e imitación de otros materiales, como, por ejemplo: vetas de maderas finas, mármoles, etc. Además, poseen gran resistencia al calor, a la abrasión, a los agentes contaminantes y a la mayoría de los productos químicos de uso habitual.
- **Papeles murales**: presentan gran variedad de texturas, diseños, colores y calidades. Un ejemplo de papel mural son los papeles vinílicos, con superficies lisas o en relieve.

Los revestimientos se miden generalmente por m^2 aplicado (NCh 353 Of 2000).

16.3 PAVIMENTOS Y PISOS

16.3.1 PISOS Y SUS REVESTIMIENTOS

Los pisos conforman uno de los planos horizontales de la edificación. Su finalidad es proporcionar una superficie sólida donde pisar, que posea buen aspecto, sea resistente al desgaste, flexible para amortiguar los efectos de carga sobre ella, además de servir de aislante acústico y térmico. Según la base que sostiene a los pavimentos de pisos y a los diversos materiales en que se pueden fabricar; los pisos más comunes son:

i) **Pavimentos de madera sobre envigados** (Figura 16.7): consistente en un piso de tablas (hecho con tablas de tope o machihembrados) clavado sobre vigas de madera, las que proporcionan la base. Es un pavimento más bien rudimentario usado principalmente en construcciones rurales o en edificios de bajo costo, y sirve como piso interior o exterior (para terrazas o corredores externos por ejemplo).

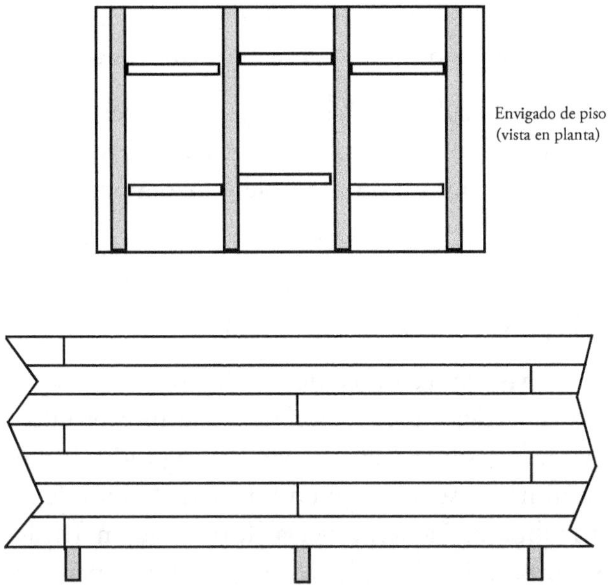

Figura 16.7
Piso de madera sobre envigado.

ii) **Pavimentos sobre base firme**: son aquellos apoyados sobre una base de hormigón denominada radier. Entre estos están:

a) Entablado sobre hormigón: a la base de hormigón, sobre el radier, se fijan listones y luego se termina de rellenarla (con hormigón), protegiendo previamente las caras de la madera en contacto con el hormigón con una capa de alquitrán caliente. Sobre los listones se pone un entablado, tal como el mencionado en los pavimentos de madera sobre envigados.

b) Parquet sobre hormigón: es el conjunto de pastelones de madera de formas geométricas variadas, provenientes de especies tales como: eucalipto, coigüe, lingue, ulmo, mañío, araucaria y raulí. Poseen colores y diseños distintos según el corte que se haya hecho a la madera y la variedad del árbol de origen. Solo se emplea como piso de interiores, en locales secos y cerrados.

c) Pavimentos plásticos: estos pueden dividirse a la vez en dos subgrupos (Guzmán, 1980):
   - *Baldosas, losetas o bandas continuas*: los componentes principales que dan origen a estos elementos son: PVC para las de tipo vinílico, PVC más un alto grado de asbesto para las de tipo "super-flexit". Todas ellas poseen propiedades de resistencia al desgaste, a los solventes, a ácidos y al agua. Para adherirlas a la base se utilizan neoprén o adhesivos asfálticos.

- *Pavimentos a elaborar en el sitio definitivo de colocación*: los cuales vienen suministrados originalmente en forma de pasta.

d) Pavimentos adheridos: son elaborados en materiales no plásticos que se pegan a la base y tienen una utilidad similar a la de los pavimentos plásticos. En este género los más comunes son: linóleo, madera prensada y baldosas de goma.

e) Pavimentos cerámicos: son los fabricados de ladrillo o con baldosines de arcilla cocida, existen en variedades de acuerdo a sus tamaños, formas y a los grados de pureza que presente la arcilla.

f) Baldosas y pastelones de cemento: los primeros son elementos planos con formas geométricas, confeccionados con mortero de cemento (coloreadas o no) en variedades lisas y en relieve. Los segundos son útiles en terrazas, aceras y vías peatonales, se fabrican en forma de losetas de mortero u hormigón de cemento vibrado. Tienen diversas formas geométricas y medidas, entre ellos se cuentan también los adocretos: pastelones pequeños que se asemejan al adoquín de piedra.
Todos ellos se pegan con mortero de cemento, el que se usa además para tapar las imperfecciones que queden al instalarlos.

g) Pavimentos de piedra: las diversas formas en que se trabaja la piedra y las numerosas variedades en que se presenta, hacen posible su empleo en pavimentos que van desde la piedra "huevillo" de cantos redondeados, pasando por la rústica laja, el adoquín, la piedra labrada y pulida de formas regulares, hasta llegar a piedras tan especiales como el mármol.

h) Otros pavimentos o recubrimientos de pisos: para ciertas superficies específicas se usan otros elementos como, por ejemplo:
   - Mosaico y terrazo: ambos se logran poniendo trocitos de diverso tamaño de piedras o mármol (formando dibujos) sobre una base de mortero.
   - Mármol reconstituido o pavimentos aglomerados: formados por una capa de cemento mezclado con mármol natural, cuarzo, ónix y otras sustancias similares que se pueden instalar sobre una base de hormigón.
   - Alfombras de muro a muro: existen en materiales tales como lana, algodón y sintéticos se pegan con adhesivos directamente sobre el radier o sobre algún aislante especial.

Los pavimentos se miden, en general, por la superficie efectiva abarcada por ellos en m^2 (NCh 353 Of 2000).

16.3.2 GUARDAPOLVOS

Son elementos de defensa que van al pie de los parámetros interiores de muros y tabiques, en el ángulo que forman con el pavimento. Son por lo general del mismo material que el pavimento o de alguno similar, al menos. Existen, por lo tanto, guardapolvos de madera, de mortero, de cemento y de plástico.

Los guardapolvos se miden por su longitud en metros (NCh 353 Of 2000).

16.4 CIELOS

Con este elemento se conforma en la cara superior de las habitaciones una superficie plana o de forma regular, agradable a la vista, que no sufra grietas o deformaciones. Sirven, además, para ayudar al control de la difusión de la luz y sonido en y entre las habitaciones. Un cielo puede presentar variaciones de diseño tales como: dejar vigas a la vista (con fines decorativos generalmente) o instalar un cielo falso colgando de los elementos estructurales del edificio (se construyen para ocultar ductos de ventilación, canalización, alcantarillado, etc., o para ubicar un plano de cielo inferior al de la obra gruesa).

Los cielos pueden ser de diferentes materiales entre los cuales están:

i) Madera, que proporciona un cielo conformado por entablados que se clavan a las vigas del techo.

ii) Planchas de yeso o volcanita, de madera aglomerada, de asbesto cemento u otras que se unen a vigas y suples del techo por medio de clavos o tornillos. En todas ellas se pueden disimular las juntas y uniones, para luego revestirlas con pintura u otro similar dejando una superficie completamente pareja.

iii) Losas de hormigón armado revocadas con mortero de cemento o enlucidos de yeso (ambos procedimientos explicados anteriormente). Generalmente este tipo de cielo se usa en edificios de dos o más pisos.

Los cielos se miden por superficie efectiva abarcada por ellos, en m^2 (NCh 353 Of 2000).

16.5 PUERTAS

Las puertas son los elementos que permiten regular el cierre de un vano transitable hacia el exterior o dentro del interior de una edificación. Entre sus características y propiedades están:

- Dar al usuario seguridad para resistir la acción de lluvia, viento y otros agentes climáticos. Funcionar como aislante térmico y acústico.
- Controlar el ingreso de personas y animales.
- Tener una apariencia tal que complementen la decoración del resto del edificio.

Las puertas se pueden clasificar:

i) **Según el material en que estén construidas** (Figura 16.8) que puede ser: madera (en variedades de tablero, lisas o de placa o con celosía), metal, cristal, plástico, etc.
Además están aquellas puertas especiales, aptas para desempeñar tareas específicas, como impedir el paso del fuego, aislar el ruido o la temperatura, puertas de seguridad, etc.

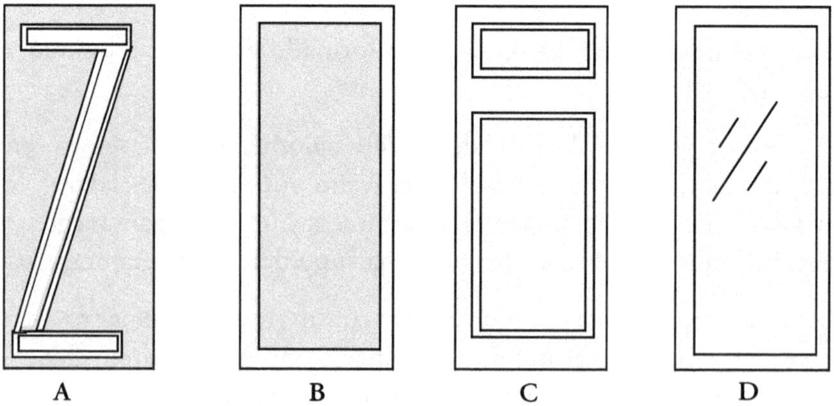

Figura 16.8
Puertas. A: De madera. B: De madera con celosía. C: De tableros. D: De Cristal.

ii) Según el movimiento de su(s) hoja(s) las variedades son (Figura 16.9): giratorias (en torno a eje vertical u horizontal), deslizantes o de corredera, plegables, de vaivén, etc. En relación al lado hacia el cual se abren, las puertas de una hoja pueden tomar cuatro diferentes denominaciones: tomando siempre como referencia a una persona que entra:

- Se dice que abren hacia adentro si se las debe empujar para tal efecto y abren hacia afuera si se las debe tirar para abrirlas.
- Son puertas de mano derecha las que tienen las bisagras a mano derecha, y son puertas de mano izquierda las que tienen las bisagras a mano izquierda.

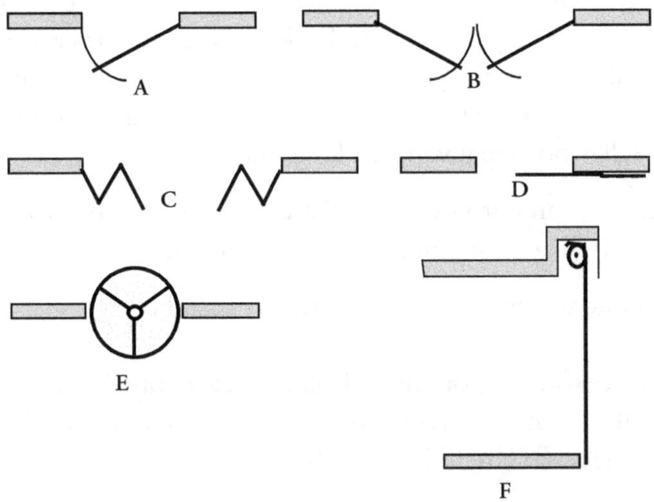

Figura 16.9
A a E: Puertas más comunes de eje vertical vistas en planta. F: Puerta de eje horizontal de rollo corriente vista en corte. (Hunting, 1981).

Además de la puerta en sí hay una estructura auxiliar requerida para su instalación compuesta de:

i) Marcos o cercos: van adheridos al muro, son los elementos que rodean las hojas y que pueden ser metálicos o de madera; en ellos, los dos costados reciben el nombre de jambas y, su borde superior, el de dintel. Estos marcos se unen a los muros mediante patas metálicas, tarugos y tornillos u otros sistemas similares.

ii) Pilastras: molduras que rodean a los marcos a modo de cubre-juntas. No son necesarias en los marcos metálicos.

Según NCh 723 es necesario ensayar las puertas para corroborar su funcionamiento adecuado. Entre los ensayos que deben realizarse a las puertas lisas y que podrían hacerse extensivos a las de tablero están los siguientes (Guzmán, 1980):

i) Rigidez transversal: Se somete la hoja a esfuerzos perpendiculares a sus caras, aplicados en una esquina (carga de 10 kg para puerta exterior y 9 kg para una interior). Se acepta una deformación de 1 cm. Retirada la carga, se acepta un residuo de deformación inferior a 1,5 mm.

ii) Resistencia al impacto: En este caso se somete la hoja a golpes sucesivos producidos por un saco con arena de 4,5 kg, el que se deja caer desde una altura inicial de 50 cm, hasta llegar a los 300 cm, mediante aumentos graduales. El golpe debe producirse en el eje de la puerta, a 1/4 de su altura. No se aceptan roturas o fallas por separación de las planchas.

iii) Humedad: al momento de recepción de las hojas, la humedad de la madera debe ser de 10% a 15% (medida normal en Santiago).

iv) Comportamiento de uniones encoladas o pegadas.

Las puertas se mensuran por unidad, con indicación de la superficie efectiva abarcada por ellas en m^2. Marcos y pilastras se miden por unidad, indicando la longitud que poseen (NCh 353 Of 2000).

16.6 VENTANAS

Se definen como ventanas a las aberturas no transitables en un muro y a los elementos que permiten el cierre de dicho vano. Entre sus objetivos están:

- Dar a la habitación iluminación natural.
- Proveer a la habitación de ventilación natural apropiada.
- Permitir la visibilidad hacia y desde el exterior.
- Proteger el interior del medio externo, por ejemplo: de las inclemencias del clima.

Es deseable, además, que sean durables, de fácil instalación, que sea posible limpiarlas cada cierto tiempo y que tengan una apariencia atractiva que contribuya a la decoración de las habitaciones.

Las ventanas se pueden clasificar:

i) **Según su material estructural de fabricación**: la materia prima de las ventanas es el vidrio, el cual existe en variados tipos de transparencia, calidad, rugosidad y espesor (inclusive, a fin de favorecer la aislación, en ciertas ocasiones se instala vidrio doble y hasta triple en lugar del tradicional vidrio simple). En conjunto con el vidrio se utilizan, como material estructural, materiales tales como: madera y metal (acero, aluminio y otros).

ii) **Según su forma de abrir** (Figura 16.10): en este caso puede tratarse de movimiento giratorio, movimiento deslizante (en guías verticales u horizontales) o movimiento compuesto.

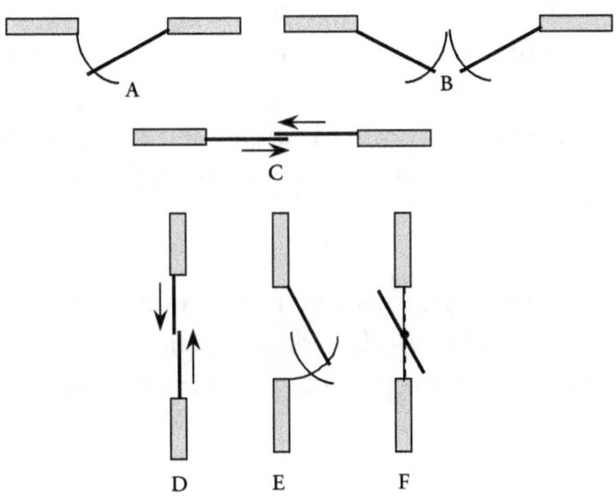

Figura 16.10
Formas de abrir de una ventana (A -B -C vista en planta, D -E -F vista en corte) (Hunting, 1981).

Las ventanas requieren para su instalación una estructura similar a la de las puertas (explicada anteriormente), la cual debe contemplar:

i) Ventana propiamente tal: formada por un bastidor o armazón de largueros y travesaños de algún material (mencionados antes), con los vanos cubiertos por vidrios.

ii) Marcos o cercos: van adheridos al muro y rodean a la ventana, van formados por dos piezas verticales o *jambas* y dos horizontales o *cabios*, el superior de nombre específico *dintel* y el inferior *peana*.

Para comprobar el buen funcionamiento de las ventanas se les puede hacer ensayos mecánicos tales como:

- Resistencia al alabeo.
- Facilidad de maniobra.
- Resistencia en el plano de las hojas.
- Resistencia del sistema de giro.
- Seguridad en ventanas de eje horizontal inferior.
- Resistencia a la flexión de ventanas de corredera y guillotina.

También se realizan ensayos de resistencia a cargas producidas por el viento, resistencia al viento de tempestad, permeabilidad al aire y permeabilidad al agua.

Las ventanas se mensuran por unidad, indicando la superficie efectiva abarcada por ellas, en m^2. Los marcos se miden por unidad, indicando la longitud que poseen (NCh 353 Of 2000).

Finalmente, con respecto a puertas y ventanas, una palabra de uso común y que vale la pena conocer es: quincallería: nombre genérico que se da a todos aquellos accesorios de uso común para puertas y ventanas tales como chapas, goznes, pestillos, bisagras, etc.

16.7 ESCALERAS

Se conoce como escaleras a la serie de escalones o peldaños dispuestos en un plano inclinado, para subir o bajar entre los distintos pisos y niveles de un edificio, cuya forma y dimensión está, desde luego, relacionada con la disposición e importancia del edificio. Entre los componentes de una escalera se cuentan (Figura 16.11):

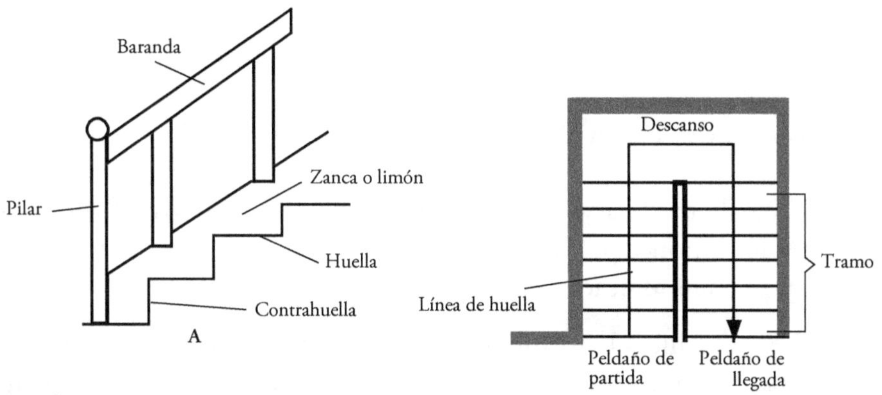

Figura 16.11
Partes de una escalera (Adaptado de Guzmán, 1980).

- **Peldaño o escalón**: es el elemento que permite salvar las diferencias de altura, están formados por una *huella* (zona horizontal en que se pone el pie) más una *contrahuella* (zona vertical que une dos huellas). El ideal es que la superficie de cada huella sea apropiada para poner el pie, por ello es que en ocasiones, para aprovechar mejor el espacio, se fabrican peldaños con "nariz" o se inclina la contrahuella.
- **Tramo**: sucesión de al menos tres escalones colocados ininterrumpidamente. La longitud de un tramo es la distancia desde el canto del peldaño de partida hasta el peldaño de llegada. Cada tramo no debería tener más de 16 a 18 escalones.
- **Descanso**: meseta plana y horizontal de ancho superior a una huella, sirve para unir dos tramos puestos en la misma dirección o en ángulo (recto, por lo general).
- **Zanca, limón o alfarda**: vigas inclinadas en que se apoyan los peldaños de escaleras metálicas o de madera.
- **Barandas**: dispositivos de seguridad colocados perpendicularmente a las huellas que van asegurados a los extremos laterales libres de escaleras y descansos. Sobre las barandas, que generalmente tienen unos 90 cm de altura, se ubican los pasamanos.

Las escaleras se pueden fabricar en materiales tales como: madera, metal y hormigón armado, hacerse en la misma obra o comprarse prefabricadas; pueden tomar, por otra parte, un amplia variedad de formas curvas o rectas, tales como: escaleras rectas de uno o varios tramos, escaleras de caracol, etc.

Las escaleras se miden según el material de que están fabricadas:

- en escaleras de madera se miden las gradas por unidad, los rellanos por superficie y los limones por la longitud que ocupan, las barandas y pasamanos se miden por su longitud.
- en escaleras metálicas la medición se hace por unidad tanto en caso de escaleras rectas como de caracol, en ellas se debe especificar barandas, grapas y piezas de fijación y anclaje.
- en escaleras de hormigón la medición se hace por volumen de hormigón utilizado (NCh 353 Of 2000).

16.8 EJERCICIOS

A continuación se presentan algunos temas que pueden servir de estudio, los cuales pueden ser resueltos con el material presentado en el capítulo y a veces con lecturas adicionales:

a) Mencione las características que cumplen las terminaciones y analice la importancia de esta etapa dentro de una obra de edificación.
b) En la construcción de un edificio, una empresa tiene la posibilidad de subcontratar las terminaciones o realizarlas directamente. ¿Qué le aconsejaría usted?

CAPÍTULO 17

HABITABILIDAD DE EDIFICACIONES

El presente capítulo tiene el propósito de introducir al lector en los conceptos principales de habitabilidad de las edificaciones, y en particular los referidos a aislación térmica, protección contra la humedad y protección contra incendios.

17.1 CONCEPTOS DE HABITABILIDAD DE EDIFICACIONES

Desde tiempos primitivos una de las primeras necesidades del hombre ha sido buscar resguardo del ambiente exterior, para lo cual vivió en cavernas y posteriormente construyó estructuras que cumplían este objetivo. Estas primeras edificaciones tenían el propósito de aislarlo del efecto del clima (frío, calor, precipitaciones, etc.). En tal sentido, un ejemplo clásico lo constituye la construcción de iglúes en el Polo Ártico, que permiten mantener temperaturas sobre el punto de congelación en su interior versus temperaturas inferiores a –20 °C en el exterior. En la actualidad la humanidad todavía requiere edificaciones que permitan protegerla del ambiente exterior, pero además busca un ambiente interior confortable y funcional, adquiriendo cada vez mayor relevancia aspectos como la iluminación, el control del ruido, la calidad del aire interior y el uso eficiente de la energía.

La *habitabilidad de las edificaciones* se refiere a la calidad de las edificaciones para trabajar, habitarse, o desarrollar otro objetivo particular, de tal manera que sus usuarios se sientan confortables y seguros en estas, y a su vez, se optimicen los aspectos operativos y funcionales de la edificación. Para lograrlo, el diseño de las edificaciones debe considerar diferentes requerimientos de habitabilidad que mejoren la calidad de vida de los usuarios, y que a su vez permitan obtener diversos beneficios económicos (por ejemplo, ahorro de energía y mejoramiento de la productividad). Los principales requerimientos de habitabilidad se pueden agrupar en proveer integridad de la edificación, bienestar con el ambiente interior, gestión de recursos y funcionalidad de la edificación. La Figura 17.1 muestra las diferentes estrategias que se pueden utilizar para proveer los requerimientos de habitabilidad.

Existen diferentes factores que afectan la habitabilidad de las edificaciones, tales como las características del ambiente exteriores, condiciones de uso, arquitectura y elementos constructivos de la edificación (Figura 17.2). Por lo tanto, el diseño y construcción de la edificación debe considerar tales factores y definir las estrategias necesarias para satisfacer los requerimientos de habitabilidad.

REQUERIMIENTOS	ESTRATEGIAS GENERALES
BIENESTAR AMBIENTAL - Bienestar térmico - Bienestar acústico - Bienestar visual	Aislación térmica Diseño solar pasivo Aislación acústica Absorción de sonido Iluminación artificial y natural Climatización mecánica
INTEGRIDAD Y SEGURIDAD - Protección contra la humedad - Protección contra el fuego	Aislación térmica Impermeabilización Barreras de vapor Ventilación Resistencia estructural Alarmas y comunicación Extinción fuego Vías de evacuación
GESTIÓN DE RECURSOS - Eficiencia energética	Calefacción solar pasiva Refrigeración solar pasiva Protección solar Iluminación Sistemas de climatización mecánicos
FUNCIONALIDAD	Accesibilidad de personas discapacitadas Automatización e inteligencia de edificios

Figura 17.1
Requerimientos de habitabilidad de las edificaciones y estrategias generales.

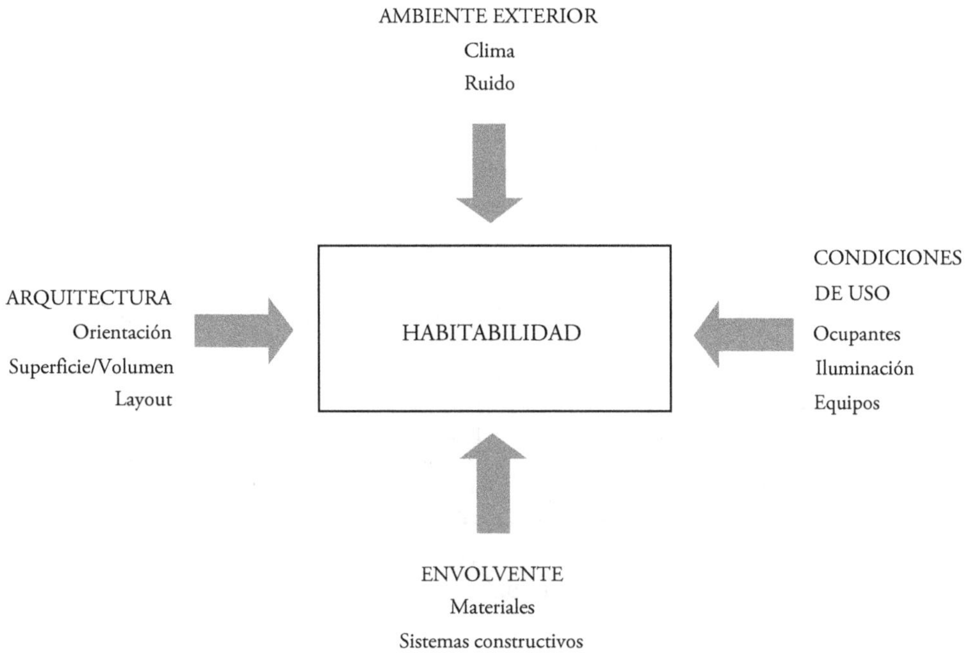

Figura 17.2
Factores que afectan la habitabilidad de las edificaciones.

17.2 AISLACIÓN TÉRMICA

17.2.1 BIENESTAR TÉRMICO

El cuerpo humano reacciona con el ambiente que lo rodea intercambiando calor, con el propósito alcanzar el bienestar térmico, el cual puede ser definido como la condición mental que expresa satisfacción con el ambiente térmico. La capacidad del cuerpo humano para alcanzar el bienestar térmico está influenciada por las condiciones ambientales (temperatura, humedad relativa, velocidad del viento, estación del año), nivel de actividad física de la persona, vestimenta, entre otros.

Estudios realizados por la Sociedad Americana de Ingenieros de Calefacción, Refrigeración y Airea-acondicionado (ASHRAE) han mostrado que existe un rango de temperaturas y humedad relativa del aire en las cuales se logra el bienestar térmico, denominado zona de confort higro-térmico (Figura 17.3).

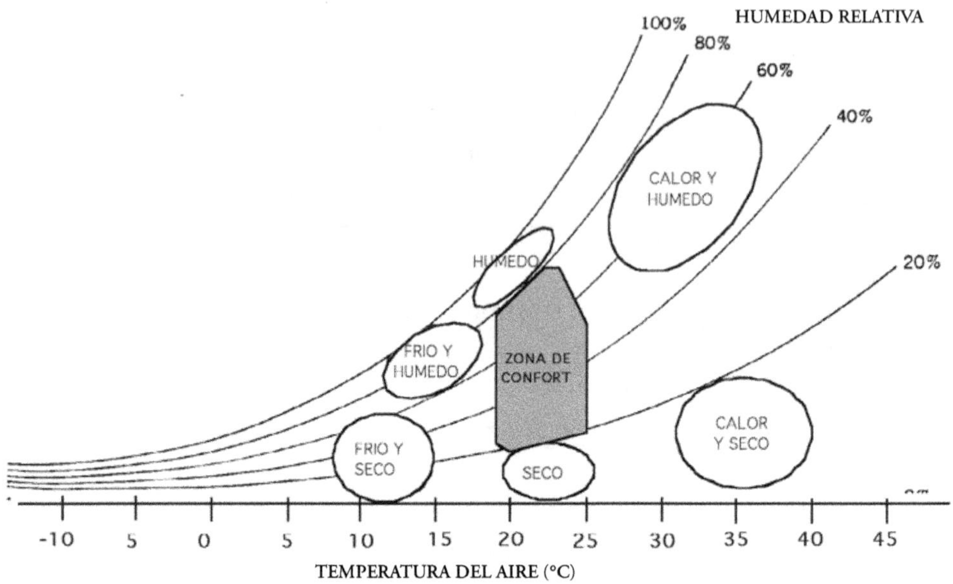

Figura 17.3
Zona de confort higro-térmico.

17.2.2 MECANISMOS DE TRANSFERENCIA DE CALOR

La transferencia de calor entre el cuerpo humano y el ambiente que lo rodea, y entre el ambiente exterior e interior de una edificación a través de la envolvente (muros, techumbre, piso, ventanas, etc.), se produce desde la zona de mayor temperatura a la de menor temperatura. Existen tres mecanismos principales de transferencia de calor que habitualmente se presentan en conjunto (Bynum, 2001):

- **Conducción**: es el método de transmisión de calor interna de cuerpos sólidos puestos en contacto. El calor se transmite por un intercambio de energía cinética entre las moléculas contiguas, en que las moléculas con energía más elevada (las que se encuentran a mayor temperatura) traspasan esta energía a las moléculas de menor energía. Por ejemplo, la conducción se produce al calentar el extremo de un alambre de acero, produciendo que las moléculas aumenten su vibración con la temperatura y produciendo el choque con las moléculas contiguas, las cuales comienzan a incrementar su temperatura y a agitarse, transmitiendo a su vez la energía a las moléculas más alejadas hasta alcanzar finalmente, el otro extremo del alambre.

- **Convección**: es el mecanismo de transferencia de calor que tiene lugar en el aire provocado por los movimientos de la masa del mismo. La transferencia de calor que se produce en el interior de este fluido sigue siendo un proceso de conducción al ponerse en contacto moléculas del fluido entre sí, pero la energía se transporta de un lado a otro por el movimiento de la materia. Si el desplazamiento de la materia se realiza espontáneamente debido a diferencias de densidad provocadas por diferencias de temperatura, la convección se denomina natural, en cambio, si la convección se produce por medios mecánicos (ventilador) se habla de convección forzada.
- **Radiación**: es la emisión de energía en forma de ondas electromagnéticas que se manifiesta en cualquier cuerpo por el solo hecho de encontrarse a una cierta temperatura. Si el cuerpo que emite la radiación es el sol se habla de radiación solar (o de onda corta). Si se trata de otro cuerpo que emite la radiación se habla de radiación térmica (o de onda larga).

17.2.3 LA EDIFICACIÓN COMO UN SISTEMA DINÁMICO

Las edificaciones son sistemas dinámicos en los cuales se producen pérdidas y ganancias de calor a través de la envolvente, que condiciona la temperatura que se produce la interior de la edificación en los cuales el clima, y por ende la cantidad de energía de climatización para mantener la temperatura de confort térmico. Las principales ganancias y pérdidas de calor se muestran en la Figura 17.4, y corresponden a:

- Ganancias o pérdidas por conducción (Q_C) y ventilación (Q_V).
- Ganancias de calor internas (Q_i) por equipos, iluminación y ocupantes.
- Ganancias por radiación solar (Q_S).

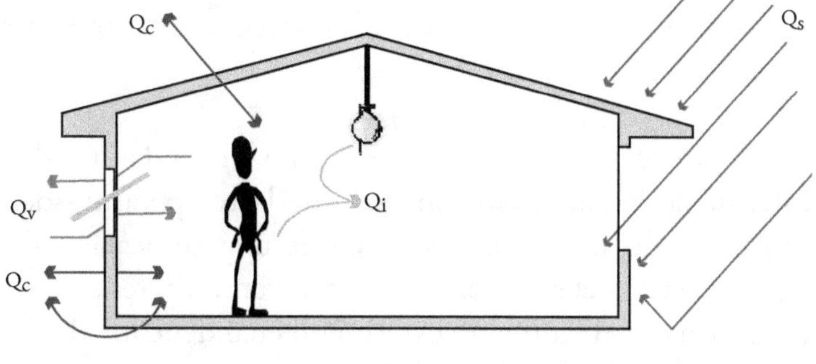

Figura 17.4
Esquema de las ganancias y pérdidas de calor característicos de una edificación.

Si las pérdidas de calor son superiores a las ganancias de calor se producirá una temperatura interior inferior a la de confort (condición de sub-calentamiento), en el caso contrario se producirá la condición de sobrecalentamiento. En general, las condiciones de bienestar térmico no se obtendrán solo a través del diseño de la edificación, sino que en la mayoría de los casos se requerirá el uso de sistemas mecánicos de climatización, por lo cual se utilizará una cierta cantidad de energía para calefacción, refrigeración o ventilación. El propósito del diseño en este caso es diseñar una edificación en que se provea condiciones de bienestar térmico, pero usando eficientemente la energía.

Para realizar el diseño de una edificación que cumpla con los objetivos de control térmico y eficiencia energética existen diferentes estrategias que se indican en la Tabla 17.1, siendo la aislación térmica la más utilizada en viviendas (Stein, 1997).

Tabla 17.1: Estrategias de control térmico según condición de invierno o verano

Invierno	Verano
- Aislación térmica	- Aislación térmica
- Calefacción solar pasiva (aislación térmica, masa térmica y ganancias de radiación solar)	- Protección solar - Masa térmica y ventilación nocturna
- Calefacción mecánica	- Refrigeración y ventilación mecánica

La aislación térmica consiste en utilizar materiales y sistemas constructivos para reducir las pérdidas y ganancias de calor a través de los elementos de la envolvente de una edificación (principalmente viviendas residenciales), y de esta forma reducir el uso de energía de calefacción y/o refrigeración. En general, el uso sólo de aislación térmica para alcanzar las condiciones de bienestar térmico es insuficiente, y por lo tanto debe integrarse a otras estrategias indicadas en la Tabla 17.1.

En la situación típica de invierno en viviendas residenciales (temperatura al interior de la edificación mayor que la temperatura del ambiente exterior), la capacidad de aislamiento térmico de una edificación depende de la capacidad que tienen los elementos de la envolvente de resistir el flujo de calor desde el interior hacia el ambiente exterior, lo cual depende de diferentes propiedades de los materiales y elementos que conforman la envolvente, las cuales se definen a continuación.

a) **Propiedades Térmicas de los Materiales**

Las propiedades que reflejan el comportamiento térmico de los materiales y su capacidad de transmitir el calor por conducción son la conductividad térmica, la conductancia, y la resistencia térmica (INN 1991):

Conductividad térmica (λ): propiedad física que corresponde a la cantidad de calor transferida a través de un material homogéneo de espesor y superficie unitarios, sometido a un régimen constante de flujo térmico, cuando la diferencia de temperatura es de un grado Kelvin. La unidad de medida es W/m·°K. La Tabla 17.2 indica la conductividad térmica típica de algunos materiales de construcción.

Tabla 17.2: Propiedades térmicas de algunos materiales de construcción

Material (genérico)	**Densidad (kg/m^3)**	**Conductividad (W/m·°K)**
Acero	7800	50-60
Aluminio	2700-2800	210
Hormigón Armado (normal)	2400	1,630
Hormigón Celular	600-1400	0,340-1,090
Ladrillo Macizo	1000-2000	0,460-1,000
Madera	380-800	0,091-0,157
Tableros aglomerados (OSB)	400-650	0,095-0,106
Yeso-cartón	650-870	0,240-0,310

Conductancia (**C**): es una medida de la transferencia de calor a través de los materiales, similar a la conductividad térmica, pero para materiales no homogéneos (bloques de concreto o ladrillos no macizos). En este caso se mide la cantidad de calor transferido a través del material en un tiempo y superficie unitarios, para un espesor especificado (no necesariamente unitario). La unidad de medida es $W/ m^2 \cdot {}^oK$.

Resistencia térmica del material (**R**): representa la capacidad del material de oponerse al flujo de calor. En el caso de materiales homogéneos es la razón entre el espesor y la conductividad térmica del material; en materiales no homogéneos la resistencia es el inverso de la conductancia. La unidad de medida es $m^2 \cdot {}^oK/W$.

b) **Propiedades térmicas de los elementos constructivos**

El calor (Q) conducido a través de un elemento desde un punto de temperatura T_1 a otro punto con menor temperatura T_2 (Figura 17.5), se puede expresar de acuerdo a la siguiente ecuación:

$$Q = \frac{A \cdot (T_1 - T_2)}{R_{si} + R_C + R_{se}} \qquad (17.1)$$

Donde:

- Q : calor que fluye a través del elemento (W)
- A : Area del elemento (m^2)
- T_1, T_2 : Temperatura en cada superficie del elemento (°C)
- R_{si} : Resistencia térmica de la superficie de aire interior (se obtiene de Tabla 17.3)
- R_{se} : Resistencia térmica de la superficie de aire exterior (se obtiene de Tabla 17.3)
- R_c : Resistencia del material o conjunto de materiales

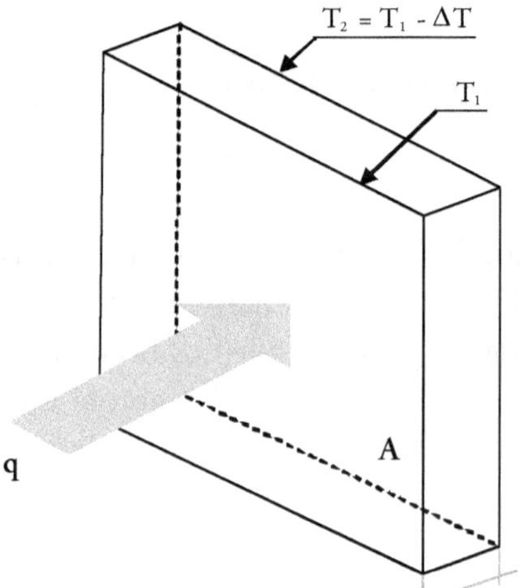

Figura 17.5
Esquema transferencia de calor por conducción.

Tabla 17.3: Resistencia térmica superficies de aire interior o exterior (adaptado de NCh853, INN 1991)

Posición del elemento y sentido del flujo de calor	R_{si} ($m^2 \cdot {}^oK/W$)	R_{se} ($m^2 \cdot {}^oK/W$)
Flujo horizontal en elementos verticales o con pendientes mayor de 60 °C respecto a la horizontal. 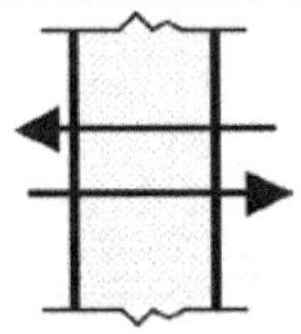	0,12	0,05
Flujo ascendente en elementos horizontales o con pendientes menor o igual a 60 °C respecto a la horizontal. 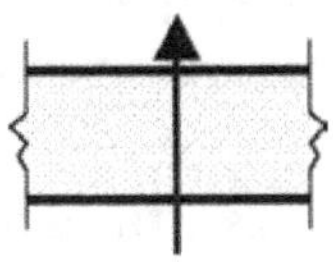	0,09	0,05
Flujo descendente en elementos horizontales o con pendientes menor o igual a 60 °C respecto a la horizontal. 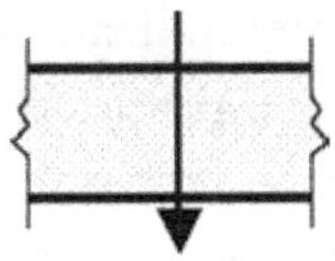	0,17	0,05

La suma de la resistencia térmica de la superficie de aire interior y exterior, y la resistencia térmica del material se denomina la Resistencia Térmica Total del elemento (R_T), y refleja la oposición al flujo de calor de los elementos constructivos (que pueden estar compuestos por uno o más materiales). La Resistencia Térmica Total se mide en $m^2 \cdot {}^oK/W$ y se calcula según la siguiente ecuación:

$$R_T = R_{si} + R_C + R_{se} \qquad (17.2)$$

Donde:

$$R_C = \sum \frac{e}{\ddot{e}}$$

e = espesor de cada material (m)

El inverso de la Resistencia Térmica Total se denomina Coeficiente de Transmitancia Térmica (U), y el flujo de calor a través del elemento es proporcional a esta propiedad. La unidad de medida $W/m^2 \cdot {}^oK$.

$$U = \frac{1}{R_T} \qquad (17.3)$$

17.2.4 MATERIALES AISLANTES TÉRMICOS

Los materiales aislantes térmicos son aquellos que oponen una alta resistencia al flujo de calor a través de él. Se caracterizan por presentar una conductividad térmica menor a 0,06 W/m·°K, la cual depende principalmente de la densidad del material (Bedoya y Neila, 1992).

El uso de materiales aislantes térmicos en los elementos de una edificación permite incrementar en forma importante la Resistencia Térmica Total (o reducir el Coeficiente de Transmitancia Térmica), con lo que se disminuye el flujo de calor por conducción a través de los elementos de la envolvente (pérdidas de calor en invierno).

Los materiales aislantes térmicos más utilizados en viviendas residenciales son fibra de vidrio, lana de roca o mineral, poliestireno expandido y poliuretano (Figura 17.5). Estos materiales se comercializan en diferentes formas (colchonetas, frazadas, granulado o proyectado) y espesores (Bynum, 2001).

La propiedad térmica que caracteriza estos materiales es la conductividad térmica, la cual varía con la densidad del material. La Tabla 17.4 indica la conductividad térmica de los principales materiales aislantes térmicos.

Tabla 17.4: Conductividad térmica de diferentes materiales aislantes térmicos

Material aislante	Conductividad térmica (W/m·°K)
Fibra de vidrio	0,032-0,063
Lana mineral	0,037-0,042
Poliestireno expandido	0,036-0,043
Poliuretano	0,025-0,028

17.2.5 SISTEMAS CONSTRUCTIVOS AISLANTES TÉRMICOS

Existen diversos sistemas constructivos, principalmente de muros, que están compuestos por uno o más materiales, que además de tener resistencia estructural poseen buenas propiedades aislantes térmicas. Los sistemas constructivos más utilizados son:

- **Albañilería de Hormigón Celular**: los bloques que conforman la albañilería son fabricados en base a cemento, agua, arena fina y aluminio, y presentan densidades inferiores a 650 kg/m^3.
- **Paneles Estructurales Aislantes**: son una estructura compuesta por paneles de madera aglomerada OSB con un centro de poliestireno expandido. Estos paneles pueden ser producidos en grandes tamaños de acuerdo a la arquitectura de la vivienda, y ser instalados en terreno con grúas, lo cual industrializa el proceso de construcción.
- **Encofrados de Concreto Aislantes**: son moldajes constituidos de paneles de poliestireno expandido o fibra de vidrio de alta resistencia, los cuales se unen entre sí a través de amarras metálicas, permitiendo que los paneles queden fijos al hormigón una vez que éste ha endurecido.

17.2.6 EJEMPLO

Ud. pertenece a la inspección técnica de obra (ITO) de un conjunto de viviendas de 100 m^2, las cuales poseen sistema de calefacción. El proyecto se realiza en Coyhaique, y debido a las bajas temperaturas que se registran durante gran parte del año, el Mandante ha incluido en las especificaciones técnicas que los muros exteriores no deben superar un Coeficiente de Transmitancia Térmica de 0,50 W/m^2·°K.

a) La empresa de diseño propone el muro indicado en la Figura 17.6. Ud. como ITO, verifique si el diseño del muro cumple las especificaciones técnicas en lo referido al Coeficiente de Transmitancia Térmica.

b) En caso de que el Coeficiente de Transmitancia Térmica sea superior a la especificada, indicar el espesor del material aislante térmico que se debe instalar para cumplir las especificaciones.

c) Explique cuál es el propósito del Mandante al incluir en una especificación técnica sobre el Coeficiente de Transmitancia Térmica de los muros. Es esto suficiente para cumplir el objetivo del Mandante.

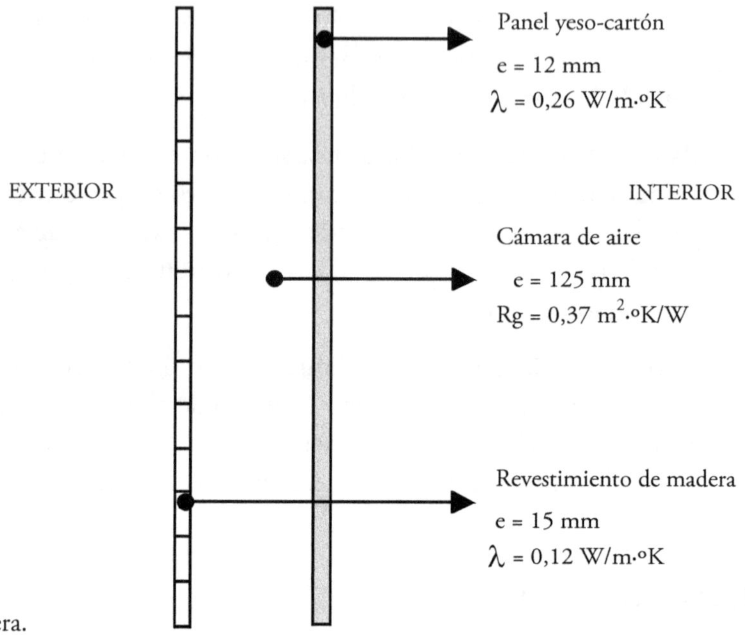

Figura 17.6
Muro exterior de madera.

Solución:

a) Verificación del Coeficiente de Transmitancia Térmica del muro:

$$U = \frac{1}{R_T}$$

$$R_T = R_{si} + Rg + \sum \frac{e}{\lambda} + R_{se} = 0{,}12 + 0{,}37 + \frac{0{,}012}{0{,}26} + \frac{0{,}015}{0{,}12} + 0{,}05 = 0{,}71\ m^2 \cdot {}^{o}K/W$$

$$\Rightarrow U = 1{,}41\ W/m^2 \cdot {}^{o}K \ > \ U_{MÁXIMO\ ESPECIFICADO} = 0{,}50\ W/m^2 \cdot {}^{o}K$$

Por lo tanto el diseño del muro no cumple con las especificaciones técnicas.

b) Determinación espesor material aislante térmico.
Considerar incluir un material aislante térmico en cámara de aire, cuya resistencia térmica será $R_{AISLANTE}$. Por lo tanto se debe determinar $R_{AISLANTE}$ tal que U sea a lo más 0,50 $W/m^2 \cdot {}^{o}K$.

$$R_T(\text{sin aislante}) = 0{,}71\ m^2 \cdot {}^{o}K/W$$

$$\Rightarrow R_T\ (\text{con aislante}) = 0{,}71 + R_{AISLANTE} \qquad m^2 \cdot {}^{o}K/W$$

$$\Rightarrow \ U = 0{,}50 \ W/m^2{\cdot}{}^{o}K = \frac{1}{0{,}71 + R_{AISLANTE}}$$

Entonces, $R_{AISLANTE} = 1{,}29 \ m^2{\cdot}{}^{o}K/W$. El espesor del aislante térmico dependerá del tipo de material utilizado. En el caso de utilizar fibra de vidrio con l = 0,038 W/m·°K, se tiene:

$$R_{AISLANTE} = 1{,}29 \ m^2{\cdot}{}^{o}K/W = \frac{e}{\lambda} = \frac{e}{0{,}038}, \quad \Rightarrow e = 0{,}049 \ m$$

Entonces el espesor del aislante a utilizar es 5 cm.

c) Objetivo de especificación técnica sobre Transmitancia Térmica de muros. Debido a las condiciones climáticas de Coyhaique, donde la estación fría es prolongada y se requiere utilizar calefacción para mantener la temperatura de confort, el propósito del mandante es reducir las pérdidas de calor a través de los muros especificando un Coeficiente de Transmitancia Térmica bajo, con lo cual se reduce también el uso de energía para calefacción.

17.3 PROTECCIÓN CONTRA LA HUMEDAD

17.3.1 HUMEDAD Y EFECTO SOBRE LA EDIFICACIÓN Y PERSONAS

Existen distintos tipos de humedad que afectan la durabilidad y comportamiento de la edificación, así como también el bienestar de las personas:

a) Humedad exterior: corresponde principalmente a agua líquida proveniente de las lluvias y del subsuelo, la cual puede ingresar a la edificación produciendo molestia a los ocupantes, y en casos extremos puede favorecer enfermedades del tipo respiratorias. Además, la presencia de agua líquida está asociada a daños a los materiales que componen la edificación.

b) Vapor de agua: al interior de la edificación se generan cantidades importantes de vapor de agua, provenientes de las personas, cocina, baño y secado de ropa. Este vapor puede producir un ambiente interior no confortable, que favorece el desarrollo de hongos, esporas y microorganismos. Además, el vapor de agua puede condensar en la superficie o al interior de elementos de la edificación, produciendo su deterioro.

Las principales estrategias para reducir o prevenir la presencia de humedad en una edificación apuntan a (Beall, 1999):

- Limitar el ingreso de humedad líquida al interior de la edificación: lo cual se puede realizar mediante la impermeabilización de muros, losas, y fundaciones, sellado de puertas y ventanas, drenaje, entre otros.
- Prevenir la acumulación de vapor: principalmente a través de ventilación controlada.
- Eliminar ocurrencia de condensación: lo cual se puede realizar utilizando materiales aislantes térmicos, barreras de vapor y ventilación.

En esta sección se desarrollará en forma general la estrategia de impermeabilización, ya que los problemas derivados del ingreso de agua líquida al interior de la edificación son graves, y los ocupantes se sienten muy molestos cuando esto sucede, aunque sea un problema puntual. Sin embargo, para un buen comportamiento de la edificación frente al agua líquida, también es importante un adecuado diseño y construcción de canales y bajadas de agua lluvia, pendiente de las cubiertas de techumbre, sellado de juntas del material de cubierta, y dimensiones de los aleros.

17.3.2 IMPERMEABILIZACIÓN

a) **Movimiento del agua líquida**

El agua líquida puede ingresar a la edificación mediante dos mecanismos principales:

- Flujo líquido: el agua fluye por presión hidrostática a través de aberturas y grietas en muros, y por gravedad a través de juntas de material que conforman la cubierta techumbre al interior de la edificación.
- Succión capilar: principalmente mueve el agua lluvia y del subsuelo a través de los capilares (o poros) de los materiales. Este fenómeno se aprecia principalmente en fundaciones, muros y radieres.

b) **Técnicas de impermeabilización**

Los materiales más utilizados en edificación en Chile son el hormigón y la albañilería, para los cuales las principales técnicas de impermeabilización corresponden a:

- Impermeabilización en la masa del hormigón o mortero: consiste en utilizar aditivos que permiten mejorar la impermeabilidad de los elementos de hormigón. Estos aditivos actúan obturando los capilares y reduciendo la porosidad del hormigón. Este tipo de impermeabilización se suele utilizar para muros, losas, y fundaciones de hormigón.
- Impermeabilización en la superficie del material: corresponde a láminas de asfalto o PVC, revestimientos cementicios e hidrorrepelentes, que según corresponda se instalan sobre la superficie de muros, fundaciones y losas de cubierta, así como también en piscinas y jardineras. Estos materiales actúan como una barrera impermeable al agua líquida o repelente al agua. Todos estos elementos están expuestos a diversos agentes (radiación UV, humedad, contaminación del aire, temperaturas altas y bajas) que afectan su durabilidad, y por ende se debe considerar el período de tiempo en el cuál su aplicación es útil como técnica de impermeabilización.

17.4 PROTECCIÓN CONTRA INCENDIOS

17.4.1 OBJETIVOS DE LA PROTECCIÓN CONTRA INCENDIOS

Un incendio, pese a ser un evento improbable durante la vida útil de una edificación, cuando ocurre produce daños a las personas, incluso la muerte de estas, y puede genera severos daños a las edificaciones. Esto es consecuencia de que en un incendio se produce calor, llamas y humo. El humo es generalmente el factor que produce un mayor número muertes debido a los gases tóxicos que contiene. Por otro lado el calor y llamas producen pérdida de integridad y resistencia estructural de elementos estructurales de la edificación, pudiéndose producir el colapso total o parcial de ésta.

El objetivo principal de la protección contra incendios es proveer seguridad a las personas, tal que en caso de incendio estas puedan evacuar la edificación mucho antes de las condiciones al interior sean insostenibles para la vida humana y mucho antes que la estructura colapse, o que el fuego sea controlado y extinguido en una zona reducida, tal que no exista riesgo para las personas y se minimice el daño a la edificación.

17.4.2 CONCEPTOS GENERALES DE CIENCIA DEL FUEGO

Un incendio se produce porque existe la combustión de un material, el cual genera calor, llamas y humo, los cuales se propagan al resto de la habitación, planta o edificación. La combustión es una reacción exotérmica en presencia de tres elementos, combustible (gas, sólido o líquido), oxígeno y calor (temperatura o llama). La Figura 17.7 muestra las etapas de crecimiento del fuego, cada una de las cuales está asociada a la cantidad de calor producido en el tiempo.

- Encendido: corresponde a un período de tiempo muy corto en el que se aplica un cierto flujo de calor que produce la aparición de la llama.
- Crecimiento: una vez que se ha producido el encendido, las llamas proporcionan el calor necesario para calentar el combustible y producir gases inflamables.
- Flash-over: transición rápida al estado donde todas las superficies se ven involucradas en el incendio.
- Incendio desarrollado: el incendio involucra a una área completa del espacio donde se generó.

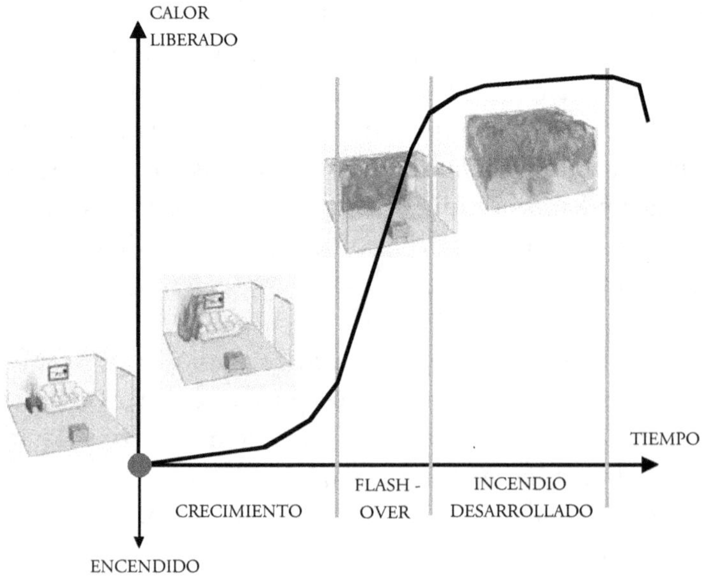

Figura 17.7
Etapas de un incendio.

- Comunicación: asegurar que si la ignición ocurre, los ocupantes del edificio serán informados y que los sistemas de protección activos (ej.: rociadores) contra el fuego serán activados. Ejemplos: detectores de humo y alarmas.
- Evacuación: asegurar que los ocupantes del edificio y de las áreas circundantes sean capaces de desplazarse hasta un lugar seguro antes de que sean amenazados por el calor y humo del fuego. Ejemplo: apropiado diseño vías de evacuación (pasillos, escaleras) y señalética para evacuación.
- Contención: asegurar que el fuego es contenido un área lo más pequeña posible, limitando así la amenaza a las personas y daño a la propiedad. Ejemplo: resistencia al fuego de elementos estructurales y sistema de rociadores.
- Extinción: asegurar que el fuego pueda ser extinguido rápidamente y con mínimas consecuencias de daño para la propiedad. Ejemplo: bomberos o brigadas contra incendios.

Las estrategias que se implementen en una edificación dependerán del tipo de edificación, riesgo de incendio, y posibles costos producidos por el incendio. Así por ejemplo, las estrategias implementadas en una casa aislada serán totalmente distintas a aquellas utilizadas en un edificio de oficinas de 25 pisos. En el caso de la casa, los tiempos de evacuación de las personas son muy bajos, y por lo tanto el riesgo para las personas es mínimo, en consecuencia, generalmente será suficiente con proveer una resistencia al fuego menor a los elementos estructurales, e instalar un detector de humo en la cocina. En cambio en el edificio de oficinas, los ocupantes pueden ser varios cientos de personas, las distancias a recorrer son significativas y por lo tanto los tiempos de evacuación son altos, en este caso además de proveer de mayor resistencia al fuego a los elementos estructurales para que el edificio no colapse, es conveniente instalar detectores de humo y alarmas, sistemas de rociadores para controlar el incendio y proveer de adecuadas vías de evacuación como pasillo y escaleras.

17.4.3 RESISTENCIA AL FUEGO DE ELEMENTOS

a) **Definiciones**
En esta sección se analizará una de las principales estrategias de contención del fuego, proveer de resistencia al fuego a los elementos divisorios y estructurales de la edificación.

La resistencia al fuego de un elemento divisorio o estructural corresponde a la capacidad del elemento (muro, tabique, puerta, losa, columna) de mantener su capacidad estructural, su integridad y sus propiedades aislantes cuando es afectado por el calor generado en un incendio.

Para medir la resistencia al fuego del elemento se somete éste a una curva de fuego normalizada (Figura 17.8), generada en un horno como el que se muestra en la Figura 17.9, y se mide el tiempo (en minutos) hasta que el elemento falla. Las designaciones de resistencia al fuego son F-15, F-30, F-60, F-90, F-120. etc. Por ejemplo, si un tabique es F-60, quiere decir que su resistencia al fuego es al menos 60 minutos. En la Figura 17.10 se puede observar una fotografía del horno del Laboratorio del Fuego de DICTUC, ubicado en los laboratorios del Campus San Joaquín de la Universidad Católica.

Los criterios de falla varían dependiendo del tipo de elemento. Por ejemplo, para el caso de tabiques la falla está condicionada a que la temperatura de la cara no expuesta del tabique supera un valor máximo, o porque el tabique perdió integridad al aparecer fisuras o grietas a través de las cuales sale el humo caliente y llamas.

La resistencia al fuego de los distintos elementos de una edificación es estipulada en la Ordenanza General de Urbanismo y Construcción, y depende de:

- Tipo de elemento (muro cortafuego, muros exteriores, columnas, losas, tabiques, etc.).
- Destino del edificio (habitacional, oficinas, museos, etc.).
- Superficie edificada.
- Número de ocupantes.
- Número de pisos.
- Carga combustible.

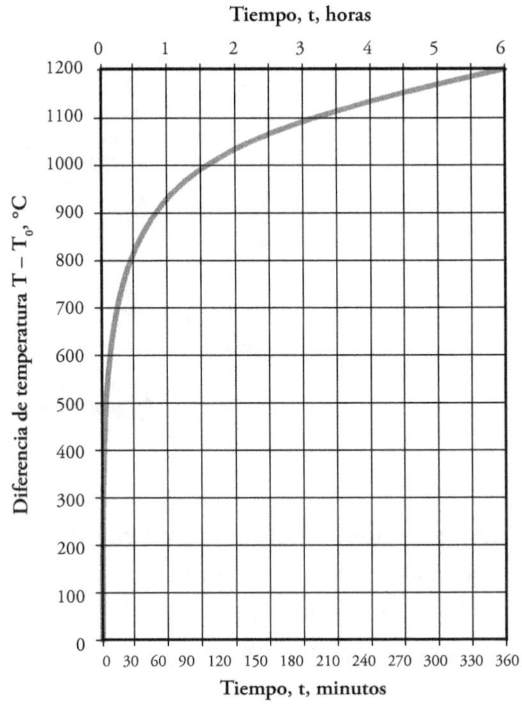

Figura 17.8
Curva normalizada para ensayo resistencia al fuego según NCh 935/1. Of 97 (INN, 1999).

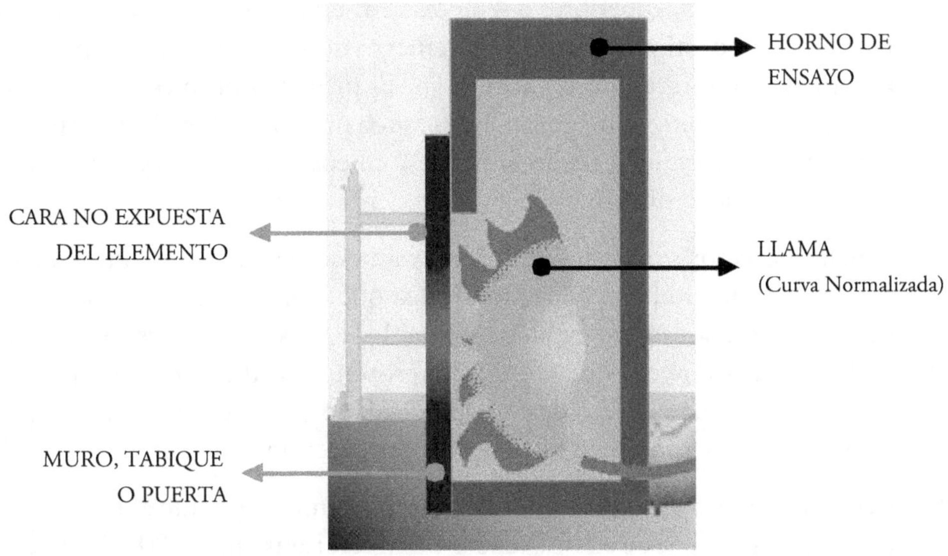

Figura 17.9
Esquema de ensayo del elemento vertical.

Figura 17.10
Horno del Laboratorio del Fuego de DICTUC.

b) **Resistencia al fuego de materiales y elementos de construcción**
Los distintos materiales de construcción presentan diferente comportamiento frente al fuego, algunos tienen una buena resistencia al fuego inherente, en cambio otros requieren de materiales adicionales para mejorar su resistencia al fuego. A continuación se describe brevemente la capacidad de resistencia al fuego del hormigón, paneles de yeso, madera y acero (Stollard y Abrahams, 1999):

- Hormigón: el hormigón armado es capaz de alcanzar altos niveles de resistencia al fuego, superiores a 4 horas. Sin embargo, como la resistencia a tracción del hormigón depende del refuerzo de acero es necesario proveer un apropiado recubrimiento de hormigón. El principal problema que presenta el hormigón frente al fuego es el desconchamiento o "spalling", en el cual secciones de hormigón se desprenden y pueden dejar el acero de refuerzo expuesto al fuego directo.

- Paneles de yeso: son utilizados principalmente en tabiques. Proveen resistencia al fuego al liberar el agua química que contienen, retardando el flujo de calor hacia la cara no expuesta del tabique. Las principales características de los paneles de yeso que afectan la resistencia al fuego del tabique son el espesor del panel, número de paneles instalados, y la composición del panel, algunos paneles contienen fibras que les proveen mayor resistencia al fuego

- Acero: el acero no presenta un buen comportamiento frente al fuego, ya que pierde casi la mitad de su resistencia a temperaturas entre 500 y 550 °C. Por tal motivo, elementos estructurales de acero como columnas y vigas, deben ser cubiertos con otros materiales para incrementar su resistencia al fuego.

Los principales materiales utilizados para este propósito son paneles de yeso, paneles de materiales aislantes, pinturas intumescentes y productos cementicios.

- Madera: Aunque la madera es un material inflamable y combustible presenta un buen comportamiento frente al fuego debido a su baja conductividad térmica. Además, una sección de madera al estar sometida a calor y llamas forma una cubierta de carbón, la cual retarda el flujo de calor hacia el resto de la sección de madera, proveyendo mayor resistencia al fuego. Por otro lado, la deshidratación de la madera permite elevar su resistencia a la compresión y a la flexión, compensando la pérdida de sección por carbonización durante un incendio. Para aumentar la resistencia al fuego de elementos de madera es aconsejable usar tratamientos ignífugos y sobredimensionar las secciones.

17.5 EJERCICIOS

A continuación se presentan algunos temas que pueden servir de estudio, los cuales pueden ser resueltos con el material presentado en el capítulo y a veces con lecturas adicionales:

a) ¿Qué es la habitabilidad y cómo se encuentra desarrollado en Chile?
b) ¿Cuál es el objetivo de usar aislación térmica en una vivienda?
c) ¿Cuáles son las características de un material aislante térmico?
d) Ud. está participando en el estudio de diseño de un edificio de estacionamientos subterráneos en Valdivia. Estudios indican que la napa freática está a 1,0 m de profundidad. Indique qué estrategias Ud. utilizaría para evitar el paso del agua al interior de los estacionamientos, cuya estructura está compuesta por muros de hormigón armado. Fundamente su respuesta.
e) Explique qué aspectos debe considerar un sistema de protección contra el fuego.
f) ¿Cómo protegería contra el fuego un galpón industrial de acero y una estructura de madera?
g) Considerando todos los aspectos estudiados en este capitulo, analice la habitabilidad de su casa o departamento.

BIBLIOGRAFÍA

ADRIAN J. J., "Construction Estimating: An Accounting and Productivity Approach", 2º Ed. Stipes Public, 1993.

ALBALA, A., "Dirección de Proyectos: Teoría y Práctica", Colegio de Ingenieros de Chile, Santiago, 1986.

AHUJA, H. y WALSH, M., "Ingeniería de Costos, Administración de Proyectos", Alfaomega, México, 1989.

ALLEN, E., "Fundamentals of Building Construction: Materials and Methods", 6º Ed. Wiley, 2013.

AMERICAN INSTITUTE OF STEEL CONSTRUCTION, "Steel Construction Manual", 14º Ed. American Institute of Steel Construction. 2011.

AMERICAN SOCIETY OF CONCRETE CONTRACTORS, "Guide to Quality Concrete Construction", 3º Ed. American Society of Concrete Contractors, 2014.

APFELBAUM, A., "Construction Cost Management: Cost Engineering, Cost Control and Controlled Bidding", AuthorHouse, 2005.

ASCE, "Design and Construction of Urban Stormwater Management System", Manuals and reports of engineering practice Nº 77, New York, 1994.

AUSTIN, C. K., "Formwork to Concrete", Third Edition, George Godwin, Estados Unidos, 1978.

AZÓCAR, G., "Un Método Simple para Cubicar, en Forma Sistemática, Fundaciones en Obras de Edificación", Publicación Nº 44, Departamento de Ingeniería y Gestión de la Construcción, Pontificia Universidad Católica de Chile, 1984.

BANCO CENTRAL DE CHILE, "Base de Datos Estadísticos, Cuentas Nacionales". Banco Central de Chile, Santiago, 2019a. Recuperado de: https://si3.bcentral.cl/Siete/secure/cuadros/arboles.aspx.

BANCO CENTRAL DE CHILE, "Base de Datos Estadísticos, Indicadores Sectoriales". Banco Central de Chile, Santiago, 2019b. Recuperado de: https://si3.bcentral.cl/Siete/secure/cuadros/arboles.aspx.

BARRIE, D. S. y PAULSEN, B. C., "Professional Construction Management", McGraw-Hill Book Company, New York, 1984.

BASCUÑÁN, R., "Hormigón celular: más que un bloque, una solución constructiva", Revista BIT, Chile, septiembre, 2001.

BAUD, G., "Tecnología de la Construcción", Editorial Blume, Natuart, Barcelona, España, 1994.

BEALL, C., "Thermal and Moisture Protection Manual", McGraw-Hill, Nueva York, Estados Unidos, 1999.

BEDOYA, C. y NEILA, F., "Las Técnicas de Acondicionamiento Ambiental: Fundamentos arquitectónicos", Departamento de Construcción y Tecnologías Arquitectónicas, España, 1992.

BYNUM, R., "Insulation Handbook", McGraw-Hill, Nueva Cork, Estados Unidos, 2001.

CCHC, "Análisis Estratégico del Sector de la Construcción", Cámara Chilena de la Construcción, Santiago, 1993.

CCHC, "Indicador de inversión en construcción". Cámara Chilena de la Construcción, Santiago, 2019. Recuperado de: https://www.cchc.cl/centro-de-informacion/indicadores/inversion-en-construccion.

CAMPERO, M., "Clase de Evaluación de Propuestas", Curso Minvu 1994, Departamento de Ingeniería y Gestión de la Construcción y Dictuc S.A., Pontificia Universidad Católica de Chile, 1993.

CAMPERO, M., QUEZADA, R., ALARCÓN, L., ROBLES, J., DE SOLMINIHAC, H., y CIFUENTES, L., "Sistema de Información y Control de Gestión de Proyectos", Congreso La Ingeniería Chilena en el Siglo XXI, Instituto de Ingenieros de Chile. 23-26 de mayo, Santiago, 1989.

CAMPOS, J. P., "El Antes y Después de la Ley", Vivienda, Participación y Desarrollo Progresivo, Minvu, febrero, 1997.

CAPACHI, N., "Excavation & Grading Handbook", Craftsman Book Co., 2005.

CASTRO, J., "Diseño de mezclas y construcción de pavimentos de hormigón en Chile", Tesis de Magíster, Pontificia Universidad Católica de Chile, Santiago, 2004.

COOMBS, W., y PALMER, W., "Construction Accounting and Financial Management", McGraw-Hill, New York, 1989.

CHARO, J., "Manual Básico de Construcción en Hormigón", Instituto Chileno del Cemento, Santiago, 1985.

CHEMILLIER, P., "Industrialización de la Construcción: Los Procesos Tecnológicos y su Futuro", Editores Técnicos Asociados S.A., Madrid, 1980.

CLAPES UC, "Informe Metodológico: Índice de productividad Clapes UC", Centro Latinoamericano de Políticas Económicas y Sociales Clapes UC, (2015). Recuperado de: http://www.clapesuc.cl/investigaciones/metodologia-indice-de-productividad-22122015/.

CLAPES UC, "Informe Productividad en la Construcción en Chile 2017: productividad total de factores y productividad media laboral", Centro Latinoamericano de Políticas Económicas y Sociales Clapes UC, (2019). Recuperado de: http://www.clapesuc.cl/investigaciones/informe-productividad-en-la-construccion-en-chile-2017-productividad-total-de-factores-y-productividad-media-laboral/.

DAS, B. M., "Principles of Geotechnical Engineering", Pws Engineering, Boston, Estados Unidos, 2013.

DAY, D. A., "Maquinaria para Construcción", Editorial Limusa S.A., Ciudad de México, México, 1978.

DE LA LLERA, J. C., "Norma de Aislamiento Sísmico: Sismos bajo Control", Revista BIT, Chile, mayo, 2004.

DE SOLMINIHAC, H., "Gestión de Infraestructura Vial" Segunda Edición. Ediciones Universidad Católica de Chile, Santiago, Chile, junio, 2001.

DE SOLMINIHAC, H., y STEELE, D., "La Importancia de la Administración de Pavimentos en las Obras Viales Concesionadas", PROVIAL Iquique, noviembre, 1996.

DE SOLMINIHAC, H., y SALSILLI, R., "¿Cómo Conservar un Camino Concesionado Cumpliendo las Exigencias Técnicas y Optimizando los Recursos Invertidos?", Boletín de Información Tecnológica - BIT, Año 3, Nº 5, Corporación de Investigación de la Construcción y Cámara Chilena de la Construcción. Santiago, Chile, mayo, 1996.

DÍAZ, J., y SILVA, M., "Mis Finanzas Personales", El Mercurio. Primera Edición, 2000.

DI 2200, "Contratos de Trabajo y Protección de los Trabajadores", Editorial Cumbres, Serie Nº 2, 1987.

DOUGLAS, J., "Construction Equipment Policy", McGraw-Hill Book Company, Estados Unidos, 1975.

D.S, Nº 222, "Reglamento de Instalaciones Interiores de Gas", Ministerio de Economía, Fomento y Reconstrucción, Chile, 1996.

DURÁN, M., "Gestión de Calidad", Ediciones Díaz de Santos SA, Madrid, 1992.

EGAÑA, J., "Manual del Hormigón", Instituto Chileno del Cemento y del Hormigón, Santiago, 1985.

FERNÁNDEZ, B., "Apuntes de clases del curso Hidráulica Urbana", Pontificia Universidad Católica de Chile, Santiago, 2004.

FRIEDMANN, D., "Nuevos morteros de pega y técnicas de aplicación: Revolución en albañilería", Revista BIT, Chile, noviembre, 2004.

FRITZ, A., "Manual la construcción de viviendas en madera", Corporación Chilena de la Madera, Chile, 2004.

GALLARDO, J., "Contratos de Construcción", apuntes de clases, Departamento de Ingeniería y Gestión de la Construcción, Pontificia Universidad Católica de Chile, 1982.

GALABRU, P., "Cimentaciones y Túneles", Editorial Reverté S.A., Barcelona, 1965.

GALABRU, P., "Cimentaciones y Túneles", Editorial Reverté, 2004.

GASC, Y. y BERTIN, R., "Cimentaciones y Obras en Recalces", Editores Técnicos Asociados S.A., Madrid, 1971.

EDICIONES DÍAZ DE SANTOS S.A., Gestión de la Calidad Total, 1996.

GHIO, V., DE SOLMINIHAC, H., y BASCUÑÁN, R., "Guía para la Innovación Tecnológica en la Construcción", Apuntes de Clases, Departamento de Ingeniería y Gestión de la Construcción, Escuela de Ingeniería, Pontificia Universidad Católica de Chile, 1996.

GOLDBLOOM, J., "Engineering Construction Specifications", Van Nostrand Reinhold, Canadá, 1989.

GUZMÁN, E., "Edificación 2", Editorial Universitaria. Universidad de Chile, Tomos I, II y III, Santiago, 1980.

HAAS, R., HUDSON, W. R. y ZANIEWSKI, J., "Modern Pavement Management", R.E. Krieger Publishing Company, Florida, 1993.

HAX, A., y MAJLUF, N., "Gestión de Empresa con una Visión Estratégica", Ediciones Dolmen, Santiago, Chile, 1993.

HENDRICKSON, C., y AU, T., "Project Management for Construction", Editorial Prentice-Hall, London, 1989.

HUGHES, W., "Construction Contracts: Law and Management", 5º Ed. Routledge, 2015.

HUNTING, W. C., y MICKADEJT, R. E., "Building Construction: Material, and Types of Construction", John Wiley and Sons, New York, 1981.

HURD, M., "Formwork for Concrete", American Concrete Institute, Michigan, Estados Unidos, 1981.

HURTADO, C., "Políticas de Desarrollo de Infraestructura Pública y su Impacto en el Avance Tecnológico del Sector de la Construcción", Seminario Internacional: "Futuro de la Construcción: Un Desafío Tecnológico", Centro de Extensión, Pontificia Universidad Católica de Chile, Santiago de Chile, 1º de agosto, 1990.

INN, "13 Años del INN, 42 Años de Normalización en Chile", Informativo Nº 1, Instituto Nacional de Normalización, junio, 1986.

IGOA, J. M., "Manual del Constructor", Grupo Editorial CEAC S.A., Barcelona, España, 1994.

INSTITUTO NACIONAL DE NORMALIZACIÓN (INN), Normas Chilenas: Catálogo de Normas Chilenas Oficiales (Area F - Construcción).

NCh 353, Norma de Mensuras en Obras de Edificación, Of. 2000.

NCh 349, Norma de Seguridad en Excavaciones, Of. 1999.

NCh 997, Norma de Andamios (Terminología), Of. 1999.

NCh 998, Norma de Andamios (Seguridad), Of. 1999.

NCh 1156 I-V, Especificaciones Técnicas, Of. 1999.

NCh 170, Norma de Hormigón, Of. 2016.

NCh 853, Acondicionamiento ambiental térmico - Envolvente térmica de edificios - Cálculo de resistencias y transmitancias térmicas, Of. 2007.

NCh 935/1, Prevención de incendios en edificios - Ensayos de resistencia al fuego, Of. 1999.

NCh 169, Norma de Albañilería, Of. 2001.

JIMÉNEZ, P., GARCÍA, A., y MORAN, F., "Hormigón Armado", Editorial Gustavo Gili S.A., Barcelona, 1974.

KALIN, M., "Construction Specifications Writing: Principles and Procedures", 6º Ed. Wiley 2010.

KRYNINE, D. P., y JUDO, W. R., "Principios de Ingeniería Geológica y Geotécnica", 1980.

LEVY, S., "Construction Operations Manual of Policies and Procedures", McGraw-Hill Education, 2014.

LEY 16.744, "Ley de Accidentes del Trabajo y Enfermedades Profesionales", Editora Cumbres, Serie #29, 1987.

LEY GENERAL DE URBANISMO Y CONSTRUCCIONES, Ministerio de Vivienda y Urbanismo de Chile, www.minvu.cl, febrero, 2004.

LIMBRUNNER, G. F., "Reinforced Concrete Design", 8º Ed. Pearson, 2013.

MEHTA, K., "Concrete: Microstructure, Properties, and Materials", 4º Ed. McGraw-Hill Education, 2013.

MINVU, "Curso MINVU 1994", Departamento de Ingeniería y Gestión de la Construcción y Dictuc S.A., Pontificia Universidad Católica de Chile, 1993.

MINVU, PUC, "Técnicas Alternativas para Solución de Aguas Lluvias en Sectores Urbanos. Guía de Diseño", Santiago, noviembre, 1996.

MUBARAK, S. A., "Construction Project Scheduling and Control". 3º Ed. Wiley, 2015.
MUTUAL DE SEGURIDAD, "Prevención de Accidentes en Superficies de Trabajo en Construcciones de Edificación", Cap. III Sección C, Gerencia de Prevención de Riesgos, Departamento de Capacitación Mutual de Seguridad CChC, 1993.
MOFFIT, F. y BOUCHARD, H., "Sutveying", Harper and Row Publishers, New York, Estados Unidos, 1982.
NEWITT, J. S., "Construction Scheduling: Principles and Practices", 2º Ed. Pearson, 2008.
NUNNALLY, S. W., "Construction Methods and Management", 8º Ed. Pearson, 2010.
OBERLENDER, G., "Formwork for Concrete Structures", 4º Ed. McGraw-Hill Education, 2013.
OGLESBY, C., PARKER, H. y HOWELL, G., "Productivity Improvement in Construction", McGraw-Hill Book Company, New York, U.S.A., 1989.
ONDAC, "Leyes Sociales: Estudio para la Construcción", ONDAC Chile Ltda., Revista
ONDAC, Santiago, abril, 1993.
ORDENANZA GENERAL DE URBANISMO Y CONSTRUCCIONES, Ministerio de Vivienda y Urbanismo de Chile, www.minvu.cl, 2016.
OSSA, M., "Carpetas Impermeables Geosintéticas", Memoria Ingeniero Civil, Escuela de Ingeniería, Pontificia Universidad Católica de Chile, Santiago, 1996.
OSTROWSKI, S., "Estimating and Cost Planning Using the New Rules of Measurement", Wiley-Blackwell, 2013.
PALMA, H., "Impermeabilización en Obras de Edificación", Boletín de Información Tecnológica-BIT Corporación de Investigación de la Construcción, Santiago, mayo, 1997.
PÉREZ, V., "Manual de Construcciones en Madera", Instituto Forestal de Chile, Santiago, 1978.
PEURIFOY, R. L., "Estimating Construction Cost", 6º Ed. McGraw-Hill Education, 2013.
PEURIFOY, R. L., "Construction Planning, Equipment and Methods", 7º Ed. McGraw-Hill Higher Education, 2005.
PEURIFOY, R. L., "Encofrados para Estructuras de Hormigón", McGraw-Hill, Ciudad de México, México, 1978.
PICA, M., "Project Life Cycle Economics: Cost Estimation, Management and Effectiveness in Construction Projects", Routledge, 2015.
PROJECT MANAGEMENT INSTITUTE, "Guía de los Fundamentos para la Dirección de Proyectos (Guía del PMBOK)". 5º Ed. Project Management Institute, 2014.
PROJECT MANAGEMENT INSTITUTE, "La gestión del valor ganado y su aplicación: Managing earned value and its application", Project Management Institute, 2008. Recuperado de: https://www.pmi.org/learning/library/earned-value-management-best-practices-7045.
RAD, F., "Project Estimating and Cost Management", Management Concepts Inc, 2001.
RATAY, R., "Temporary Structures in Construction", 3º Ed. McGraw-Hill Education, 2012.
REID, D. A. G., "Principios de Construcción", Editorial Gustavo Gili, Barcelona, España, 1980.
RIDAA, "Reglamento de Instalaciones Domiciliarias de Agua Potable y Alcantarillado", Ministerio de Obras Públicas, Chile, 2002.
RIFFO, L., "Soldadura, Apuntes de Clase de Construcción en Acero", AGA Centro, Santiago, 1995.
RITZ, G., "Total Construction Project Management", 2º Ed. McGraw-Hill Education, 2013.

SERPELL, A., "Improved Conceptual Estimating Performance Using a Knowledge-Based Approach", Ph.D. Dissertation, The University of Texas at Austin, 1990.

SERPELL, A., ALARCÓN, L. F., "Planificación y Control de Proyectos", Ediciones Universidad Católica de Chile, Santiago, 200l.

SERPELL, A., "Administración de Operaciones de Construcción", Segunda Edición, Ediciones Universidad Católica de Chile, Santiago, 2002.

SPG, "Servicio de Productividad y Gestión", Departamento de Ingeniería y Gestión de la Construcción, Pontificia Universidad Católica de Chile, 1995.

STEIN, B., "Building technology: Mechanical & Electrical Systems, Second Edition". John Wiley & Sons Inc, New York, 1997.

STOLLARD, P., "Fire from First Principles: A Design Guide to International Building Fire Safety", 4º Ed. Routledge, 2014.

TENAH, K. A., y GUEVARA, J. M., "Fundamentals of Construction Management And Organization", Reston Publishing Co. Virginia, 1985.

THENOUX, G. y ALARCÓN, L., "Reducing Waste and Site Construction Impacts in Housing Projects", Proceedings of the First International Conference of CIB, Tampa, Florida, November 6-9, 1994.

THENOUX, G., "La Madera como Material de Construcción", Publicación Nº 28, Departamento de Ingeniería de Construcción, Escuela de Ingeniería, Pontificia Universidad Católica de Chile, Santiago, 1979.

URETA, A., LEON, J., NOLL, H., y DE SOLMINIHAC, H., "Análisis de la Estructura del Sector Construcción en Chile", Corporación de Investigación de la Construcción. Santiago, marzo, 1996.

VENKATARAMAN, R., "Cost and Value Management in Projects", Wiley, 2008.

VERBAL, F., "Apuntes de Clases Construcción en Acero", Publicación Nº 46, Departamento de Ingeniería y Gestión de la Construcción y Dictuc S.A., Pontificia Universidad Católica de Chile, 1983.

WAGNER, M., "Un Aporte para Racionalizar el Diseño de Uniones Estructurales Clavadas en Madera", Informe Nº 47, Facultad de Ciencias Físicas y Matemáticas de la Universidad de Chile, Santiago, 1980.

WALKER, F. B., "Walker's Building Estimator's Reference Book", 30º Ed. Frank R. Walker Company, Illinois, 2015.

WIGHT, J., "Reinforced Concrete: Mechanics and Design", 7º Ed. Pearson, 2015.

YRARRÁZAVAL, E., "La Construcción en Chile", Boletín de Información Tecnológica - Bit, Corporación de Investigación de la Construcción, Santiago, mayo, 1995.

ZABALETA, H., "Albañilerías Armadas de Bloques: Diseño y Construcción", Instituto Chileno del Cemento y del Hormigón, Santiago, 1986.

ZABALETA, H., "Construcción en Hormigón: Especificaciones, Técnicas y Control de Calidad", Instituto Chileno del Cemento y del Hormigón, Santiago, 1986.

ANEXO A

FACTORES DE CONVERSIÓN DE UNIDADES

Ángulo plano

	Grado	Minuto	Segundo	Radian	Rev
1 grado =	1	60	3600	1.745×10^{-2}	2.778×10^{-3}
1 minuto =	1.667×10^{-2}	1	60	2.909×10^{-4}	4.630×10^{-5}
1 segundo	2.778×10^{-4}	1.667×10^{-2}	1	4.848×10^{-6}	7.716×10^{-7}
1 radian =	57.30	3438	2.063×10^{5}	1	0.1592
1 revolución =	360	2.160×10^{4}	1.296×10^{6}	6.283	1

Longitud

	cm	metro	km	in	ft	mi
1 centímetro	1	10^{-2}	10^{-5}	0.3937	3.281×10^{-2}	6.214×10^{-6}
1 metro	100	1	10^{-3}	39.37	3.281	6.214×10^{-4}
1 kilómetro	10^{5}	1000	1	3.937×10^{4}	3281	0.6214
1 pulgada	2.54	2.540×10^{-2}	2.540×10^{-2}	1	8.333×10^{-2}	1.578×10^{-5}
1 pie	30.48	0.3048	3.048×10^{-2}	12	1	1.894×10^{-4}
1 milla	1.609×10^{5}	1609	1.609	6.336×10^{4}	5280	1

Área

	metro^2	cm^2	ft^2	in^2
1 metro^2	1	10^4	10.6	1550
1 cm^2	10^{-4}	1	1.076×10^{-3}	0.1550
1 pie^2	9.290×10^{-2}	929	1	144
1 pulgada^2	6.452×10^{-4}	6.452	6.944×10^{-3}	1

1 acre = 43560 ft^2
1 acre = 4046.7 m^2
1 hectárea = 10^4 m^2 = 2.471 acres
1 milla cuadrada = 2.788×10^7 ft^2

Volumen

	metro^3	cm^3	L	ft^3	in^3
1 metro^3	1	10^6	1000	35.31	6.102×10^4
1 cm^3	10^{-6}	1	1.000×10^{-3}	3.531×10^{-3}	6.102×10^{-2}
1 litro	1.000×10^{-3}	1000	1	3.531×10^{-2}	61.02
1 pie^3	2.832×10^{-2}	2.832×10^4	28.32	1	1728
1 pulgada^3	1.639×10^{-5}	16.39	1.639×10^{-2}	5.787×10^{-4}	1

1 galón fluido U.S. = 4 cuartos fluidos U.S. = 231 in^3
1 galón imperial británico = 277.4 in^3 = 1.201 galones fluidos U.S.

Masa

	gr	kg	slug	oz	lb	ton
1 gr	1	0.001	6.852×10^{-5}	3.527×10^{-2}	2.205×10^{-2}	1.102×10^{-6}
1 kg	1000	1	6.852×10^{-2}	35.27	2.205	1.102×10^{-3}
1 slug	1.459×10^4	14.59	1	514.8	32.17	1.609×10^{-2}
1 onza	28.35	2.835×10^{-2}	1.943×10^{-3}	1	6.250×10^{-2}	3.125×10^{-5}
1 libra	453.6	0.4536	3.108×10^{-2}	16	1	0.0005
1 ton	9.072×10^5	907.2	62.16	3.2×10^4	2000	1

Densidad

	slug / ft^3	kg / m^3	gr / cm^3	libra / ft^3	libra / in^3
1 slug / ft^3	1	515.4	0.5154	32.17	1.862×10^{-2}
1 kg / m^3	1.940×10^{-3}	1	0.001	6.243×10^{-2}	3.613×10^{-5}
1 gr / cm^3	1.940	1000	1	62.43	3.613×10^{-2}
1 libra / ft^3	3.108×10^{-2}	16.02	1.602×10^{-2}	1	5.787×10^{-4}
1 libra / in^3	53.71	2.768×10^{4}	27.68	1728	1

Tiempo

	año	día	Hora	min	segundo
1 año	1	365.25	8.766×10^{3}	5.259×10^{5}	3.156×10^{7}
1 día	2.738×10^{-3}	1	24	1440	8.640×10^{4}
1 hora	1.141×10^{-4}	4.167×10^{-2}	1	60	3600
1 minuto	1.901×10^{-6}	6.944×10^{-4}	1.667×10^{-2}	1	60
1 segundo	3.169×10^{-8}	1.157×10^{-5}	2.778×10^{-4}	1.667×10^{-2}	1

Velocidad

	ft/s	km/h	m/s	mi/h	cm/s
1 pie/segundo	1	1.097	0.3048	0.6818	30.48
1 km/h	0.9113	1	0.2778	0.6214	27.78
1 m/s	3.281	3.6	1	2.237	100
1 milla/h	1.467	1.609	0.4470	1	44.70
1 cm/s	3.218×10^{-2}	3.6×10^{-2}	0.01	2.237×10^{-2}	1

1 nudo = 1 milla náutica / hora = 1.688 ft/s

Fuerza

	Dina	Newton	Lb	Pdl	gf	kgf
1 dina	1	10^{-5}	2.248×10^{-6}	7.233×10^{-5}	1.020×10^{-3}	1.020×10^{-6}
1 newton	10^{5}	1	0.2248	7.233	102.0	0.1020
1 libra	4.448×10^{5}	4.448	1	32.17	453.6	0.4536
1 poundal	1.383×10^{4}	0.1383	3.108×10^{-2}	1	14.10	1.410×10^{-2}
1 gr-fuerza	980.7	9.807×10^{-3}	2.205×10^{-3}	7.093×10^{-2}	1	0.001
1 kg-fuerza	9.807×10^{5}	9.807	2.205	70.93	1000	1

Potencia

	Btu/h	ft-lb/s	Hp	cal/s	KW	Watt
1 BTU/h	1	0.2161	3.929×10^{-4}	6.998×10^{-2}	2.930×10^{-4}	0.2930
1 ft-lb/s	4.628	1	1.818×10^{-3}	0.3239	1.356×10^{-3}	1.356
1 caballo de fuerza	2545	550	1	178.1	0.7457	745.7
1 cal/s	14.29	3.088	5.615×10^{-3}	1	4.186×10^{-3}	4.186
1 kilowatt	3413	737.6	1.341	238.9	1	1000
1 Watt	3.413	0.7376	1.341×10^{-3}	0.2389	0.001	1

1 BTU = 1 unidad térmica británica

Presión

	atm	dina/cm²	Pascal	lb/in²	lb/ft²
1 atmósfera	1	1.013×10^{6}	1.013×10^{5}	14.70	2116
1 dina / cm²	9.869×10^{-7}	1	0.1	1.405×10^{-5}	2.089×10^{-3}
1 pascal	9.869×10^{-6}	10	1	1.450×10^{-4}	2.089×10^{-2}
1 libra / in²	6.805×10^{-2}	6.895×10^{4}	6.895×10^{3}	1	144
1 libra / ft²	4.725×10^{-4}	478.8	47.88	6.944×10^{-3}	1

1 bar = 106 dinas/cm^2 = 0.1 Mpa

1 torr = 1 milímetro de mercurio

ANEXO B

RESPUESTAS DE EJERCICIOS SELECCIONADOS

RESPUESTAS SECCIÓN EJERCICIOS 5.16

RESPUESTA EJERCICIO o)

Solo para ordenar los cálculos, separaremos en tres grupos, cada uno asociado a elementos de hormigón, moldaje y enfierradura respectivamente. Una estrategia para poder calcular el precio unitario es fijarse en las unidades en que se presentan los datos.

Primero calcularemos el volumen de hormigón de cada figura y el área de moldaje que requiere.

$\textit{Área base Figura} = (1 * 2 + 1 * 1) = 3\ m^2$

$\textit{Perímetro Figura} = (1 + 1 + 1 + 1 + 2 + 2) = 8\ m$

$\textit{Volumen Figura} = \textit{Perímetro} * \textit{Altura} + \textit{Área base} = 8 * 2 + 3 = 19\ m^3$

a) Hormigón (unidad: m^3)

Ítem	Unidad	Cantidad	Precio Unitario	Total
Concretero	HD	0,5	$ 20.000	$ 10.000
Hormigón	m^3	1,0	$ 69.800	$ 69.800
Bomba	m^3	1,0	$ 7.000	$ 7.000
Vibrador	día	0,5	$ 20.000	$ 10.000
Leyes sociales	%	35	-	$ 3.500
			Total	**$ 100.300**

El ítem concretero se calcula en base a la unidad de hombre-día (HD), la cantidad corresponde a la cantidad de HD que requiere para construir 1 m^3 de hormigón, es decir, el rendimiento entregado en el enunciado. El precio unitario se entrega por enunciado con unidad de precio por HD:

$$\text{\it Ítem Concretero} = 0{,}5\frac{HD}{m^3} * 20.000\frac{\$}{HD}$$

El ítem hormigón se calcula en base a los m^3. Por enunciado se entrega el precio unitario por m^3 de hormigón, es decir, la cantidad es 1.

$$\text{\it Ítem Hormigón} = 1\frac{m^3}{m^3} * 69.000\frac{\$}{m^3}$$

El ítem bomba se calcula en este caso en base a los m^3 que bombea. La cantidad corresponde a 1 unidad en este caso. El precio se presenta por enunciado de acuerdo a la cantidad de hormigón que bombea.

$$\text{\it Ítem Bomba} = 1\,\text{\it Unidad} * 7.000\frac{\$}{m^3}$$

El ítem vibrador se calcula de acuerdo a la duración de arriendo y el rendimiento del concretero. (Considerar que HD mantiene la misma unidad temporal que día).

$$\text{Ítem Vibrador} = 0,5\,\frac{HD}{m^3} * 20.000\,\frac{\$}{día}$$

Luego, el ítem de leyes sociales de hormigón corresponde al 35% de la suma de los costos totales de mano de obra del ítem hormigón. Así, se obtiene:

$$\text{Leyes sociales}_{Hormigón} = 0,35 * 10.000\,\frac{\$}{m^3}$$

El total del ítem hormigón alcanza el valor de $100.300.-

b) Moldaje (unidad: m²)

Ítem	Unidad	Cantidad	Precio Unitario	Total
Carpintero	HD	0,167	$ 21.000	$ 3.500
Ayudante	HD	0,083	$ 12.000	$ 1.000
Moldaje	m²	1	$ 4.143	$ 4.143
Leyes sociales	%	35	-	$ 1.575
			Total	**$ 10.218**

El ítem carpintero se calcula en base a la unidad hombre-día (HD). La cantidad corresponde a los HD por m² de moldaje, es decir, 1/6 (el inverso del rendimiento entregado en el enunciado). El precio es entregado en unidad de $/m². Es importante mencionar que, si bien la cuadrilla es de 2 carpinteros, esto no se considera dentro de la ecuación puesto que el rendimiento está por unidad de carpintero. Es decir, si se pondera por 2 carpinteros, el rendimiento se reduce a la mitad y por lo tanto resulta el mismo valor.

$$\text{Ítem carpintero} = \frac{1\,HD}{6\,m^2} * 21.000\,\frac{\$}{HD}$$

El ítem ayudante se calcula de la misma forma que el carpintero. La cantidad corresponde al inverso del rendimiento entregado en el enunciado y el precio es entregado en unidad de $/m².

$$\textit{Ítem ayudante} = \frac{1\,HD}{12\,m^2} * 12.000\frac{\$}{HD}$$

El ítem moldaje se calcula en unidad de m². Dado que el moldaje posee un número de usos máximo, el precio debe ser corregido. Por lo tanto, se tiene que:

$$\textit{Ítem moldaje} = 1\frac{m^2}{m^2} * \frac{1}{15\,usos} * 62.150\frac{\$}{m^2}$$

Luego, el ítem de leyes sociales de moldaje corresponde al 35% de la suma de los costos totales de mano de obra del ítem moldaje. Así, se obtiene:

$$\textit{Leyes sociales}_{Moldaje} = 0{,}35 * (3.500 * 1.000)\frac{\$}{m^2}$$

El total del ítem moldaje alcanza el valor de $10.218.-

c) Enfierradura (unidad: kg)

Ítem	Unidad	Cantidad	Precio Unitario	Total
Enfierrador	HD	0,006	$ 22.000	$ 129
Enfierradura	kg	1	$ 900	$ 900
Leyes sociales	%	35	-	$ 45
			Total	**$ 1.075**

El ítem enfierrador se calcula en base a hombre-día (HD). La cantidad corresponde al inverso del rendimiento entregado en el enunciado y el precio es entregado en unidad de $/kg. Si bien la cuadrilla de enfierradores se compone de 2 unidades, para el cálculo no se considera, puesto que el rendimiento se encuentra por unidad. (En caso de considerar las 2 unidades se debe ajustar el rendimiento).

$$\textit{Ítem enfierrador} = \frac{1\,HD}{170\,kg} * 22.000\frac{\$}{HD}$$

El ítem enfierradura se calcula en base a los kg. El precio se entrega en unidad de \$/kg en el enunciado.

$$\textit{Ítem enfierradura} = 1\frac{kg}{kg} * 900\frac{\$}{kg}$$

Luego, el ítem de leyes sociales de enfierradura corresponde al 35% de la suma de los costos totales de mano de obra del ítem moldaje. Así, se obtiene:

$$\textit{Leyes sociales}_{Enfierradura} = 0{,}35 * (129)\frac{\$}{kg}$$

Finalmente, se debe consolidar el precio unitario bajo la misma unidad, es decir, el precio para construir 1 m^3 del elemento de hormigón. Así, se tiene que:

Ítem	**Unidad**	**Cantidad**	**Precio Unitario**	**Total**
Hormigón	m^3	1	\$ 100.300	\$ 100.300
Moldaje	m^2	3,167	\$ 10.218	\$ 32.358
Enfierradura	kg	105	\$ 1.075	\$ 112.844
			Total	**\$ 245.502**

Donde, la cantidad de moldaje corresponde a la proporción de área de moldaje sobre el volumen de hormigón de la figura, es decir, 19 m^2 sobre 6 m^3, mientras que la cantidad de enfierradura corresponde a la cuantía entregada por enunciado, es decir, 105 kg por m^3.

RESPUESTAS SECCIÓN EJERCICIOS 7.6

RESPUESTA EJERCICIO e)

Para calcular los valores de depreciación se requiere utilizar las siguientes fórmulas para la depreciación lineal, depreciación ponderada y depreciación por suma de años dígitos:

$$Depreciación\ lineal = \frac{Vi - Vr}{v}$$

Donde, Vi es el valor inicial, Vr el valor residual y v la vida útil en años.

$$\text{Depreciación ponderada} = p * Vt$$

Donde, P corresponde al porcentaje señalado por enunciado, es decir, 45% y Vt corresponde al valor en libros en un determinado tiempo t.

$$Depreciación\ años\ dígitos = \%dep * Vi$$

Donde, %dep corresponde al porcentaje calculado como los años que le quedan al activo sobre la suma de los años dígitos.

En t_0 la depreciación por año es $0 en los tres casos, por lo que el valor en libros corresponde al valor inicial Vi = $24.000.000.-

En t_1 la depreciación lineal utilizando la fórmula se calcula:

$$Depreciación\ lineal\ t_1 = \frac{Vi - Vr}{v} = \frac{\$24.000.000 - \$0}{6} = \$4.000.000$$

Luego, el valor en libros en t_1 corresponde a Vi menos la depreciación del año 1, es decir, $24.000.000 - $4.000.000, resultando $20.000.000.-

En t_1 la depreciación ponderada utilizando la fórmula se calcula:

$$Depreciación\ ponderada\ t_1 = P * Vt = 0{,}45 * \$24.000.000 = \$10.800.000$$

Luego, el valor en libros en t_1 corresponde a Vi menos la depreciación del año 1, es decir, $24.000.000 - $10.800.000, resultando $13.200.000.-

En t_1 la depreciación por años dígitos utilizando la fórmula se calcula:

$$\%dep = \frac{v - (t-1)}{\Sigma\ cada\ año} = \frac{6 - (1-1)}{6+5+4+3+2+1} = \frac{6}{21} = 0{,}286$$

$$Depreciación\ años\ dígitos\ t_1 = \%dep * Vi = 0{,}286 * \$24.000.000 = \$6.857.143$$

Luego, el valor en libros en t_1 corresponde a Vi menos la depreciación del año 1, es decir, $24.000.000 - $6.857.143, resultando $17.142.857.-

Al realizar los cálculos para los siguientes años se obtienen los siguientes resultados:

	Depreciación lineal		**Depreciación ponderada**			**Depreciación por suma de años dígitos**		
Años	Dep. por año	Valor en libros	% dep.	Dep. por año	Valor en libros	% dep.	Dep. por año	Valor en libros
0	$ -	$ 24.000.000	0,45	$ -	$ 24.000.000	0	$ -	$ 24.000.000
1	$4.000.000	$ 20.000.000	0,45	$10.800.000	$ 13.200.000	6/21	$ 6.857.143	$ 17.142.857
2	$4.000.000	$ 16.000.000	0,45	$ 5.940.000	$ 7.260.000	5/21	$ 5.714.286	$ 11.428.571
3	$4.000.000	$ 12.000.000	0,45	$ 3.267.000	$ 3.993.000	4/21	$ 4.571.429	$ 6.857.143
4	$4.000.000	$ 8.000.000	0,45	$ 1.796.850	$ 2.196.150	3/21	$ 3.428.571	$ 3.428.571
5	$4.000.000	$ 4.000.000	0,45	$ 988.268	$ 1.207.883	2/21	$ 2.285.714	$ 1.142.857
6	$4.000.000	$ -	0,45	$ 543.547	$ 664.335	1/21	$ 1.142.857	$ 0

RESPUESTA EJERCICIO f)

R: Lo que se requiere determinar es el costo de poseer un camión para compararlo con el costo de arriendo ofrecido por la empresa externa.

Se inicia con el cálculo de FOB en moneda nacional, ponderando el valor FOB por la paridad cambiaria.

$$Valor\ FOB\ (\$) = Valor\ FOB\ (US\$) * Paridad\ Cambiaria = 50.000.000\ (US\$) * 500 \frac{\$}{(US\$)}$$

De esa manera se obtiene el valor FOB, que será el equivalente al valor inicial para aplicar la depreciación. En este caso se aplicará una depreciación lineal con un valor residual de 30% y una vida útil de 24.000 horas.

$$Depreciación\ lineal = \frac{(\$56.180.000 - 0,3 * 56.180.000}{\dfrac{24.000\ horas}{2.000\dfrac{horas}{año}}} = \$3.277.167$$

Luego, se calcula la inversión anual media (IAM) sobre el que se aplicarán los costos de inversión (interés, impuestos, almacenaje y seguros) para obtener el costo de capital.

$$IAM = \frac{Valor\ inicial * (vida\ útil + 1) + valor\ residual * (vida\ útil - 1)}{vida\ útil * 2}$$

$$IAM = \frac{\$56.180.000 * (12+1) + \$16.854.000 * (12-1)}{12 * 2} = \$38.155.583$$

$$Costo\ de\ capital = IAM * (int + imp + alm + seg)$$

$$Costo\ de\ capital = \$38.155.583 * (0,04 + 0,02 + 0,02 + 0,02) = \$3.815.558$$

Finalmente, el costo de poseer el camión correspondiente a la suma de la depreciación y del costo de capital corresponde a $7.092.725.-, resultando ser menor al costo de arriendo anual de $7.200.000.- ofrecido por la empresa externa. Por lo tanto, se concluye que conviene poseer el camión.

RESPUESTA SECCIÓN EJERCICIOS 11.5

RESPUESTA EJERCICIO i)

Primero se debe enumerar cada enfierradura en el plano. Considerar que por enunciado se debe cubicar un séptimo elemento que son las reparticiones de F'∅8@20 (no aparece en los planos).

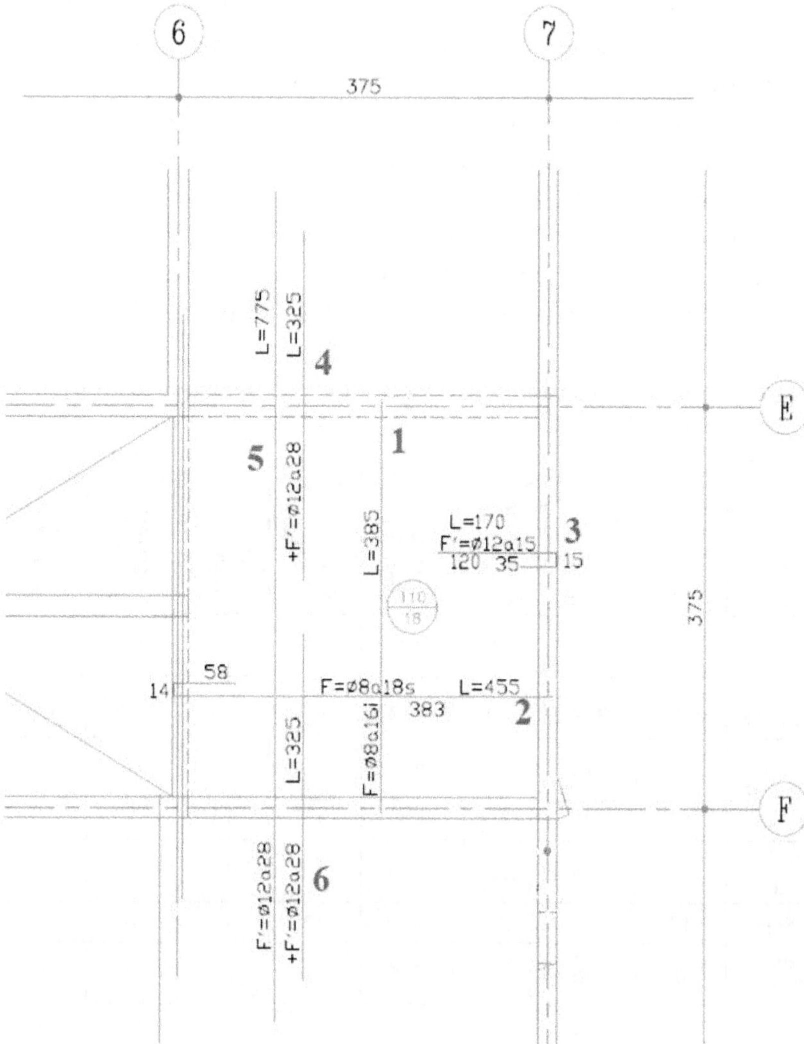

Luego, se consideran para la cubicación los siguientes puntos:

i. Se considera la repartición solo en la losa a trabajar.
ii. Los suples se consideran con el largo total (incluyendo otras losas).
iii. La sección corresponde a la dimensión de la sección perpendicular a la dirección del fierro.
iv. El número de espaciamiento corresponde a la sección dividido por el espaciamiento.

v. La cantidad se calcula como (1) cuando el número de espaciamiento es entero, la cantidad es el número de espaciamiento más 1 unidad. (2) Cuando el número de espaciamiento es decimal, se redondea al entero superior y luego se aumenta en 1 unidad.
vi. El largo total corresponde a la cantidad ponderado por el largo del fierro (en unidad de metros).
vii. Se calcula el total de cada tipo de fierro según su diámetro, es decir, ∅8, ∅10, ∅12 u ∅ otro diámetro. Cuando el largo total es entero se mantiene el valor, y cuando el largo total es decimal, se aproxima al entero superior.

Tomando en consideración los puntos previos, se construye la siguiente tabla:

N°	Característica	Diámetro	Largo (cm)	Espaciamiento (cm)	Sección (cm)	Número de espaciamientos	Cantidad	Largo total (m)	Largo ∅ 8	Largo ∅ 12
1	Inferior i vertical	8	385	16	375	23	25	96	97	-
2	inferior s horizontal	8	455	18	375	21	22	100	101	-
3	Superior horizontal	12	170	15	375	25	26	44	-	45
4	Suple eje e	12	325	28	375	13	15	49	-	49
5	Superior vertical	12	775	28	375	13	15	116	-	117
6	Suple eje f	12	325	28	375	13	15	49	-	49
7	Rep sup vertical	8	375	20	375	19	20	75	75	-
								Total	**273**	**260**

Luego, ponderando el largo total por tipo de fierro con su respectivo peso nominal, se obtiene el peso total de fierros.

$$Total\ (kg) = 0{,}395 \frac{kg}{m} * 273\ m + 0{,}888 \frac{kg}{m} * 260\ m = 339\ kg$$

Sumando un 5% de pérdidas se obtiene finalmente el valor de fierro a adquirir: 356 kg.

ÍNDICE TEMÁTICO

www.ingramcontent.com/pod-product-compliance
Lightning Source LLC
LaVergne TN
LVHW082236051026
849532LV00012B/3998